식물 생태 데이터북

Ecology of Common Plant Species in Central Korean Forests

<Nature & Ecology> Academic Series 11

한반도 중부지방 숲 **식물 생태** 데이터북
Ecology of Common Plant Species in Central Korean Forests

펴낸날 | 2019년 2월 25일

지은이 | 정연숙, 이경은

펴낸이 | 조영권
만든이 | 노인향, 김영하, 백문기
꾸민이 | 토가 김선태

펴낸곳 | 자연과생태
　　　　주소 _ 서울 마포구 신수로 25 - 32, 101(구수동)
　　　　전화 _ 02) 701 - 7345~6 팩스 _ 02) 701 - 7347
　　　　홈페이지 _ www.econature.co.kr
　　　　등록 _ 제2007 - 000217호

ISBN | 978-89-97429-99-8 93480

Reference citation
정연숙 & 이경은. 2019. 한반도 중부지방 숲 식물 생태 데이터북. 자연과 생태, 서울.
Choung, Y. & Lee, K. 2019. *Ecology of Common Plant Species in Central Korean Forests*. Nature & Ecology, Seoul.

Nature & Ecology   Academic Series 11

한반도 중부지방 숲

식물 생태
데이터북

Ecology of Common Plant Species
in Central Korean Forests

정연숙 | 이경은
Yeonsook CHOUNG, Ph.D. | Kyungeun LEE, Ph.D.

강원대학교 | 국립생태원
Kangwon National University | National Institute of Ecology

자연과생태
Nature & Ecology

산에 가면 수많은 등산객을 만난다. 식물을 들여다보고 수준 높게 질문하는 사람
도 있다. 전문 연구자는 적지만 식물에 관심 갖는 사람은 확실히 늘었다. 산에서
만난 사람들이, 동료들이 내게 전공을 잘 선택했다고 말한다. 남들은 일부러 시간
내고 돈 들여 산에 다니는데 숲이라는 좋은 작업 환경에서 월급 받고 일한다고 말
이다. 맞다. 숲 향기를 마시고 숲속 식물과 눈 맞춤하는 일은 언제나 벅차다. 산을
오르는 건 한 번도 예외 없이 힘들고, 아이를 두고 집을 비워야 할 때 마음이 자갈
밭이었던 것 빼고는 말이다.

과학은 통째로 팩트일 거라고 믿는 사람이 많지만 그렇지 않다. 표본 조사, 샘플
링, 숲 조사라는 이름으로 모집단을 대표하는 부분을 조사하고, 이 조각 정보를 엮
어서 과학 또는 사실이라고 부를 뿐이다. 팩트 체크가 유행인데 조심스럽다. 그러
나 이렇게 생각하기로 했다. 수십 년 국민 세금으로 연구해서 쌓인 것이 있으면 엮
어서 세상에 알리는 게 책무라고. 우리나라 같이 과학 연구 역사가 짧고, 무엇보다
연구자 수가 적어서 과학 출판물이 매우 적은 마당에는 더욱 그렇다고.

이 책을 만들 때 모델로 삼은 책이 있다. 영국에서 나온 『Comparative Plant Ecology』
(Grime, Hodgson & Hunt, 1988)다. 그 책을 처음 본 순간 나도 이런 책을 내야겠다고 생
각했고, 지금 그 결실을 내놓는다. 모델로 삼은 책 수준에는 훨씬 미치지 못한다. 그
책은 재배부터 자연 상태까지 대규모 프로젝트로 수행한 결과이기 때문이다. 나중에
출판하면서 앞선 책보다 못한 결과를 내는 건 아쉽지만, 후학 누군가가 이 책을 바탕
으로 팩트에 더 가까운 과학 이야기를 할 수 있을 거란 생각으로 용기를 낸다. 전문
가뿐만 아니라 숲을 좋아하고 식물에 관심 많은 그리고 이런 정보를 필요로 하는 누
군가에게 이 책이 도움이 되리라고 생각한다.

이 책은 수많은 분이 도와주어 낼 수 있었다. 강원대학교 명예교수 이우철 선생님은 내 학부과정 은사이시고 종 동정을 처음 가르쳐 주셨으며, 수십 년 동안 식물 표본 동정을 도와주셨다. 서울대학교 명예교수 김준호 선생님께는 어떤 감사 인사도 모자랄 정도로 큰 은혜를 입었다. 석·박사 학위 과정 동안 서투르고 부족했던 나를 생태학자 길로 이끌어 주셨으며 학자로서 내 삶을 평생 돌아보게 하는 모델이시다. 강릉원주대학교 이규송 교수는 빼놓을 수 없는 연구 동료다. 공동 연구도 오래 했고, 데이터를 공유했으며, 무엇보다 좋은 친구다.

공동 저자인 이경은 박사는 제자다. 오랜 기간 숲 조사와 복잡한 데이터 분석을 꼼꼼하게 수행했다. 숲 조사에 참여한, 이름을 열거하기 어려울 만큼 수많은 졸업생에게 특히 감사한다. 재학생 가운데는 대학원생인 김영진과 조소연 그리고 학부생 권혜림, 김재관, 노재상, 이종성, 정재상, 정상엽이 데이터 계산과 오류를 끝까지 재확인했다. 남편 주광영 박사와 딸 주목인은 다변량, 다차원의 희로애락을 함께 하는 내 인생 동지다. 출판사를 만난 것도 행운이다. 조영권 편집장과 편집을 도와준 분들에게도 깊이 감사한다.

2019년 2월
대표 저자 정연숙

일러두기

- 한반도 중동부 숲에서 자라는 관속식물 자생종 272분류군(이하 '종'으로 표시)을 다룬다. 447개 조사 지점 가운데 10개 지점 이상에서 발견된 78과 169속 242종 5아종 24변종 1품종이 여기에 속한다.

- 주요 조사 지역은 한반도 중동부인 강원도이나, 석회암 지역 조사 지점을 추가하고자 충청북도 단양군(12개 지점)과 제천시(1개 지점)를 포함했다. 조사 지점은 모두 447개, 8개 시와 11개 군이다(북위 37°02′ ~ 38°18′, 동경 127°30′ ~ 129°18′).

- 조사 지점은 식생보전등급 Ⅰ ~ Ⅲ등급(환경부, 2015)인 곳이다. 숲 높이가 5m 이상이며, 큰 키나무(교목)가 우점하는 자연림이 대상이다. 따라서 조림지, 하천, 호수, 습지, 암벽 같은 곳에 형성된 식생과 마을 주변에 높이가 5m 이하로 형성된 식생은 포함하지 않는다.

  * 식생보전등급은 식생의 자연성, 희귀성, 분포 상황 등에 따라 그 보전가치를 Ⅰ ~ Ⅴ등급으로 평가한 등급을 말한다(환경부 훈령 제1161호, 2015. 7. 17. 개정). 가장 보전가치가 높은 등급 Ⅰ은 식생천이에서 종국적인 단계에 이른 극상림 또는 그와 유사한 자연림이고, 등급 Ⅱ는 자연식생이 교란된 뒤 2차 천이로 다시 자연식생에 가까울 정도로 거의 회복된 식생이며, 등급 Ⅲ은 자연식생이 교란된 뒤 2차 천이 진행으로 거의 회복단계에 들어섰거나 인간에 따른 교란이 지속되는 삼림식생이다.

- 조사는 전국자연환경조사 지침(환경부, 2001)을 바탕으로 과학적 학술 조사 방법을 따랐다. 조사구 크기는 대부분 15×15m(78%)이고, 일부는 20×20m이다.

- 조사지에서 수집한 정보를 바탕으로 군집 분류 방법(cluster analysis)에 따라 조사 지역 숲을 총 13개 군집으로 구분한다.

- 종 생태는 생장형, 지리 분포, 생육지, 출현 군집과 우점도, 종 다양성 지수, 동반 종, 종합으로 나누어 설명하며, 고도, 경사, 미소 지형, 사면 방위, 군집별 빈도, 군집별 피도, 다변량 군집 분석 정보는 그림으로 함께 제시한다.

- 이 책에 나오는 과명, 학명, 종명 표기 및 고유종 여부는 「국가생물종목록」과 「한반도 고유종 목록」(국립생물자원관, 2017)을 기준으로 하고, 일부 고유종은 『원색한국식물기준도감』(이우철, 1996)을 따랐다.

머리말 _ *4*

일러두기 _ *6*

I. 숲 이해하기 _ *9*

한반도와 중부지방 숲 특징

한반도 중부지방 숲 종류

II. 종 생태 정보 이해하기 _ *19*

생장형

지리 분포

생육지

출현 군집과 우점도

종 다양성 지수

동반 종

종합

III. 종 생태 _ *31*

참고 문헌 Reference _ *304*

국명 찾기 Index: Korean name _ *305*

학명 찾기 Index: Scientific name _ *308*

I

숲 이해하기

한반도와 중부지방 숲 특징

우리나라 사람들은 땔감, 먹거리, 약재, 목재 등 다양한 목적으로 오랫동안 숲을 이용했으며 낮은 산지에서는 화전이 성행했다. 1970년대를 경험한 사람은 주변 산이 온통 민둥산이었던 것을 기억하리라. 그러다가 1970년대 이후 산업화와 도시화가 빠르게 진행되면서 숲 이용 빈도가 줄었다. 시간이 지나며 일부 지역은 조림으로 복원되었고, 대부분 숲은 자연복원되고 있다. 그러나 그 시간이 40여 년에 불과해서 우리나라 대부분 숲은 아직 어린 숲이다. 나무 수명이 수백 년인 걸 생각하면 더욱 그렇다. '10년이면 강산도 변한다'는 말이 있듯이 숲이 복원되는 초기에는 매우 빠르게 푸르러진다. 이후 숲이 성숙하면 느리게 변화하며 안정되는데 이 복원 과정을 '천이'라고 한다.

한반도의 숲은 크게 아한대 침엽수림(북부 및 고도 높은 중부), 냉온대 낙엽활엽수림(고도 낮은 북부, 중부와 남부 전 지역) 및 난온대 상록활엽수림(남해안 및 다도해)으로 나눈다. 한반도 중부지방의 강원도는 냉온대 낙엽활엽수림대에 속하며, 높은 산지 일부에 아한대 침엽수림이 분포하고 전체 면적에서 79%가 숲이다. 이 가운데 활엽수림, 혼합림, 침엽수림이 각각 39%, 28%, 33%이다(산림청, 2015). 다른 지자체에 비해서 활엽수림 면적이 넓다. 활엽수림 면적이 넓은 것은 식생천이 과정이 더 오래 진행된 것을 뜻한다. 강원도 숲도 다른 지역과 마찬가지로 변화 과정을 거쳐 왔다. 그러나 백두대간을 포함해 높은 산지, 깊은 골 등 입지가 매우 다양한 데다가 일찍부터 국립공원, 군사보호구역, 수자원보호구역으로 지정되어 상대적으로 개발 압력과 교란을 덜 받은 양호한 숲이 많다. 우리나라 생태자연도 1등급 면적에서 48%가 강원도에 분포한다(환경부, 2014). 강원도 숲의 질과 보전 가치가 매우 높다는 증거다. 생태자연도는 산, 하천, 내륙습지, 호소, 농지, 도시 등 자연환경을 생태적 가치, 자연성, 경관적 가치 등에 따라 등급화해 작성한 지도로서(자연환경보전법 제2조) 1등급, 2등급, 3등급 및 별도관리지역으로 구분한다.

그러므로 강원도 숲은 생육 공간(토양, 고도, 경사, 미소 지형, 방위 등)이 다양해 종다양성이 매우 높을 뿐아니라 어린 숲부터 성숙한 숲까지(초기, 중기, 후기) 숲 천이 단계도 살펴볼 수 있는, 한반도 중부지방을 대표하는 숲이라고 할 수 있다.

한반도 중부지방 숲 종류

숲은 학술 용어인 군집(community)의 한 종류다. 초지와 달리 큰키나무가 우점하며 생활형이 다른 식물(교목, 소교목, 관목, 초본)이 다층 구조를 이룬다. 생육지와 천이 시간에 따라 종 구성이 다르거나 구성 종 우점도가 다르다. 식물 종에 따라서는 특정 숲에서만 사는 종이 있지만, 대부분 식물은 몇 종류 숲에서 동시에 발견된다.

이 책에서는 한반도 중부지방 447개 지점 숲을 군집 분류 방법(cluster analysis)에 따라 13종류로 분류했다. 군집 분류는 연속하는 식생을 종 구성과 우점도 면에서 유사한 군집으로 통계를 내어 분류하는 방법이다. 분석 결과 고도와 미소 지형 두 요인이 군집 분류와 상관도가 높았다. 고도와 미소 지형에 따라서 식물 분포와 생장에 필수인 온도, 수분, 영양분, 빛 등 환경이 달라지기 때문으로 보인다.

군집 이름은 상층을 구성하는 교목 우점도를 기준으로 붙였다. 우점도 척도로 피도를 사용했다. 한 종의 평균 피도가 50%를 넘는 군집은 단일 수종으로 명명했다. 단일 수종이 50%를 넘지 않는 군집에는 두 번째로 우점하는 나무 이름을 줄표(-)로 병기했다. 소나무나 신갈나무 같은 단일 수종이 우점하는 군집은 군집 이름을 구분하기 위해서 우점 수종 뒤에 밑줄표(_)로 지표종 이름을 병기했다. 또한 지표값이 가장 높은 종이 군집 이름에 들어갈 때는 지표값이 두 번째로 높은 종을 지표종으로 병기했다. 다만, 군집명에 들어간 식물 이름은 서로 다른 군집을 구분하고자 우점종과 지표종을 이용했을 뿐, 실제 군집은 다수 구성종의 공동체라는 사실을 인지해야 한다. 이와 더불어 군집 이름 외에 생육지와 천이 단계를 추정할 수 있도록 포괄적인 이름(일반명)도 괄호 안에 제시했다.

이 책에서 언급하는 천이 단계란 초기 숲, 중기 숲, 후기 숲 등 상대적인 시간을 뜻한다.

1. 소나무-가래나무_이삭여뀌 군집

Pinus densiflora-Juglans mandshurica_Polygonum filiforme community

(소나무-활엽수 혼합 숲)

고도가 300m 안팎으로 낮은 산지 계곡부나 사면 하부 같이 적습한 곳에서 발달한다. 10개 지점이 포함된다.

숲 높이는 14~16m이고 상층이 비교적 열려서 빛이 하층으로 많이 들어온다. 교목층에 소나무가 우점하고 가래나무와 쪽동백나무가 혼생한다. 관목층에는 괴불나무, 초본층에는 주름조개풀과 덩굴딸기류 우점도가 높다. 이삭여뀌, 주름조개풀, 좀담배풀, 사위질빵 등이 지표종이다. 계곡에 가까이 있어서 습한 곳에 주로 분포하는 가래나무가 우점한다.

이 군집은 예전에 마을이었다가 6.25 이후 민통선 내로 포함되어 복원된 곳이다. 비교적 좁은 지역 범위에서 조사했다. 고도가 낮고 적습한 곳은 마을이거나 농경지로 이용하는 곳이 대부분이라서 조사할 곳이 많지 않다. 이 군집에서 다소 떨어진 마을 뒷산은 신갈나무 우점 숲으로 복원되었다. 뒷산은 맹아에서부터 재생된 반면, 마을에는 재생될 만한 소스가 거의 없어 주변에서 들어간 종자가 자라나서 복원되었으리라 본다. 종 다양성은 중간이다.

신갈나무-서어나무_생강나무 군집과 종 구성이 비슷한 신갈나무-활엽수 혼합 군집으로 발달할 가능성이 있는 천이 초기 단계 숲이다.

2. 소나무-굴참나무_졸참나무 군집

Pinus densiflora-Quercus variabilis_Quercus serrata community

(소나무-활엽수 혼합 숲)

고도가 낮은 산지(200~500m) 계곡부, 사면 하부 및 중부 같이 비교적 적습한 곳에서 주로 발달한다. 22개 지점이 포함된다.

숲 높이는 13~19m이고 상층이 울폐해 빛이 하층으로 많이 들어오지 않는다. 교목층에 소나무와 굴참나무가 우점하고 졸참나무와 쪽동백나무가 혼생하며 신갈나무는 우점도가 낮다. 관목층에는 철쭉, 조록싸리, 생강나무 등, 초본층에는 조릿대와 가는잎그늘사초 우점도가 높다. 졸참나무, 굴참나무, 쪽동백나무, 조록싸리 등이 지표종이다. 종 다양성이 낮다.

신갈나무 – 서어나무_생강나무 군집과 종 구성이 비슷한 신갈나무 – 활엽수 혼합 군집으로 발달할 가능성이 있는 천이 초기~중기 단계 숲이다.

3.   소나무_산딸기 군집

Pinus densiflora_Rubus crataegifolius community (소나무 우점 숲)

고도가 낮은 산지(400~700m) 계곡부나 사면 하부에서 주로 발달한다. 중부지방에서 적습한 곳에서 흔히 볼 수 있는 소나무 우점 군집이다. 32개 지점이 포함된다.

숲 높이는 12~19m이고 상층이 비교적 울폐해 빛이 하층으로 많이 들어오지 않는다. 교목층에 소나무가 매우 우점하고 신갈나무가 일부 혼생한다. 하층에는 참나무속 수종 외에 생강나무, 조록싸리, 그늘사초 우점도가 높다. 소나무, 산딸기, 멍석딸기 등이 지표종이다. 종 다양성은 중간이다.

신갈나무와 졸참나무, 서어나무 우점도가 높아지면서 신갈나무 – 활엽수 혼합 군집으로 발달할 가능성이 있는 천이 초기 단계 숲이다.

4.   소나무_진달래 군집

Pinus densiflora_Rhododendron mucronulatum community

（소나무 우점 숲）

고도가 낮은 산지(300~700m) 건조한 사면 하부나 중부에 주로 발달한다. 30개 지점이 포함된다.

숲 높이는 10~15m로 낮은 편이고 줄기가 가는 나무가 많다. 숲 상층이 열려서 빛이 많이 들어오는 곳부터 울폐해 빛이 차단된 곳 등 편차가 크다. 교목층에 소나무가 우점하나 신갈나무도 상당히 섞여 있다. 관목층에는 진달래와 철쭉, 초본층에는 큰기름새와 가는잎그늘사초가 우점한다. 진달래, 참싸리, 기름나물 등이 지표종이다. 종 다양성이 낮다.

소나무_산딸기 군집과 종 구성이 비슷하지만 더욱 건조하고 교란이 잦은 곳에서 형성된다. 따라서 수분 요구가 높은 종이 적고 교란이나 건조에 잘 견디는 종이 출현한다. 신갈나무 우점도가 높아지면서 신갈나무 우점 숲으로 발달할 가능성이 큰 천이 초기 단계 숲이다.

5. 굴참나무 - 소나무 _ 왕느릅나무 군집

Quercus variabilis - Pinus densiflora _ Ulmus macrocarpa community
〔굴참나무 숲〕

고도가 낮은 석회암 산지(300~600m) 건조한 사면 하부나 중부에 주로 발달한다. 31개 지점이 포함된다.

숲 높이는 10~15m이고 상층이 울폐하지 않아서 빛이 하층으로 많이 들어온다. 교목층에 굴참나무가 우점하고 소나무, 떡갈나무, 왕느릅나무가 혼생하며, 신갈나무는 우점도가 낮다. 아교목층은 빈약하며 관목층에 생강나무, 초본층에 가는잎그늘사초가 우점한다. 왕느릅나무, 당조팝나무, 민둥갈퀴, 방울비짜루 등 호석회성 식물이 지표종이다. 종 다양성은 중간이다.

소나무 우점 숲이나 소나무 - 굴참나무 숲 단계에서 광물을 캐는 등 교란으로 훼손되었다가 다시 복원되고 있는 천이 초기 단계 숲이다. 시간에 따라 신갈나무 우점도가 높아지면서 신갈나무 우점 숲으로 복원될 것이다.

6. 굴참나무 - 떡갈나무 _ 큰기름새 군집

Quercus variabilis - Quercus dentata _ Spodipogon sibiricus community
〔굴참나무 숲〕

굴참나무 - 소나무_왕느릅나무 군집과 입지가 비슷하나 석회암 산지뿐만 아니라 비석회암 지역의 건조하고 낮은 산지(400~700m)에도 발달한다. 남사면 상부, 능선, 정상에 주로 분포한다. 33개 지점이 포함된다.

숲 높이는 13~18m이고 상층이 비교적 울폐하고 줄기가 가는 나무가 많다. 교목층에 굴참나무가 우점하고 떡갈나무와 신갈나무가 혼생한다. 소나무는 우점도가 매우 낮다. 아교목층은 빈약하고 관목층은 생강나무와 조록싸리, 초본층은 큰기름새가 우점한다. 지표종은 건조하고 낮은 산지 숲속에서 빈번히 출현하는 큰기름새, 맑은대쑥, 고사리 등이다. 종 다양성이 낮다.

과거에 소나무 숲이었으나 교란이 계속되면서 토심이 얕고 척박해 천이 속도가 느린, 천이 초기 단계 숲이다. 시간에 따라 신갈나무 우점도가 높아지면서 신갈나무 우점 숲으로 복원될 것이다.

7. 신갈나무 - 서어나무 _ 생강나무 군집

Quercus mongolica - Carpinus laxiflora _ Lindera obtusiloba community

(신갈나무 - 활엽수 혼합 숲)

고도가 낮은 산지부터 중간 산지(400 ~ 800m)까지 계곡부나 사면 하부 같이 적습한 곳에서 주로 발달한다. 34개 지점이 포함된다.

숲 높이는 13 ~ 19m이고 줄기가 굵은 나무가 분포한다. 상층이 비교적 울폐해 빛이 하층으로 많이 들어오지 않는다. 교목층에 신갈나무와 서어나무, 소나무, 졸참나무, 당단풍나무 등이 혼생한다. 관목층에 생강나무, 초본층에 조릿대가 우점하고, 서어나무, 생강나무, 당단풍나무 등이 지표종이다. 종 다양성은 중간이다.

신갈나무 우점도가 낮아지고 다른 활엽수가 많아지면서 활엽수 혼합 숲으로 천이할 가능성이 큰 천이 중기 단계 숲이다.

8. 신갈나무 - 전나무 _ 조릿대 군집

Quercus mongolica - Abies holophylla _ Sasa borealis community

(활엽수 혼합 숲)

고도 중간 산지(800 ~ 1,000m) 계곡부나 사면 하부 같이 적습한 곳에서 주로 발달한다. 25개 지점이 포함된다.

숲 높이는 13 ~ 20m이고 줄기가 굵은 나무를 가장 많이 볼 수 있다. 상층이 울폐해 빛이 하층으로 많이 들어오지 않는다. 교목층에 신갈나무가 우점하고 전나무, 피나무, 다릅나무, 까치박달, 당단풍나무 등과 혼생한다. 신갈나무 우점도(피도)가 60% 이상으로 매우 우점하는 다른 군집(7. 신갈나무 - 서어나무_생강나무 군집, 10. 신갈나무_우산나물 군집, 11. 신갈나무_철쭉 군집, 12. 신갈나무_동자꽃 군집, 13.신갈나무 - 피나무_나래박쥐나물군집)에 비해 신갈나무 우점도가 20% 안팎으로 낮다. 또한 출현하는 활엽수 종수가 많으며 우점도도 높은 것이 특징이다. 따라서 일반명을 '활엽수 혼합 숲'으로 칭한다. 장소에 따라서는 줄기가 매우 굵은 신갈나무가 수 그루에 불과해 우점도가 매우 낮은 곳도 있고 전나무가 출현하지 않는 곳도 있다. 하층에는 조릿대 우점도가 매우 높다. 조릿대, 전나무, 산겨릅나무, 피나무 등이 지표종이다. 하층에 조릿대가 우점해서 종 다양성이 낮다.

적습한 산지에서 발달하는 활엽수 혼합 숲의 한 유형으로서 천이 후기 단계 숲으로 보인다.

9. 신갈나무 - 들메나무_고광나무 군집

Quercus mongolica - Fraxinus mandshurica _Philadelphus schrenkii community

(활엽수 혼합 숲)

고도 중간 산지부터 높은 산지(700~1,100m)까지 계곡부나 사면 하부와 같이 적습한 곳에서 주로 발달한다. 34개 지점이 포함된다.

숲 높이는 10~20m이고 상층이 울폐해 빛이 하층으로 많이 들어오지 않는다. 교목층에 신갈나무가 들메나무, 고로쇠나무, 물푸레나무, 당단풍나무와 혼생한다. 신갈나무 - 전나무_조릿대 군집과 마찬가지로 신갈나무 우점도가 20% 안팎으로 낮다. 또한 출현하는 활엽수 종수가 많으며 우점도도 높은 것이 특징이다. 따라서 일반명을 '활엽수 혼합 숲'으로 칭한다. 관목층에 고광나무, 초본층에 조릿대와 관중이 우점한다. 지표종은 고광나무, 관중, 고로쇠나무 등이다. 신갈나무 - 전나무_조릿대 군집과 종 조성이 비슷한데 전나무와 조릿대 우점도가 낮은 것이 차이다. 13개 군집 가운데 종 다양성이 가장 높다.

신갈나무 - 전나무 활엽수 혼합 군집과 마찬가지로 적습한 산지에 발달하는 활엽수 혼합 숲의 한 유형으로서 천이 후기 단계 숲으로 여겨진다.

10. 신갈나무_우산나물 군집

Quercus mongolica_Syneilesis palmata community (신갈나무 우점 숲)

고도가 낮은 산지부터 중간 산지(500~1,000m)까지 넓게 발달한다. 계곡부나 사면 하부를 제외한 전체 미소 지형에서 발달하며, 생육지가 매우 다양하나 약건인 입지에서 발달한 것이 특징이다. 13개 군집 가운데 분포 면적이 가장 넓다. 85개 지점이 포함된다.

숲 높이는 12~17m이다. 숲 상층이 비교적 울폐해 빛이 하층으로 많이 들어오지 않으나 장소마다 편차가 크다. 교목층에 신갈나무가 매우 우점하고 하층에는 생강나무와 대사초 우점도가 높다. 지표종은 신갈나무, 우산나물 등이다. 이 군집에는 분포 범위가 넓은 종이 많이 포함되어서 지표종이 적다. 종 다양성이 낮다.

건조한 산지 소나무 군집에서 신갈나무 우점 숲으로 발달한 천이 중기 단계 숲이다. 활엽수 우점도가 높아지면서 신갈나무 – 활엽수 혼합 숲 단계로 안정될 숲이다.

11. 신갈나무_철쭉 군집

Quercus mongolica_Rhododendron schlippenbachii community
(신갈나무 우점 숲)

고도 중간 산지부터 높은 산지(700~1,150m)까지 비교적 넓게 분포한다. 신갈나무_우산나물 군집과 생육지가 비슷하나 평균 고도가 더 높고 사면 상부, 능선, 정상 같이 건조한 곳에 주로 분포한다. 41개 지점이 포함된다.

숲 높이는 10~17m로 신갈나무_우산나물 군집에 비해서 낮다. 숲 상층이 비교적 열린 곳부터 울폐한 곳까지 편차가 크다. 줄기가 굵은 나무가 분포한다. 교목층에 신갈나무가 매우 우점하고 당단풍나무가 혼생하며, 전나무, 피나무 등이 출현하나 우점도는 낮다. 관목층에 철쭉, 초본층에 조릿대, 실새풀, 단풍취, 대사초 우점도가 높다. 철쭉, 산앵도나무 등이 지표종이다. 종 다양성이 낮다.

건조한 산지 소나무 군집에서 신갈나무 우점 숲으로 발달한 천이 중기 단계 숲이다. 활엽수 우점도가 높아지면서 신갈나무 – 활엽수 혼합 숲 단계로 안정될 숲이다.

12. 신갈나무_동자꽃 군집

Quercus mongolica_Lychnis cognata community (신갈나무 우점 숲)

고도가 높은 산지(1,100~1,400m) 사면 상부, 능선, 정상과 같이 건조한 곳에 주로 발달한다. 29개 지점이 포함된다.

숲 높이는 8~15m로 낮은 편이고 줄기가 가는 나무가 많이 분포한다. 상층이 비교적 울폐해 빛이 하층으로 많이 들어오지 않는다. 교목층에 신갈나무가 매우 우점하고, 높은 산지에서 자라는 사스래나무 또는 피나무가 낮은 우점도로 혼생한다. 하층에 큰개별꽃, 대사초, 단풍취, 터리풀 등이 우점한다. 종 조성과 층 구조를 살펴볼 때 교란이 가장 적고 조릿대도 거의 출현하지 않아서 안정된 군집으로 보인다. 지표종은 동자꽃, 지리강활, 큰개별꽃, 개시호, 터리풀 등이다. 종 다양성이 높다.

건조하고 높은 산지에 발달하는 천이 중기 단계 숲으로 여겨진다. 시간에 따라 활엽수 우점도가 높아지면서 신갈나무 – 활엽수 혼합 숲 단계로 안정될 숲이다.

13. 신갈나무 - 피나무_나래박쥐나물 군집

Quercus mongolica - Tilia amurensis_Parasenecio auriculatus var. *kamtschaticus* community (신갈나무 - 활엽수 혼합 숲)

고도가 높은 산지(1,000~1,400m) 사면 상부, 능선, 정상 같이 건조한 곳에서 주로 발달한다. 41개 지점이 포함된다.

숲 높이는 9~16m로 낮은 곳을 포함하고, 줄기가 굵은 나무가 많이 분포한다. 숲 상층이 울폐한 곳부터 열린 곳까지 편차가 크다. 생육지 특징은 신갈나무_동자꽃 군집과 비슷하지만, 교목층에서 신갈나무 우점도가 낮고 피나무, 사스래나무 및 아고산 수목인 분비나무, 주목과 혼생한다. 하층에 철쭉, 단풍취가 우점한다. 지표종은 나래박쥐나물, 시닥나무, 미역줄나무, 단풍취 등이다. 종 다양성이 높다.

건조하고 높은 산지에 발달하는 신갈나무 – 활엽수 혼합 숲으로서 천이 후기 단계 숲으로 여겨진다.

Ⅱ

종 생태 정보 이해하기

이 책에서 다루는 종 생태 정보는 숲에서 정량적으로 조사한 데이터 분석 결과다. 따라서 종별로 출현 지점 수 차이가 크다. 출현 지점 수가 많은 종에서는 대체로 보편적인 정보를 얻을 수 있겠지만, 지점 수가 적은 종에서는 정보에 한계가 있을 수 있다.

생장형 Growth form

식물 종의 생장형을 6개 유형으로 제시한다. 상록성 식물과 낙엽성 식물로 나누고 목본은 활엽과 침엽, 초본은 다년생, 이년생, 일년생으로 구분한다. 숲속 습한 곳에서 사는 식물은 습지식물 유형을 함께 제시한다. 생장형과 습지식물 유형 정보는 「우리나라 습지생태계 관속식물의 유형 분류」(정연숙 등, 2012)에 기초한다.

■ 생장형 구분

교목	식물 키가 대체로 8m 이상 자라는 나무
소교목	식물 키가 교목과 관목 사이인 나무
관목	식물 키가 대체로 3m 이하이고 밑동에서 가지가 갈라지는 나무
덩굴성 목본	줄기가 덩굴성이거나 포복성인 나무
반관목	관목보다 키가 작고 줄기 하부만 목질성이며 수명이 짧은 나무
초본	줄기가 목질이지 않은 풀

■ 습지출현빈도에 따른 관속식물 유형 분류

절대육상식물	자연 상태에서는 거의 육상에서만 출현하고 습지에서는 거의 출현하지 않는 식물	습지출현빈도 <3% 추정
임의육상식물	대부분 육상에서 출현하나 습지에서도 낮은 빈도로 출현하는 식물	습지출현빈도 3~30% 추정
양생식물	습지나 육상에서 비슷한 빈도로 출현하는 식물	습지출현빈도 31~70% 추정
임의습지식물	대부분 습지에서 출현하나 낮은 빈도로 육상에서도 출현하는 식물	습지출현빈도 71~98% 추정
절대습지식물	자연 상태에서는 거의 습지에서만 출현하는 식물	습지출현빈도 >98% 추정

지리 분포 Geography

국내 및 국외 분포는 다음 자료에 기초한다. 출처 정보를 숫자로 표시했다. 국내 분포에서 '전국'은 우리나라, 즉 남한을 말한다. 따라서 북부, 중부, 남부, 동부, 서부 같은 표현은 남한 내에서 상대적 위치를 가리킨다. 북한 분포 정보는 확인하기 어려워서 제시하지 않았으나 국외 분포에 '중국, 러시아' 등을 포함하는 종은 북한에도 분포하는 것으로 추정할 수 있다.

[1] 국립생물자원관(2016), 국가생물종정보관리체계구축
[2] 국립생물자원관(2010), 한반도생물자원포털
[3] 국립생물자원관(2011), 한반도생물자원포털
[4] 국립생물자원관(2011), 국외반출승인대상 생물자원선정연구
[5] 한반도의 생물다양성 포털(2018), 분포 정보
[6] 국립수목원(2018), 국가생물종지식정보시스템 포털 - 분포 정보
[7] 국립생물자원관(2010), 국외반출승인대상 생물자원자료집
[8] 국립생물자원관(2012), 한반도생물자원포털
[9] 국립생물자원관(2013), 한반도생물자원포털
[10] 국립생물자원관(2017), 국외반출승인대상 생물자원선정연구
[11] 국립생물자원관(2016), 한국생물지발간연구
[12] 국립생물자원관(2009), 한반도생물자원포털
[13] 국립생물자원관(2010), 한반도 고유종 특성평가 및 총람발간
[14] 이우철(1996), 원색한국기준식물도감
[15] 국립생물자원관(2017), 한반도 고유종 목록

생육지 Habitat

생육지는 식물이 나서 자라는 곳이다. 기초 정보인 모암, 고도, 경사, 미소 지형, 사면 방위를 측정 또는 평가한 결과를 종별로 제시한다.
모암은 토양을 생성하는 기반 암석으로, 한국지질자원연구원 지질정보검색시스템(2014)의 1/50,000 지질도에 근거한다. 석회암과 비석회암으로만 제시한다. 전체

조사 지점 가운데 21%가 석회암 지역이고, 나머지 79%는 비석회암 지역이다. 전체 447개 조사 지점에서 고도, 경사, 미소 지형, 사면 방위를 나타내는 정보는 그림과 함께 제시한다(그림 1).

고도는 낮은 산지(<700m)가 47%, 중간 산지(700~1,000m)가 28%, 높은 산지(≥1,000m)가 26%이다. 경사는 <20°, 20~40°, 40~60°, ≥60° 범위에 각각 21%, 65%, 13%, 1%가 속한다. 대부분 지점이 경사 범위 20~40°에 있다. 미소 지형은 평지가 0.4%에 불과하고(그림에 미표시), 계곡부는 9%다. 사면부가 74%(하부, 중부, 상부가 각각 18%, 19%, 37%)를 차지해 가장 많고, 나머지 정상과 능선은 17%다. 사면 방위는 전 방위에 걸쳐서 위치한다. 사면 방위 그림에서 동심원은 고도를 나타내며, 중심부에서 외곽으로 갈수록 고도가 높아진다.

| 그림 1 | 전체 조사 지점(447개) 고도, 경사, 미소 지형, 사면 방위 분포

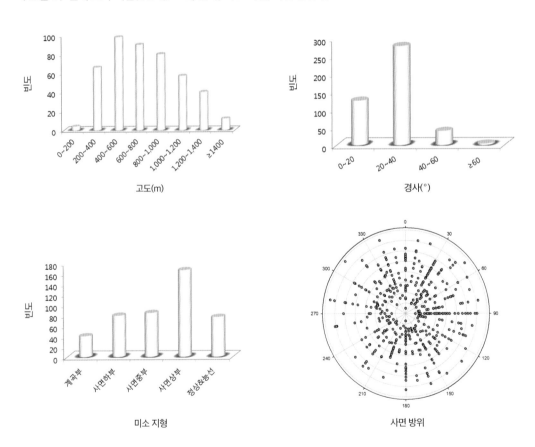

* 빈도는 조사 지점 수

- **종별 정보**: 전체 447개 조사 지점(그림 1) 정보를 바탕으로 특정 생육지에 출현하는 해당 종 정보를 표시한다. 단, 사면 방위는 전체 지점 정보 없이 해당 종 분포 지점만 표시한다. 그림에서 '빈도'는 해당 종이 출현한 지점 수를 뜻한다. 식물 종에 따라 특정 생육지에 국한해서 분포하는 종도 있으나, 대부분 종은 내성 범위가 넓어서 넓은 범위 환경에 분포한다.

- **모암**: 비석회암 지역과 석회암 지역에서 상대적으로 출현하는 비율을 제시한다. 예를 들어 해당 식물 종이 출현한 10개 지점 모두가 석회암 지역이라면 '석회암 100%'로 계산한다.

- **고도와 경사**: 해당 식물 종이 출현하는 지점의 평균과 표준편차를 제시한다. 고도계와 경사계로 실측했다. 고도는 '고도 범위'를 함께 병기한다. 고도 범위는 해당 종이 분포하는 고도 평균 ± 표준편차값이다. 고도 구분 기준은 낮은 산지(<700m), 중간 산지(700~1,000m), 높은 산지(≥1,000m)다.

- **미소 지형**: 계곡부(near valley), 사면 하부(lower slope), 중부(middle slope), 상부(upper slope), 정상 및 능선(mountain top & ridge) 5종류로 평가했다. 미소 지형은 산지에서 해당 종이 출현하는 상대적 위치를 뜻한다. 따라서 그림 2에서 보듯이 위치가 고도 높낮이를 뜻하지는 않으며, 한 산지에서 '사면 하부'가 다른 봉우리 '정상'보다 고도가 높을 수 있다. '주로' 출현하는 지형은 해당 종이 출현하는 미소 지형의 '상대 빈도'를 계산해서 대략 50%가 넘는 연속된 등급 범위를 뜻한다. '특히'는 특정 지형에서 상대 빈도가 높을 때에 국한해서 언급한다.

| 그림 2 | 산지에서 미소 지형 구분

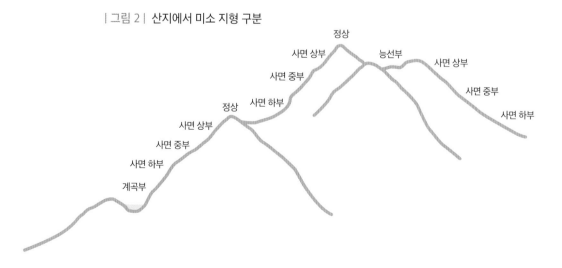

- **사면 방위**: 해당 종이 특정 방위에서 집중 출현하지 않으면 '전 방위'로 표시하고, 출현 지점 수 2/3 이상이 특정 방위에서 출현하면 그 방위를 제시한다. 예를 들어 '북사면'은 '북동사면과 북서사면'을 포함하고, '남사면'은 '남동사면과 남서사면'을 포함한다. 만약 종별 지점 수가 20개 이하라면 특정 방위에서 출현하더라도 지점 수가 적기 때문일 수 있으므로 '전 방위'로 표시한다.

출현 군집과 우점도 Communities & abundance

- **총 빈도와 평균 피도**: 총 빈도는 전체 조사 지점 수에서 해당 종이 출현한 지점 수 비율이다. 우점도는 피도를 등급화해서 측정했다. 피도는 해당 식물종이 각 조사 지점에서 단위 면적을 덮는 정도를 뜻한다. 평균 피도는 해당 종이 출현한 지점에서 평균 피도값이다.

- **군집별 빈도**: 군집별 전체 출현 지점 수를 바탕으로 해당 종이 출현한 지점 수를 표시한다(그림 3). 군집 별 조사지점 수는 앞서 'I. 숲 이해하기'에서 제시했다. 10번 신갈나무_우산나물 군집 지점 수가 85개로 가장 많았으나, 대부분 종의 군집별 빈도 그림에서는 최대 빈도값(세로축)을 50으로 나타냈다. 출현 빈도가 낮은 종을 시각적으로 보이게 하려는 조치다. 그러나 10번 군집에서 출현 빈도가 50 이상인 종은 원래 값이 보이도록 그렸다.

- **군집별 피도**: 해당 종이 출현한 군집에서 평균 피도값이다(그림 3). 지점 수는 군집별로 차이가 커서 지점 수 적고 피도 편차가 크면 군집별 평균값 차이는 클 수 있다. 이때 군집별 빈도 그림에서 지점 수를 보면 이해하는 데 도움이 된다.

- **다변량 분석**: 해당 종이 출현한 군집 종류, 군집별 빈도와 피도를 2차원 그림으로 제시했다(그림 4). 다변량 군집 통계 분석 중 서열법(ordination)으로 분석했다. 그림을 보면 해당 종이 어떤 군집과 어떤 생육지에서 주로 출현하고 우점도 차이를 보이는지 알 수 있다.
분석 결과, 가로축 배열(axis 1)에는 고도 영향이 크고(대체로 오른쪽 방향으로 갈수록 고도가 높아짐), 세로축 배열(axis 2)에는 미소 지형 영향이 큰 것으로 밝혀졌다.

| 그림 3 | 군집별 빈도와 피도 그림 예시(가는잎그늘사초)

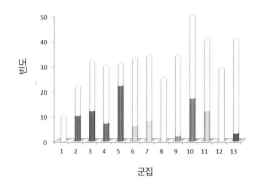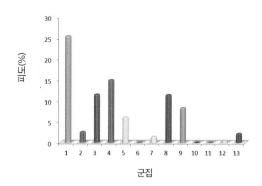

위쪽은 대체로 계곡부나 사면 하부 지점이 많아서 수분 상태가 상대적으로 '적습'한 곳이고, 아래쪽은 사면 중부, 상부, 능선, 정상 지점이 많이 위치해 상대적으로 건조한 '약건' 생육지를 의미한다.

그림에서 심벌 색은 적색 계열이 소나무 우점 숲, 녹색 계열이 굴참나무 우점 숲, 청록색 계열이 신갈나무 우점 숲, 청색 계열이 신갈나무와 활엽수 혼합 숲을 가리킨다. 색깔과 심벌 모양 조합은 13종류 숲을 가리키며 각 숲 특징은 'I. 숲 이해하기'에서 설명했다. 심벌 크기는 해당 지점에서 종이 갖는 상대적 피도값을 뜻한다. 심벌이 큰 것은 피도값이 높은 것을, 작은 것은 피도값이 낮은 것을 뜻한다. 그러나 심벌 크기로 다른 종과 우점도를 비교할 수는 없으며, 해당 종이 출현한 지점끼리 비교만 가능하다. 해당 종이 출현하는 모든 지점에서 피도가 똑같다면, 피도값이 매우 낮더라도 심벌은 같은 크기로 표시된다. 예를 들어 4개 군집에 출현하는 금강죽대아재비(총 24개 지점)는 모든 지점에서 피도값이 0.5%로 매우 낮지만, 값이 똑같기 때문에 크기가 같은 심벌로 표시된다. 출현하지 않는 지점은 피도값이 0이어서 점(·)으로 표시된다.

다변량 분석 그림은 이해하기 쉽지 않아서 그림 5종을 예시로 설명한다. 그림에서 멍석딸기는 왼쪽 위 사분면 2개 군집에서 주로 출현한다. 2개 심벌(●, ◇)은 각각 소나무 우점 숲(소나무_산딸기 군집)과 굴참나무 숲(굴참나무 – 소나무_왕느릅나무 군집)을 나타낸다. 즉 멍석딸기는 고도가 낮고 적습한 산지인 2개 군집에서 다른 군집에 비해 빈번히 출현하고 우점도도 높다는 뜻이다.

이와 다르게 전나무 그림은 중간 산지와 적습한 생육지에서 출현한 예시다. 7개 군집에서 출현하지만 활엽수 혼합 숲(신갈나무 – 전나무_조릿대 군집, 신갈나무 –

들메나무_고광나무 군집, 신갈나무 – 서어나무_생강나무 군집)에서 빈번히 출현하고 우점도가 높다.

큰기름새, 더덕, 송이풀 예시를 살펴보면 모두 약건인 생육지이나 출현하는 고도는 각기 다르다. 즉 큰기름새는 낮은 산지, 더덕은 중간 산지, 송이풀은 높은 산지에서 주로 출현한다. 출현하는 군집과 우점도는 종마다 다르므로 심벌 종류와 크기로 확인할 수 있다.

| 그림 4 | **다변량 분석 그림**

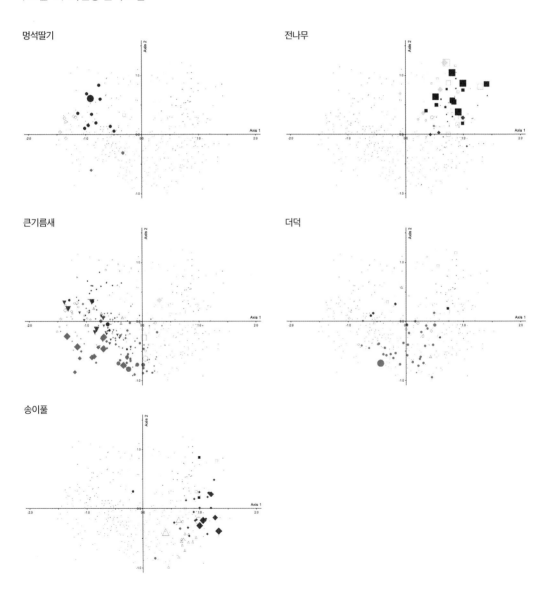

종 다양성 지수 (*H′*) Species diversity

해당 종이 출현하는 조사 지점에서 평균 종 다양성 지수와 표준편차를 계산하고, 괄호 속에 조사구 수를 제시한다. 종 다양성 지수는 얼마나 많은 종이 얼마나 비슷한 우점도로 출현하는지를 수치로 나타낸 값이다. 따라서 출현하는 종수가 많을수록, 종간 우점도가 비슷할수록 값이 커진다. 샤논 종 다양성 지수(Shannon diversity, *H′*)로 계산했다($H' = -\sum_{i} p_i \log_{10} p_i$, $p_i =$ 상대피도). 그리고 종 다양성 지수는 조사구 크기에 따라 영향을 받으므로 크기가 225㎡(15×15m)인 조사구만으로 계산했다.

동반 종 Accompanying species

해당 종과 함께 출현하는 종을 빈도가 높은 순에서부터 5종을 제시한다. 출현 빈도가 같은 종은 모두 제시하되, 빈도가 같은 종이 5종 이상일 때는 4종까지만 제시한다.

종합 Synopsis

데이터에 기초하고, 조사 지역 외 관찰과 경험을 부가해 해당 종 생태를 종합적으로 기술한다. 다음 내용을 포함하며 필요한 경우 등급으로 나눠서 설명한다.

- **생장형**: 해당 종 생장형을 목본(교목, 소교목, 관목, 반관목, 덩굴성 목본) 또는 초본(다년생, 이년생, 일년생, 덩굴성 초본)으로 구분하고 습지식물 유형을 함께 제시한다. 식물 종 대부분이 낙엽, 활엽, 다년생이므로 이는 별도로 언급하지 않으며, 상록 또는 침엽이거나 절대육상식물이 아닌 종만 언급한다(예를 들어 임의습지식물, 임의육상식물).

- **지리 분포**: 국내·국외로 구분하며, 우리나라 고유종만 언급한다.

- **생육지**

    모암: 해당 종이 석회암 지역에서 100% 출현하는 경우에만 언급한다.

    고도: 해당 종이 출현하는 고도 범위를 제시한다.

    경사: 평균값 기준으로 완만한 경사(<20°), 중간 경사(20~30°), 가파른 경사(≥ 30°) 3등급으로 나눈다. 평균 경사가 완만하거나 가파를 때에만 언급한다.

    미소 지형과 사면 방위: 대부분 종은 특정 방위나 특정 미소 지형에서만 출현하지 않는다. 따라서 특별한 경향이 있는 종만 언급한다.

    기타: 해당 종이 분포하는 생육지 수분 상태는 해당 종 생육지나 군집 등을 고려해서 '적습'과 '약건'으로 나누고(표 1), 약건은 '건조하다'고 표현했다.

- **출현 군집과 우점도:** 출현하는 실제 군집 이름을 열거하는 대신 일반명을 제시한다. 예시는 표 1에 근거하며 다음과 같다. 적습한 생육지에 주로 출현하는 종이라면 소나무 우점 숲, 소나무 – 참나무 혼합 숲, 소나무 – 활엽수 혼합 숲, 신갈나무 – 활엽수 혼합 숲, 활엽수 혼합 숲 중에서 빈도나 우점도를 고려해 숲 이름을 하나 또는 여럿 제시한다. 반면 약건인 생육지에 주로 출현하는 종이라면 소나무 우점 숲, 굴참나무 숲, 신갈나무 우점 숲, 신갈나무 – 활엽수 혼합 숲 중 하나나 여럿을 열거한다.

| 표 1 | 생육지 고도와 수분 상태에 따라 구분한 13개 군집 유형

수분 상태	낮은 산지	중간 산지	높은 산지
적습	1. 소나무 - 가래나무_이삭여뀌 군집(소나무 - 활엽수 혼합 숲) 2. 소나무 - 굴참나무_졸참나무 군집(소나무 - 활엽수 혼합 숲) 3. 소나무_산딸기 군집(소나무 우점 숲)	7. 신갈나무 - 서어나무_생강나무 군집(신갈나무 - 활엽수 혼합 숲) 8. 신갈나무 - 전나무_조릿대 군집(활엽수 혼합 숲) 9. 신갈나무 - 들메나무_고광나무 군집(활엽수 혼합 숲)	
약건	4. 소나무_진달래 군집(소나무 우점 숲) 5. 굴참나무 - 소나무_왕느릅나무 군집(굴참나무 숲) 6. 굴참나무 - 떡갈나무_큰기름새 군집(굴참나무 숲)	10. 신갈나무_우산나물 군집(신갈나무 우점 숲) 11. 신갈나무_철쭉 군집(신갈나무 우점 숲)	12. 신갈나무_동자꽃 군집(신갈나무 우점 숲) 13. 신갈나무 - 피나무_나래박쥐나물 군집(신갈나무 - 활엽수 혼합 숲)

*괄호 안은 종 생태 종합 설명 시 통칭하는 일반명

빈도는 전체 지점 수 447개에서 해당 종이 출현한 지점 수 비율로 계산해서 매우 흔함($>$30%), 비교적 흔함(10~30%), 드묾(5~10%), 매우 드묾($<$5%) 4등급으로 나눈다. 피도는 해당 종이 출현하는 지점 평균 피도를 매우 우점($\geq$25%), 비교적 우점(5~25%), 소수(1~5%), 매우 소수($<$1%) 4등급으로 나누어 제시한다.

- **종 다양성 지수:** 평균값을 기준으로 낮음($<$2.1), 중간(2.1~2.5), 높음($\geq$2.5) 3등급으로 나누고, 낮은 경우와 높은 경우만 언급한다.

Ⅲ

종 생태

가는잎그늘사초

Carex humilis var. *nana*

● **생장형** Growth form
초본, 다년생, 낙엽, 절대육상식물

● **지리 분포** Geography
국내: 전국[9]
국외: 러시아, 일본, 중국[9]

● **생육지** Habitat
모암: 비석회암 59%, 석회암 41%
고도: 604±272m, 낮은 산지~중간 산지
경사: 29±11°
미소 지형: 전 지형, 주로 사면 중부 이상
사면 방위: 전 방위

● **출현 군집과 우점도** Communities & abundance
총 빈도: 22%(99/447)
평균 피도: 12±19%

1. 소나무 - 가래나무_이삭여뀌 군집(◇)
2. 소나무 - 굴참나무_졸참나무 군집(△)
3. 소나무_산딸기 군집(●)
4. 소나무_진달래 군집(▼)

5. 굴참나무 - 소나무_왕느릅나무 군집(○)
6. 굴참나무 - 떡갈나무_큰기름새 군집(◆)

7. 신갈나무 - 서어나무_생강나무 군집(◈)
8. 신갈나무 - 전나무_조릿대 군집(■)
9. 신갈나무 - 들메나무_고광나무 군집(□)
10. 신갈나무_우산나물 군집(●)
11. 신갈나무_철쭉 군집(○)
12. 신갈나무_동자꽃 군집(○)
13. 신갈나무 - 피나무_나래박쥐나물 군집(◆)

● **종 다양성 지수(H')** Species diversity
2.03±0.40(81)

● **동반 종** Accompanying species
생강나무(83%), 신갈나무(81%), 큰기름새(72%),
삽주(60%), 소나무(59%)

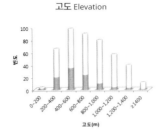
고도 Elevation

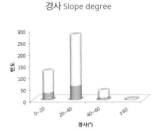
경사 Slope degree

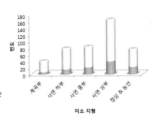
미소 지형 Micro-topography

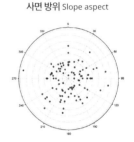
사면 방위 Slope aspect

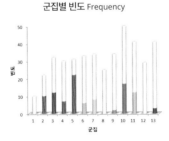
군집별 빈도 Frequency

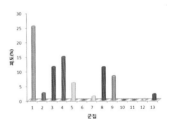
군집별 피도 Coverage

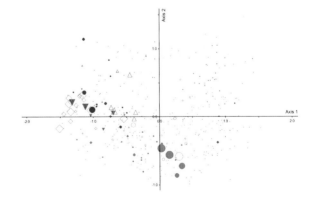
다변량 분석 Multivariate analysis

● **종합** Synopsis
고도가 낮은 산지부터 중간 산지까지 건조한 사면 중부 이상에 주로 분포한다. 소나무 우점 숲, 굴참나무 숲 또는 신갈나무 우점 숲에서 주로 출현하고 우점도가 높은 초본이다. 굴참나무 숲 지표종이다. 출현하는 군집의 종 다양성이 낮다. 비교적 흔하고 비교적 우점한다.

가래나무

Juglans mandshurica

◈ **생장형** Growth form
교목, 활엽, 낙엽, 절대육상식물

◈ **지리 분포** Geography
국내: 중부 이북[5]
국외: 러시아 극동, 중국 동북부[2]

◈ **생육지** Habitat
모암: 비석회암 88%, 석회암 12%
고도: 634±268m, 낮은 산지~중간 산지
경사: 24±14°
미소 지형: 전 지형, 주로 사면 하부 이하
사면 방위: 전 방위

◈ **출현 군집과 우점도** Communities & abundance
총 빈도: 11%(50/447)
평균 피도: 6±11%

1. 소나무 - 가래나무_이삭여뀌 군집(◇)
2. 소나무 - 굴참나무_졸참나무 군집(△)
3. 소나무_산딸기 군집(●)
4. 소나무_진달래 군집(▼)

5. 굴참나무 - 소나무_왕느릅나무 군집(　)
6. 굴참나무 - 떡갈나무_큰기름새 군집(◆)

7. 신갈나무 - 서어나무_생강나무 군집(◉)
8. 신갈나무 - 전나무_조릿대 군집(■)
9. 신갈나무 - 들메나무_고광나무 군집(□)
10. 신갈나무_우산나물 군집(●)
11. 신갈나무_철쭉 군집(◌)
12. 신갈나무_동자꽃 군집(　)
13. 신갈나무 - 피나무_나래박쥐나물 군집(◆)

◈ **종 다양성 지수(H′)** Species diversity
2.23±0.31(39)

◈ **동반 종** Accompanying species
물푸레나무(84%), 신갈나무(74%), 생강나무(68%),
고로쇠나무(64%), 당단풍나무(60%)

◈ **종합** Synopsis
고도가 낮은 산지부터 중간 산지까지 사면 하부 이하에 주로 분포한다. 소나무 - 활엽수 혼합 숲 지표종으로서 비교적 흔하며 우점도도 높지만, 신갈나무 - 활엽수 혼합 숲이나 활엽수 혼합 숲에서도 출현하는 교목이다. 곳에 따라서는 소규모이기는 하나 가래나무 우점 숲을 이루기도 한다. 비교적 흔하고 우점한다.

고도 Elevation
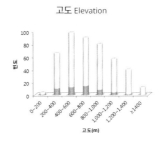

경사 Slope degree
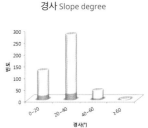

미소 지형 Micro-topography
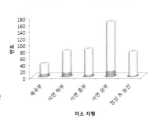

사면 방위 Slope aspect
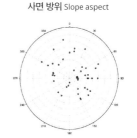

군집별 빈도 Frequency
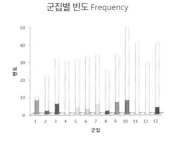

군집별 피도 Coverage
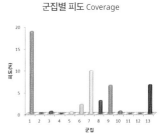

다변량 분석 Multivariate analysis
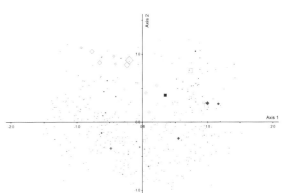

각시붓꽃

Iris rossii

● **생장형** Growth form
초본, 다년생, 낙엽, 절대육상식물

● **지리 분포** Geography
국내: 전국[2]
국외: 일본, 중국 동북부[2]

● **생육지** Habitat
모암: 비석회암 49%, 석회암 51%
고도: 545±127m, 낮은 산지
경사: 29±11°
미소 지형: 전 지형, 주로 사면 중부 이상
사면 방위: 전 방위

● **출현 군집과 우점도** Communities & abundance
총 빈도: 9%(41/447)
평균 피도: 0.7±0.9%

1. 소나무 - 가래나무 _ 이삭여뀌 군집(◇)
2. 소나무 - 굴참나무 _ 졸참나무 군집(△)
3. 소나무 _ 산딸기 군집(●)
4. 소나무 _ 진달래 군집(▼)

5. 굴참나무 - 소나무 _ 왕느릅나무 군집(○)
6. 굴참나무 - 떡갈나무 _ 큰기름새 군집(◆)

7. 신갈나무 - 서어나무 _ 생강나무 군집(◉)
8. 신갈나무 - 전나무 _ 조릿대 군집(■)
9. 신갈나무 - 들메나무 _ 고광나무 군집(□)
10. 신갈나무 _ 우산나물 군집(●)
11. 신갈나무 _ 철쭉 군집(○)
12. 신갈나무 _ 동자꽃 군집(○)
13. 신갈나무 - 피나무 _ 나래박쥐나물 군집(◆)

● **종 다양성 지수(H')** Species diversity
2.07±0.44(41)

● **동반 종** Accompanying species
생강나무(93%), 삽주(88%), 신갈나무(85%),
큰기름새(83%), 소나무(76%)

고도 Elevation

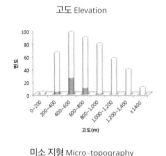

경사 Slope degree

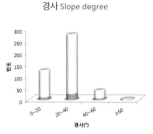

미소 지형 Micro-topography

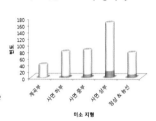

사면 방위 Slope aspect

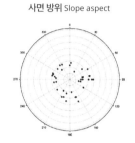

군집별 빈도 Frequency

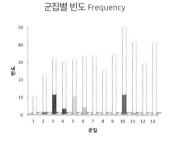

군집별 피도 Coverage

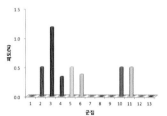

다변량 분석 Multivariate analysis

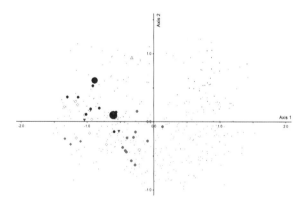

● **종합** Synopsis
고도가 낮은 산지에서 사면 중부 이상 건조한 곳에 주로 분포한다. 상층이 울폐되지 않아서 빛이 상당히 들어오는 소나무 우점 숲, 굴참나무 숲, 신갈나무 우점 숲에서 출현하는 초본이다. 출현하는 군집의 종 다양성이 낮다. 매우 드물게 분포한다.

갈참나무
Quercus aliena

Fagaceae

◉ **생장형** Growth form
교목, 활엽, 낙엽, 절대육상식물

◉ **지리 분포** Geography
국내: 전국[2]
국외: 동남아시아, 일본, 중국[2]

◉ **생육지** Habitat
모암: 비석회암 64%, 석회암 36%
고도: 469±181m, 낮은 산지
경사: 22±13°
미소 지형: 주로 사면 중부 이하
사면 방위: 전 방위

◉ **출현 군집과 우점도** Communities & abundance
총 빈도: 2%(11/447)
평균 피도: 8±18%

1. 소나무 - 가래나무_이삭여뀌 군집(◇)
2. 소나무 - 굴참나무_졸참나무 군집(△)
3. 소나무_산딸기 군집(●)
4. 소나무_진달래 군집(▼)

5. 굴참나무 - 소나무_왕느릅나무 군집(○)
6. 굴참나무 - 떡갈나무_큰기름새 군집(◆)

7. 신갈나무 - 서어나무_생강나무 군집(◉)
8. 신갈나무 - 전나무_조릿대 군집(■)
9. 신갈나무 - 들메나무_고광나무 군집(□)
10. 신갈나무_우산나물 군집(●)
11. 신갈나무_철쭉 군집(○)
12. 신갈나무_동자꽃 군집( )
13. 신갈나무 - 피나무_나래박쥐나물 군집(◆)

◉ **종 다양성 지수(H′)** Species diversity
2.17±0.34(11)

◉ **동반 종** Accompanying species
물푸레나무(82%), 생강나무(82%), 신갈나무(82%),
둥굴레(73%), 소나무(73%), 큰기름새(73%)

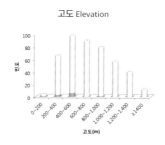
고도 Elevation

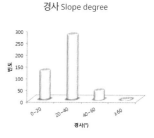
경사 Slope degree

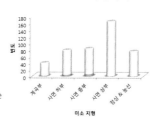
미소 지형 Micro-topography

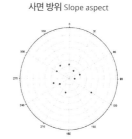
사면 방위 Slope aspect

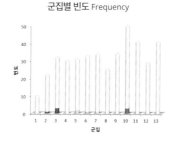
군집별 빈도 Frequency

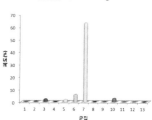
군집별 피도 Coverage

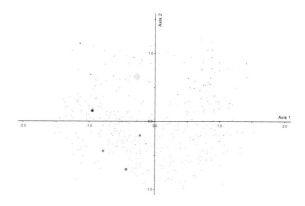
다변량 분석 Multivariate analysis

◉ **종합** Synopsis
고도가 낮은 산지에서 사면 중부 이하에 주로 분포한다. 갈참나무가 우점하는 숲은 흔치 않으며 주로 소나무 숲, 굴참나무 숲, 신갈나무 숲에 섞여서 출현하는 교목이다. 매우 드물지만 비교적 우점한다.

갈퀴꼭두선이

Rubia cordifolia var. *pratensis*

◉ **생장형** Growth form
덩굴성 초본, 다년생, 낙엽, 절대육상식물

◉ **지리 분포** Geography
국내: 전국[3]
국외: 러시아 아무르, 우수리, 일본, 중국[3]

◉ **생육지** Habitat
모암: 비석회암 40%, 석회암 60%
고도: 665±343m, 낮은 산지~높은 산지
경사: 28±11°
미소 지형: 계곡부 제외, 전 지형
사면 방위: 주로 남사면

◉ **출현 군집과 우점도** Communities & abundance
총 빈도: 7%(30/447)
평균 피도: 0.5±0%

1. 소나무 - 가래나무_이삭여뀌 군집(◇)
2. 소나무 - 굴참나무_졸참나무 군집(△)
3. 소나무_산딸기 군집(●)
4. 소나무_진달래 군집(▼)

5. 굴참나무 - 소나무_왕느릅나무 군집(◎)
6. 굴참나무 - 떡갈나무_큰기름새 군집(◆)

7. 신갈나무 - 서어나무_생강나무 군집(◈)
8. 신갈나무 - 전나무_조릿대 군집(■)
9. 신갈나무 - 들메나무_고광나무 군집(□)
10. 신갈나무_우산나물 군집(●)
11. 신갈나무_철쭉 군집(◎)
12. 신갈나무_동자꽃 군집(○)
13. 신갈나무 - 피나무_나래박쥐나물 군집(◆)

◉ **종 다양성 지수(H′)** Species diversity
2.28±0.30(29)

◉ **동반 종** Accompanying species
산박하(83%), 물푸레나무(77%), 신갈나무(73%),
큰기름새(73%), 생강나무(70%)

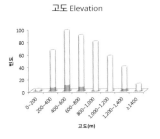

고도 Elevation

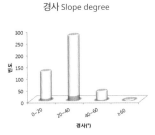

경사 Slope degree

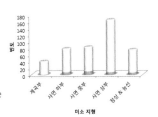

미소 지형 Micro-topography

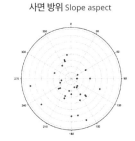

사면 방위 Slope aspect

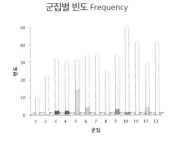

군집별 빈도 Frequency

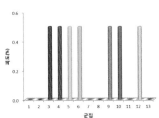

군집별 피도 Coverage

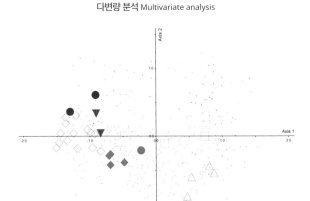

다변량 분석 Multivariate analysis

◉ **종합** Synopsis
고도가 낮은 산지부터 높은 산지까지, 분포하는 고도 범위가 넓다. 주로 남사면에서 계곡부를 제외하고 전 지형에 분포한다. 상층이 울폐되지 않아서 빛이 많이 들어오는 굴참나무 숲속이나 숲 가장자리에서 높은 빈도로 출현하는 덩굴성 초본이다. 소나무 숲과 높은 산지 신갈나무 숲에서도 볼 수 있다. 드물고 매우 소수 분포한다.

개갈퀴

Asperula maximowiczii

◉ **생장형** Growth form
초본, 다년생, 낙엽, 절대육상식물

◉ **지리 분포** Geography
국내: 전국[3]
국외: 러시아 우수리, 일본, 중국[3]

◉ **생육지** Habitat
모암: 비석회암 74%, 석회암 26%
고도: 712±241m, 낮은 산지~중간 산지
경사: 29±11°
미소 지형: 전 지형, 주로 사면 중부 및 상부
사면 방위: 전 방위

◉ **출현 군집과 우점도** Communities & abundance
총 빈도: 15%(66/447)
평균 피도: 2±11%

1. 소나무 - 가래나무_이삭여뀌 군집(◇)
2. 소나무 - 굴참나무_졸참나무 군집(△)
3. 소나무_산딸기 군집(●)
4. 소나무_진달래 군집(▼)

5. 굴참나무 - 소나무_왕느릅나무 군집(○)
6. 굴참나무 - 떡갈나무_큰기름새 군집(◆)

7. 신갈나무 - 서어나무_생강나무 군집(◉)
8. 신갈나무 - 전나무_조릿대 군집(■)
9. 신갈나무 - 들메나무_고광나무 군집(□)
10. 신갈나무_우산나물 군집(●)
11. 신갈나무_철쭉 군집( )
12. 신갈나무_동자꽃 군집( )
13. 신갈나무 - 피나무_나래박쥐나물 군집(◆)

◉ **종 다양성 지수(H′)** Species diversity
2.16±0.44(54)

◉ **동반 종** Accompanying species
신갈나무(91%), 생강나무(76%), 물푸레나무(74%),
삽주(62%), 대사초(61%), 참취(61%)

고도 Elevation

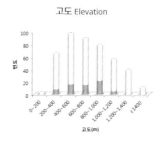

경사 Slope degree

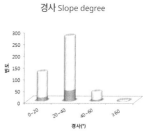

미소 지형 Micro-topography

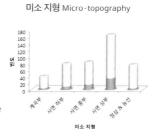

사면 방위 Slope aspect

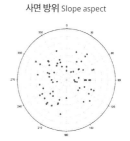

군집별 빈도 Frequency

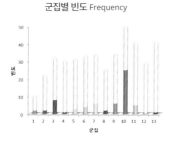

군집별 피도 Coverage

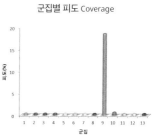

다변량 분석 Multivariate analysis

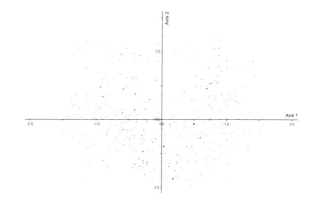

◉ **종합** Synopsis
고도가 낮은 산지부터 중간 산지까지 사면 중부나 상부에 주로 분포한다. 다수 군집에서 출현하나 신갈나무 우점 숲에서 특히
빈도가 높은 초본이다. 비교적 흔하지만 소수 분포한다.

개고사리

Athyrium niponicum

개고사리과
Athyriaceae

● **생장형** Growth form
　　초본, 다년생, 낙엽, 절대육상식물

● **지리 분포** Geography
　　국내: 전국[8]
　　국외: 대만, 미얀마, 베트남, 일본, 중국[8]

● **생육지** Habitat
　　모암: 비석회암 78%, 석회암 22%
　　고도: 730±340m, 낮은 산지~높은 산지
　　경사: 27±13°
　　미소 지형: 전 지형, 주로 사면 중부 이하
　　사면 방위: 전 방위

● **출현 군집과 우점도** Communities & abundance
　　총 빈도: 8%(36/447)
　　평균 피도: 3±11%

　1.　소나무-가래나무_이삭여뀌 군집(◇)
　2.　소나무-굴참나무_졸참나무 군집(△)
　3.　소나무_산딸기 군집(●)
　4.　소나무_진달래 군집(▼)

　5.　굴참나무-소나무_왕느릅나무 군집(○)
　6.　굴참나무-떡갈나무_큰기름새 군집(◆)

　7.　신갈나무-서어나무_생강나무 군집(◈)
　8.　신갈나무-전나무_조릿대 군집(■)
　9.　신갈나무-들메나무_고광나무 군집(□)
　10.　신갈나무_우산나물 군집(●)
　11.　신갈나무_철쭉 군집(○)
　12.　신갈나무_동자꽃 군집(　)
　13.　신갈나무-피나무_나래박쥐나물 군집(◆)

● **종 다양성 지수(H′)** Species diversity
　　2.37±0.41(30)

● **동반 종** Accompanying species
　　신갈나무(78%), 고로쇠나무(69%), 당단풍나무(64%),
　　대사초(61%), 물푸레나무(61%)

● **종합** Synopsis
　　고도가 낮은 산지부터 높은 산지까지, 분포하는 고도 범위가 넓다. 사면 중부 이하 적습한 곳에 주로 분포한다. 활엽수-혼합
　　숲에서 빈도와 우점도가 높고, 다수 군집에서 출현하는 초본이다. 드물고 소수 분포한다.

고도 Elevation

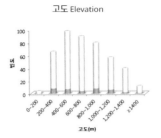

경사 Slope degree

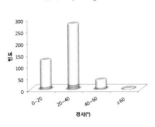

미소 지형 Micro-topography

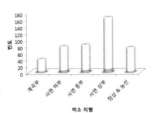

사면 방위 Slope aspect

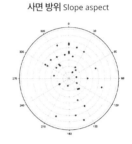

군집별 빈도 Frequency

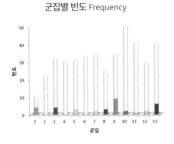

군집별 피도 Coverage

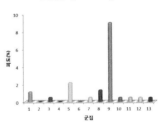

다변량 분석 Multivariate analysis

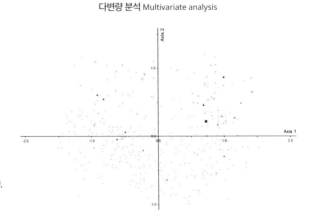

개다래

Actinidia polygama

◉ **생장형** Growth form
덩굴성 목본, 활엽, 낙엽, 절대육상식물

◉ **지리 분포** Geography
국내: 전국[2]
국외: 러시아 동북부, 일본, 중국 동북부[2]

◉ **생육지** Habitat
모암: 비석회암 76%, 석회암 24%
고도: 813±241m, 낮은 산지~높은 산지
경사: 24±11°
미소 지형: 전 지형
사면 방위: 전 방위

◉ **출현 군집과 우점도** Communities & abundance
총 빈도: 8%(37/447)
평균 피도: 2±4%

1. 소나무 - 가래나무_이삭여뀌 군집(◇)
2. 소나무 - 굴참나무_졸참나무 군집(△)
3. 소나무_산딸기 군집(●)
4. 소나무_진달래 군집(▼)

5. 굴참나무 - 소나무_왕느릅나무 군집(○)
6. 굴참나무 - 떡갈나무_큰기름새 군집(◆)

7. 신갈나무 - 서어나무_생강나무 군집(✳)
8. 신갈나무 - 전나무_조릿대 군집(■)
9. 신갈나무 - 들메나무_고광나무 군집(□)
10. 신갈나무_우산나물 군집(●)
11. 신갈나무_철쭉 군집(○)
12. 신갈나무_동자꽃 군집( )
13. 신갈나무 - 피나무_나래박쥐나물 군집(◆)

◉ **종 다양성 지수(H′)** Species diversity
2.20±0.30(30)

◉ **동반 종** Accompanying species
신갈나무(84%), 생강나무(68%), 대사초(65%), 물푸레나무(62%),
노루오줌(54%), 당단풍나무(54%), 참취(54%)

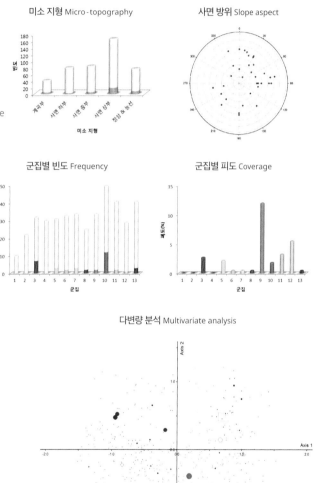

고도 Elevation

경사 Slope degree

미소 지형 Micro-topography

사면 방위 Slope aspect

군집별 빈도 Frequency

군집별 피도 Coverage

다변량 분석 Multivariate analysis

◉ **종합** Synopsis
고도가 낮은 산지부터 높은 산지까지, 분포하는 고도 범위가 넓다. 전 지형에 분포한다. 소나무 우점 숲이나 신갈나무 우점
숲에서 햇빛이 많이 들어오는 숲 틈을 차지하는 덩굴성 목본이다. 숲 틈이 큰 곳에서는 매우 우점하기도 하나, 드물고 대체로
소수 분포한다.

개머루

Ampelopsis brevipedunculata

● **생장형** Growth form
덩굴성 목본, 활엽, 낙엽, 절대육상식물

● **지리 분포** Geography
국내: 전국[2]
국외: 중국 동북부[2]

● **생육지** Habitat
모암: 비석회암 65%, 석회암 35%
고도: 610±248m, 낮은 산지~중간 산지
경사: 31±13°
미소 지형: 계곡부 제외, 주로 사면부
사면 방위: 전 방위

● **출현 군집과 우점도** Communities & abundance
총 빈도: 12%(54/447)
평균 피도: 0.6±0.7%

1. 소나무-가래나무_이삭여뀌 군집(◇)
2. 소나무-굴참나무_졸참나무 군집(△)
3. 소나무_산딸기 군집(●)
4. 소나무_진달래 군집(▼)

5. 굴참나무-소나무_왕느릅나무 군집(○)
6. 굴참나무-떡갈나무_큰기름새 군집(◆)

7. 신갈나무-서어나무_생강나무 군집(◉)
8. 신갈나무-전나무_조릿대 군집(■)
9. 신갈나무-들메나무_고광나무 군집(□)
10. 신갈나무_우산나물 군집(●)
11. 신갈나무_철쭉 군집(○)
12. 신갈나무_동자꽃 군집(○)
13. 신갈나무-피나무_나래박쥐나물 군집(◆)

● **종 다양성 지수(H′)** Species diversity
2.04±0.44(52)

● **동반 종** Accompanying species
물푸레나무(87%), 신갈나무(80%), 생강나무(78%),
큰기름새(78%), 둥굴레(70%)

● **종합** Synopsis
고도가 낮은 산지부터 중간 산지에서 계곡부를 제외하고 가파르고 건조한 사면부에 주로 분포한다. 소나무, 굴참나무, 신갈나무 우점 숲에서 출현하는 덩굴성 목본이다. 출현하는 군집의 종 다양성이 낮다. 비교적 흔하나 매우 소수 분포한다.

고도 Elevation

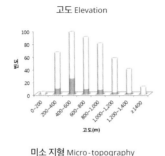

경사 Slope degree

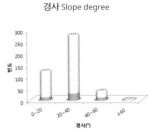

미소 지형 Micro-topography

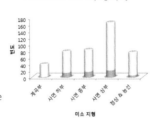

사면 방위 Slope aspect

군집별 빈도 Frequency

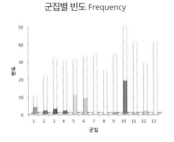

군집별 피도 Coverage

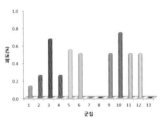

다변량 분석 Multivariate analysis

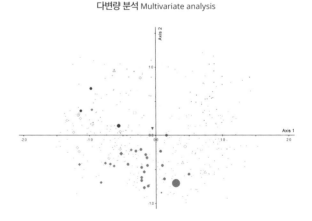

개면마

Pentarhizidium orientale

◉ **생장형** Growth form
초본, 다년생, 낙엽, 절대육상식물

◉ **지리 분포** Geography
국내: 전국[2]
국외: 대만, 러시아, 일본, 중국, 히말라야[1]

◉ **생육지** Habitat
모암: 비석회암 90%, 석회암 10%
고도: 1,111±226m, 중간 산지~높은 산지
경사: 34±9°
미소 지형: 사면 중부 이상
사면 방위: 전 방위

◉ **출현 군집과 우점도** Communities & abundance
총 빈도: 2%(10/447)
평균 피도: 3±5%

1. 소나무 - 가래나무_이삭여뀌 군집(◇)
2. 소나무 - 굴참나무_졸참나무 군집(△)
3. 소나무_산딸기 군집(●)
4. 소나무_진달래 군집(▼)

5. 굴참나무 - 소나무_왕느릅나무 군집( )
6. 굴참나무 - 떡갈나무_큰기름새 군집(◆)

7. 신갈나무 - 서어나무_생강나무 군집( )
8. 신갈나무 - 전나무_조릿대 군집(■)
9. 신갈나무 - 들메나무_고광나무 군집(□)
10. 신갈나무_우산나물 군집(●)
11. 신갈나무_철쭉 군집( )
12. 신갈나무_동자꽃 군집( )
13. 신갈나무 - 피나무_나래박쥐나물 군집(◆)

◉ **종 다양성 지수(H′)** Species diversity
2.63±0.49(4)

◉ **동반 종** Accompanying species
당단풍나무(100%), 단풍취(90%), 벌깨덩굴(90%),
신갈나무(90%), 피나무(90%), 큰꼭두선이(90%)

◉ **종합** Synopsis
고도가 중간 산지부터 높은 산지에서 사면 중부 이상 가파른 곳에 주로 분포한다. 신갈나무 우점 숲, 신갈나무 - 활엽수 혼합 숲,
활엽수 혼합 숲에서 주로 출현하는 초본이다. 출현하는 군집의 종 다양성이 높다. 매우 드물고 소수 분포한다.

고도 Elevation
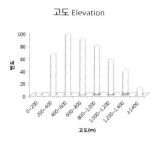

경사 Slope degree
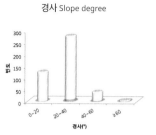

미소 지형 Micro-topography
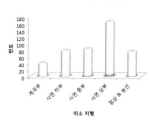

사면 방위 Slope aspect
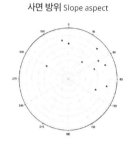

군집별 빈도 Frequency
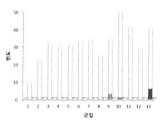

군집별 피도 Coverage
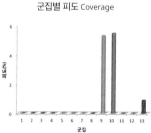
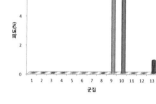

다변량 분석 Multivariate analysis
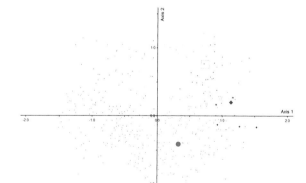

개미취
Aster tataricus

● **생장형** Growth form
초본, 다년생, 낙엽, 절대육상식물

● **지리 분포** Geography
국내: 전국[2]
국외: 러시아 시베리아, 몽골, 일본, 중국[2]

● **생육지** Habitat
모암: 비석회암 57%, 석회암 43%
고도: 787±293m, 낮은 산지~높은 산지
경사: 26±18°
미소 지형: 전 지형
사면 방위: 전 방위

● **출현 군집과 우점도** Communities & abundance
총 빈도: 5%(21/447)
평균 피도: 2±3%

1. 소나무-가래나무_이삭여뀌 군집(◇)
2. 소나무-굴참나무_졸참나무 군집(△)
3. 소나무_산딸기 군집(●)
4. 소나무_진달래 군집(▼)

5. 굴참나무-소나무_왕느릅나무 군집(○)
6. 굴참나무-떡갈나무_큰기름새 군집(◆)

7. 신갈나무-서어나무_생강나무 군집(◈)
8. 신갈나무-전나무_조릿대 군집(■)
9. 신갈나무-들메나무_고광나무 군집(□)
10. 신갈나무_우산나물 군집(●)
11. 신갈나무_철쭉 군집(○)
12. 신갈나무_동자꽃 군집( )
13. 신갈나무-피나무_나래박쥐나물 군집(◆)

● **종 다양성 지수(H')** Species diversity
2.37±0.41(18)

● **동반 종** Accompanying species
물푸레나무(81%), 신갈나무(81%), 큰기름새(67%), 둥굴레(62%), 산딸기(62%), 산박하(62%), 생강나무(62%)

● **종합** Synopsis
고도가 낮은 산지부터 높은 산지까지, 고도 범위가 넓고 전 지형에 분포한다. 햇빛이 많이 들어오는 건조한 소나무 우점 숲, 굴참나무 숲, 신갈나무 우점 숲 가장자리에서 주로 출현하는 초본이다. 숲 인근 길가 양지바른 곳에도 드물게 소수 분포한다.

고도 Elevation
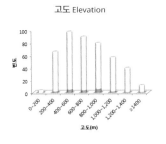

경사 Slope degree
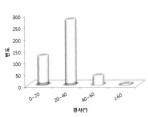

미소 지형 Micro-topography
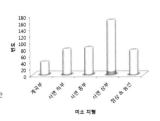

사면 방위 Slope aspect
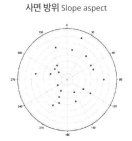

군집별 빈도 Frequency
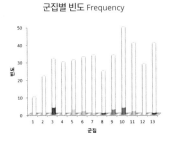

군집별 피도 Coverage
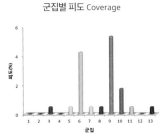

다변량 분석 Multivariate analysis
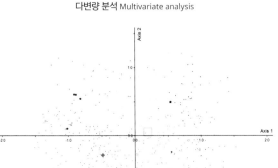

개살구나무
Prunus mandshurica var. *glabra*

● **생장형** Growth form
교목, 활엽, 낙엽, 절대육상식물

● **지리 분포** Geography
국내: 중부 이북[6]
국외: 러시아 우수리, 중국 동북부[9]

● **생육지** Habitat
모암: 비석회암 12%, 석회암 88%
고도: 541±163m, 낮은 산지~중간 산지
경사: 34±7°
미소 지형: 계곡부 제외, 주로 사면 하부와 중부
사면 방위: 전 방위

● **출현 군집과 우점도** Communities & abundance
총 빈도: 4%(16/447)
평균 피도: 2±5%

1. 소나무-가래나무_이삭여뀌 군집(◇)
2. 소나무-굴참나무_졸참나무 군집(△)
3. 소나무_산딸기 군집(●)
4. 소나무_진달래 군집(▼)

5. 굴참나무-소나무_왕느릅나무 군집(◈)
6. 굴참나무-떡갈나무_큰기름새 군집(◆)

7. 신갈나무-서어나무_생강나무 군집(◉)
8. 신갈나무-전나무_조릿대 군집(■)
9. 신갈나무-들메나무_고광나무 군집(□)
10. 신갈나무_우산나물 군집(●)
11. 신갈나무_철쭉 군집(○)
12. 신갈나무_동자꽃 군집( )
13. 신갈나무-피나무_나래박쥐나물 군집(◆)

● **종 다양성 지수(H′)** Species diversity
2.28±0.36(16)

● **동반 종** Accompanying species
큰기름새(88%), 물푸레나무(81%), 부채마(81%),
생강나무(81%), 삽주(75%), 소나무(75%), 신갈나무(75%)

● **종합** Synopsis
고도가 낮은 산지부터 중간 산지에서 계곡부를 제외하고 가파른 사면 하부와 중부에 주로 분포한다. 소나무와 굴참나무가 우점하는 숲에서 주로 혼생하는 교목이고 신갈나무 우점 숲과 활엽수 혼합 숲에서도 발견된다. 매우 드물고 소수 분포한다.

고도 Elevation
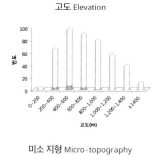

경사 Slope degree
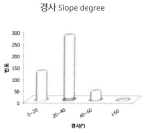

미소 지형 Micro-topography
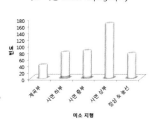

사면 방위 Slope aspect
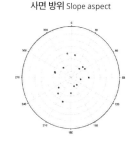

군집별 빈도 Frequency
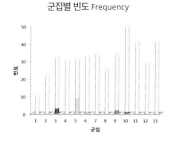

군집별 피도 Coverage
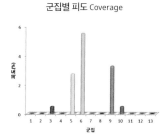

다변량 분석 Multivariate analysis
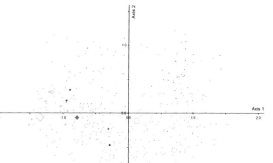

개시호

Bupleurum longiradiatum

● **생장형** Growth form
초본, 활엽, 낙엽, 절대육상식물

● **지리 분포** Geography
국내: 전국[3]
국외: 러시아 사할린, 시베리아, 몽골, 일본[3]

● **생육지** Habitat
모암: 비석회암 86%, 석회암 14%
고도: 1,312±107m, 높은 산지
경사: 18±11°
미소 지형: 사면 상부 이상
사면 방위: 전 방위

● **출현 군집과 우점도** Communities & abundance
총 빈도: 5%(21/447)
평균 피도: 0.7±1.1%

1. 소나무-가래나무_이삭여뀌 군집(◇)
2. 소나무-굴참나무_졸참나무 군집(△)
3. 소나무_산딸기 군집(●)
4. 소나무_진달래 군집(▼)

5. 굴참나무-소나무_왕느릅나무 군집(○)
6. 굴참나무-떡갈나무_큰기름새 군집(◆)

7. 신갈나무-서어나무_생강나무 군집(◈)
8. 신갈나무-전나무_조릿대 군집(■)
9. 신갈나무-들메나무_고광나무 군집(□)
10. 신갈나무_우산나물 군집(●)
11. 신갈나무_철쭉 군집(○)
12. 신갈나무_동자꽃 군집(○)
13. 신갈나무-피나무_나래박쥐나물 군집(◆)

● **종 다양성 지수(H′)** Species diversity
2.33±0.29(14)

● **동반 종** Accompanying species
대사초(100%), 미역줄나무(95%), 당단풍나무(90%),
신갈나무(90%), 투구꽃(90%)

● **종합** Synopsis
고도가 높은 산지에서 건조한 사면 상부, 능선 또는 정상 완만한 곳에 주로 분포한다. 신갈나무 우점 숲과 신갈나무-활엽수 혼합 숲 가장자리에서 주로 출현하는 초본이다. 높은 산지 신갈나무 우점 숲 지표종이다. 드물고 매우 소수 분포한다.

고도 Elevation

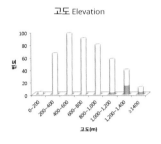

경사 Slope degree

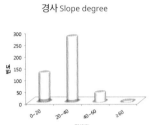

미소 지형 Micro-topography

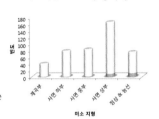

사면 방위 Slope aspect

군집별 빈도 Frequency

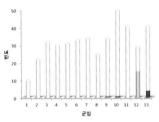

군집별 피도 Coverage

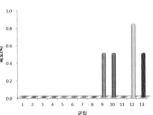

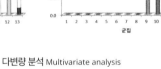

다변량 분석 Multivariate analysis

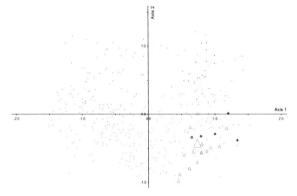

개암나무

Corylus heterophylla var. *thunbergii*

◉ **생장형** Growth form
관목, 활엽, 낙엽, 절대육상식물

◉ **지리 분포** Geography
국내: 전국[2]
국외: 러시아, 일본, 중국[2]

◉ **생육지** Habitat
모암: 비석회암 84%, 석회암 16%
고도: 850±283m, 낮은 산지~높은 산지
경사: 29±10°
미소 지형: 전 지형
사면 방위: 전 방위

◉ **출현 군집과 우점도** Communities & abundance
총 빈도: 7%(32/447)
평균 피도: 2±4%

1. 소나무-가래나무_이삭여뀌 군집(◇)
2. 소나무-굴참나무_졸참나무 군집(△)
3. 소나무_산딸기 군집(●)
4. 소나무_진달래 군집(▼)

5. 굴참나무-소나무_왕느릅나무 군집(◇)
6. 굴참나무-떡갈나무_큰기름새 군집(◆)

7. 신갈나무-서어나무_생강나무 군집(◇)
8. 신갈나무-전나무_조릿대 군집(■)
9. 신갈나무-들메나무_고광나무 군집(□)
10. 신갈나무_우산나물 군집(●)
11. 신갈나무_철쭉 군집( )
12. 신갈나무_동자꽃 군집( )
13. 신갈나무-피나무_나래박쥐나물 군집(◆)

◉ **종 다양성 지수(H′)** Species diversity
2.39±0.35(19)

◉ **동반 종** Accompanying species
신갈나무(91%), 대사초(69%), 고로쇠나무(66%),
당단풍나무(59%), 노루오줌(56%), 생강나무(56%), 참취(56%)

고도 Elevation

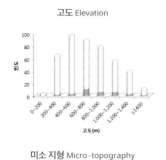

경사 Slope degree

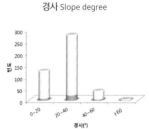

미소 지형 Micro-topography

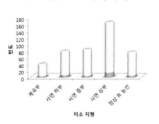

사면 방위 Slope aspect

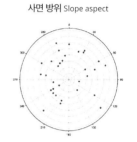

군집별 빈도 Frequency

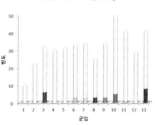

군집별 피도 Coverage

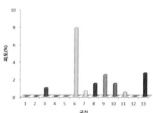

다변량 분석 Multivariate analysis

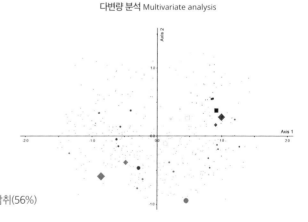

◉ **종합** Synopsis
고도가 낮은 산지부터 높은 산지까지, 고도 범위가 넓고 전 지형에 분포한다. 소나무 우점 숲과 굴참나무 숲을 포함해 높은 산지
신갈나무-활엽수 혼합 숲 등 다양한 군집에서 출현하는 관목이다. 드물고 소수 분포한다.

개옻나무

Toxicodendron trichocarpum

옻나무과
Anacardiaceae

● **생장형** Growth form
　소교목, 활엽, 낙엽, 절대육상식물

● **지리 분포** Geography
　국내: 전국[3]
　국외: 러시아, 일본, 중국[3]

● **생육지** Habitat
　모암: 비석회암 72%, 석회암 28%
　고도: 550±206m, 낮은 산지~중간 산지
　경사: 28±10°
　미소 지형: 전 지형, 주로 사면 하부와 중부
　사면 방위: 전 방위

● **출현 군집과 우점도** Communities & abundance
　총 빈도: 31%(138/447)
　평균 피도: 4±9%

1. 소나무-가래나무_이삭여뀌 군집(◇)
2. 소나무-굴참나무_졸참나무 군집(△)
3. 소나무_산딸기 군집(●)
4. 소나무_진달래 군집(▼)

5. 굴참나무-소나무_왕느릅나무 군집(○)
6. 굴참나무-떡갈나무_큰기름새 군집(◆)

7. 신갈나무-서어나무_생강나무 군집(◈)
8. 신갈나무-전나무_조릿대 군집(■)
9. 신갈나무-들메나무_고광나무 군집(□)
10. 신갈나무_우산나물 군집(●)
11. 신갈나무_철쭉 군집(○)
12. 신갈나무_동자꽃 군집(×)
13. 신갈나무-피나무_나래박쥐나물 군집(◆)

● **종 다양성 지수(H′)** Species diversity
　2.03±0.33(118)

● **동반 종** Accompanying species
　생강나무(88%), 신갈나무(87%), 삽주(70%),
　소나무(64%), 참취(62%), 큰기름새(62%)

● **종합** Synopsis
　고도가 낮은 산지부터 중간 산지까지 사면 하부와 중부에 주로 분포한다. 거의 모든 군집에서 출현하나 적습하거나 건조한 소나무 우점 숲에서 빈도가 높은 소교목이다. 적습한 활엽수 혼합 숲에서 우점도가 높다. 산불 피해지 같이 교란된 소나무 숲에 흔하다. 출현하는 군집의 종 다양성이 낮다. 매우 흔하나 소수 분포한다.

고도 Elevation

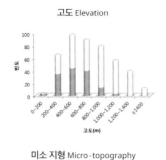

경사 Slope degree

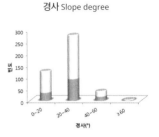

미소 지형 Micro-topography

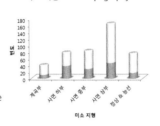

사면 방위 Slope aspect

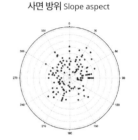

군집별 빈도 Frequency

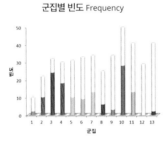

군집별 피도 Coverage

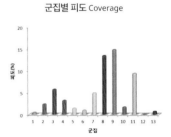

다변량 분석 Multivariate analysis

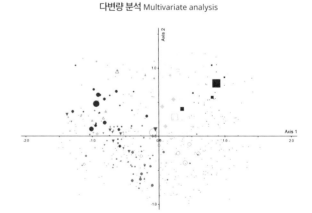

거제수나무

Betula costata

- **생장형** Growth form
  교목, 활엽, 낙엽, 절대육상식물

- **지리 분포** Geography
  국내: 경상남도 이북[3]
  국외: 러시아 극동, 일본, 중국 동북부[3]

- **생육지** Habitat
  모암: 비석회암 100%
  고도: 889±282m, 낮은 산지~높은 산지
  경사: 30±10°
  미소 지형: 전 지형, 주로 사면 중부 이하
  사면 방위: 전 방위

- **출현 군집과 우점도** Communities & abundance
  총 빈도: 5%(21/447)
  평균 피도: 9±9%

  1. 소나무 - 가래나무_이삭여뀌 군집(◇)
  2. 소나무 - 굴참나무_졸참나무 군집(△)
  3. 소나무_산딸기 군집(●)
  4. 소나무_진달래 군집(▼)

  5. 굴참나무 - 소나무_왕느릅나무 군집(○)
  6. 굴참나무 - 떡갈나무_큰기름새 군집(◆)

  7. 신갈나무 - 서어나무_생강나무 군집(◉)
  8. 신갈나무 - 전나무_조릿대 군집(■)
  9. 신갈나무 - 들메나무_고광나무 군집(□)
  10. 신갈나무 - 우산나물 군집(●)
  11. 신갈나무_철쭉 군집(○)
  12. 신갈나무_동자꽃 군집( )
  13. 신갈나무 - 피나무_나래박쥐나물 군집(◆)

- **종 다양성 지수(H′)** Species diversity
  2.35±0.34(14)

- **동반 종** Accompanying species
  신갈나무(86%), 당단풍나무(71%), 생강나무(71%),
  피나무(67%), 까치박달(62%)

고도 Elevation
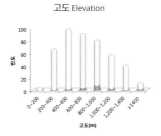

경사 Slope degree
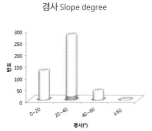

미소 지형 Micro-topography
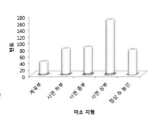

사면 방위 Slope aspect

군집별 빈도 Frequency
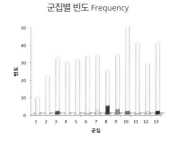

군집별 피도 Coverage
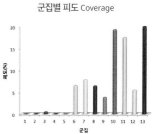

다변량 분석 Multivariate analysis
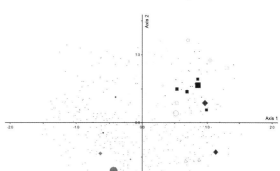

- **종합** Synopsis
  고도가 낮은 산지부터 높은 산지까지, 분포하는 고도 범위가 넓다. 비교적 적습한 곳 가파른 사면 중부 이하에 주로 분포한다. 신갈나무 - 활엽수 혼합 숲이나 전나무가 섞인 활엽수 혼합 숲에서 주로 출현하는 교목이나 건조한 신갈나무 우점 숲에서도 볼 수 있다. 드물지만 분포하는 곳에서는 비교적 우점한다.

고광나무

Philadelphus schrenkii

◉ **생장형** Growth form
관목, 활엽, 낙엽, 절대육상식물

◉ **지리 분포** Geography
국내: 전국(제주도 제외)[5]
국외: 러시아 우수리, 중국 동북부[14]

◉ **생육지** Habitat
모암: 비석회암 72%, 석회암 28%
고도: 895±292m, 낮은 산지~높은 산지
경사: 27±16°
미소 지형: 전 지형, 특히 계곡부
사면 방위: 전 방위

◉ **출현 군집과 우점도** Communities & abundance
총 빈도: 13%(58/447)
평균 피도: 5±11%

1. 소나무 - 가래나무_이삭여뀌 군집(◇)
2. 소나무 - 굴참나무_졸참나무 군집(△)
3. 소나무_산딸기 군집(●)
4. 소나무_진달래 군집(▼)

5. 굴참나무 - 소나무_왕느릅나무 군집(◇)
6. 굴참나무 - 떡갈나무_큰기름새 군집(◆)

7. 신갈나무 - 서어나무_생강나무 군집(◈)
8. 신갈나무 - 전나무_조릿대 군집(■)
9. 신갈나무 - 들메나무_고광나무 군집(□)
10. 신갈나무 - 우산나물 군집(●)
11. 신갈나무 - 철쭉 군집(○)
12. 신갈나무 - 동자꽃 군집(○)
13. 신갈나무 - 피나무_나래박쥐나물 군집(◆)

◉ **종 다양성 지수(H′)** Species diversity
2.50±0.33(41)

◉ **동반 종** Accompanying species
신갈나무(81%), 당단풍나무(79%), 고로쇠나무(74%),
대사초(72%), 노루오줌(59%)

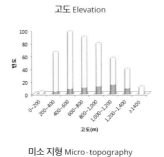

고도 Elevation

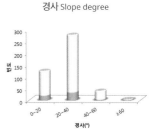

경사 Slope degree

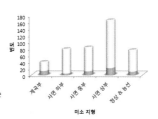

미소 지형 Micro-topography

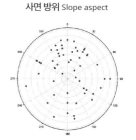

사면 방위 Slope aspect

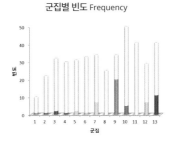

군집별 빈도 Frequency

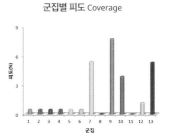

군집별 피도 Coverage

다변량 분석 Multivariate analysis

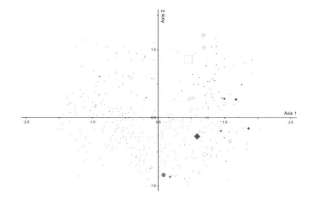

◉ **종합** Synopsis
고도가 낮은 산지부터 높은 산지까지, 분포하는 고도 범위가 넓다. 전 지형에 분포하나 계곡부에서 더욱 흔하다. 대부분 군집에서 출현하지만, 중간 산지 이상 적습한 신갈나무-활엽수 혼합 숲과 활엽수 혼합 숲에서 빈도가 높고 우점도도 높은 관목이다. 활엽수 혼합 숲 지표종이다. 출현하는 군집의 종 다양성이 높다. 비교적 흔하며 비교적 우점한다.

고깔제비꽃

Viola rossii

◈ **생장형** Growth form
초본, 다년생, 낙엽, 절대육상식물

◈ **지리 분포** Geography
국내: 전국[9]
국외: 러시아 아무르, 일본, 중국 동북부[9]

◈ **생육지** Habitat
모암: 비석회암 86%, 석회암 14%
고도: 664±254m, 낮은 산지~중간 산지
경사: 26±12°
미소 지형: 전 지형, 주로 사면부
사면 방위: 전 방위

◈ **출현 군집과 우점도** Communities & abundance
총 빈도: 17%(74/447)
평균 피도: 1±4%

1. 소나무 - 가래나무_이삭여뀌 군집(◇)
2. 소나무 - 굴참나무_졸참나무 군집(△)
3. 소나무_산딸기 군집(●)
4. 소나무_진달래 군집(▼)

5. 굴참나무 - 소나무_왕느릅나무 군집(○)
6. 굴참나무 - 떡갈나무_큰기름새 군집(◆)

7. 신갈나무 - 서어나무_생강나무 군집(✦)
8. 신갈나무 - 전나무_조릿대 군집(■)
9. 신갈나무 - 들메나무_고광나무 군집(□)
10. 신갈나무_우산나물 군집(●)
11. 신갈나무_철쭉 군집(○)
12. 신갈나무_동자꽃 군집( )
13. 신갈나무 - 피나무_나래박쥐나물 군집(◆)

◈ **종 다양성 지수(H′)** Species diversity
2.07±0.33(62)

◈ **동반 종** Accompanying species
신갈나무(86%), 생강나무(72%), 대사초(69%),
참취(66%), 당단풍나무(65%)

◈ **종합** Synopsis
고도가 낮은 산지부터 중간 산지까지 사면부에 주로 분포한다. 건조한 소나무 우점 숲이나 굴참나무 숲 또는 신갈나무 우점 숲
하층에서 출현하는 초본이다. 출현하는 군집의 종 다양성이 매우 낮다. 비교적 흔하고 소수 분포한다.

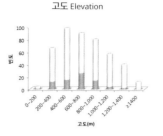

고도 Elevation

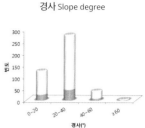

경사 Slope degree

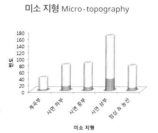

미소 지형 Micro-topography

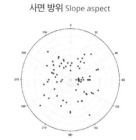

사면 방위 Slope aspect

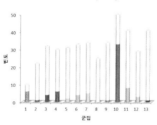

군집별 빈도 Frequency

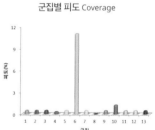

군집별 피도 Coverage

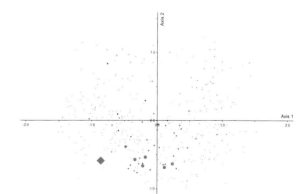

다변량 분석 Multivariate analysis

고려엉겅퀴

Cirsium setidens

● **생장형** Growth form
초본, 다년생, 낙엽, 절대육상식물

● **지리 분포** Geography
국내: 전국[13]
국외: 한국 특산[15]

● **생육지** Habitat
모암: 비석회암 60%, 석회암 40%
고도: 1,040±272m, 중간 산지~높은 산지
경사: 23±13°
미소 지형: 전 지형, 주로 사면 상부 이상
사면 방위: 전 방위

● **출현 군집과 우점도** Communities & abundance
총 빈도: 9%(40/447)
평균 피도: 0.6±0.8%

1. 소나무 - 가래나무_이삭여뀌 군집(◇)
2. 소나무 - 굴참나무_졸참나무 군집(△)
3. 소나무_산딸기 군집(●)
4. 소나무_진달래 군집(▼)

5. 굴참나무 - 소나무_왕느릅나무 군집(○)
6. 굴참나무 - 떡갈나무_큰기름새 군집(◆)

7. 신갈나무 - 서어나무_생강나무 군집(◈)
8. 신갈나무 - 전나무_조릿대 군집(■)
9. 신갈나무 - 들메나무_고광나무 군집(□)
10. 신갈나무_우산나물 군집(●)
11. 신갈나무_철쭉 군집(○)
12. 신갈나무_동자꽃 군집(○)
13. 신갈나무 - 피나무_나래박쥐나물 군집(◆)

● **종 다양성 지수(H′)** Species diversity
2.24±0.35(37)

● **동반 종** Accompanying species
신갈나무(88%), 참취(83%), 대사초(75%), 수리취(75%),
넓은잎외잎쑥(73%)

고도 Elevation

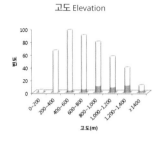

경사 Slope degree

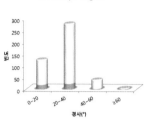

미소 지형 Micro-topography

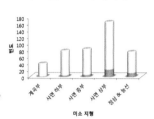

사면 방위 Slope aspect

군집별 빈도 Frequency

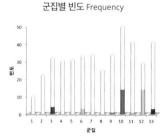

군집별 피도 Coverage

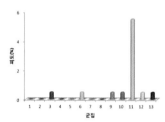

다변량 분석 Multivariate analysis

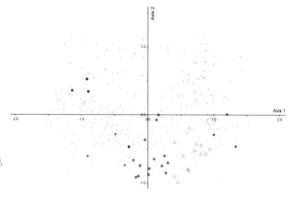

● **종합** Synopsis
고도가 중간 산지부터 높은 산지까지 건조한 사면 상부 이상에 주로 분포한다. 신갈나무 우점 숲에서 빈도와 우점도가 높은
우리나라 고유종 초본이다. 드물고 매우 소수 분포한다.

고로쇠나무

Acer pictum var. *mono*

◉ **생장형** Growth form
　교목, 활엽, 낙엽, 절대육상식물

◉ **지리 분포** Geography
　국내: 전국[3]
　국외: 러시아, 일본, 중국[3]

◉ **생육지** Habitat
　모암: 비석회암 79%, 석회암 21%
　고도: 839±316m, 낮은 산지~높은 산지
　경사: 28±14°
　미소 지형: 전 지형
　사면 방위: 전 방위

◉ **출현 군집과 우점도** Communities & abundance
　총 빈도: 43%(192/447)
　평균 피도: 7±13%

1. 소나무 - 가래나무_이삭여뀌 군집(◇)
2. 소나무 - 굴참나무_졸참나무 군집(△)
3. 소나무_산딸기 군집(●)
4. 소나무_진달래 군집(▼)

5. 굴참나무 - 소나무_왕느릅나무 군집(◇)
6. 굴참나무 - 떡갈나무_큰기름새 군집(◆)

7. 신갈나무 - 서어나무_생강나무 군집(◆)
8. 신갈나무 - 전나무_조릿대 군집(■)
9. 신갈나무 - 들메나무_고광나무 군집(□)
10. 신갈나무_우산나물 군집(●)
11. 신갈나무_철쭉 군집( )
12. 신갈나무_동자꽃 군집( )
13. 신갈나무 - 피나무_나래박쥐나물 군집(◆)

◉ **종 다양성 지수(H′)** Species diversity
　2.23±0.41(138)

◉ **동반 종** Accompanying species
　신갈나무(83%), 당단풍나무(78%), 대사초(60%),
　생강나무(60%), 물푸레나무(59%)

고도 Elevation

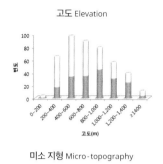

경사 Slope degree

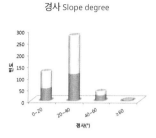

미소 지형 Micro-topography

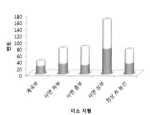

사면 방위 Slope aspect

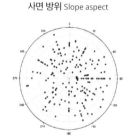

군집별 빈도 Frequency

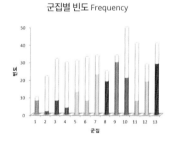

군집별 피도 Coverage

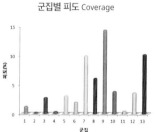

다변량 분석 Multivariate analysis

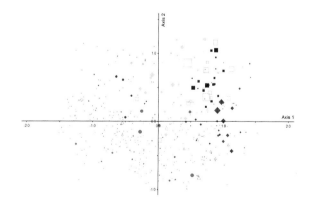

◉ **종합** Synopsis
　고도가 낮은 산지부터 높은 산지까지, 분포하는 고도 범위가 넓다. 입지도 다양하다. 건조하고 낮은 산지의 석회암 지대 굴참나무 숲을 포함해 모든 숲에서 출현하나, 중간 산지나 높은 산지의 적습한 신갈나무-활엽수 혼합 숲, 활엽수 혼합 숲 등에서 더욱 흔하고 우점도도 높은 교목이다. 매우 흔하고 비교적 우점한다.

고사리

Pteridium aquilinum var. latiusculum

잔고사리과
Dennstaedtiaceae

◉ **생장형** Growth form
초본, 다년생, 낙엽, 절대육상식물

◉ **지리 분포** Geography
국내: 전국[2]
국외: 전 세계(사막 제외)[2]

◉ **생육지** Habitat
모암: 비석회암 81%, 석회암 19%
고도: 605±238m, 낮은 산지~중간 산지
경사: 28±10°
미소 지형: 전 지형, 주로 사면 중부 이상
사면 방위: 전 방위

◉ **출현 군집과 우점도** Communities & abundance
총 빈도: 23%(101/447)
평균 피도: 2±3%

1. 소나무 - 가래나무_이삭여뀌 군집(◇)
2. 소나무 - 굴참나무_졸참나무 군집(△)
3. 소나무_산딸기 군집(●)
4. 소나무_진달래 군집(▼)

5. 굴참나무 - 소나무_왕느릅나무 군집(◇)
6. 굴참나무 - 떡갈나무_큰기름새 군집(◆)

7. 신갈나무 - 서어나무_생강나무 군집(◈)
8. 신갈나무 - 전나무_조릿대 군집(■)
9. 신갈나무 - 들메나무_고광나무 군집(□)
10. 신갈나무_우산나물 군집(●)
11. 신갈나무_철쭉 군집(○)
12. 신갈나무_동자꽃 군집(○)
13. 신갈나무 - 피나무_나래박쥐나물 군집(◆)

◉ **종 다양성 지수(H')** Species diversity
2.02±0.41(86)

◉ **동반 종** Accompanying species
신갈나무(93%), 생강나무(87%), 큰기름새(76%),
참취(70%), 삽주(69%)

◉ **종합** Synopsis
고도가 낮은 산지부터 중간 산지에서 사면 중부 이상 건조한 곳에 주로 분포한다. 소나무 우점 숲, 소나무 - 활엽수 혼합 숲, 굴참나무 숲, 신갈나무 우점 숲 하층에서 주로 출현하는 초본이다. 산불 피해지 같이 교란되어 햇빛이 많이 투입되는 숲에서는 곳에 따라 매우 우점한다. 출현하는 군집의 종 다양성이 낮다. 비교적 흔하며 소수 분포한다.

고도 Elevation

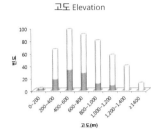

경사 Slope degree

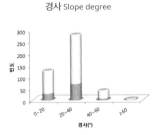

미소 지형 Micro-topography

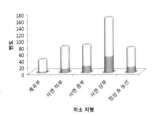

사면 방위 Slope aspect

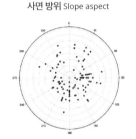

군집별 빈도 Frequency

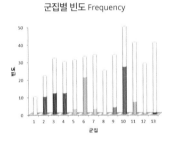

군집별 피도 Coverage

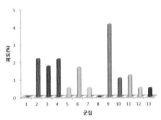

다변량 분석 Multivariate analysis

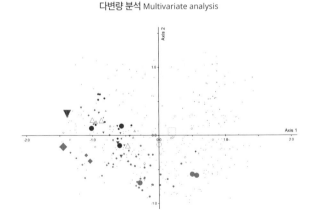

고추나무

Staphylea bumalda

◉ **생장형** Growth form
소교목, 활엽, 낙엽, 절대육상식물

◉ **지리 분포** Geography
국내: 전국[2]
국외: 일본, 중국[2]

◉ **생육지** Habitat
모암: 비석회암 68%, 석회암 32%
고도: 557±218m, 낮은 산지~중간 산지
경사: 25±14°
미소 지형: 전 지형, 주로 사면 하부 이하
사면 방위: 전 방위

◉ **출현 군집과 우점도** Communities & abundance
총 빈도: 9%(41/447)
평균 피도: 2±3%

1. 소나무 - 가래나무_이삭여뀌 군집(◇)
2. 소나무 - 굴참나무_졸참나무 군집(△)
3. 소나무_산딸기 군집(●)
4. 소나무_진달래 군집(▼)

5. 굴참나무 - 소나무_왕느릅나무 군집(○)
6. 굴참나무 - 떡갈나무_큰기름새 군집(◆)

7. 신갈나무 - 서어나무_생강나무 군집(◈)
8. 신갈나무 - 전나무_조릿대 군집(■)
9. 신갈나무 - 들메나무_고광나무 군집(□)
10. 신갈나무_우산나물 군집(●)
11. 신갈나무_철쭉 군집(○)
12. 신갈나무_동자꽃 군집(◌)
13. 신갈나무 - 피나무_나래박쥐나물 군집(◆)

◉ **종 다양성 지수(H′)** Species diversity
2.29±0.33(31)

◉ **동반 종** Accompanying species
물푸레나무(93%), 생강나무(73%), 신갈나무(73%),
고로쇠나무(68%), 당단풍나무(63%)

◉ **종합** Synopsis
고도가 낮은 산지부터 중간 산지까지 사면 하부 이하 적습한 곳에 주로 분포한다. 적습한 소나무 우점 숲, 소나무 - 활엽수 혼합 숲이나 활엽수 혼합 숲 하층에서 주로 출현하고 우점도도 높은 소교목이다. 드물고 소수 분포한다.

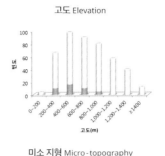

고도 Elevation

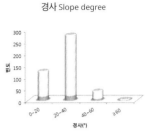

경사 Slope degree

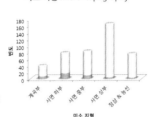

미소 지형 Micro-topography

사면 방위 Slope aspect

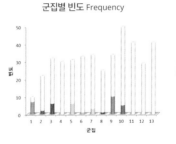

군집별 빈도 Frequency

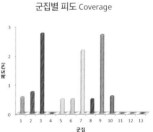

군집별 피도 Coverage

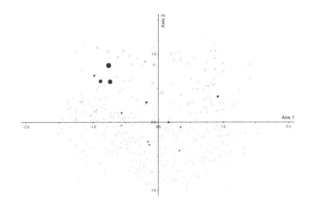

다변량 분석 Multivariate analysis

골무꽃
Scutellaria indica

● **생장형** Growth form
초본, 다년생, 낙엽, 절대육상식물

● **지리 분포** Geography
국내: 전국[3]
국외: 라오스, 말레이시아, 베트남, 인도네시아,
일본, 중국, 태국[2]

● **생육지** Habitat
모암: 비석회암 90%, 석회암 10%
고도: 653±249m, 낮은 산지~중간 산지
경사: 26±10°
미소 지형: 사면 상부 이하
사면 방위: 전 방위

● **출현 군집과 우점도** Communities & abundance
총 빈도: 2%(10/447)
평균 피도: 0.5±0%

1. 소나무 - 가래나무 _이삭여뀌 군집(◇)
2. 소나무 - 굴참나무 _졸참나무 군집(△)
3. 소나무 _산딸기 군집(●)
4. 소나무 _진달래 군집(▼)

5. 굴참나무 - 소나무 _왕느릅나무 군집(○)
6. 굴참나무 - 떡갈나무 _큰기름새 군집(◆)

7. 신갈나무 - 서어나무 _생강나무 군집(◈)
8. 신갈나무 - 전나무 _조릿대 군집(■)
9. 신갈나무 - 들메나무 _고광나무 군집(□)
10. 신갈나무 _우산나물 군집(●)
11. 신갈나무 _철쭉 군집(○)
12. 신갈나무 _동자꽃 군집(◌)
13. 신갈나무 - 피나무 _나래박쥐나물 군집(◆)

● **종 다양성 지수(H′)** Species diversity
2.23±0.38(8)

● **동반 종** Accompanying species
선밀나물(90%), 물푸레나무(80%), 산딸기(80%),
참취(80%), 큰기름새(80%)

● **종합** Synopsis
고도가 낮은 산지부터 중간 산지까지 사면 상부 이하에 주로 분포한다. 굴참나무나 신갈나무 우점 숲 하층에서 주로 출현하는
초본이다. 매우 드물고 매우 소수 분포한다.

고도 Elevation
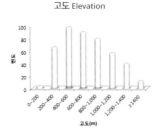

경사 Slope degree
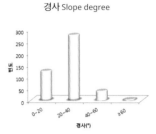

미소 지형 Micro-topography

사면 방위 Slope aspect
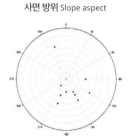

군집별 빈도 Frequency
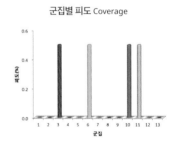

군집별 피도 Coverage

다변량 분석 Multivariate analysis
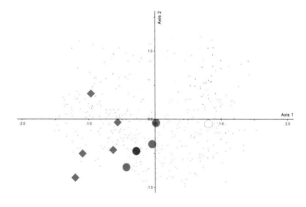

곰취
Ligularia fischeri

◉ **생장형** Growth form
초본, 다년생, 낙엽, 절대육상식물

◉ **지리 분포** Geography
국내: 전국[2]
국외: 일본, 중국[2]

◉ **생육지** Habitat
모암: 비석회암 85%, 석회암 15%
고도: 1,121±236m, 중간 산지 ~ 높은 산지
경사: 26±11°
미소 지형: 전 지형, 주로 사면 상부 이상
사면 방위: 전 방위

◉ **출현 군집과 우점도** Communities & abundance
총 빈도: 12%(52/447)
평균 피도: 0.5±3%

1. 소나무 - 가래나무_이삭여뀌 군집(◇)
2. 소나무 - 굴참나무_졸참나무 군집(△)
3. 소나무_산딸기 군집(●)
4. 소나무_진달래 군집(▼)

5. 굴참나무 - 소나무_왕느릅나무 군집(○)
6. 굴참나무 - 떡갈나무_큰기름새 군집(◆)

7. 신갈나무 - 서어나무_생강나무 군집(◉)
8. 신갈나무 - 전나무_조릿대 군집(■)
9. 신갈나무 - 들메나무_고광나무 군집(□)
10. 신갈나무_우산나물 군집(●)
11. 신갈나무_철쭉 군집(○)
12. 신갈나무_동자꽃 군집(○)
13. 신갈나무 - 피나무_나래박쥐나물 군집(◆)

◉ **종 다양성 지수(H′)** Species diversity
2.46±0.31(37)

◉ **동반 종** Accompanying species
신갈나무(92%), 당단풍나무(88%), 대사초(85%),
미역줄나무(77%), 참나물(75%)

◉ **종합** Synopsis
고도가 중간 산지부터 높은 산지까지 사면 상부 이상에 주로 분포한다. 신갈나무 우점 숲이나 신갈나무-활엽수 혼합 숲 또는
활엽수 혼합 숲에서 어느 정도 빛이 들어오는 곳에서 주로 출현하는 초본이다. 높은 산지에서 신갈나무-활엽수 혼합 숲
지표종이다. 출현하는 군집의 종 다양성이 매우 높다. 비교적 흔하나 매우 소수 분포한다.

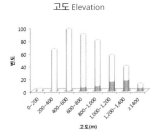
고도 Elevation

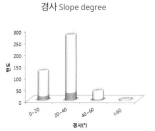
경사 Slope degree

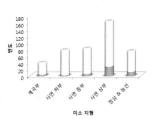
미소 지형 Micro-topography

사면 방위 Slope aspect

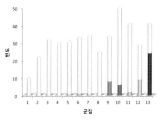
군집별 빈도 Frequency

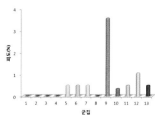
군집별 피도 Coverage

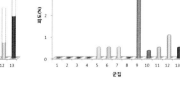

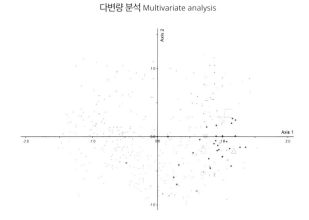
다변량 분석 Multivariate analysis

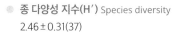

관중

Dryopteris crassirhizoma

● **생장형** Growth form
초본, 다년생, 낙엽, 절대육상식물

● **지리 분포** Geography
국내: 전국[9]
국외: 러시아 동부, 일본, 중국 동북부[9]

● **생육지** Habitat
모암: 비석회암 94%, 석회암 6%
고도: 983±317m, 낮은 산지~높은 산지
경사: 26±14°
미소 지형: 전 지형
사면 방위: 주로 북사면

● **출현 군집과 우점도** Communities & abundance
총 빈도: 19%(83/447)
평균 피도: 11±19%

1. 소나무 - 가래나무_이삭여뀌 군집(◇)
2. 소나무 - 굴참나무_졸참나무 군집(△)
3. 소나무_산딸기 군집(●)
4. 소나무_진달래 군집(▼)

5. 굴참나무 - 소나무_왕느릅나무 군집(○)
6. 굴참나무 - 떡갈나무_큰기름새 군집(◆)

7. 신갈나무 - 서어나무_생강나무 군집(◈)
8. 신갈나무 - 전나무_조릿대 군집(■)
9. 신갈나무 - 들메나무_고광나무 군집(□)
10. 신갈나무_우산나물 군집(●)
11. 신갈나무_철쭉 군집(○)
12. 신갈나무_동자꽃 군집(△)
13. 신갈나무 - 피나무_나래박쥐나물 군집(◆)

● **종 다양성 지수(H')** Species diversity
2.38±0.41(49)

● **동반 종** Accompanying species
당단풍나무(81%), 신갈나무(77%), 대사초(69%),
고로쇠나무(65%), 단풍취(63%)

● **종합** Synopsis
고도가 낮은 산지부터 높은 산지까지, 분포하는 고도 범위가 넓다. 주로 북사면 전 지형에 분포한다. 적습한 신갈나무 - 활엽수 혼합 숲이나 활엽수 - 혼합 숲에서 주로 출현하는 초본이다. 활엽수 혼합 숲 지표종이다. 비교적 흔하고 비교적 우점한다.

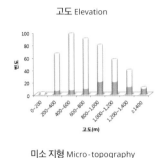
고도 Elevation

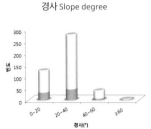
경사 Slope degree

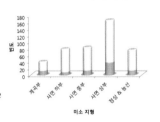
미소 지형 Micro-topography

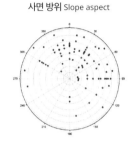
사면 방위 Slope aspect

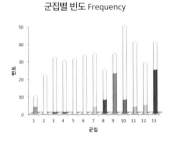
군집별 빈도 Frequency

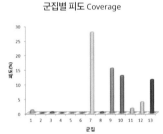
군집별 피도 Coverage

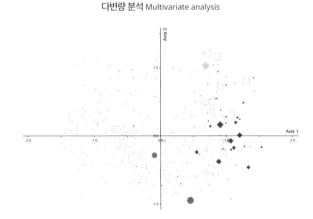
다변량 분석 Multivariate analysis

광대싸리
Securinega suffruticosa

● **생장형** Growth form
관목, 활엽, 낙엽, 절대육상식물

● **지리 분포** Geography
국내: 전국[2]
국외: 러시아, 몽골, 일본, 중국[2]

● **생육지** Habitat
모암: 비석회암 41%, 석회암 59%
고도: 457±159m, 낮은 산지
경사: 29±12°
미소 지형: 전 지형, 주로 사면 하부 및 중부
사면 방위: 전 방위

● **출현 군집과 우점도** Communities & abundance
총 빈도: 11%(51/447)
평균 피도: 2±4%

1. 소나무 - 가래나무_이삭여뀌 군집(◇)
2. 소나무 - 굴참나무_졸참나무 군집(△)
3. 소나무_산딸기 군집(●)
4. 소나무_진달래 군집(▼)

5. 굴참나무 - 소나무_왕느릅나무 군집(○)
6. 굴참나무 - 떡갈나무_큰기름새 군집(◆)

7. 신갈나무 - 서어나무_생강나무 군집(◉)
8. 신갈나무 - 전나무_조릿대 군집(■)
9. 신갈나무 - 들메나무_고광나무 군집(□)
10. 신갈나무 - 우산나물 군집(●)
11. 신갈나무_철쭉 군집(○)
12. 신갈나무_동자꽃 군집( )
13. 신갈나무 - 피나무_나래박쥐나물 군집(◆)

● **종 다양성 지수(H′)** Species diversity
2.23±0.34(46)

● **동반 종** Accompanying species
생강나무(88%), 물푸레나무(80%), 큰기름새(80%),
부채마(76%), 소나무(75%), 신갈나무(75%)

● **종합** Synopsis
고도가 낮은 산지에서 건조한 석회암 지대 사면 하부나 중부에 주로 분포한다. 굴참나무 우점 숲, 소나무 우점 숲, 소나무 - 활엽수 혼합 숲에서 빈번하게 출현하고 우점도도 높은 관목이다. 석회암 지대 굴참나무 숲 지표종이다. 비교적 흔하지만 소수 분포한다.

고도 Elevation

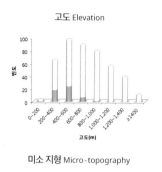

경사 Slope degree

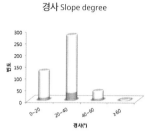

미소 지형 Micro-topography

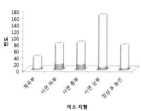

사면 방위 Slope aspect

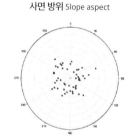

군집별 빈도 Frequency

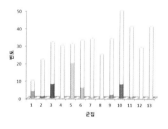

군집별 피도 Coverage

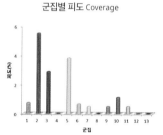

다변량 분석 Multivariate analysis

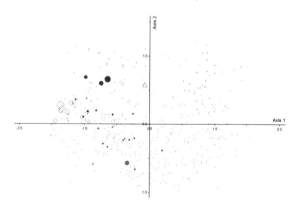

광릉갈퀴

Vicia venosa var. *cuspidata*

● **생장형** Growth form
　초본, 다년생, 낙엽, 절대육상식물

● **지리 분포** Geography
　국내: 전국[6]
　국외: 일본[9]

● **생육지** Habitat
　모암: 비석회암 65%, 석회암 35%
　고도: 897±370m, 낮은 산지~높은 산지
　경사: 22±12°
　미소 지형: 전 지형, 주로 사면 상부 이상
　사면 방위: 전 방위

● **출현 군집과 우점도** Communities & abundance
　총 빈도: 8%(34/447)
　평균 피도: 1±3%

1. 소나무-가래나무_이삭여뀌 군집(◇)
2. 소나무-굴참나무_졸참나무 군집(△)
3. 소나무_산딸기 군집(●)
4. 소나무_진달래 군집(▼)

5. 굴참나무-소나무_왕느릅나무 군집(◇)
6. 굴참나무-떡갈나무_큰기름새 군집(◆)

7. 신갈나무-서어나무_생강나무 군집(◉)
8. 신갈나무-전나무_조릿대 군집(■)
9. 신갈나무-들메나무_고광나무 군집(□)
10. 신갈나무_우산나물 군집(●)
11. 신갈나무_철쭉 군집(○)
12. 신갈나무_동자꽃 군집(△)
13. 신갈나무-피나무_나래박쥐나물 군집(◆)

● **종 다양성 지수(H')** Species diversity
　2.23±0.35(29)

● **동반 종** Accompanying species
　신갈나무(91%), 참취(74%), 대사초(71%), 산박하(68%),
　투구꽃(56%)

고도 Elevation

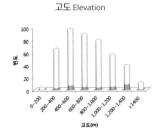

경사 Slope degree

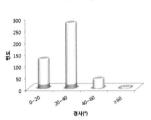

미소 지형 Micro-topography

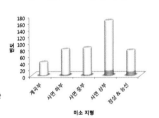

사면 방위 Slope aspect

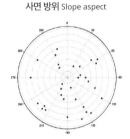

군집별 빈도 Frequency

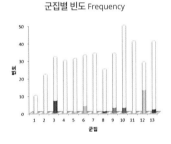

군집별 피도 Coverage

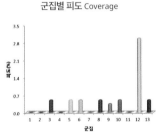

다변량 분석 Multivariate analysis

● **종합** Synopsis
　고도가 낮은 산지부터 높은 산지까지, 분포하는 고도 범위가 넓다. 입지도 다양하나 주로 사면 상부 이상에서 분포한다. 건조한
　신갈나무 우점 숲에서 주로 출현하고 비교적 적습한 소나무 우점 숲에서도 출현하는 초본이다. 높은 산지에서 신갈나무 우점 숲
　지표종이다. 드물고 소수 분포한다.

괴불나무

Lonicera maackii

◉ **생장형** Growth form
관목, 활엽, 낙엽, 절대육상식물

◉ **지리 분포** Geography
국내: 전국[1]
국외: 일본, 중국[1]

◉ **생육지** Habitat
모암: 비석회암 67%, 석회암 33%
고도: 744±372m, 낮은 산지~높은 산지
경사: 24±17°
미소 지형: 전 지형, 주로 사면부
사면 방위: 전 방위

◉ **출현 군집과 우점도** Communities & abundance
총 빈도: 7%(30/447)
평균 피도: 10±22%

1. 소나무-가래나무_이삭여뀌 군집(◇)
2. 소나무-굴참나무_졸참나무 군집(△)
3. 소나무_산딸기 군집(●)
4. 소나무_진달래 군집(▼)

5. 굴참나무-소나무_왕느릅나무 군집(○)
6. 굴참나무-떡갈나무_큰기름새 군집(◆)

7. 신갈나무-서어나무_생강나무 군집(◉)
8. 신갈나무-전나무_조릿대 군집(■)
9. 신갈나무-들메나무_고광나무 군집(□)
10. 신갈나무_우산나물 군집(●)
11. 신갈나무_철쭉 군집(○)
12. 신갈나무_동자꽃 군집(◌)
13. 신갈나무-피나무_나래박쥐나물 군집(◆)

◉ **종 다양성 지수(H')** Species diversity
2.09±0.42(26)

◉ **동반 종** Accompanying species
신갈나무(70%), 물푸레나무(63%), 산박하(60%),
생강나무(57%), 노루오줌(53%), 참취(53%)

◉ **종합** Synopsis
고도가 낮은 산지부터 높은 산지까지, 분포하는 고도 범위가 넓다. 전 지형에서 분포하나 주로 사면부에서 출현한다. 적습한 소나무-활엽수 혼합 숲과 신갈나무-활엽수 혼합 숲에서 빈도와 우점도가 높은 관목이다. 출현하는 군집의 종 다양성이 낮다. 드물지만 비교적 우점한다.

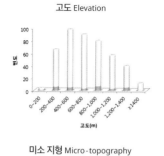

고도 Elevation

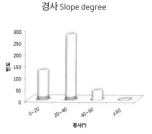

경사 Slope degree

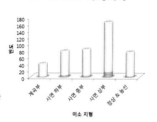

미소 지형 Micro-topography

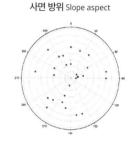

사면 방위 Slope aspect

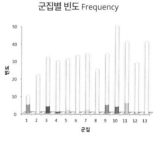

군집별 빈도 Frequency

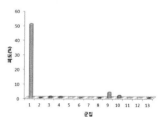

군집별 피도 Coverage

다변량 분석 Multivariate analysis

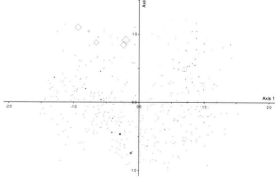

구와취

Saussurea ussuriensis

◉ **생장형** Growth form
초본, 다년생, 낙엽, 절대육상식물

◉ **지리 분포** Geography
국내: 전국[3]
국외: 러시아 우수리, 일본, 중국 동북부[3]

◉ **생육지** Habitat
모암: 비석회암 64%, 석회암 36%
고도: 1,197±270m, 중간 산지~높은 산지
경사: 26±11°
미소 지형: 사면 중부 이상
사면 방위: 전 방위

◉ **출현 군집과 우점도** Communities & abundance
총 빈도: 3%(14/447)
평균 피도: 3±3%

1. 소나무-가래나무_이삭여뀌 군집(◇)
2. 소나무-굴참나무_졸참나무 군집(△)
3. 소나무_산딸기 군집(●)
4. 소나무_진달래 군집(▼)

5. 굴참나무-소나무_왕느릅나무 군집(◇)
6. 굴참나무-떡갈나무_큰기름새 군집(◆)

7. 신갈나무-서어나무_생강나무 군집(◈)
8. 신갈나무-전나무_조릿대 군집(■)
9. 신갈나무-들메나무_고광나무 군집(□)
10. 신갈나무_우산나물 군집(●)
11. 신갈나무_철쭉 군집(○)
12. 신갈나무_동자꽃 군집(◌)
13. 신갈나무-피나무_나래박쥐나물 군집(◆)

◉ **종 다양성 지수(H')** Species diversity
2.41±0.40(14)

◉ **동반 종** Accompanying species
대사초(100%), 참취(86%), 미역줄나무(79%),
벌깨덩굴(71%), 신갈나무(71%), 큰개별꽃(71%)

◉ **종합** Synopsis
고도가 중간 산지부터 높은 산지까지 사면 중부 이상에 주로 분포한다. 신갈나무 우점 숲이나 신갈나무-활엽수 혼합 숲에서 주로 출현하는 초본이다. 매우 드물고 소수 분포한다.

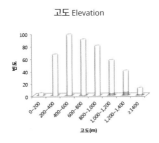
고도 Elevation

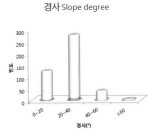
경사 Slope degree

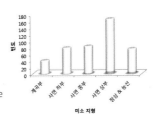
미소 지형 Micro-topography

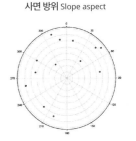
사면 방위 Slope aspect

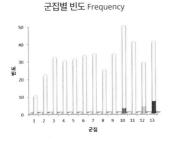
군집별 빈도 Frequency

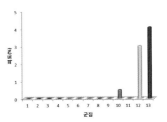
군집별 피도 Coverage

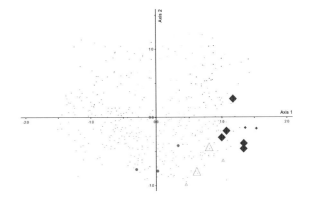
다변량 분석 Multivariate analysis

구절초

Dendranthema zawadskii var. latilobum

● **생장형** Growth form
초본, 다년생, 낙엽, 절대육상식물

● **지리 분포** Geography
국내: 전국[8]
국외: 러시아, 중국[8]

● **생육지** Habitat
모암: 비석회암 63%, 석회암 37%
고도: 527±198m, 낮은 산지~중간 산지
경사: 31±8°
미소 지형: 전 지형, 주로 사면 하부 이상
사면 방위: 전 방위

● **출현 군집과 우점도** Communities & abundance
총 빈도: 8%(35/447)
평균 피도: 0.9±1.4%

1. 소나무-가래나무_이삭여뀌 군집(◇)
2. 소나무-굴참나무_졸참나무 군집(△)
3. 소나무_산딸기 군집(●)
4. 소나무_진달래 군집(▼)

5. 굴참나무-소나무_왕느릅나무 군집(○)
6. 굴참나무-떡갈나무_큰기름새 군집(◆)

7. 신갈나무-서어나무_생강나무 군집(◈)
8. 신갈나무-전나무_조릿대 군집(■)
9. 신갈나무-들메나무_고광나무 군집(□)
10. 신갈나무_우산나물 군집(●)
11. 신갈나무_철쭉 군집(○)
12. 신갈나무_동자꽃 군집(○)
13. 신갈나무-피나무_나래박쥐나물 군집(◆)

● **종 다양성 지수(H′)** Species diversity
2.05±0.41(28)

● **동반 종** Accompanying species
큰기름새(91%), 생강나무(89%), 삽주(83%),
소나무(77%), 신갈나무(77%)

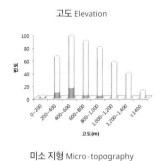
고도 Elevation

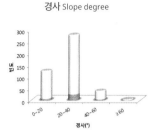
경사 Slope degree

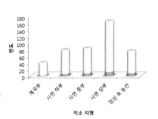
미소 지형 Micro-topography

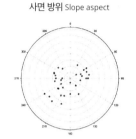
사면 방위 Slope aspect

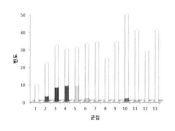
군집별 빈도 Frequency

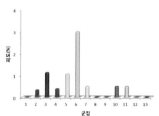
군집별 피도 Coverage

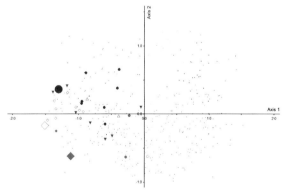
다변량 분석 Multivariate analysis

● **종합** Synopsis
고도가 낮은 산지부터 중간 산지까지 가파른 산지에서 주로 사면 하부 이상에 분포한다. 비교적 적습하거나 건조한 소나무 우점 숲과 건조한 굴참나무 숲에서 주로 출현하는 초본이다. 출현하는 군집의 종 다양성이 낮다. 드물고 매우 소수 분포한다.

국수나무
Stephanandra incisa

● **생장형** Growth form
　관목, 활엽, 낙엽, 절대육상식물

● **지리 분포** Geography
　국내: 전국[2]
　국외: 대만, 일본, 중국 동북부[2]

● **생육지** Habitat
　모암: 비석회암 96%, 석회암 4%
　고도: 733±279m, 낮은 산지~높은 산지
　경사: 27±12°
　미소 지형: 전 지형, 특히 계곡부
　사면 방위: 전 방위

● **출현 군집과 우점도** Communities & abundance
　총 빈도: 22%(98/447)
　평균 피도: 8±15%

1. 소나무 - 가래나무 _ 이삭여뀌 군집(◇)
2. 소나무 - 굴참나무 _ 졸참나무 군집(△)
3. 소나무 _ 산딸기 군집(●)
4. 소나무 _ 진달래 군집(▼)

5. 굴참나무 - 소나무 _ 왕느릅나무 군집(○)
6. 굴참나무 - 떡갈나무 _ 큰기름새 군집(◆)

7. 신갈나무 - 서어나무 _ 생강나무 군집(◈)
8. 신갈나무 - 전나무 _ 조릿대 군집(■)
9. 신갈나무 - 들메나무 _ 고광나무 군집(□)
10. 신갈나무 _ 우산나물 군집(●)
11. 신갈나무 _ 철쭉 군집(○)
12. 신갈나무 _ 동자꽃 군집(○)
13. 신갈나무 - 피나무 _ 나래박쥐나물 군집(◆)

● **종 다양성 지수(H′)** Species diversity
　2.10±0.37(67)

● **동반 종** Accompanying species
　신갈나무(93%), 당단풍나무(78%), 물푸레나무(68%),
　생강나무(68%), 대사초(61%)

고도 Elevation

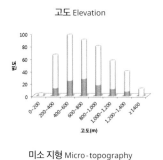

경사 Slope degree

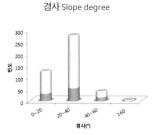

미소 지형 Micro-topography

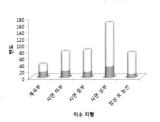

사면 방위 Slope aspect

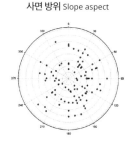

군집별 빈도 Frequency

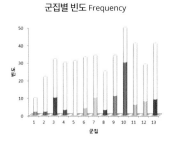

군집별 피도 Coverage

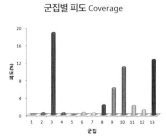

다변량 분석 Multivariate analysis

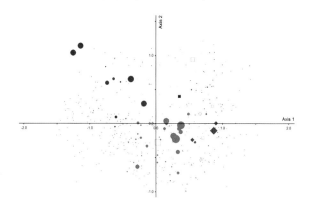

● **종합** Synopsis
　고도가 낮은 산지부터 높은 산지까지, 분포하는 고도 범위가 넓다. 다른 생육지 범위도 넓으나 계곡부 같이 적습한 곳이나 사람 출입이 많은 교란지에서 흔하다. 거의 모든 군집에서 출현하나, 소나무 또는 신갈나무 우점 숲이나 신갈나무 - 활엽수 혼합 숲 가장자리에서 흔히 출현하는 관목이다. 비교적 흔하고 비교적 우점한다.

굴참나무

Quercus variabilis

◉ **생장형** Growth form
교목, 활엽, 낙엽, 절대육상식물

◉ **지리 분포** Geography
국내: 전국[2]
국외: 대만, 베트남, 일본, 중국, 티베트[2]

◉ **생육지** Habitat
모암: 비석회암 68%, 석회암 32%
고도: 465±155m, 낮은 산지
경사: 29±9°
미소 지형: 전 지형, 주로 사면부
사면 방위: 전 방위

◉ **출현 군집과 우점도** Communities & abundance
총 빈도: 29%(129/447)
평균 피도: 35±34%

1. 소나무 - 가래나무_이삭여뀌 군집(◇)
2. 소나무 - 굴참나무_졸참나무 군집(△)
3. 소나무_산딸기 군집(●)
4. 소나무_진달래 군집(▼)

5. 굴참나무 - 소나무_왕느릅나무 군집(◌)
6. 굴참나무 - 떡갈나무_큰기름새 군집(◆)

7. 신갈나무 - 서어나무_생강나무 군집(◈)
8. 신갈나무 - 전나무_조릿대 군집(■)
9. 신갈나무 - 들메나무_고광나무 군집(□)
10. 신갈나무_우산나물 군집(●)
11. 신갈나무_철쭉 군집(○)
12. 신갈나무_동자꽃 군집(◌)
13. 신갈나무 - 피나무_나래박쥐나물 군집(◆)

◉ **종 다양성 지수(H′)** Species diversity
2.00±0.38(108)

◉ **동반 종** Accompanying species
생강나무(93%), 큰기름새(81%), 신갈나무(80%),
삽주(75%), 소나무(67%)

◉ **종합** Synopsis
고도가 낮은 산지에서 사면부에 주로 분포한다. 적습한 곳부터 건조한 곳까지 분포 범위가 넓다. 소나무와 혼합 숲을 이루거나 굴참나무 우점 숲을 이루는 교목이다. 신갈나무와 혼합 숲을 이루기도 한다. 건조에 강해서 석회암 지대 같이 메마르고 교란이 반복되는 곳에서도 숲을 이룬다. 출현하는 군집의 종 다양성이 낮다. 비교적 흔하고 매우 우점한다.

고도 Elevation

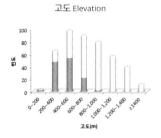

경사 Slope degree

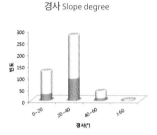

미소 지형 Micro-topography

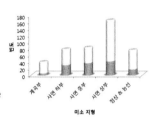

사면 방위 Slope aspect

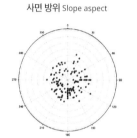

군집별 빈도 Frequency

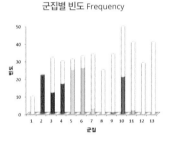

군집별 피도 Coverage

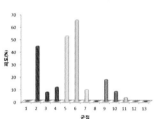

다변량 분석 Multivariate analysis

귀룽나무

Prunus padus

- **생장형** Growth form
  교목, 활엽, 낙엽, 절대육상식물

- **지리 분포** Geography
  국내: 전국[2]
  국외: 러시아 동북부, 몽골, 일본, 일부 유럽, 중국[2]

- **생육지** Habitat
  모암: 비석회암 92%, 석회암 8%
  고도: 1,077±260m, 중간 산지~높은 산지
  경사: 20±10°
  미소 지형: 전 지형, 주로 계곡부
  사면 방위: 전 방위

- **출현 군집과 우점도** Communities & abundance
  총 빈도: 3%(14/447)
  평균 피도: 2±2%

  1. 소나무 - 가래나무_이삭여뀌 군집(◇)
  2. 소나무 - 굴참나무_졸참나무 군집(△)
  3. 소나무_산딸기 군집(●)
  4. 소나무_진달래 군집(▼)

  5. 굴참나무 - 소나무_왕느릅나무 군집(◇)
  6. 굴참나무 - 떡갈나무_큰기름새 군집(◆)

  7. 신갈나무 - 서어나무_생강나무 군집(◆)
  8. 신갈나무 - 전나무_조릿대 군집(■)
  9. 신갈나무 - 들메나무_고광나무 군집(□)
  10. 신갈나무 - 우산나물 군집(●)
  11. 신갈나무_철쭉 군집(○)
  12. 신갈나무_동자꽃 군집(◌)
  13. 신갈나무 - 피나무_나래박쥐나물 군집(◆)

- **종 다양성 지수(H′)** Species diversity
  2.61±0.36(4)

- **동반 종** Accompanying species
  고로쇠나무(85%), 관중(85%), 당단풍나무(85%),
  벌깨덩굴(77%), 신갈나무(77%), 층층나무(77%)

고도 Elevation

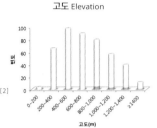

경사 Slope degree

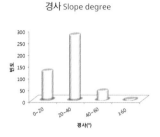

미소 지형 Micro-topography

사면 방위 Slope aspect

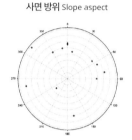

군집별 빈도 Frequency

군집별 피도 Coverage

다변량 분석 Multivariate analysis

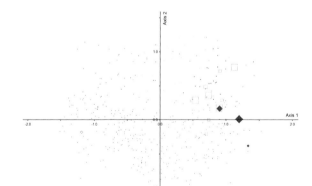

- **종합** Synopsis
  고도가 중간 산지부터 높은 산지까지 적습한 계곡부에 주로 분포한다. 활엽수 혼합 숲이나 신갈나무 - 활엽수 혼합 숲에서 주로
  출현하는 교목이다. 출현하는 군집의 종 다양성이 높다. 매우 드물고 소수 분포한다.

그늘사초
Carex lanceolata

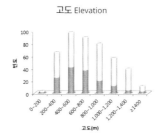

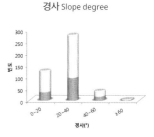

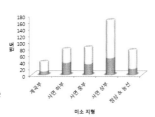

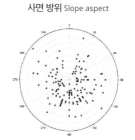

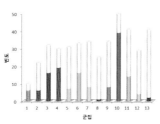

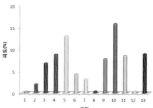

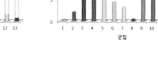

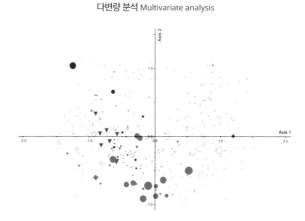

사초과
Cyperaceae

- **생장형** Growth form
  초본, 다년생, 낙엽, 절대육상식물

- **지리 분포** Geography
  국내: 전국[8]
  국외: 러시아, 일본, 중국[8]

- **생육지** Habitat
  모암: 비석회암 80%, 석회암 20%
  고도: 668±289m, 낮은 산지~중간 산지
  경사: 29±13°
  미소 지형: 전 지형, 주로 사면부
  사면 방위: 전 방위

- **출현 군집과 우점도** Communities & abundance
  총 빈도: 33%(146/447)
  평균 피도: 9±17%

  1. 소나무-가래나무_이삭여뀌 군집(◇)
  2. 소나무-굴참나무_졸참나무 군집(△)
  3. 소나무_산딸기 군집(●)
  4. 소나무_진달래 군집(▼)

  5. 굴참나무-소나무_왕느릅나무 군집(◌)
  6. 굴참나무-떡갈나무_큰기름새 군집(◆)

  7. 신갈나무-서어나무_생강나무 군집(◈)
  8. 신갈나무-전나무_조릿대 군집(■)
  9. 신갈나무-들메나무_고광나무 군집(□)
  10. 신갈나무_우산나물 군집(●)
  11. 신갈나무_철쭉 군집(○)
  12. 신갈나무_동자꽃 군집( )
  13. 신갈나무-피나무_나래박쥐나물 군집(◆)

- **종 다양성 지수(H′)** Species diversity
  2.07±0.40(115)

- **동반 종** Accompanying species
  신갈나무(87%), 생강나무(75%), 물푸레나무(70%),
  둥굴레(67%), 큰기름새(65%)

- **종합** Synopsis
  고도가 낮은 산지부터 중간 산지까지 비교적 건조한 사면부에 주로 분포한다. 모든 군집에서 출현하나 낮은 산지 소나무 우점 숲이나 소나무-활엽수 혼합 숲, 굴참나무 숲에서 더욱 흔하고 우점하는 초본이다. 중간 산지 신갈나무 우점 숲에서도 빈번하게 높은 우점도로 출현한다. 출현하는 군집의 종 다양성이 낮다. 매우 흔하고 비교적 우점한다.

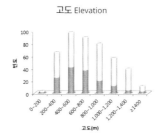 고도 Elevation
 경사 Slope degree
 미소 지형 Micro-topography
 사면 방위 Slope aspect
 군집별 빈도 Frequency
 군집별 피도 Coverage
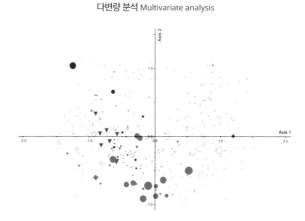 다변량 분석 Multivariate analysis

65

금강제비꽃
Viola diamantiaca

● **생장형** Growth form
초본, 다년생, 낙엽, 절대육상식물

● **지리 분포** Geography
국내: 백두대간[5]
국외: 중국 동북부[14]

● **생육지** Habitat
모암: 비석회암 91%, 석회암 9%
고도: 991±271m, 중간 산지~높은 산지
경사: 25±12°
미소 지형: 전 지형
사면 방위: 전 방위

● **출현 군집과 우점도** Communities & abundance
총 빈도: 13%(57/447)
평균 피도: 3±12%

1. 소나무 - 가래나무_이삭여뀌 군집(◇)
2. 소나무 - 굴참나무_졸참나무 군집(△)
3. 소나무_산딸기 군집(●)
4. 소나무_진달래 군집(▼)

5. 굴참나무 - 소나무_왕느릅나무 군집(○)
6. 굴참나무 - 떡갈나무_큰기름새 군집(◆)

7. 신갈나무 - 서어나무_생강나무 군집(◈)
8. 신갈나무 - 전나무_조릿대 군집(■)
9. 신갈나무 - 들메나무_고광나무 군집(□)
10. 신갈나무_우산나물 군집(●)
11. 신갈나무_철쭉 군집(○)
12. 신갈나무_동자꽃 군집(△)
13. 신갈나무 - 피나무_나래박쥐나물 군집(◆)

● **종 다양성 지수(H')** Species diversity
2.29±0.30(42)

● **동반 종** Accompanying species
신갈나무(91%), 당단풍나무(86%), 대사초(75%),
단풍취(72%), 고로쇠나무(65%), 미역줄나무(65%)

● **종합** Synopsis
고도가 중간 산지부터 높은 산지까지 전 지형에 분포한다. 신갈나무 우점 숲, 신갈나무 - 활엽수 혼합 숲 및 활엽수 혼합 숲에서 주로 출현하는 초본이다. 비교적 흔하지만 소수 분포한다.

고도 Elevation

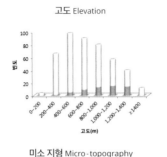

경사 Slope degree

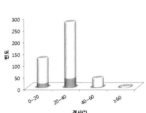

미소 지형 Micro-topography

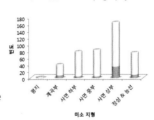

사면 방위 Slope aspect

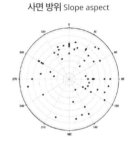

군집별 빈도 Frequency

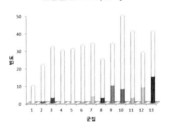

군집별 피도 Coverage

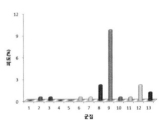

다변량 분석 Multivariate analysis

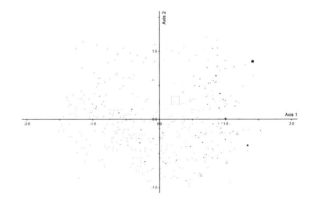

금강죽대아재비
Streptopus ovalis

⬡ **생장형** Growth form
초본, 다년생, 낙엽, 절대육상식물

⬡ **지리 분포** Geography
국내: 전국[7]
국외: 중국 동북부[7]

⬡ **생육지** Habitat
모암: 비석회암 88%, 석회암 12%
고도: 1,224±135m, 높은 산지
경사: 27±11°
미소 지형: 사면 중부 이상
사면 방위: 전 방위

⬡ **출현 군집과 우점도** Communities & abundance
총 빈도: 5%(24/447)
평균 피도: 0.5±0%

1. 소나무-가래나무_이삭여뀌 군집(◇)
2. 소나무-굴참나무_졸참나무 군집(△)
3. 소나무_산딸기 군집(●)
4. 소나무_진달래 군집(▼)

5. 굴참나무-소나무_왕느릅나무 군집(○)
6. 굴참나무-떡갈나무_큰기름새 군집(◆)

7. 신갈나무-서어나무_생강나무 군집(✦)
8. 신갈나무-전나무_조릿대 군집(■)
9. 신갈나무-들메나무_고광나무 군집(□)
10. 신갈나무_우산나물 군집(●)
11. 신갈나무_철쭉 군집(○)
12. 신갈나무_동자꽃 군집( )
13. 신갈나무-피나무_나래박쥐나물 군집(◆)

⬡ **종 다양성 지수(H′)** Species diversity
2.50±0.31(16)

⬡ **동반 종** Accompanying species
미역줄나무(96%), 당단풍나무(92%), 피나무(88%),
대사초(83%), 벌깨덩굴(83%)

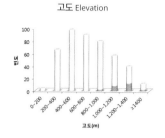

고도 Elevation

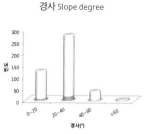

경사 Slope degree

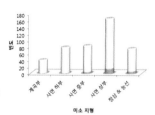

미소 지형 Micro-topography

사면 방위 Slope aspect

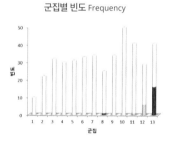

군집별 빈도 Frequency

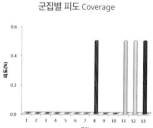

군집별 피도 Coverage

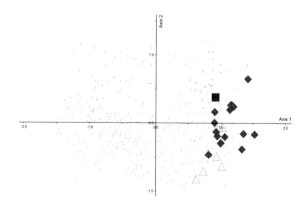

다변량 분석 Multivariate analysis

⬡ **종합** Synopsis
고도가 높은 산지에서 사면 중부 이상에 주로 분포한다. 신갈나무-활엽수 혼합 숲에서 주로 출현하는 지표종이고, 신갈나무 우점 숲에서도 출현하는 초본이다. 출현하는 군집의 종 다양성이 높다. 드물고 매우 소수 분포한다.

금강초롱꽃
Hanabusaya asiatica

● **생장형** Growth form
　초본, 다년생, 낙엽, 절대육상식물

● **지리 분포** Geography
　국내: 중부 이북[2]
　국외: 한국 특산[15]

● **생육지** Habitat
　모암: 비석회암 100%
　고도: 1,191±190m, 높은 산지
　경사: 27±10°
　미소 지형: 사면 중부 이상
　사면 방위: 전 방위

● **출현 군집과 우점도** Communities & abundance
　총 빈도: 4%(17/447)
　평균 피도: 0.5±0%

1. 소나무-가래나무_이삭여뀌 군집(◇)
2. 소나무-굴참나무_졸참나무 군집(△)
3. 소나무_산딸기 군집(●)
4. 소나무_진달래 군집(▼)

5. 굴참나무-소나무_왕느릅나무 군집(◇)
6. 굴참나무-떡갈나무_큰기름새 군집(◆)

7. 신갈나무-서어나무_생강나무 군집(◈)
8. 신갈나무-전나무_조릿대 군집(■)
9. 신갈나무-들메나무_고광나무 군집(□)
10. 신갈나무_우산나물 군집(●)
11. 신갈나무_철쭉 군집(○)
12. 신갈나무_동자꽃 군집(◌)
13. 신갈나무-피나무_나래박쥐나물 군집(◆)

● **종 다양성 지수(H′)** Species diversity
　2.38±0.35(8)

● **동반 종** Accompanying species
　당단풍나무(94%), 신갈나무(94%), 미역줄나무(88%),
　단풍취(82%), 참나물(82%)

● **종합** Synopsis
　고도가 높은 산지의 사면 중부 이상에 주로 분포한다. 신갈나무-활엽수 혼합 숲에서 주로 출현하는 우리나라 고유종 초본이다.
　매우 드물며 매우 소수 분포한다.

고도 Elevation
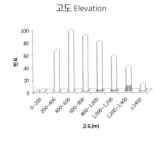

경사 Slope degree
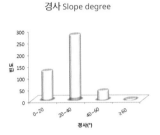

미소 지형 Micro-topography
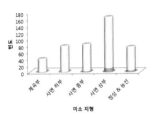

사면 방위 Slope aspect

군집별 빈도 Frequency
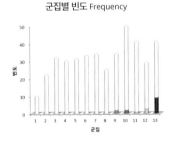

군집별 피도 Coverage
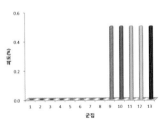

다변량 분석 Multivariate analysis
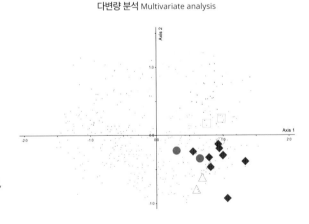

기름나물

Peucedanum terebinthaceum

● **생장형** Growth form
초본, 다년생, 낙엽, 절대육상식물

● **지리 분포** Geography
국내: 전국[2]
국외: 러시아, 중국[2]

● **생육지** Habitat
모암: 비석회암 77%, 석회암 23%
고도: 565±204m, 낮은 산지~중간 산지
경사: 31±13°
미소 지형: 전 지형, 주로 사면 상부 이상
사면 방위: 전 방위

● **출현 군집과 우점도** Communities & abundance
총 빈도: 9%(39/447)
평균 피도: 0.5±0.1%

1. 소나무 - 가래나무_이삭여뀌 군집(◇)
2. 소나무 - 굴참나무_졸참나무 군집(△)
3. 소나무_산딸기 군집(●)
4. 소나무_진달래 군집(▼)

5. 굴참나무 - 소나무_왕느릅나무 군집(○)
6. 굴참나무 - 떡갈나무_큰기름새 군집(◆)

7. 신갈나무 - 서어나무_생강나무 군집(◑)
8. 신갈나무 - 전나무_조릿대 군집(■)
9. 신갈나무 - 들메나무_고광나무 군집(□)
10. 신갈나무_우산나물 군집(●)
11. 신갈나무_철쭉 군집(◎)
12. 신갈나무_동자꽃 군집(△)
13. 신갈나무 - 피나무_나래박쥐나물 군집(◆)

● **종 다양성 지수(H')** Species diversity
2.06±0.36(28)

● **동반 종** Accompanying species
큰기름새(95%), 신갈나무(92%), 생강나무(85%),
삽주(82%), 맑은대쑥(79%)

고도 Elevation

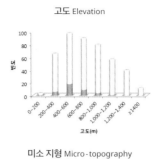

경사 Slope degree

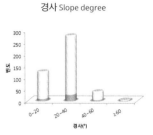

미소 지형 Micro-topography

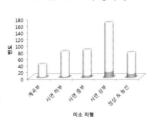

사면 방위 Slope aspect

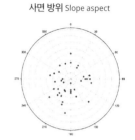

군집별 빈도 Frequency

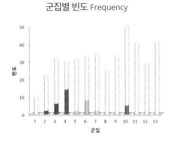

군집별 피도 Coverage

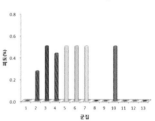

다변량 분석 Multivariate analysis

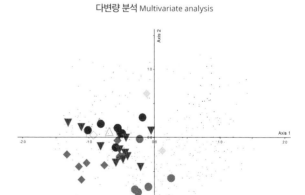

● **종합** Synopsis
고도가 낮은 산지부터 중간 산지까지 가파른 사면 상부 이상에 주로 분포한다. 건조한 소나무 우점 숲이나 굴참나무 우점 숲에서
주로 출현하고 우점도도 높은 초본이다. 출현하는 군집의 종 다양성이 낮다. 드물고 매우 소수 분포한다.

기린초

Sedum kamtschaticum

● **생장형** Growth form
초본, 다년생, 낙엽, 절대육상식물

● **지리 분포** Geography
국내: 전국[2]
국외: 러시아 동북부, 일본, 중국 동북부[2]

● **생육지** Habitat
모암: 비석회암 46%, 석회암 54%
고도: 787±314m, 낮은 산지~높은 산지
경사: 25±12°
미소 지형: 전 지형, 주로 사면 상부 이상
사면 방위: 전 방위

● **출현 군집과 우점도** Communities & abundance
총 빈도: 5%(24/447)
평균 피도: 2±8%

1. 소나무 - 가래나무_이삭여뀌 군집(◇)
2. 소나무 - 굴참나무_졸참나무 군집(△)
3. 소나무_산딸기 군집(●)
4. 소나무_진달래 군집(▼)

5. 굴참나무 - 소나무_왕느릅나무 군집(○)
6. 굴참나무 - 떡갈나무_큰기름새 군집(◆)

7. 신갈나무 - 서어나무_생강나무 군집(◈)
8. 신갈나무 - 전나무_조릿대 군집(■)
9. 신갈나무 - 들메나무_고광나무 군집(□)
10. 신갈나무_우산나물 군집(●)
11. 신갈나무_철쭉 군집(○)
12. 신갈나무_동자꽃 군집(○)
13. 신갈나무 - 피나무_나래박쥐나물 군집(◆)

● **종 다양성 지수(H')** Species diversity
2.11±0.31(20)

● **동반 종** Accompanying species
신갈나무(88%), 참취(83%), 큰기름새(71%),
둥굴레(63%), 그늘사초(58%)

● **종합** Synopsis
고도가 낮은 산지부터 높은 산지까지, 분포하는 고도 범위가 넓다. 사면 상부에 주로 분포한다. 소나무, 굴참나무, 신갈나무 우점 숲에서 주로 출현하는 초본이다. 드물고 소수 분포한다.

고도 Elevation
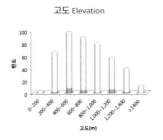

경사 Slope degree
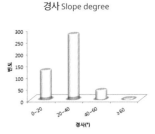

미소 지형 Micro-topography
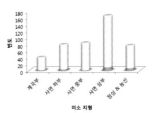

사면 방위 Slope aspect
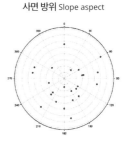

군집별 빈도 Frequency
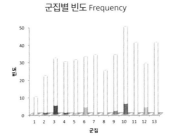

군집별 피도 Coverage
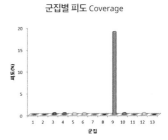

다변량 분석 Multivariate analysis
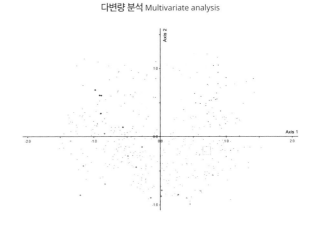

까실쑥부쟁이

Aster ageratoides

● **생장형** Growth form
초본, 다년생, 낙엽, 절대육상식물

● **지리 분포** Geography
국내: 전국[9]
국외: 러시아 동부, 중국[9]

● **생육지** Habitat
모암: 비석회암 55%, 석회암 45%
고도: 680±300m, 낮은 산지~중간 산지
경사: 29±15°
미소 지형: 전 지형, 주로 사면부
사면 방위: 전 방위

● **출현 군집과 우점도** Communities & abundance
총 빈도: 10%(44/447)
평균 피도: 0.5±0.1%

1. 소나무-가래나무_이삭여뀌 군집(◇)
2. 소나무-굴참나무_졸참나무 군집(△)
3. 소나무_산딸기 군집(●)
4. 소나무_진달래 군집(▼)

5. 굴참나무-소나무_왕느릅나무 군집(○)
6. 굴참나무-떡갈나무_큰기름새 군집(◆)

7. 신갈나무-서어나무_생강나무 군집(◈)
8. 신갈나무-전나무_조릿대 군집(■)
9. 신갈나무-들메나무_고광나무 군집(□)
10. 신갈나무_우산나물 군집(●)
11. 신갈나무_철쭉 군집(○)
12. 신갈나무_동자꽃 군집(○)
13. 신갈나무-피나무_나래박쥐나물 군집(◆)

● **종 다양성 지수(H')** Species diversity
2.23±0.36(36)

● **동반 종** Accompanying species
물푸레나무(80%), 신갈나무(75%), 참취(70%),
부채마(66%), 큰기름새(66%)

● **종합** Synopsis
고도가 낮은 산지부터 중간 산지까지 사면부에 주로 분포한다. 건조한 굴참나무 우점 숲, 소나무 우점 숲, 신갈나무 우점 숲과
중간 산지의 비교적 적습한 활엽수 혼합 숲에서도 출현하는 초본이다. 비교적 흔하지만 매우 소수 분포한다.

고도 Elevation

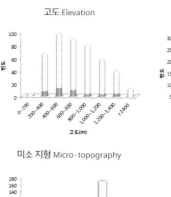

경사 Slope degree

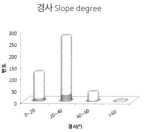

미소 지형 Micro-topography

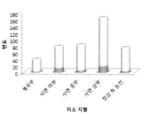

사면 방위 Slope aspect

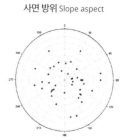

군집별 빈도 Frequency

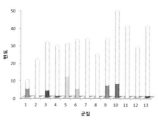

군집별 피도 Coverage

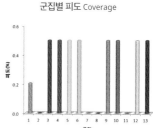

다변량 분석 Multivariate analysis

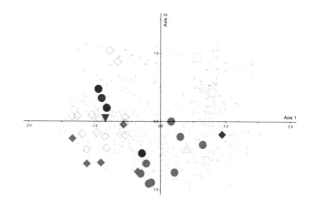

까치박달

Carpinus cordata

● **생장형** Growth form
　교목, 활엽, 낙엽, 절대육상식물

● **지리 분포** Geography
　국내: 전국[3]
　국외: 러시아, 일본, 중국[3]

● **생육지** Habitat
　모암: 비석회암 88%, 석회암 12%
　고도: 923±233m, 중간 산지~높은 산지
　경사: 29±15°
　미소 지형: 전 지형, 주로 사면 하부 이하
　사면 방위: 전 방위

● **출현 군집과 우점도** Communities & abundance
　총 빈도: 22%(99/447)
　평균 피도: 14±20%

1. 소나무 - 가래나무_이삭여뀌 군집(◇)
2. 소나무 - 굴참나무_졸참나무 군집(△)
3. 소나무_산딸기 군집(●)
4. 소나무_진달래 군집(▼)

5. 굴참나무 - 소나무_왕느릅나무 군집(○)
6. 굴참나무 - 떡갈나무_큰기름새 군집(◆)

7. 신갈나무 - 서어나무_생강나무 군집(◆)
8. 신갈나무 - 전나무_조릿대 군집(■)
9. 신갈나무 - 들메나무_고광나무 군집(□)
10. 신갈나무_우산나물 군집(●)
11. 신갈나무_철쭉 군집(○)
12. 신갈나무_동자꽃 군집(○)
13. 신갈나무 - 피나무_나래박쥐나물 군집(◆)

● **종 다양성 지수(H′)** Species diversity
　2.28±0.36(61)

● **동반 종** Accompanying species
　당단풍나무(95%), 신갈나무(81%), 피나무(78%),
　고로쇠나무(72%), 미역줄나무(61%)

고도 Elevation

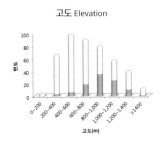

경사 Slope degree

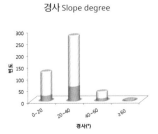

미소 지형 Micro - topography

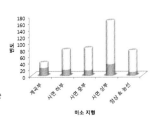

사면 방위 Slope aspect

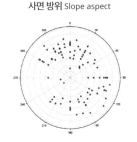

군집별 빈도 Frequency

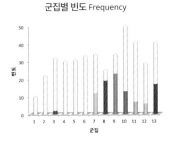

군집별 피도 Coverage

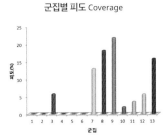

다변량 분석 Multivariate analysis

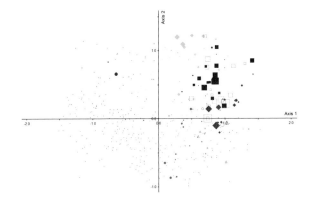

● **종합** Synopsis
　고도가 중간 산지부터 높은 산지까지 적습한 사면 하부 이하에서 주로 출현한다. 신갈나무-활엽수 혼합 숲이나 활엽수 혼합
　숲에서 빈도와 우점도가 높은 교목으로, 활엽수 혼합 숲 지표종이다. 교목으로 구분되지만 대체로 아교목층에서 우점한다.
　비교적 흔히고 비교적 우점한다.

까치밥나무

Ribes mandshuricum

◉ **생장형** Growth form
관목, 활엽, 낙엽, 절대육상식물

◉ **지리 분포** Geography
국내: 중부 이북[3]
국외: 러시아 극동, 동시베리아, 중국 동북, 화북[3]

◉ **생육지** Habitat
모암: 비석회암 80%, 석회암 20%
고도: 919±347m, 낮은 산지~높은 산지
경사: 29±13°
미소 지형: 사면 하부 이하
사면 방위: 전 방위

◉ **출현 군집과 우점도** Communities & abundance
총 빈도: 2%(10/447)
평균 피도: 0.9±0.9%

1. 소나무 - 가래나무_이삭여뀌 군집(◇)
2. 소나무 - 굴참나무_졸참나무 군집(△)
3. 소나무_산딸기 군집(●)
4. 소나무_진달래 군집(▼)

5. 굴참나무 - 소나무_왕느릅나무 군집(○)
6. 굴참나무 - 떡갈나무_큰기름새 군집(◆)

7. 신갈나무 - 서어나무_생강나무 군집(◈)
8. 신갈나무 - 전나무_조릿대 군집(■)
9. 신갈나무 - 들메나무_고광나무 군집(□)
10. 신갈나무_우산나물 군집(●)
11. 신갈나무_철쭉 군집(◐)
12. 신갈나무_동자꽃 군집( )
13. 신갈나무 - 피나무_나래박쥐나물 군집(◆)

◉ **종 다양성 지수(H′)** Species diversity
2.33±0.40(4)

◉ **동반 종** Accompanying species
고로쇠나무(90%), 피나무(90%), 까치박달(80%),
당단풍나무(80%), 산벚나무(70%), 신갈나무(70%),
층층나무(70%), 함박꽃나무(70%)

◉ **종합** Synopsis
고도가 낮은 산지부터 높은 산지까지, 분포하는 고도 범위가 넓다. 적습한 사면 하부 이하에 주로 분포한다. 신갈나무 - 활엽수 혼합 숲, 활엽수 혼합 숲에서 출현하는 관목이다. 매우 드물고, 매우 소수 분포한다.

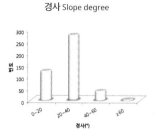
고도 Elevation

경사 Slope degree

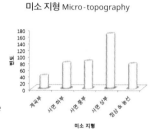
미소 지형 Micro-topography

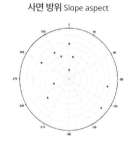
사면 방위 Slope aspect

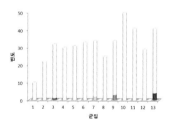
군집별 빈도 Frequency

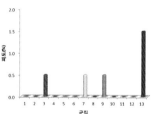
군집별 피도 Coverage

다변량 분석 Multivariate analysis

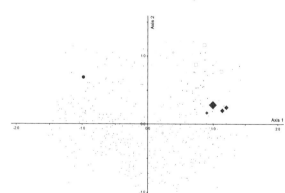

껍질용수염풀

Diarrhena mandshurica

● **생장형** Growth form
초본, 다년생, 낙엽, 절대육상식물

● **지리 분포** Geography
국내: 전국[5]
국외: 러시아 극동, 일본, 중국 동북부[8]

● **생육지** Habitat
모암: 비석회암 83%, 석회암 17%
고도: 1,004±355m, 낮은 산지~높은 산지
경사: 23±12°
미소 지형: 전 지형
사면 방위: 전 방위

● **출현 군집과 우점도** Communities & abundance
총 빈도: 11%(48/447)
평균 피도: 6±10%

1. 소나무 - 가래나무_이삭여뀌 군집(◇)
2. 소나무 - 굴참나무_졸참나무 군집(△)
3. 소나무_산딸기 군집(●)
4. 소나무_진달래 군집(▼)

5. 굴참나무 - 소나무_왕느릅나무 군집(○)
6. 굴참나무 - 떡갈나무_큰기름새 군집(◆)

7. 신갈나무 - 서어나무_생강나무 군집(◈)
8. 신갈나무 - 전나무_조릿대 군집(■)
9. 신갈나무 - 들메나무_고광나무 군집(□)
10. 신갈나무_우산나물 군집(●)
11. 신갈나무_철쭉 군집(○)
12. 신갈나무_동자꽃 군집(△)
13. 신갈나무 - 피나무_나래박쥐나물 군집(◆)

● **종 다양성 지수(H′)** Species diversity
2.41±0.39(36)

● **동반 종** Accompanying species
신갈나무(88%), 당단풍나무(83%), 대사초(71%),
미역줄나무(71%), 노루오줌(63%)

● **종합** Synopsis
고도가 낮은 산지부터 높은 산지까지, 고도 범위가 넓고 전 지형에 분포한다. 높은 산지 신갈나무 우점 숲과 신갈나무 - 활엽수 숲에서 빈도와 우점도가 높은 초본이다. 비교적 흔하고 비교적 우점한다.

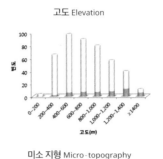
고도 Elevation

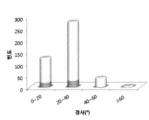
경사 Slope degree

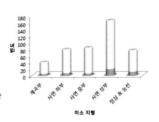
미소 지형 Micro - topography

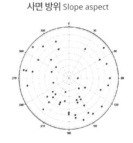
사면 방위 Slope aspect

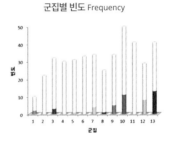
군집별 빈도 Frequency

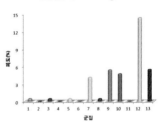
군집별 피도 Coverage

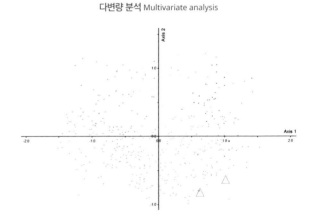
다변량 분석 Multivariate analysis

꼭두선이

Rubia akane

◉ **생장형** Growth form
덩굴성 초본, 다년생, 낙엽, 절대육상식물

◉ **지리 분포** Geography
국내: 전국[6]
국외: 대만, 일본, 중국[14]

◉ **생육지** Habitat
모암: 비석회암 82%, 석회암 18%
고도: 831±423m, 낮은 산지~높은 산지
경사: 21±13°
미소 지형: 전 지형, 주로 사면 하부 이상
사면 방위: 전 방위

◉ **출현 군집과 우점도** Communities & abundance
총 빈도: 11%(51/447)
평균 피도: 0.5±0%

1. 소나무-가래나무_이삭여뀌 군집(◇)
2. 소나무-굴참나무_졸참나무 군집(△)
3. 소나무_산딸기 군집(●)
4. 소나무_진달래 군집(▼)

5. 굴참나무-소나무_왕느릅나무 군집(◌)
6. 굴참나무-떡갈나무_큰기름새 군집(◆)

7. 신갈나무-서어나무_생강나무 군집(◈)
8. 신갈나무-전나무_조릿대 군집(■)
9. 신갈나무-들메나무_고광나무 군집(□)
10. 신갈나무_우산나물 군집(●)
11. 신갈나무_철쭉 군집(◌)
12. 신갈나무_동자꽃 군집(◌)
13. 신갈나무-피나무_나래박쥐나물 군집(◆)

◉ **종 다양성 지수(H′)** Species diversity
2.32±0.33(47)

◉ **동반 종** Accompanying species
신갈나무(73%), 당단풍나무(65%), 산박하(65%),
참취(63%), 대사초(61%)

고도 Elevation

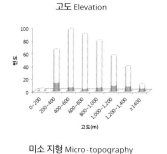

경사 Slope degree

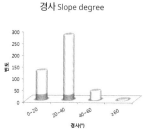

미소 지형 Micro-topography

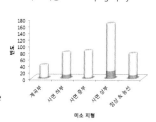

사면 방위 Slope aspect

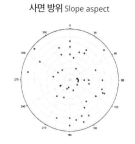

군집별 빈도 Frequency

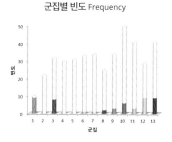

군집별 피도 Coverage

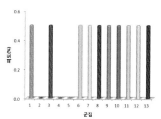

다변량 분석 Multivariate analysis

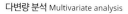
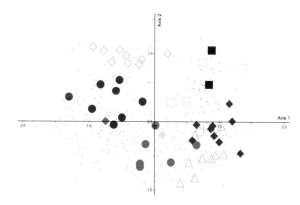

◉ **종합** Synopsis
고도가 낮은 산지부터 높은 산지까지, 분포하는 고도 범위가 넓다. 다른 생육지 범위도 넓으나 사면 하부 이상에 주로 분포한다.
비교적 적습한 소나무-활엽수 혼합 숲에서 출현 빈도가 높고, 건조한 소나무 우점 숲과 높은 산지 신갈나무 우점 숲에서
출현하는 덩굴성 초본이다. 비교적 흔하나 매우 소수 분포한다.

꽃며느리밥풀

Melampyrum roseum

● **생장형** Growth form
초본, 일년생, 낙엽, 절대육상식물

● **지리 분포** Geography
국내: 전국[1]
국외: 러시아 아무르, 우수리, 중국 동북부[1]

● **생육지** Habitat
모암: 비석회암 75%, 석회암 25%
고도: 821±290m, 낮은 산지~높은 산지
경사: 27±14°
미소 지형: 전 지형, 주로 사면 중부 이상
사면 방위: 전 방위

● **출현 군집과 우점도** Communities & abundance
총 빈도: 16%(73/447)
평균 피도: 3±7%

1. 소나무-가래나무_이삭여뀌 군집(◇)
2. 소나무-굴참나무_졸참나무 군집(△)
3. 소나무_산딸기 군집(●)
4. 소나무_진달래 군집(▼)

5. 굴참나무-소나무_왕느릅나무 군집(○)
6. 굴참나무-떡갈나무_큰기름새 군집(◆)

7. 신갈나무-서어나무_생강나무 군집(◈)
8. 신갈나무-전나무_조릿대 군집(■)
9. 신갈나무-들메나무_고광나무 군집(□)
10. 신갈나무_우산나물 군집(●)
11. 신갈나무_철쭉 군집(○)
12. 신갈나무_동자꽃 군집(◌)
13. 신갈나무-피나무_나래박쥐나물 군집(◆)

● **종 다양성 지수(H′)** Species diversity
2.15±0.29(64)

● **동반 종** Accompanying species
신갈나무(92%), 참취(79%), 대사초(68%), 둥굴레(66%),
큰기름새(64%)

고도 Elevation

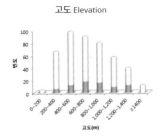

경사 Slope degree

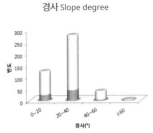

미소 지형 Micro-topography

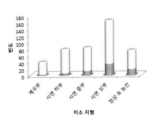

사면 방위 Slope aspect

군집별 빈도 Frequency

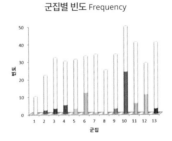

군집별 피도 Coverage

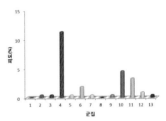

다변량 분석 Multivariate analysis

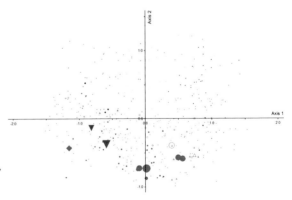

● **종합** Synopsis
고도가 낮은 산지부터 높은 산지까지, 분포하는 고도 범위가 넓다. 다른 생육지 범위도 넓으나 대체로 사면 중부 이상 건조한
지역에 주로 분포한다. 굴참나무 숲과 신갈나무 우점 숲에서 주로 출현하는 일년생 초본이다. 비교적 흔하고 소수 분포한다.

꿩의다리아재비

Caulophyllum robustum

● **생장형** Growth form
초본, 다년생, 낙엽, 절대육상식물

● **지리 분포** Geography
국내: 전국(제주도 제외)[3]
국외: 일본, 중국[3]

● **생육지** Habitat
모암: 비석회암 100%
고도: 1,177±165m, 높은 산지
경사: 30±9°
미소 지형: 전 지형, 주로 사면 상부 이상
사면 방위: 전 방위

● **출현 군집과 우점도** Communities & abundance
총 빈도: 4%(19/447)
평균 피도: 0.6±0.6%

1. 소나무-가래나무_이삭여뀌 군집(◇)
2. 소나무-굴참나무_졸참나무 군집(△)
3. 소나무_산딸기 군집(●)
4. 소나무_진달래 군집(▼)

5. 굴참나무-소나무_왕느릅나무 군집(○)
6. 굴참나무-떡갈나무_큰기름새 군집(◆)

7. 신갈나무-서어나무_생강나무 군집(◈)
8. 신갈나무-전나무_조릿대 군집(■)
9. 신갈나무-들메나무_고광나무 군집(□)
10. 신갈나무_우산나물 군집(●)
11. 신갈나무_철쭉 군집(○)
12. 신갈나무_동자꽃 군집(◌)
13. 신갈나무-피나무_나래박쥐나물 군집(◆)

● **종 다양성 지수(H')** Species diversity
2.56±0.36(12)

● **동반 종** Accompanying species
당단풍나무(100%), 단풍취(89%), 미역줄나무(89%),
벌깨덩굴(89%), 대사초(84%), 신갈나무(84%), 큰개별꽃(84%)

● **종합** Synopsis
고도가 높은 산지에서 사면 상부 이상 가파른 곳에 주로 분포한다. 비교적 적습한 활엽수 혼합 숲, 건조한 신갈나무 우점 숲,
높은 산지 신갈나무-활엽수 혼합 숲에서 주로 출현하는 초본이다. 출현하는 군집의 종 다양성이 높다. 매우 드물고 매우 소수
분포한다.

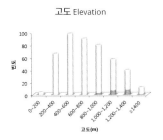

고도 Elevation

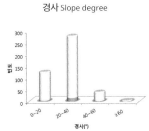

경사 Slope degree

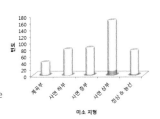

미소 지형 Micro-topography

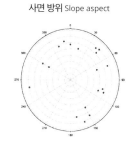

사면 방위 Slope aspect

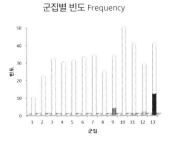

군집별 빈도 Frequency

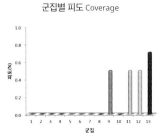

군집별 피도 Coverage

다변량 분석 Multivariate analysis

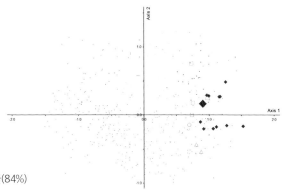

나래박쥐나물

Parasenecio auriculatus* var. *kamtschaticus

● **생장형** Growth form
초본, 다년생, 낙엽, 절대육상식물

● **지리 분포** Geography
국내: 중부 이북[3]
국외: 러시아 우수리, 캄차카, 일본, 중국 동북부[3]

● **생육지** Habitat
모암: 비석회암 94%, 석회암 6%
고도: 1,248±195m, 높은 산지
경사: 24±9°
미소 지형: 주로 사면 상부 이상
사면 방위: 전 방위

● **출현 군집과 우점도** Communities & abundance
총 빈도: 4%(16/447)
평균 피도: 1±2%

1. 소나무 - 가래나무_이삭여뀌 군집(◇)
2. 소나무 - 굴참나무_졸참나무 군집(△)
3. 소나무_산딸기 군집(●)
4. 소나무_진달래 군집(▼)

5. 굴참나무 - 소나무_왕느릅나무 군집(◇)
6. 굴참나무 - 떡갈나무_큰기름새 군집(◆)

7. 신갈나무 - 서어나무_생강나무 군집(◆)
8. 신갈나무 - 전나무_조릿대 군집(■)
9. 신갈나무_들메나무_고광나무 군집(□)
10. 신갈나무_우산나물 군집(●)
11. 신갈나무_철쭉 군집(○)
12. 신갈나무_동자꽃 군집( )
13. 신갈나무 - 피나무_나래박쥐나물 군집(◆)

● **종 다양성 지수(H′)** Species diversity
2.62±0.28(8)

● **동반 종** Accompanying species
대사초(94%), 미역줄나무(94%), 당단풍나무(88%),
벌깨덩굴(88%), 큰개별꽃(88%)

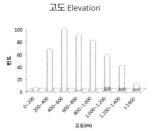

고도 Elevation

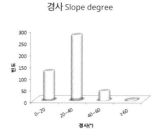

경사 Slope degree

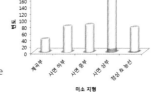

미소 지형 Micro-topography

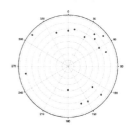

사면 방위 Slope aspect

군집별 빈도 Frequency

군집별 피도 Coverage

다변량 분석 Multivariate analysis

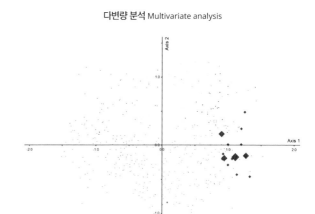

● **종합** Synopsis
고도가 높은 산지에서 사면 상부 이상에 주로 분포한다. 신갈나무 - 활엽수 혼합 숲에서 주로 출현하는 초본으로 지표종이다.
출현하는 군집의 종 다양성이 높다. 매우 드물고 소수 분포한다.

나래회나무

Euonymus macropterus

◉ **생장형** Growth form
관목, 활엽, 낙엽, 절대육상식물

◉ **지리 분포** Geography
국내: 전국[11]
국외: 러시아 사할린, 일본, 중국[11]

◉ **생육지** Habitat
모암: 비석회암 89%, 석회암 11%
고도: 1,151±238m, 중간 산지~높은 산지
경사: 29±10°
미소 지형: 주로 사면 중부 이상
사면 방위: 전 방위

◉ **출현 군집과 우점도** Communities & abundance
총 빈도: 4%(18/447)
평균 피도: 2±4%

1. 소나무 - 가래나무_이삭여뀌 군집(◇)
2. 소나무 - 굴참나무_졸참나무 군집(△)
3. 소나무_산딸기 군집(●)
4. 소나무_진달래 군집(▼)

5. 굴참나무 - 소나무_왕느릅나무 군집(◌)
6. 굴참나무 - 떡갈나무_큰기름새 군집(◆)

7. 신갈나무 - 서어나무_생강나무 군집(◈)
8. 신갈나무 - 전나무_조릿대 군집(■)
9. 신갈나무 - 들메나무_고광나무 군집(□)
10. 신갈나무 - 우산나물 군집(●)
11. 신갈나무_철쭉 군집(◌)
12. 신갈나무_동자꽃 군집( )
13. 신갈나무 - 피나무_나래박쥐나물 군집(◆)

◉ **종 다양성 지수(H′)** Species diversity
2.71±0.37(6)

◉ **동반 종** Accompanying species
당단풍나무(94%), 신갈나무(94%), 고로쇠나무(78%),
대사초(72%), 미역줄나무(72%)

◉ **종합** Synopsis
고도가 중간 산지부터 높은 산지까지 사면 중부 이상에 주로 분포한다. 높은 산지 신갈나무-활엽수 혼합 숲에서 주로 출현하는 관목이다. 출현하는 군집의 종 다양성이 높다. 매우 드물고 소수 분포한다.

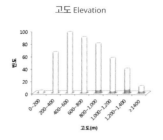

고도 Elevation

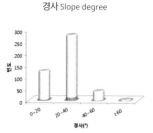

경사 Slope degree

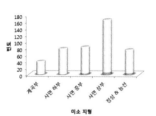

미소 지형 Micro-topography

사면 방위 Slope aspect

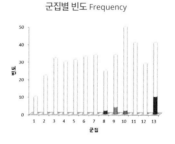

군집별 빈도 Frequency

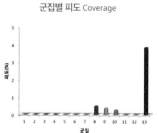

군집별 피도 Coverage

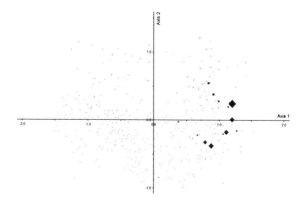

다변량 분석 Multivariate analysis

나비나물

Vicia unijuga

● **생장형** Growth form
초본, 다년생, 낙엽, 절대육상식물

● **지리 분포** Geography
국내: 전국[5]
국외: 러시아 사할린, 시베리아, 아무르, 우수리, 몽골, 일본, 중국 동북부[14]

● **생육지** Habitat
모암: 비석회암 62%, 석회암 38%
고도: 849±314m, 낮은 산지~높은 산지
경사: 29±9°
미소 지형: 전 지형, 주로 사면 중부 이상
사면 방위: 전 방위

● **출현 군집과 우점도** Communities & abundance
총 빈도: 11%(50/447)
평균 피도: 0.6±0.5%

1. 소나무 - 가래나무_이삭여뀌 군집(◇)
2. 소나무 - 굴참나무_졸참나무 군집(△)
3. 소나무_산딸기 군집(●)
4. 소나무_진달래 군집(▼)

5. 굴참나무 - 소나무_왕느릅나무 군집(◇)
6. 굴참나무 - 떡갈나무_큰기름새 군집(◆)

7. 신갈나무 - 서어나무_생강나무 군집(◆)
8. 신갈나무 - 전나무_조릿대 군집(■)
9. 신갈나무 - 들메나무_고광나무 군집(□)
10. 신갈나무 - 우산나물 군집(●)
11. 신갈나무_철쭉 군집(○)
12. 신갈나무_동자꽃 군집(◌)
13. 신갈나무 - 피나무_나래박쥐나물 군집(◆)

● **종 다양성 지수(H′)** Species diversity
2.25±0.37(44)

● **동반 종** Accompanying species
신갈나무(94%), 대사초(82%), 넓은잎외잎쑥(68%), 노루오줌(66%), 산딸기(66%)

● **종합** Synopsis
고도가 낮은 산지부터 높은 산지까지, 분포하는 고도 범위가 넓다. 출현하는 생육지 및 군집이 다양하나 비교적 건조한 사면 중부 이상에 주로 분포한다. 신갈나무 우점 숲에서 빈도와 우점도가 높은 초본이나 소나무 우점 숲, 굴참나무 숲에서도 볼 수 있다. 비교적 흔하나 매우 소수 분포한다.

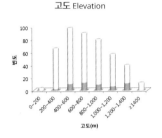

고도 Elevation

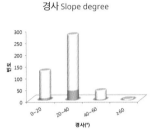

경사 Slope degree

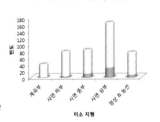

미소 지형 Micro-topography

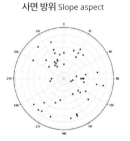

사면 방위 Slope aspect

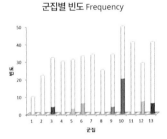

군집별 빈도 Frequency

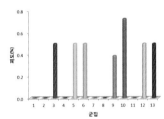

군집별 피도 Coverage

다변량 분석 Multivariate analysis

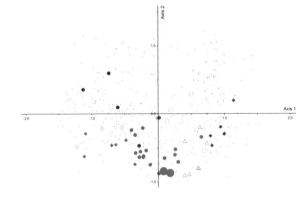

난티나무
Ulmus laciniata

◎ **생장형** Growth form
교목, 활엽, 낙엽, 절대육상식물

◎ **지리 분포** Geography
국내: 전국[3]
국외: 러시아, 일본, 중국 동북부[3]

◎ **생육지** Habitat
모암: 비석회암 56%, 석회암 44%
고도: 818±213m, 낮은 산지~높은 산지
경사: 26±12°
미소 지형: 전 지형, 주로 사면 중부 이하
사면 방위: 전 방위

◎ **출현 군집과 우점도** Communities & abundance
총 빈도: 8%(34/447)
평균 피도: 2±3%

1. 소나무-가래나무_이삭여뀌 군집(◇)
2. 소나무-굴참나무_졸참나무 군집(△)
3. 소나무_산딸기 군집(●)
4. 소나무_진달래 군집(▼)

5. 굴참나무-소나무_왕느릅나무 군집(○)
6. 굴참나무-떡갈나무_큰기름새 군집(◆)

7. 신갈나무-서어나무_생강나무 군집(◉)
8. 신갈나무-전나무_조릿대 군집(■)
9. 신갈나무-들메나무_고광나무 군집(□)
10. 신갈나무_우산나물 군집(●)
11. 신갈나무_철쭉 군집(○)
12. 신갈나무_동자꽃 군집(◡)
13. 신갈나무-피나무_나래박쥐나물 군집(◆)

◎ **종 다양성 지수(H')** Species diversity
2.22±0.30(23)

◎ **동반 종** Accompanying species
물푸레나무(76%), 신갈나무(71%), 고로쇠나무(65%),
생강나무(62%), 산벚나무(59%)

◎ **종합** Synopsis
고도가 낮은 산지부터 높은 산지까지, 분포하는 고도 범위가 넓다. 사면 중부 이하 적습한 계곡부에 주로 분포한다. 적습한 활엽수 혼합 숲에서 주로 출현하는 교목이나, 석회암 지대 건조한 굴참나무 숲이나 소나무 우점 숲에서도 출현한다. 드물고 소수 분포한다.

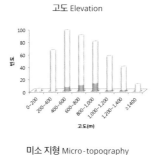

고도 Elevation

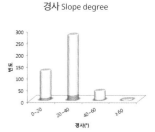

경사 Slope degree

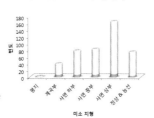

미소 지형 Micro-topography

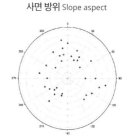

사면 방위 Slope aspect

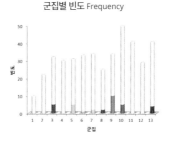

군집별 빈도 Frequency

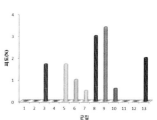

군집별 피도 Coverage

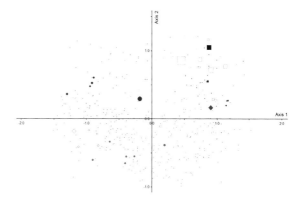

다변량 분석 Multivariate analysis

난티잎개암나무

Corylus heterophylla

자작나무과
Betulaceae

● **생장형** Growth form
관목, 활엽, 낙엽, 절대육상식물

● **지리 분포** Geography
국내: 전국[2]
국외: 러시아, 일본, 중국[2]

● **생육지** Habitat
모암: 비석회암 30%, 석회암 70%
고도: 562±153m, 낮은 산지~중간 산지
경사: 35±9°
미소 지형: 계곡부 제외, 전 지형
사면 방위: 전 방위

● **출현 군집과 우점도** Communities & abundance
총 빈도: 2%(10/447)
평균 피도: 0.9±0.9%

1. 소나무 - 가래나무_이삭여뀌 군집(◇)
2. 소나무 - 굴참나무_졸참나무 군집(△)
3. 소나무_산딸기 군집(●)
4. 소나무_진달래 군집(▼)

5. 굴참나무 - 소나무_왕느릅나무 군집(○)
6. 굴참나무 - 떡갈나무_큰기름새 군집(◆)

7. 신갈나무 - 서어나무_생강나무 군집(◈)
8. 신갈나무 - 전나무_조릿대 군집(■)
9. 신갈나무 - 들메나무_고광나무 군집(□)
10. 신갈나무_우산나물 군집(●)
11. 신갈나무_철쭉 군집(○)
12. 신갈나무_동자꽃 군집(△)
13. 신갈나무 - 피나무_나래박쥐나물 군집(◆)

● **종 다양성 지수(H')** Species diversity
2.26±0.32(10)

● **동반 종** Accompanying species
큰기름새(100%), 둥굴레(90%), 떡갈나무(90%),
부채마(90%), 삽주(90%), 실새풀(90%), 짝자래나무(90%)

● **종합** Synopsis
고도가 낮은 산지부터 중간 산지까지 계곡부를 제외하고 전 지형에 분포한다. 석회암 지역에서 더 흔하다. 굴참나무 우점 숲과 신갈나무 우점 숲에서 출현하는 관목이다. 매우 드물고 매우 소수 분포한다.

고도 Elevation

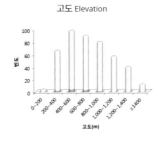

경사 Slope degree

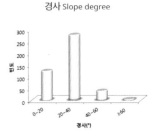

미소 지형 Micro-topography

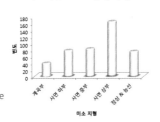

사면 방위 Slope aspect

군집별 빈도 Frequency

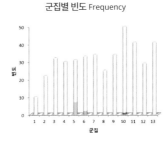

군집별 피도 Coverage

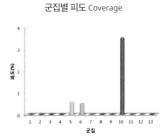

다변량 분석 Multivariate analysis

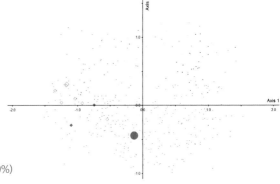

남산제비꽃

Viola albida var. *chaerophylloides*

● **생장형** Growth form
초본, 다년생, 낙엽, 절대육상식물

● **지리 분포** Geography
국내: 전국[9]
국외: 러시아 아무르, 일본, 중국 동북부[9]

● **생육지** Habitat
모암: 비석회암 83%, 석회암 17%
고도: 565±293m, 낮은 산지~중간 산지
경사: 22±14°
미소 지형: 전 지형, 주로 사면 하부 이하
사면 방위: 전 방위

● **출현 군집과 우점도** Communities & abundance
총 빈도: 12%(54/447)
평균 피도: 0.5±0.7%

1. 소나무 - 가래나무_이삭여뀌 군집(◇)
2. 소나무 - 굴참나무_졸참나무 군집(△)
3. 소나무_산딸기 군집(●)
4. 소나무_진달래 군집(▼)

5. 굴참나무 - 소나무_왕느릅나무 군집(○)
6. 굴참나무 - 떡갈나무_큰기름새 군집(◆)

7. 신갈나무 - 서어나무_생강나무 군집(◍)
8. 신갈나무 - 전나무_조릿대 군집(■)
9. 신갈나무 - 들메나무_고광나무 군집(□)
10. 신갈나무 - 우산나물 군집(●)
11. 신갈나무_철쭉 군집(○)
12. 신갈나무_동자꽃 군집(◌)
13. 신갈나무 - 피나무_나래박쥐나물 군집(◆)

● **종 다양성 지수(H′)** Species diversity
2.20±0.31(40)

● **동반 종** Accompanying species
생강나무(78%), 신갈나무(74%), 당단풍나무(69%),
물푸레나무(69%), 산박하(59%), 쪽동백나무(59%)

● **종합** Synopsis
고도가 낮은 산지부터 중간 산지 사면 하부에 주로 분포한다. 적습한 곳부터 건조한 곳까지 분포 범위가 넓다. 소나무 우점 숲이나 혼합 숲, 신갈나무 - 활엽수 혼합 숲에서 주로 출현하는 초본이다. 비교적 흔하나 매우 소수 분포한다.

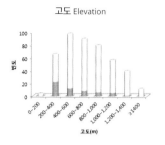

고도 Elevation

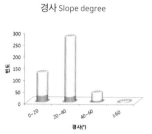

경사 Slope degree

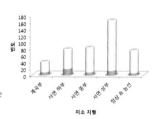

미소 지형 Micro-topography

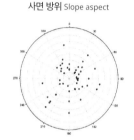

사면 방위 Slope aspect

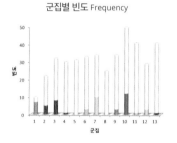

군집별 빈도 Frequency

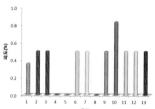

군집별 피도 Coverage

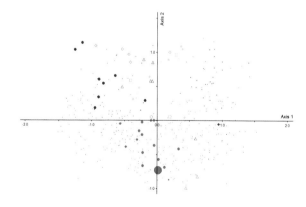

다변량 분석 Multivariate analysis

넓은잎외잎쑥
Artemisia stolonifera

● **생장형** Growth form
  초본, 다년생, 낙엽, 절대육상식물

● **지리 분포** Geography
  국내: 전국[3]
  국외: 러시아 아무르, 우수리, 몽골, 일본, 중국[3]

● **생육지** Habitat
  모암: 비석회암 75%, 석회암 25%
  고도: 827±321m, 낮은 산지~높은 산지
  경사: 27±12°
  미소 지형: 전 지형, 주로 사면 상부 이상
  사면 방위: 전 방위

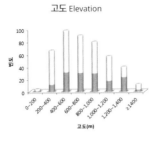

고도 Elevation

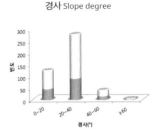

경사 Slope degree

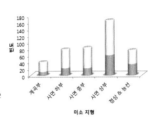

미소 지형 Micro-topography

사면 방위 Slope aspect

● **출현 군집과 우점도** Communities & abundance
  총 빈도: 33%(145/447)
  평균 피도: 2±6%

1. 소나무-가래나무_이삭여뀌 군집(◇)
2. 소나무-굴참나무_졸참나무 군집(△)
3. 소나무_산딸기 군집(●)
4. 소나무_진달래 군집(▼)

5. 굴참나무-소나무_왕느릅나무 군집(◌)
6. 굴참나무-떡갈나무_큰기름새 군집(◆)

7. 신갈나무-서어나무_생강나무 군집(◈)
8. 신갈나무-전나무_조릿대 군집(■)
9. 신갈나무-들메나무_고광나무 군집(□)
10. 신갈나무-우산나물 군집(●)
11. 신갈나무_철쭉 군집(◌)
12. 신갈나무_동자꽃 군집(△)
13. 신갈나무-피나무_나래박쥐나물 군집(◆)

● **종 다양성 지수(H′)** Species diversity
  2.20±0.37(120)

● **동반 종** Accompanying species
  신갈나무(86%), 참취(74%), 대사초(69%), 당단풍나무(59%),
  물푸레나무(57%), 산박하(57%)

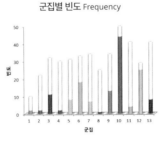

군집별 빈도 Frequency

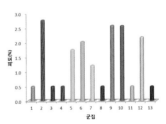

군집별 피도 Coverage

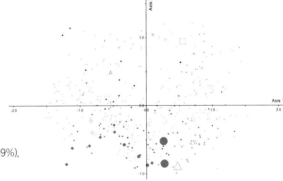

다변량 분석 Multivariate analysis

● **종합** Synopsis
  고도가 낮은 산지부터 높은 산지까지, 분포하는 고도 범위가 넓다. 입지도 다양하나, 비교적 건조한 사면 상부 이상에 주로 분포한다. 모든 군집에서 나타나나 중간 산지와 높은 산지 신갈나무 우점 숲에서 빈도와 우점도가 가장 높다. 매우 흔하나 소수 분포한다.

네잎갈퀴
Galium trachyspermum

◉ **생장형** Growth form
초본, 다년생, 낙엽, 절대육상식물

◉ **지리 분포** Geography
국내: 전국[3]
국외: 일본, 중국[3]

◉ **생육지** Habitat
모암: 비석회암 87%, 석회암 13%
고도: 641±192m, 낮은 산지~중간 산지
경사: 30±10°
미소 지형: 전 지형, 주로 사면부
사면 방위: 전 방위

◉ **출현 군집과 우점도** Communities & abundance
총 빈도: 3%(15/447)
평균 피도: 0.5±0%

1. 소나무 - 가래나무_이삭여뀌 군집(◇)
2. 소나무 - 굴참나무_졸참나무 군집(△)
3. 소나무_산딸기 군집(●)
4. 소나무_진달래 군집(▼)

5. 굴참나무 - 소나무_왕느릅나무 군집(○)
6. 굴참나무 - 떡갈나무_큰기름새 군집(◆)

7. 신갈나무 - 서어나무_생강나무 군집(◖)
8. 신갈나무 - 전나무_조릿대 군집(■)
9. 신갈나무 - 들메나무_고광나무 군집(□)
10. 신갈나무_우산나물 군집(●)
11. 신갈나무_철쭉 군집(○)
12. 신갈나무_동자꽃 군집(△)
13. 신갈나무 - 피나무_나래박쥐나물 군집(◆)

◉ **종 다양성 지수(H′)** Species diversity
2.17±0.34(13)

◉ **동반 종** Accompanying species
둥굴레(93%), 신갈나무(93%), 물푸레나무(67%), 산딸기(67%),
삽주(67%), 생강나무(67%), 참취(67%), 큰기름새(67%), 큰까치수염(67%)

◉ **종합** Synopsis
고도가 낮은 산지부터 중간 산지까지 가파른 사면부에 주로 분포한다. 적습한 곳부터 건조한 곳까지 분포 범위가 넓다. 출현 빈도는 낮지만 적습한 신갈나무 - 활엽수 혼합 숲과 활엽수 혼합 숲, 건조한 굴참나무 숲과 신갈나무 우점 숲에서 출현하는 초본이다. 매우 드물고 매우 소수 분포한다.

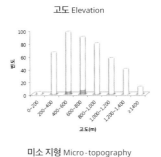

고도 Elevation

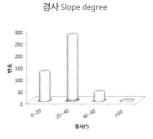

경사 Slope degree

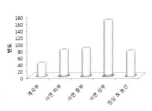

미소 지형 Micro-topography

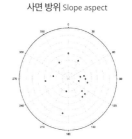

사면 방위 Slope aspect

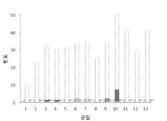

군집별 빈도 Frequency

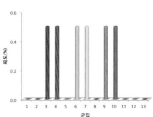

군집별 피도 Coverage

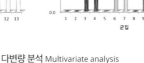

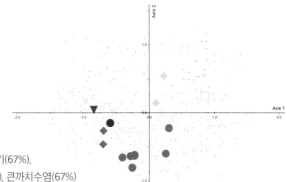

다변량 분석 Multivariate analysis

노간주나무
Juniperus rigida

● **생장형** Growth form
소교목, 침엽, 상록, 절대육상식물

● **지리 분포** Geography
국내: 전국[2]
국외: 일본, 중국[2]

● **생육지** Habitat
모암: 석회암 100%
고도: 413±158m, 낮은 산지
경사: 27±8°
미소 지형: 주로 사면 하부와 중부
사면 방위: 전 방위

● **출현 군집과 우점도** Communities & abundance
총 빈도: 3%(13/447)
평균 피도: 3±5%

1. 소나무 - 가래나무_이삭여뀌 군집(◇)
2. 소나무 - 굴참나무_졸참나무 군집(△)
3. 소나무_산딸기 군집(●)
4. 소나무_진달래 군집(▼)

5. 굴참나무 - 소나무_왕느릅나무 군집(◇)
6. 굴참나무 - 떡갈나무_큰기름새 군집(◆)

7. 신갈나무 - 서어나무_생강나무 군집(◆)
8. 신갈나무 - 전나무_조릿대 군집(■)
9. 신갈나무 - 들메나무_고광나무 군집(□)
10. 신갈나무_우산나물 군집(●)
11. 신갈나무_철쭉 군집(○)
12. 신갈나무_동자꽃 군집(○)
13. 신갈나무 - 피나무_나래박쥐나물 군집(◆)

● **종 다양성 지수(H′)** Species diversity
2.23±0.25(12)

● **동반 종** Accompanying species
소나무(100%), 큰기름새(100%), 청가시덩굴(92%),
생강나무(85%), 신갈나무(85%), 으아리(85%)

● **종합** Synopsis
고도가 낮은 산지에서 사면 하부나 중부에 주로 분포한다. 석회암 지대에서 비교적 흔하나 비석회암 지역에서도 건조한 곳에서 출현한다. 굴참나무와 소나무 우점 숲에서 출현하는 상록 침엽 소교목이다. 매우 드물고 소수 분포한다.

고도 Elevation
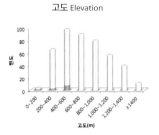

경사 Slope degree
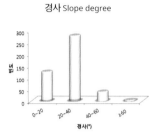

미소 지형 Micro-topography
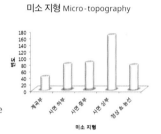

사면 방위 Slope aspect
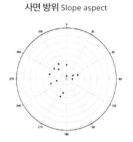

군집별 빈도 Frequency
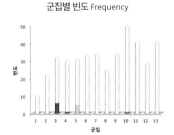

군집별 피도 Coverage
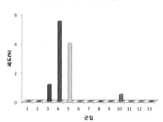

다변량 분석 Multivariate analysis
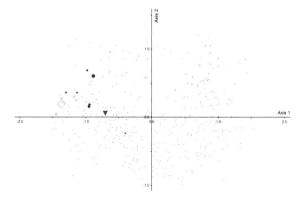

노랑갈퀴
Vicia chosenensis

◉ **생장형** Growth form
초본, 다년생, 낙엽, 절대육상식물

◉ **지리 분포** Geography
국내: 동부[6]
국외: 한국 특산[15]

◉ **생육지** Habitat
모암: 비석회암 45%, 석회암 55%
고도: 758±233m, 낮은 산지~중간 산지
경사: 30±8°
미소 지형: 계곡부 제외, 주로 사면 중부 이상
사면 방위: 전 방위

◉ **출현 군집과 우점도** Communities & abundance
총 빈도: 7%(31/447)
평균 피도: 4±12%

1. 소나무-가래나무_이삭여뀌 군집(◇)
2. 소나무-굴참나무_졸참나무 군집(△)
3. 소나무_산딸기 군집(●)
4. 소나무_진달래 군집(▼)

5. 굴참나무-소나무_왕느릅나무 군집(◇)
6. 굴참나무-떡갈나무_큰기름새 군집(◆)

7. 신갈나무-서어나무_생강나무 군집(◆)
8. 신갈나무-전나무_조릿대 군집(■)
9. 신갈나무-들메나무_고광나무 군집(□)
10. 신갈나무_우산나물 군집(●)
11. 신갈나무_철쭉 군집(○)
12. 신갈나무_동자꽃 군집(○)
13. 신갈나무-피나무_나래박쥐나물 군집(◆)

◉ **종 다양성 지수(H′)** Species diversity
2.20±0.34(31)

◉ **동반 종** Accompanying species
신갈나무(97%), 참취(84%), 삽주(81%), 대사초(77%),
산딸기(77%), 넓은잎외잎쑥(74%)

◉ **종합** Synopsis
고도가 낮은 산지부터 중간 산지까지 계곡부를 제외한 사면 중부 이상 지역 가파른 곳에 주로 분포한다. 출현하는 군집이 다양하나 신갈나무나 소나무 우점 숲에서 주로 출현하는 우리나라 고유종 초본이다. 드물고 소수 분포한다.

고도 Elevation
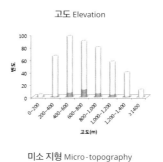

경사 Slope degree
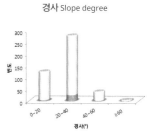

미소 지형 Micro-topography
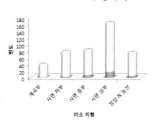

사면 방위 Slope aspect
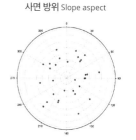

군집별 빈도 Frequency
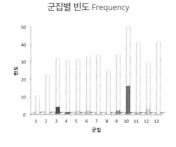

군집별 피도 Coverage
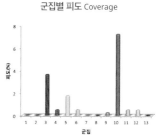

다변량 분석 Multivariate analysis

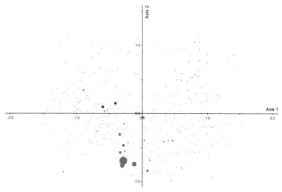

노랑물봉선

Impatiens nolitangere

● **생장형** Growth form
초본, 일년생, 낙엽, 임의습지식물

● **지리 분포** Geography
국내: 전국(제주도 제외)[2]
국외: 러시아 시베리아, 유럽, 일본, 중국[2]

● **생육지** Habitat
모암: 비석회암 76%, 석회암 24%
고도: 991±239m, 중간 산지~높은 산지
경사: 26±13°
미소 지형: 전 지형, 주로 사면 하부 이하
사면 방위: 전 방위

● **출현 군집과 우점도** Communities & abundance
총 빈도: 5%(21/447)
평균 피도: 1±2%

1. 소나무 - 가래나무_이삭여뀌 군집(◇)
2. 소나무 - 굴참나무_졸참나무 군집(△)
3. 소나무_산딸기 군집(●)
4. 소나무_진달래 군집(▼)

5. 굴참나무 - 소나무_왕느릅나무 군집(◇)
6. 굴참나무 - 떡갈나무_큰기름새 군집(◆)

7. 신갈나무 - 서어나무_생강나무 군집(◈)
8. 신갈나무 - 전나무_조릿대 군집(■)
9. 신갈나무 - 들메나무_고광나무 군집(□)
10. 신갈나무_우산나물 군집(●)
11. 신갈나무_철쭉 군집(○)
12. 신갈나무_동자꽃 군집(◡)
13. 신갈나무 - 피나무_나래박쥐나물 군집(◆)

● **종 다양성 지수(H′)** Species diversity
2.47±0.30(11)

● **동반 종** Accompanying species
신갈나무(100%), 당단풍나무(81%), 고로쇠나무(71%),
큰개별꽃(67%), 넓은잎외잎쑥(62%), 참취(62%), 피나무(62%)

● **종합** Synopsis
고도가 중간 산지부터 높은 산지까지 사면 하부에 주로 분포한다. 신갈나무 우점 숲과 활엽수 혼합 숲에서 주로 출현하는 임의습지 일년생 초본이다. 드물고 소수 분포한다.

고도 Elevation
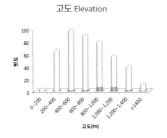

경사 Slope degree
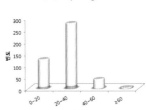

미소 지형 Micro-topography
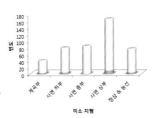

사면 방위 Slope aspect

군집별 빈도 Frequency
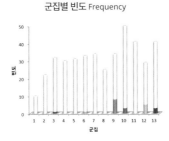

군집별 피도 Coverage
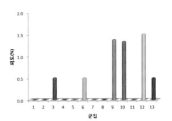

다변량 분석 Multivariate analysis
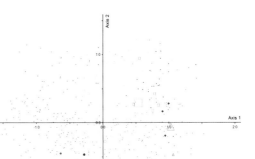

노랑제비꽃
Viola orientalis

제비꽃과
Violaceae

◉ **생장형** Growth form
초본, 다년생, 낙엽, 절대육상식물

◉ **지리 분포** Geography
국내: 전국[2]
국외: 러시아 우수리, 일본, 중국 동북부[2]

◉ **생육지** Habitat
모암: 비석회암 90%, 석회암 10%
고도: 735±304m, 낮은 산지~높은 산지
경사: 31±11°
미소 지형: 전 지형, 주로 사면 중부 및 상부
사면 방위: 전 방위

◉ **출현 군집과 우점도** Communities & abundance
총 빈도: 16%(72/447)
평균 피도: 1±5%

1. 소나무 - 가래나무_이삭여뀌 군집(◇)
2. 소나무 - 굴참나무_졸참나무 군집(△)
3. 소나무_산딸기 군집(●)
4. 소나무_진달래 군집(▼)

5. 굴참나무 - 소나무_왕느릅나무 군집(◇)
6. 굴참나무 - 떡갈나무_큰기름새 군집(◆)

7. 신갈나무 - 서어나무_생강나무 군집(◆)
8. 신갈나무 - 전나무_조릿대 군집(■)
9. 신갈나무 - 들메나무_고광나무 군집(□)
10. 신갈나무_우산나물 군집(●)
11. 신갈나무_철쭉 군집(○)
12. 신갈나무_동자꽃 군집( )
13. 신갈나무 - 피나무_나래박쥐나물 군집(◆)

◉ **종 다양성 지수(H')** Species diversity
2.04±0.32(64)

◉ **동반 종** Accompanying species
신갈나무(96%), 생강나무(69%), 당단풍나무(68%),
대사초(67%), 둥굴레(63%), 삽주(63%)

◉ **종합** Synopsis
고도가 낮은 산지부터 높은 산지까지, 분포하는 고도 범위가 넓다. 다른 생육지 범위도 넓으나 건조하고 가파른 사면 중부와
상부에 주로 분포한다. 신갈나무나 소나무 우점 숲에서 주로 출현하는 초본이다. 출현하는 군집의 종 다양성이 낮다. 비교적
흔하나 소수 분포한다.

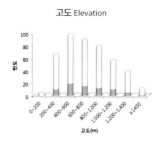
고도 Elevation

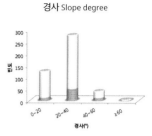
경사 Slope degree

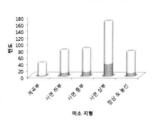
미소 지형 Micro-topography

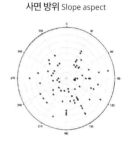
사면 방위 Slope aspect

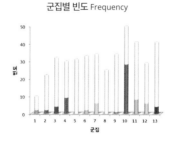
군집별 빈도 Frequency

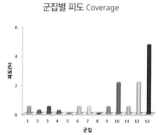
군집별 피도 Coverage

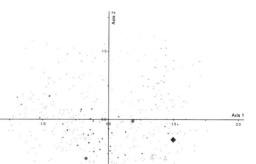
다변량 분석 Multivariate analysis

노루귀

Hepatica asiatica

● **생장형** Growth form
초본, 다년생, 낙엽, 절대육상식물

● **지리 분포** Geography
국내: 전국(제주도 제외)[2]
국외: 러시아 우수리, 중국[2]

● **생육지** Habitat
모암: 비석회암 77%, 석회암 23%
고도: 1,000±256m, 중간 산지~높은 산지
경사: 29±11°
미소 지형: 전 지형
사면 방위: 전 방위

● **출현 군집과 우점도** Communities & abundance
총 빈도: 13%(56/447)
평균 피도: 2±4%

1. 소나무-가래나무_이삭여뀌 군집(◇)
2. 소나무-굴참나무_졸참나무 군집(△)
3. 소나무_산딸기 군집(●)
4. 소나무_진달래 군집(▼)

5. 굴참나무-소나무_왕느릅나무 군집(◇)
6. 굴참나무-떡갈나무_큰기름새 군집(◆)

7. 신갈나무-서어나무_생강나무 군집(◈)
8. 신갈나무-전나무_조릿대 군집(■)
9. 신갈나무-들메나무_고광나무 군집(□)
10. 신갈나무_우산나물 군집(●)
11. 신갈나무_철쭉 군집(○)
12. 신갈나무_동자꽃 군집( )
13. 신갈나무-피나무_나래박쥐나물 군집(◆)

● **종 다양성 지수(H′)** Species diversity
2.29±0.36(41)

● **동반 종** Accompanying species
당단풍나무(91%), 신갈나무(89%), 대사초(86%),
단풍취(80%), 피나무(79%)

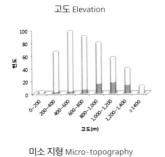

고도 Elevation

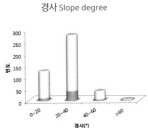

경사 Slope degree

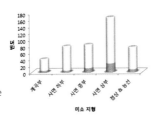

미소 지형 Micro-topography

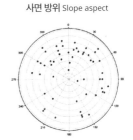

사면 방위 Slope aspect

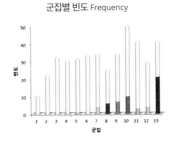

군집별 빈도 Frequency

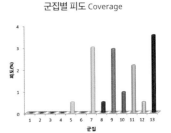

군집별 피도 Coverage

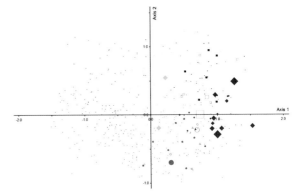

다변량 분석 Multivariate analysis

● **종합** Synopsis
고도가 중간 산지부터 높은 산지까지 분포하며 전 지형에서 출현한다. 적습한 곳부터 건조한 곳까지 분포 범위가 넓다. 높은 산지 신갈나무-활엽수 혼합 숲의 지표종이며, 활엽수 혼합 숲에서도 출현하는 초본이다. 비교적 흔하고 소수 분포한다.

노루발

Pyrola japonica

노루발과
Pyrolaceae

- ◉ **생장형** Growth form
  초본, 다년생, 상록, 절대육상식물

- ◉ **지리 분포** Geography
  국내: 전국[9]
  국외: 대만, 일본, 중국[9]

- ◉ **생육지** Habitat
  모암: 비석회암 77%, 석회암 23%
  고도: 621±249m, 낮은 산지~중간 산지
  경사: 26±11°
  미소 지형: 전 지형, 주로 사면부
  사면 방위: 전 방위

- ◉ **출현 군집과 우점도** Communities & abundance
  총 빈도: 16%(70/447)
  평균 피도: 0.5±0.6%

  1. 소나무 - 가래나무_이삭여뀌 군집(◇)
  2. 소나무 - 굴참나무_졸참나무 군집(△)
  3. 소나무_산딸기 군집(●)
  4. 소나무_진달래 군집(▼)

  5. 굴참나무 - 소나무_왕느릅나무 군집(◌)
  6. 굴참나무 - 떡갈나무_큰기름새 군집(◆)

  7. 신갈나무 - 서어나무_생강나무 군집(◉)
  8. 신갈나무 - 전나무_조릿대 군집(■)
  9. 신갈나무 - 들메나무_고광나무 군집(□)
  10. 신갈나무_우산나물 군집(●)
  11. 신갈나무_철쭉 군집(◌)
  12. 신갈나무_동자꽃 군집(◌)
  13. 신갈나무 - 피나무_나래박쥐나물 군집(◆)

- ◉ **종 다양성 지수(H')** Species diversity
  2.03±0.35(60)

- ◉ **동반 종** Accompanying species
  신갈나무(89%), 생강나무(74%), 둥굴레(67%),
  큰기름새(66%), 물푸레나무(64%)

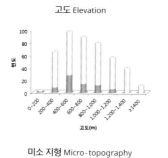

고도 Elevation

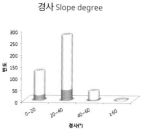

경사 Slope degree

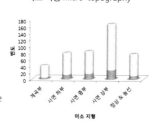

미소 지형 Micro-topography

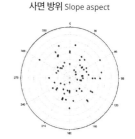

사면 방위 Slope aspect

군집별 빈도 Frequency

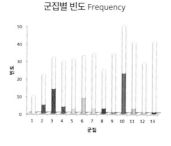

군집별 피도 Coverage

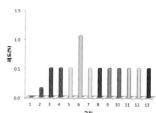

다변량 분석 Multivariate analysis

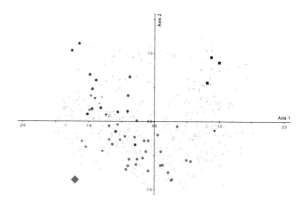

- ◉ **종합** Synopsis
  고도가 낮은 산지부터 중간 산지까지 대체로 건조한 사면부에 주로 분포한다. 여러 군집에서 나타나나 소나무 우점 숲, 굴참나무 숲, 신갈나무 우점 숲에서 주로 출현하는 상록 초본이다. 출현하는 군집의 종 다양성이 낮다. 비교적 흔하고 매우 소수 분포한다.

노루삼

Actaea asiatica

◉ **생장형** Growth form
초본, 다년생, 낙엽, 절대육상식물

◉ **지리 분포** Geography
국내: 전국[3]
국외: 러시아 우수리, 일본, 중국[3]

◉ **생육지** Habitat
모암: 비석회암 91%, 석회암 9%
고도: 1,002±273m, 중간 산지~높은 산지
경사: 30±10°
미소 지형: 전 지형, 특히 계곡부
사면 방위: 전 방위

◉ **출현 군집과 우점도** Communities & abundance
총 빈도: 2%(11/447)
평균 피도: 1±2%

1. 소나무-가래나무_이삭여뀌 군집(◇)
2. 소나무-굴참나무_졸참나무 군집(△)
3. 소나무_산딸기 군집(●)
4. 소나무_진달래 군집(▼)

5. 굴참나무-소나무_왕느릅나무 군집(◇)
6. 굴참나무-떡갈나무_큰기름새 군집(◆)

7. 신갈나무-서어나무_생강나무 군집(◆)
8. 신갈나무-전나무_조릿대 군집(■)
9. 신갈나무-들메나무_고광나무 군집(□)
10. 신갈나무_우산나물 군집(●)
11. 신갈나무_철쭉 군집(○)
12. 신갈나무_동자꽃 군집(◌)
13. 신갈나무-피나무_나래박쥐나물 군집(◆)

◉ **종 다양성 지수(H′)** Species diversity
2.33±0.42(5)

◉ **동반 종** Accompanying species
고로쇠나무(91%), 당단풍나무(91%), 신갈나무(82%),
피나무(82%), 관중(73%), 단풍취(73%), 생강나무(73%),
잣나무(73%), 전나무(73%)

◉ **종합** Synopsis
고도가 중간 산지부터 높은 산지까지 가파르고 적습한 계곡부에서 주로 분포한다. 신갈나무-활엽수 혼합 숲이나 활엽수 혼합 숲에서 출현하는 초본이다. 매우 드물고 소수 분포한다.

고도 Elevation

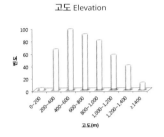

경사 Slope degree

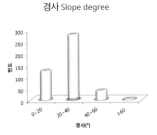

미소 지형 Micro-topography

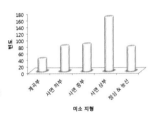

사면 방위 Slope aspect

군집별 빈도 Frequency

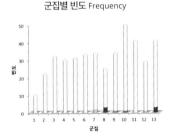

군집별 피도 Coverage

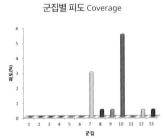

다변량 분석 Multivariate analysis

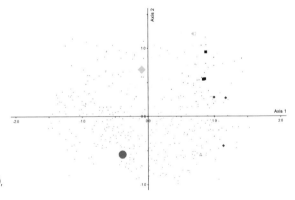

노루오줌
Astilbe rubra

◉ **생장형** Growth form
초본, 다년생, 낙엽, 절대육상식물

◉ **지리 분포** Geography
국내: 전국[2]
국외: 러시아 동북부, 인도, 일본, 중국[2]

◉ **생육지** Habitat
모암: 비석회암 86%, 석회암 14%
고도: 878±287m, 낮은 산지~높은 산지
경사: 28±12°
미소 지형: 전 지형
사면 방위: 전 방위

◉ **출현 군집과 우점도** Communities & abundance
총 빈도: 41%(183/447)
평균 피도: 2±5%

1. 소나무-가래나무_이삭여뀌 군집(◇)
2. 소나무-굴참나무_졸참나무 군집(△)
3. 소나무_산딸기 군집(●)
4. 소나무_진달래 군집(▼)

5. 굴참나무-소나무_왕느릅나무 군집(◇)
6. 굴참나무-떡갈나무_큰기름새 군집(◆)

7. 신갈나무-서어나무_생강나무 군집(◈)
8. 신갈나무-전나무_조릿대 군집(■)
9. 신갈나무-들메나무_고광나무 군집(□)
10. 신갈나무_우산나물 군집(●)
11. 신갈나무_철쭉 군집(○)
12. 신갈나무_동자꽃 군집( )
13. 신갈나무-피나무_나래박쥐나물 군집(◆)

◉ **종 다양성 지수(H′)** Species diversity
2.15±0.41(142)

◉ **동반 종** Accompanying species
신갈나무(93%), 대사초(78%), 당단풍나무(75%),
참취(60%), 물푸레나무(57%), 미역줄나무(55%)

◉ **종합** Synopsis
고도가 낮은 산지부터 높은 산지까지, 분포하는 고도 범위가 넓다. 다른 생육지 범위도 넓으나 비교적 건조한 중간 산지와 높은 산지에 주로 분포한다. 대부분 군집에서 출현하지만 건조한 신갈나무 우점 숲, 신갈나무-활엽수 혼합 숲에서 출현 빈도가 높은 초본이다. 매우 흔하지만 소수 분포한다.

고도 Elevation
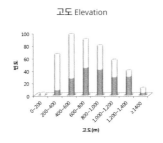

경사 Slope degree
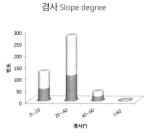

미소 지형 Micro-topography
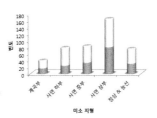

사면 방위 Slope aspect
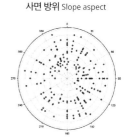

군집별 빈도 Frequency
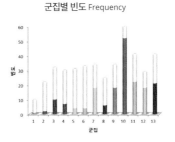

군집별 피도 Coverage
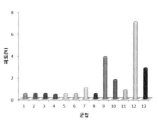

다변량 분석 Multivariate analysis

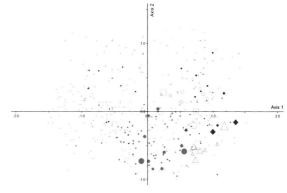

노린재나무

Symplocos sawafutagi

● **생장형** Growth form
소교목, 활엽, 낙엽, 절대육상식물

● **지리 분포** Geography
국내: 전국[2]
국외: 일본, 중국 동북부[2]

● **생육지** Habitat
모암: 비석회암 94%, 석회암 6%
고도: 816±294m, 낮은 산지~높은 산지
경사: 26±13°
미소 지형: 전 지형
사면 방위: 전 방위

● **출현 군집과 우점도** Communities & abundance
총 빈도: 29%(126/447)
평균 피도: 6±11%

1. 소나무 - 가래나무_이삭여뀌 군집(◇)
2. 소나무 - 굴참나무_졸참나무 군집(△)
3. 소나무_산딸기 군집(●)
4. 소나무_진달래 군집(▼)

5. 굴참나무 - 소나무_왕느릅나무 군집(○)
6. 굴참나무 - 떡갈나무_큰기름새 군집(◆)

7. 신갈나무 - 서어나무_생강나무 군집(◈)
8. 신갈나무 - 전나무_조릿대 군집(■)
9. 신갈나무 - 들메나무_고광나무 군집(□)
10. 신갈나무_우산나물 군집(●)
11. 신갈나무_철쭉 군집(○)
12. 신갈나무_동자꽃 군집(◌)
13. 신갈나무 - 피나무_나래박쥐나물 군집(◆)

● **종 다양성 지수(H′)** Species diversity
2.10±0.38(107)

● **동반 종** Accompanying species
신갈나무(92%), 당단풍나무(74%), 대사초(67%),
물푸레나무(63%), 참취(57%)

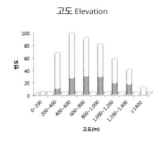
고도 Elevation

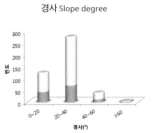
경사 Slope degree

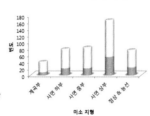
미소 지형 Micro-topography

사면 방위 Slope aspect

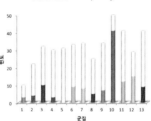
군집별 빈도 Frequency

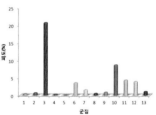
군집별 피도 Coverage

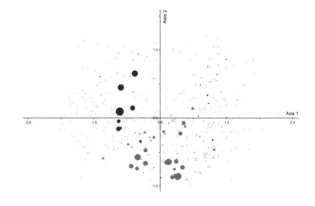
다변량 분석 Multivariate analysis

● **종합** Synopsis
고도가 낮은 산지부터 높은 산지까지, 분포하는 고도 범위가 넓다. 다른 생육지 범위도 넓다. 대부분 군집에서 출현하지만 중간 산지와 높은 산지 신갈나무 우점 숲에서 출현 빈도가 높은 소교목이다. 비교적 흔하고 비교적 우점한다.

노박덩굴

Celastrus orbiculatus

◉ **생장형** Growth form
덩굴성 목본, 활엽, 낙엽, 절대육상식물

◉ **지리 분포** Geography
국내: 전국[12]
국외: 러시아 아무르, 일본, 중국 북동부[11]

◉ **생육지** Habitat
모암: 비석회암 77%, 석회암 23%
고도: 726±307m, 낮은 산지~높은 산지
경사: 23±13°
미소 지형: 전 지형, 주로 사면 하부 및 중부
사면 방위: 전 방위

◉ **출현 군집과 우점도** Communities & abundance
총 빈도: 7%(30/447)
평균 피도: 4±12%

1. 소나무-가래나무_이삭여뀌 군집(◇)
2. 소나무-굴참나무_졸참나무 군집(△)
3. 소나무_산딸기 군집(●)
4. 소나무_진달래 군집(▼)

5. 굴참나무-소나무_왕느릅나무 군집(○)
6. 굴참나무-떡갈나무_큰기름새 군집(◆)

7. 신갈나무-서어나무_생강나무 군집(◈)
8. 신갈나무-전나무_조릿대 군집(■)
9. 신갈나무-들메나무_고광나무 군집(□)
10. 신갈나무_우산나물 군집(●)
11. 신갈나무_철쭉 군집(○)
12. 신갈나무_동자꽃 군집(◌)
13. 신갈나무-피나무_나래박쥐나물 군집(◆)

◉ **종 다양성 지수(H')** Species diversity
2.34±0.38(26)

◉ **동반 종** Accompanying species
신갈나무(83%), 물푸레나무(80%), 생강나무(70%),
산박하(63%), 산딸기(60%)

◉ **종합** Synopsis
고도가 낮은 산지부터 높은 산지까지, 분포하는 고도 범위가 넓다. 사면 하부와 중부에 주로 분포한다. 낮은 산지 소나무-활엽수 혼합 숲에서 출현하나 중간 산지 이상 신갈나무 우점 숲에서 상대적으로 높은 빈도와 우점도로 출현하는 덩굴성 목본이다. 드물고 소수 분포한다.

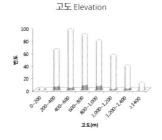
고도 Elevation

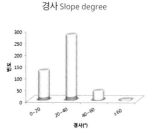
경사 Slope degree

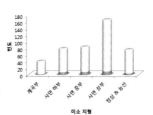
미소 지형 Micro-topography

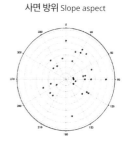
사면 방위 Slope aspect

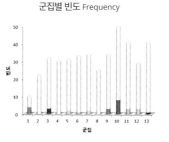
군집별 빈도 Frequency

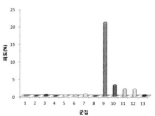
군집별 피도 Coverage

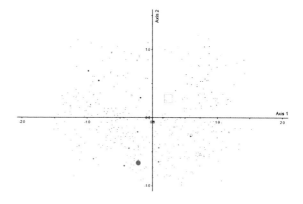
다변량 분석 Multivariate analysis

누리장나무

Clerodendrum trichotomum

◉ **생장형** Growth form
　관목, 활엽, 낙엽, 절대육상식물

◉ **지리 분포** Geography
　국내: 전국[5]
　국외: 대만, 일본, 중국 동북부[2]

◉ **생육지** Habitat
　모암: 비석회암 50%, 석회암 50%
　고도: 464±235m, 낮은 산지
　경사: 27±12°
　미소 지형: 주로 사면 하부 이하
　사면 방위: 전 방위

◉ **출현 군집과 우점도** Communities & abundance
　총 빈도: 3%(14/447)
　평균 피도: 5±11%

1. 소나무 - 가래나무 _ 이삭여뀌 군집(◇)
2. 소나무 - 굴참나무 _ 졸참나무 군집(△)
3. 소나무 _ 산딸기 군집(●)
4. 소나무 _ 진달래 군집(▼)

5. 굴참나무 - 소나무 _ 왕느릅나무 군집(◇)
6. 굴참나무 - 떡갈나무 _ 큰기름새 군집(◆)

7. 신갈나무 - 서어나무 _ 생강나무 군집(◈)
8. 신갈나무 - 전나무 _ 조릿대 군집(■)
9. 신갈나무 - 들메나무 _ 고광나무 군집(□)
10. 신갈나무 - 우산나물 군집(●)
11. 신갈나무 _ 철쭉 군집(○)
12. 신갈나무 _ 동자꽃 군집(△)
13. 신갈나무 - 피나무 _ 나래박쥐나물 군집(◆)

◉ **종 다양성 지수(H′)** Species diversity
　2.10±0.34(12)

◉ **동반 종** Accompanying species
　생강나무(93%), 큰기름새(93%), 물푸레나무(79%),
　산뽕나무(79%), 산박하(71%), 소나무(71%), 실새풀(71%)

◉ **종합** Synopsis
　고도가 낮은 산지에서 사면 하부 이하에 주로 분포한다. 소나무 - 활엽수 혼합 숲, 소나무 우점 숲, 굴참나무 우점 숲의 교란된 곳에서 출현하는 관목이다. 매우 드물지만 비교적 우점한다.

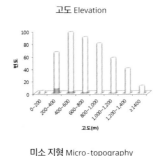

고도 Elevation

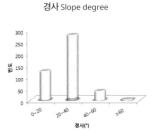

경사 Slope degree

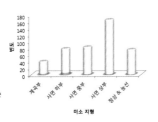

미소 지형 Micro-topography

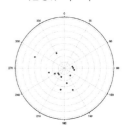

사면 방위 Slope aspect

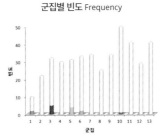

군집별 빈도 Frequency

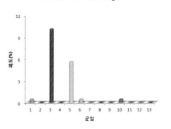

군집별 피도 Coverage

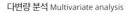

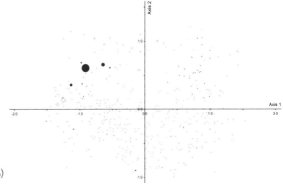

다변량 분석 Multivariate analysis

눈개승마

Aruncus dioicus var. *kamtschaticus*

◉ **생장형** Growth form
초본, 다년생, 낙엽, 절대육상식물

◉ **지리 분포** Geography
국내: 전국(제주도 제외)[2]
국외: 러시아 동북부, 일본, 중국 동북부[2]

◉ **생육지** Habitat
모암: 비석회암 69%, 석회암 31%
고도: 1,198±213m, 중간 산지~높은 산지
경사: 24±13°
미소 지형: 주로 사면 중부 이상
사면 방위: 전 방위

◉ **출현 군집과 우점도** Communities & abundance
총 빈도: 4%(16/447)
평균 피도: 13±20%

1. 소나무-가래나무_이삭여뀌 군집(◇)
2. 소나무-굴참나무_졸참나무 군집(△)
3. 소나무_산딸기 군집(●)
4. 소나무_진달래 군집(▼)

5. 굴참나무-소나무_왕느릅나무 군집(○)
6. 굴참나무-떡갈나무_큰기름새 군집(◆)

7. 신갈나무-서어나무_생강나무 군집(◐)
8. 신갈나무-전나무_조릿대 군집(■)
9. 신갈나무-들메나무_고광나무 군집(□)
10. 신갈나무_우산나물 군집(●)
11. 신갈나무_철쭉 군집(○)
12. 신갈나무_동자꽃 군집(◌)
13. 신갈나무-피나무_나래박쥐나물 군집(◆)

◉ **종 다양성 지수(H′)** Species diversity
2.47±0.29(14)

◉ **동반 종** Accompanying species
미역줄나무(88%), 신갈나무(88%), 대사초(81%),
당단풍나무(75%), 큰개별꽃(69%)

◉ **종합** Synopsis
고도가 중간 산지부터 높은 산지까지 사면 중부 이상에 주로 분포한다. 신갈나무 우점 숲과 신갈나무-활엽수 혼합 숲에서 출현하는 초본이다. 매우 드물지만 비교적 우점한다.

고도 Elevation

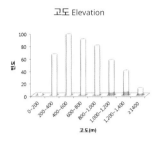

경사 Slope degree

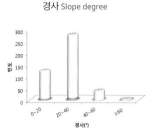

미소 지형 Micro-topography

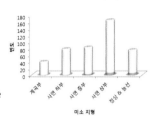

사면 방위 Slope aspect

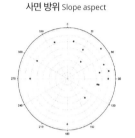

군집별 빈도 Frequency

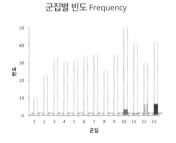

군집별 피도 Coverage

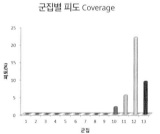

다변량 분석 Multivariate analysis

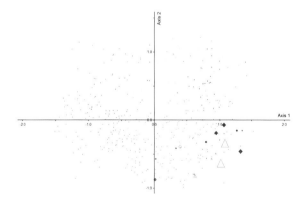

눈빛승마

Cimicifuga dahurica

◉ **생장형** Growth form
초본, 다년생, 낙엽, 절대육상식물

◉ **지리 분포** Geography
국내: 전국(제주도 제외)[3]
국외: 러시아, 몽골, 중국 북부[3]

◉ **생육지** Habitat
모암: 비석회암 88%, 석회암 12%
고도: 976±284m, 낮은 산지~높은 산지
경사: 29±11°
미소 지형: 전 지형, 주로 사면 상부 이하
사면 방위: 전 방위

◉ **출현 군집과 우점도** Communities & abundance
총 빈도: 6%(26/447)
평균 피도: 5±9%

1. 소나무-가래나무_이삭여뀌 군집(◇)
2. 소나무-굴참나무_졸참나무 군집(△)
3. 소나무_산딸기 군집(●)
4. 소나무_진달래 군집(▼)

5. 굴참나무-소나무_왕느릅나무 군집(◌)
6. 굴참나무-떡갈나무_큰기름새 군집(◆)

7. 신갈나무-서어나무_생강나무 군집(◉)
8. 신갈나무-전나무_조릿대 군집(■)
9. 신갈나무-들메나무_고광나무 군집(□)
10. 신갈나무_우산나물 군집(●)
11. 신갈나무_철쭉 군집(○)
12. 신갈나무_동자꽃 군집( )
13. 신갈나무-피나무_나래박쥐나물 군집(◆)

◉ **종 다양성 지수(H′)** Species diversity
2.47±0.43(12)

◉ **동반 종** Accompanying species
고로쇠나무(96%), 당단풍나무(92%), 신갈나무(85%),
피나무(73%), 단풍취(65%), 미역줄나무(65%), 벌깨덩굴(65%)

◉ **종합** Synopsis
고도가 낮은 산지부터 높은 산지까지, 분포하는 고도 범위가 넓다. 중간 산지 이상의 사면 상부 이하에서 주로 분포한다. 적습한 활엽수 혼합 숲이나 신갈나무-활엽수 혼합 숲에서 주로 출현하는 초본이다. 드물지만 비교적 우점한다.

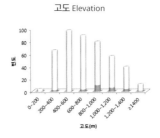

고도 Elevation

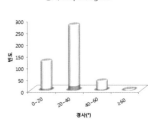

경사 Slope degree

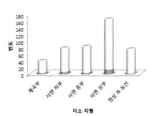

미소 지형 Micro-topography

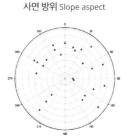

사면 방위 Slope aspect

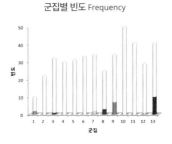

군집별 빈도 Frequency

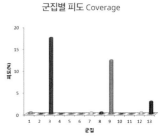

군집별 피도 Coverage

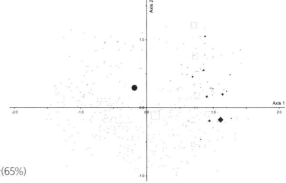

다변량 분석 Multivariate analysis

느릅나무

Ulmus davidiana var. *japonica*

◉ **생장형** Growth form
　교목, 활엽, 낙엽, 절대육상식물

◉ **지리 분포** Geography
　국내: 전국[2]
　국외: 일본[2]

◉ **생육지** Habitat
　모암: 비석회암 100%
　고도: 783±361m, 낮은 산지～높은 산지
　경사: 23±13°
　미소 지형: 전 지형, 주로 사면 하부 이하
　사면 방위: 전 방위

◉ **출현 군집과 우점도** Communities & abundance
　총 빈도: 13%(57/447)
　평균 피도: 6±9%

1. 소나무-가래나무_이삭여뀌 군집(◇)
2. 소나무-굴참나무_졸참나무 군집(△)
3. 소나무_산딸기 군집(●)
4. 소나무_진달래 군집(▼)

5. 굴참나무-소나무_왕느릅나무 군집(◇)
6. 굴참나무-떡갈나무_큰기름새 군집(◆)

7. 신갈나무-서어나무_생강나무 군집(◉)
8. 신갈나무-전나무_조릿대 군집(■)
9. 신갈나무-들메나무_고광나무 군집(□)
10. 신갈나무_우산나물 군집(●)
11. 신갈나무_철쭉 군집( )
12. 신갈나무_동자꽃 군집( )
13. 신갈나무-피나무_나래박쥐나물 군집(◆)

◉ **종 다양성 지수(H′)** Species diversity
　2.21±0.34(39)

◉ **동반 종** Accompanying species
　신갈나무(79%), 당단풍나무(67%), 고로쇠나무(63%),
　생강나무(58%), 물푸레나무(54%)

◉ **종합** Synopsis
　고도가 낮은 산지부터 높은 산지까지, 분포하는 고도 범위가 넓다. 비교적 적습한 산지 사면 하부에서 주로 분포한다. 대부분 군집에서 출현하지만 신갈나무-활엽수 혼합 숲이나 활엽수 혼합 숲에서 주로 출현하는 교목이다. 비교적 흔하고 비교적 우점한다.

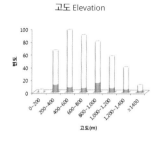

고도 Elevation

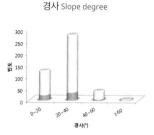

경사 Slope degree

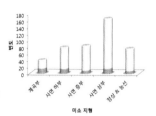

미소 지형 Micro-topography

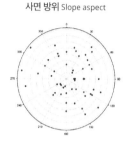

사면 방위 Slope aspect

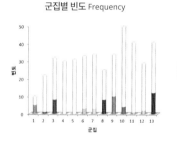

군집별 빈도 Frequency

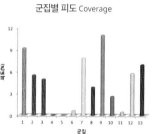

군집별 피도 Coverage

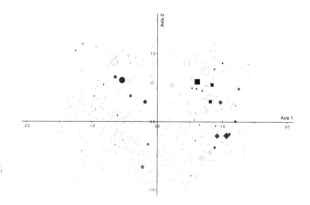

다변량 분석 Multivariate analysis

다래

Actinidia arguta

● **생장형** Growth form
덩굴성 목본, 활엽, 낙엽, 절대육상식물

● **지리 분포** Geography
국내: 전국[1]
국외: 러시아 극동, 일본, 중국[1]

● **생육지** Habitat
모암: 비석회암 70%, 석회암 30%
고도: 728±273m, 낮은 산지~높은 산지
경사: 27±11°
미소 지형: 전 지형
사면 방위: 전 방위

● **출현 군집과 우점도** Communities & abundance
총 빈도: 19%(84/447)
평균 피도: 2±4%

1. 소나무 - 가래나무_이삭여뀌 군집(◇)
2. 소나무 - 굴참나무_졸참나무 군집(△)
3. 소나무_산딸기 군집(●)
4. 소나무_진달래 군집(▼)

5. 굴참나무 - 소나무_왕느릅나무 군집(◇)
6. 굴참나무 - 떡갈나무_큰기름새 군집(◆)

7. 신갈나무 - 서어나무_생강나무 군집(◈)
8. 신갈나무 - 전나무_조릿대 군집(■)
9. 신갈나무 - 들메나무_고광나무 군집(□)
10. 신갈나무_우산나물 군집(●)
11. 신갈나무_철쭉 군집(○)
12. 신갈나무_동자꽃 군집(◌)
13. 신갈나무 - 피나무_나래박쥐나물 군집(◆)

● **종 다양성 지수(H′)** Species diversity
2.22±0.37(60)

● **동반 종** Accompanying species
신갈나무(77%), 생강나무(70%), 물푸레나무(67%),
당단풍나무(62%), 고로쇠나무(55%), 대사초(55%)

고도 Elevation

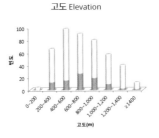

경사 Slope degree

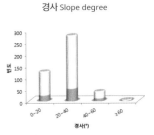

미소 지형 Micro-topography

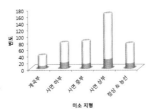

사면 방위 Slope aspect

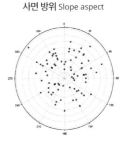

군집별 빈도 Frequency

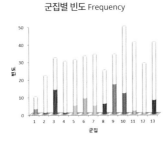

군집별 피도 Coverage

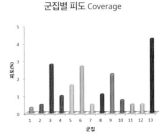

다변량 분석 Multivariate analysis

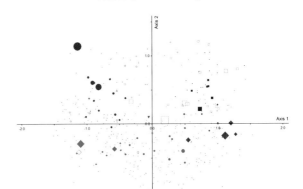

● **종합** Synopsis
고도가 낮은 산지부터 높은 산지까지, 분포하는 고도 범위가 넓다. 다른 생육지 범위도 넓으나 비교적 적습한 중간 산지에 주로 분포한다. 대부분 군집에서 출현하지만 적습한 소나무 우점 숲 또는 신갈나무-활엽수 혼합 숲의 햇빛이 많이 들어오는 숲 틈에서 높은 빈도로 출현하는 덩굴성 목본이다. 비교적 흔하ᅡ 소수 분포한다.

다릅나무

Maackia amurensis

◉ **생장형** Growth form
교목, 활엽, 낙엽, 절대육상식물

◉ **지리 분포** Geography
국내: 전국[9]
국외: 러시아 극동, 일본, 중국[9]

◉ **생육지** Habitat
모암: 비석회암 90%, 석회암 10%
고도: 797±236m, 낮은 산지~높은 산지
경사: 28±14°
미소 지형: 전 지형, 주로 사면 하부 이하
사면 방위: 전 방위

◉ **출현 군집과 우점도** Communities & abundance
총 빈도: 20%(91/447)
평균 피도: 6±10%

1. 소나무 - 가래나무_이삭여뀌 군집(◇)
2. 소나무 - 굴참나무_졸참나무 군집(△)
3. 소나무_산딸기 군집(●)
4. 소나무_진달래 군집(▼)

5. 굴참나무 - 소나무_왕느릅나무 군집(◇)
6. 굴참나무 - 떡갈나무_큰기름새 군집(◆)

7. 신갈나무 - 서어나무_생강나무 군집(◈)
8. 신갈나무 - 전나무_조릿대 군집(■)
9. 신갈나무 - 들메나무_고광나무 군집(□)
10. 신갈나무_우산나물 군집(●)
11. 신갈나무_철쭉 군집(○)
12. 신갈나무_동자꽃 군집(○)
13. 신갈나무 - 피나무_나래박쥐나물 군집(◆)

◉ **종 다양성 지수(H′)** Species diversity
2.11±0.32(64)

◉ **동반 종** Accompanying species
신갈나무(90%), 당단풍나무(81%), 생강나무(67%),
물푸레나무(63%), 대사초(60%)

◉ **종합** Synopsis
고도가 낮은 산지부터 높은 산지까지, 분포하는 고도 범위가 넓다. 다른 생육지 범위도 넓으나 비교적 적습한 중간 산지 사면 하부에 주로 분포한다. 대부분 군집에서 출현하지만 활엽수 혼합 숲에서 출현 빈도도 높고 우점하는 교목으로 지표종이다. 비교적 흔하고 비교적 우점한다.

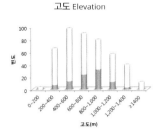
고도 Elevation

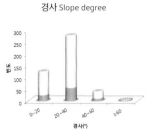
경사 Slope degree

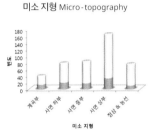
미소 지형 Micro-topography

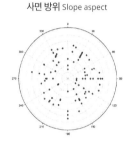
사면 방위 Slope aspect

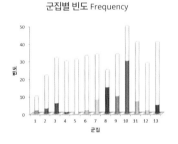
군집별 빈도 Frequency

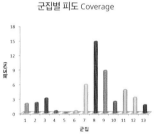
군집별 피도 Coverage

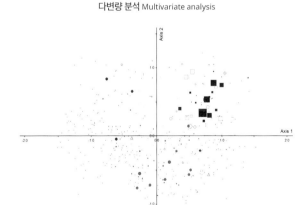
다변량 분석 Multivariate analysis

101

단풍취
Ainsliaea acerifolia

◉ **생장형** Growth form
초본, 다년생, 낙엽, 절대육상식물

◉ **지리 분포** Geography
국내: 전국[6]
국외: 일본, 중국 동북부[14]

◉ **생육지** Habitat
모암: 비석회암 93%, 석회암 7%
고도: 957±283m, 낮은 산지~높은 산지
경사: 27±12°
미소 지형: 전 지형, 주로 사면 상부 이상
사면 방위: 전 방위

◉ **출현 군집과 우점도** Communities & abundance
총 빈도: 36%(161/447)
평균 피도: 14±18%

1. 소나무-가래나무_이삭여뀌 군집(◇)
2. 소나무-굴참나무_졸참나무 군집(△)
3. 소나무_산딸기 군집(●)
4. 소나무_진달래 군집(▼)

5. 굴참나무-소나무_왕느릅나무 군집(○)
6. 굴참나무-떡갈나무_큰기름새 군집(◆)

7. 신갈나무-서어나무_생강나무 군집(◆)
8. 신갈나무-전나무_조릿대 군집(■)
9. 신갈나무-들메나무_고광나무 군집(□)
10. 신갈나무_우산나물 군집(●)
11. 신갈나무_철쭉 군집(○)
12. 신갈나무_동자꽃 군집( )
13. 신갈나무-피나무_나래박쥐나물 군집(◆)

◉ **종 다양성 지수(H')** Species diversity
2.18±0.36(115)

◉ **동반 종** Accompanying species
당단풍나무(89%), 신갈나무(89%), 대사초(79%),
미역줄나무(65%), 노루오줌(61%)

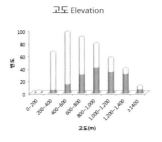
고도 Elevation

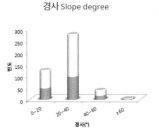
경사 Slope degree

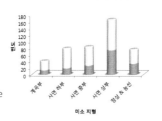
미소 지형 Micro-topography

사면 방위 Slope aspect

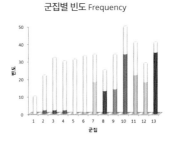
군집별 빈도 Frequency

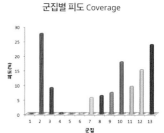
군집별 피도 Coverage

다변량 분석 Multivariate analysis

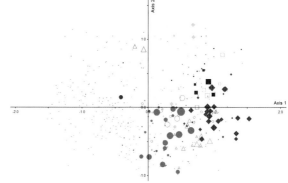

◉ **종합** Synopsis
고도가 낮은 산지부터 높은 산지까지, 분포하는 고도 범위가 넓다. 중간 산지 이상의 사면 상부 이상에 주로 분포한다. 신갈나무 우점 숲, 신갈나무-활엽수 혼합 숲, 활엽수 혼합 숲에서 주로 출현하는 초본이다. 높은 산지 신갈나무 우점 숲 지표종이다. 저습하거나 건조한 곳에 모두 나타나나 건조한 곳에서 우점도가 높다. 전체적으로 흔하고 비교적 우점한다.

닭의장풀

Commelina communis

● **생장형** Growth form
초본, 일년생, 낙엽, 절대육상식물

● **지리 분포** Geography
국내: 전국[2]
국외: 북반구[2]

● **생육지** Habitat
모암: 비석회암 90%, 석회암 10%
고도: 549±219m, 낮은 산지~중간 산지
경사: 26±16°
미소 지형: 전 지형, 특히 사면 하부
사면 방위: 주로 남사면

● **출현 군집과 우점도** Communities & abundance
총 빈도: 4%(20/447)
평균 피도: 0.5±0.2%

1. 소나무 - 가래나무_이삭여뀌 군집(◇)
2. 소나무 - 굴참나무_졸참나무 군집(△)
3. 소나무_산딸기 군집(●)
4. 소나무_진달래 군집(▼)

5. 굴참나무 - 소나무_왕느릅나무 군집(○)
6. 굴참나무 - 떡갈나무_큰기름새 군집(◆)

7. 신갈나무 - 서어나무_생강나무 군집(◈)
8. 신갈나무 - 전나무_조릿대 군집(■)
9. 신갈나무 - 들메나무_고광나무 군집(□)
10. 신갈나무_우산나물 군집(●)
11. 신갈나무_철쭉 군집(○)
12. 신갈나무_동자꽃 군집( )
13. 신갈나무 - 피나무_나래박쥐나물 군집(◆)

● **종 다양성 지수(H')** Species diversity
2.09±0.28(18)

● **동반 종** Accompanying species
생강나무(85%), 물푸레나무(75%), 산딸기(75%),
큰기름새(70%), 신갈나무(65%)

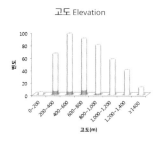
고도 Elevation

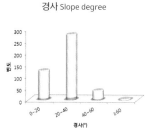
경사 Slope degree

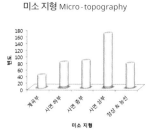
미소 지형 Micro-topography

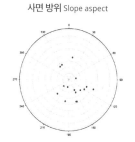
사면 방위 Slope aspect

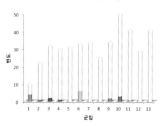
군집별 빈도 Frequency

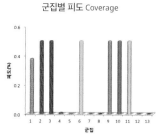
군집별 피도 Coverage

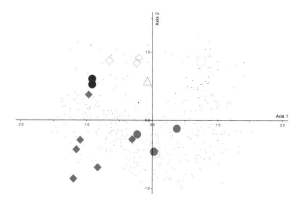
다변량 분석 Multivariate analysis

● **종합** Synopsis
고도가 낮은 산지부터 중간 산지까지 숲 틈이 생기거나 나지가 된 사면 하부에 주로 분포한다. 주로 남사면에 분포하고 거의
모든 군집에 출현하는 일년생 초본이다. 출현하는 군집의 종 다양성이 낮다. 조사 지점에 교란된 숲이 거의 포함되지 않아서 출현
빈도가 매우 낮고 매우 소수 분포한다.

담쟁이덩굴

Parthenocissus tricuspidata

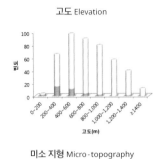

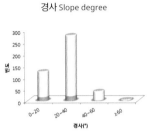

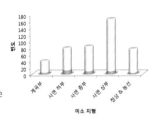

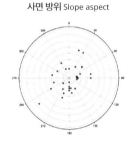

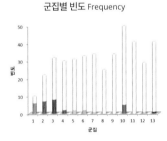

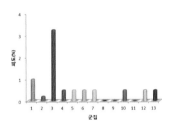

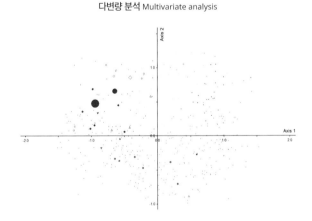

포도과
Vitaceae

- **생장형** Growth form
  덩굴성 목본, 활엽, 낙엽, 절대육상식물

- **지리 분포** Geography
  국내: 전국[2]
  국외: 대만, 러시아 극동, 일본, 중국 동북부[2]

- **생육지** Habitat
  모암: 비석회암 71%, 석회암 29%
  고도: 464±250m, 낮은 산지~중간 산지
  경사: 22±12°
  미소 지형: 전 지형, 주로 사면 중부 이하
  사면 방위: 전 방위

- **출현 군집과 우점도** Communities & abundance
  총 빈도: 8%(35/447)
  평균 피도: 1±3%

  1. 소나무 - 가래나무_이삭여뀌 군집(◇)
  2. 소나무 - 굴참나무_졸참나무 군집(△)
  3. 소나무_산딸기 군집(●)
  4. 소나무_진달래 군집(▼)

  5. 굴참나무 - 소나무_왕느릅나무 군집(◇)
  6. 굴참나무 - 떡갈나무_큰기름새 군집(◆)

  7. 신갈나무 - 서어나무_생강나무 군집(◈)
  8. 신갈나무 - 전나무_조릿대 군집(■)
  9. 신갈나무 - 들메나무_고광나무 군집(□)
  10. 신갈나무_우산나물 군집(●)
  11. 신갈나무_철쭉 군집(○)
  12. 신갈나무_동자꽃 군집(△)
  13. 신갈나무 - 피나무_나래박쥐나물 군집(◆)

- **종 다양성 지수(H')** Species diversity
  2.11±0.27(28)

- **동반 종** Accompanying species
  생강나무(91%), 신갈나무(80%), 물푸레나무(74%),
  소나무(71%), 큰기름새(71%)

- **종합** Synopsis
  고도가 낮은 산지부터 중간 산지까지 사면 중부 이하 남사면에 주로 분포한다. 소나무 우점 숲이나 소나무 - 활엽수 혼합 숲에 출현하는 덩굴성 목본이다. 출현하는 군집의 종 다양성은 낮다. 드물고 소수 분포한다.

당귀
Angelica gigas

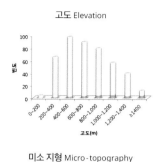

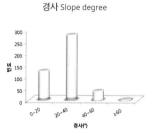

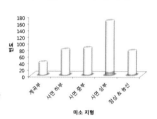

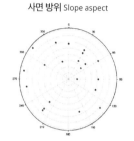

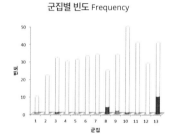

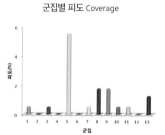

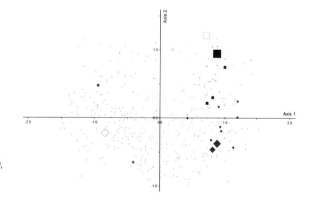

미나리과
Apiaceae

- **생장형** Growth form
  초본, 다년생, 낙엽, 양생식물

- **지리 분포** Geography
  국내: 전국[2]
  국외: 일본, 중국 동북부[2]

- **생육지** Habitat
  모암: 비석회암 86%, 석회암 14%
  고도: 1,036±329m, 중간 산지~높은 산지
  경사: 22±11°
  미소 지형: 전 지형
  사면 방위: 전 방위

- **출현 군집과 우점도** Communities & abundance
  총 빈도: 5%(22/447)
  평균 피도: 1±2%

  1. 소나무 - 가래나무_이삭여뀌 군집(◇)
  2. 소나무 - 굴참나무_졸참나무 군집(△)
  3. 소나무_산딸기 군집(●)
  4. 소나무_진달래 군집(▼)

  5. 굴참나무 - 소나무_왕느릅나무 군집(○)
  6. 굴참나무 - 떡갈나무_큰기름새 군집(◆)

  7. 신갈나무 - 서어나무_생강나무 군집(◈)
  8. 신갈나무 - 전나무_조릿대 군집(■)
  9. 신갈나무 - 들메나무_고광나무 군집(□)
  10. 신갈나무_우산나물 군집(●)
  11. 신갈나무_철쭉 군집(○)
  12. 신갈나무_동자꽃 군집(◐)
  13. 신갈나무 - 피나무_나래박쥐나물 군집(◆)

- **종 다양성 지수(H′)** Species diversity
  2.36±0.30(13)

- **동반 종** Accompanying species
  신갈나무(82%), 고로쇠나무(77%), 당단풍나무(77%),
  대사초(73%), 미역줄나무(73%)

- **종합** Synopsis
  고도가 중간 산지부터 높은 산지까지 전 지형에 분포한다. 비교적 건조한 신갈나무 - 활엽수 혼합 숲이나 적습한 활엽수 혼합 숲에서 주로 출현하는 초본이다. 드물고 소수 분포한다.

당단풍나무
Acer pseudosieboldianum

● **생장형** Growth form
교목, 활엽, 낙엽, 절대육상식물

● **지리 분포** Geography
국내: 전국[2]
국외: 러시아, 중국 동북부[2]

● **생육지** Habitat
모암: 비석회암 90%, 석회암 10%
고도: 864±316m, 낮은 산지~높은 산지
경사: 27±13°
미소 지형: 전 지형
사면 방위: 전 방위

● **출현 군집과 우점도** Communities & abundance
총 빈도: 60%(270/447)
평균 피도: 18±19%

1. 소나무 - 가래나무_이삭여뀌 군집(◇)
2. 소나무 - 굴참나무_졸참나무 군집(△)
3. 소나무_산딸기 군집(●)
4. 소나무_진달래 군집(▼)

5. 굴참나무 - 소나무_왕느릅나무 군집(◌)
6. 굴참나무 - 떡갈나무_큰기름새 군집(◆)

7. 신갈나무 - 서어나무_생강나무 군집(◈)
8. 신갈나무 - 전나무_조릿대 군집(■)
9. 신갈나무 - 들메나무_고광나무 군집(□)
10. 신갈나무_우산나물 군집(●)
11. 신갈나무_철쭉 군집(◌)
12. 신갈나무_동자꽃 군집( )
13. 신갈나무 - 피나무_나래박쥐나물 군집(◆)

● **종 다양성 지수(H′)** Species diversity
2.16±0.38(191)

● **동반 종** Accompanying species
신갈나무(86%), 대사초(65%), 생강나무(57%),
고로쇠나무(55%), 단풍취(53%)

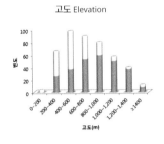
고도 Elevation

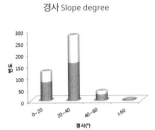
경사 Slope degree

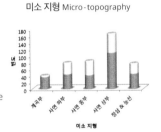
미소 지형 Micro-topography

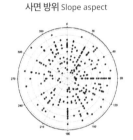
사면 방위 Slope aspect

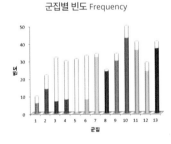
군집별 빈도 Frequency

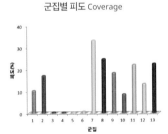
군집별 피도 Coverage

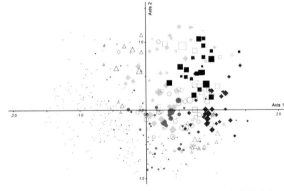
다변량 분석 Multivariate analysis

● **종합** Synopsis
고도가 낮은 산지부터 높은 산지까지, 분포하는 고도 범위가 넓다. 그러나 건조하고 낮은 산지에는 드물게 분포하며 중간 산지 이상에서 더욱 흔하다. 전 지형에 분포한다. 모든 군집에 출현하지만, 낮은 산지 소나무 우점 숲과 굴참나무 숲에서는 빈도가 낮고, 신갈나무 우점 숲, 신갈나무 - 활엽수 혼합 숲, 활엽수 혼합 숲에서 빈도와 우점도가 높은 교목이다. 교목치고는 키가 작은 편이고, 지면부 가지가 갈라지는 점에서 다른 교목과 다르다. 이 책에서 다루는 종 가운데 3번째로 빈도가 높아서 매우 흔하게 보이고 분포하는 곳에서 비교적 우점한다.

당분취
Saussurea tanakae

● **생장형** Growth form
초본, 다년생, 낙엽, 절대육상식물

● **지리 분포** Geography
국내: 전국[9]
국외: 일본[9]

● **생육지** Habitat
모암: 비석회암 47%, 석회암 53%
고도: 1,056±199m, 중간 산지~높은 산지
경사: 33±12°
미소 지형: 사면 중부 이상
사면 방위: 전 방위

● **출현 군집과 우점도** Communities & abundance
총 빈도: 3%(15/447)
평균 피도: 3±10%

1. 소나무 - 가래나무_이삭여뀌 군집(◇)
2. 소나무 - 굴참나무_졸참나무 군집(△)
3. 소나무_산딸기 군집(●)
4. 소나무_진달래 군집(▼)

5. 굴참나무 - 소나무_왕느릅나무 군집(○)
6. 굴참나무 - 떡갈나무_큰기름새 군집(◆)

7. 신갈나무 - 서어나무_생강나무 군집(◉)
8. 신갈나무 - 전나무_조릿대 군집(■)
9. 신갈나무 - 들메나무_고광나무 군집(□)
10. 신갈나무_우산나물 군집(●)
11. 신갈나무_철쭉 군집( )
12. 신갈나무_동자꽃 군집( )
13. 신갈나무 - 피나무_나래박쥐나물 군집(◆)

● **종 다양성 지수(H′)** Species diversity
2.45±0.39(11)

● **동반 종** Accompanying species
신갈나무(100%), 당단풍나무(93%), 대사초(87%),
고로쇠나무(73%), 넓은잎외잎쑥(73%), 노루오줌(73%), 참취(73%)

● **종합** Synopsis
고도가 중간 산지부터 높은 산지까지 사면 중부 이상 가파른 지역에 주로 분포한다. 신갈나무 우점 숲에서 출현하는 초본이다. 매우 드물고 소수 분포한다.

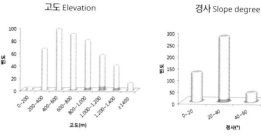

고도 Elevation

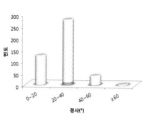

경사 Slope degree

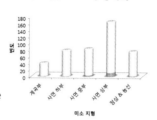

미소 지형 Micro-topography

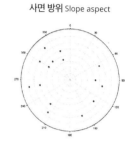

사면 방위 Slope aspect

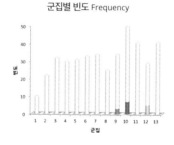

군집별 빈도 Frequency

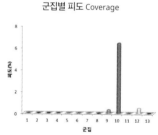

군집별 피도 Coverage

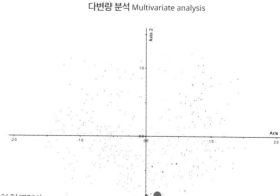

다변량 분석 Multivariate analysis

당조팝나무
Spiraea chinensis

● **생장형** Growth form
　관목, 활엽, 낙엽, 절대육상식물

● **지리 분포** Geography
　국내: 동부[6]
　국외: 일본, 중국[1]

● **생육지** Habitat
　모암: 석회암 100%
　고도: 478±161m, 낮은 산지
　경사: 31±9°
　미소 지형: 계곡부 제외, 주로 사면 하부 및 중부
　사면 방위: 전 방위

● **출현 군집과 우점도** Communities & abundance
　총 빈도: 6%(29/447)
　평균 피도: 1±3%

　1.　소나무 - 가래나무_이삭여뀌 군집(◇)
　2.　소나무 - 굴참나무_졸참나무 군집(△)
　3.　소나무_산딸기 군집(●)
　4.　소나무_진달래 군집(▼)

　5.　굴참나무 - 소나무_왕느릅나무 군집(◇)
　6.　굴참나무 - 떡갈나무_큰기름새 군집(◆)

　7.　신갈나무 - 서어나무_생강나무 군집(◈)
　8.　신갈나무 - 전나무_조릿대 군집(■)
　9.　신갈나무 - 들메나무_고광나무 군집(□)
　10.　신갈나무_우산나물 군집(●)
　11.　신갈나무_철쭉 군집(○)
　12.　신갈나무_동자꽃 군집(◎)
　13.　신갈나무 - 피나무_나래박쥐나물 군집(◆)

● **종 다양성 지수(H′)** Species diversity
　2.20±0.38(29)

● **동반 종** Accompanying species
　큰기름새(97%), 떡갈나무(90%), 생강나무(90%),
　왕느릅나무(90%), 물푸레나무(86%)

● **종합** Synopsis
　고도가 낮은 산지에서 계곡부를 제외한 가파른 사면 하부와 중부에 주로 분포한다. 굴참나무 숲에서 빈도와 우점도가 높은
　관목이다. 석회암 지역에서만 출현해서 석회암 지표종으로 추정된다. 드물고 소수 분포한다.

고도 Elevation

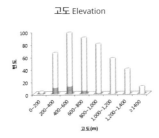

경사 Slope degree

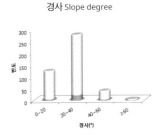

미소 지형 Micro-topography

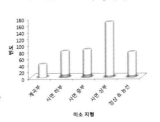

사면 방위 Slope aspect

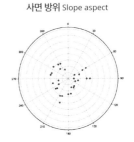

군집별 빈도 Frequency

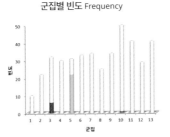

군집별 피도 Coverage

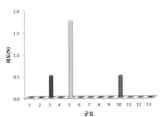

다변량 분석 Multivariate analysis

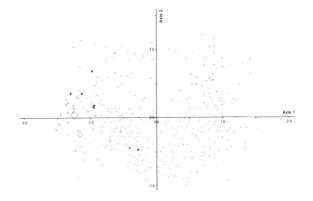

대사초
Carex siderosticta

◉ **생장형** Growth form
초본, 다년생, 낙엽, 절대육상식물

◉ **지리 분포** Geography
국내: 전국[3]
국외: 러시아 아무르, 우수리, 일본, 중국[3]

◉ **생육지** Habitat
모암: 비석회암 81%, 석회암 19%
고도: 888±314m, 낮은 산지~높은 산지
경사: 27±13°
미소 지형: 전 지형, 주로 사면 상부 이상
사면 방위: 전 방위

◉ **출현 군집과 우점도** Communities & abundance
총 빈도: 54%(240/447)
평균 피도: 9±14%

1. 소나무-가래나무_이삭여뀌 군집(◇)
2. 소나무-굴참나무_졸참나무 군집(△)
3. 소나무_산딸기 군집(●)
4. 소나무_진달래 군집(▼)

5. 굴참나무-소나무_왕느릅나무 군집(○)
6. 굴참나무-떡갈나무_큰기름새 군집(◆)

7. 신갈나무-서어나무_생강나무 군집(◈)
8. 신갈나무-전나무_조릿대 군집(■)
9. 신갈나무-들메나무_고광나무 군집(□)
10. 신갈나무_우산나물 군집(●)
11. 신갈나무_철쭉 군집(○)
12. 신갈나무_동자꽃 군집(△)
13. 신갈나무-피나무_나래박쥐나물 군집(◆)

◉ **종 다양성 지수(H′)** Species diversity
2.16±0.38(191)

◉ **동반 종** Accompanying species
신갈나무(88%), 당단풍나무(73%), 노루오줌(59%),
참취(59%), 단풍취(53%), 미역줄나무(53%)

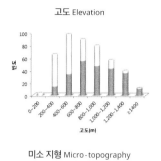
고도 Elevation

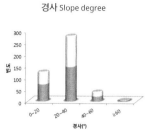
경사 Slope degree

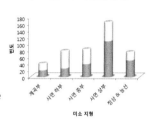
미소 지형 Micro-topography

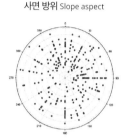
사면 방위 Slope aspect

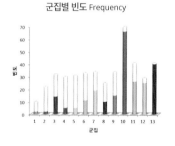
군집별 빈도 Frequency

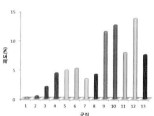
군집별 피도 Coverage

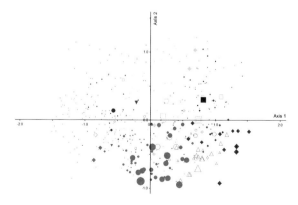
다변량 분석 Multivariate analysis

◉ **종합** Synopsis
고도가 낮은 산지부터 높은 산지까지, 분포하는 고도 범위가 넓다. 중간 산지 이상의 사면 상부와 능선이나 정상에서 더욱 흔하다. 모든 군집에서 출현하지만 신갈나무 우점 숲이나 신갈나무-활엽수 혼합 숲 같이 상대적으로 건조한 숲에서 빈도와 우점도가 높은 초본이다. 이 책에서 다루는 종 가운데 5번째로 빈도가 높다. 매우 흔하게 발견되고 비교적 우점한다.

더덕

Codonopsis lanceolata

● **생장형** Growth form
덩굴성 초본, 다년생, 낙엽, 절대육상식물

● **지리 분포** Geography
국내: 전국[2]
국외: 러시아, 일본, 중국[10]

● **생육지** Habitat
모암: 비석회암 75%, 석회암 25%
고도: 723±200m, 낮은 산지~중간 산지
경사: 28±11°
미소 지형: 전 지형, 주로 사면 중부 및 상부
사면 방위: 전 방위

● **출현 군집과 우점도** Communities & abundance
총 빈도: 12%(53/447)
평균 피도: 0.6±0.7%

1. 소나무 - 가래나무_이삭여뀌 군집(◇)
2. 소나무 - 굴참나무_졸참나무 군집(△)
3. 소나무_산딸기 군집(●)
4. 소나무_진달래 군집(▼)

5. 굴참나무 - 소나무_왕느릅나무 군집(○)
6. 굴참나무 - 떡갈나무_큰기름새 군집(◆)

7. 신갈나무 - 서어나무_생강나무 군집(◉)
8. 신갈나무 - 전나무_조릿대 군집(■)
9. 신갈나무 - 들메나무_고광나무 군집(□)
10. 신갈나무 - 우산나물 군집(●)
11. 신갈나무_철쭉 군집(○)
12. 신갈나무_동자꽃 군집(◌)
13. 신갈나무 - 피나무_나래박쥐나물 군집(◆)

● **종 다양성 지수(H′)** Species diversity
2.16±0.36(43)

● **동반 종** Accompanying species
신갈나무(94%), 참취(74%), 생강나무(72%),
대사초(66%), 물푸레나무(62%)

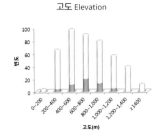

고도 Elevation

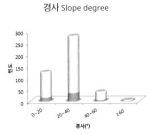

경사 Slope degree

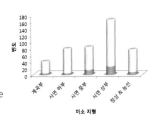

미소 지형 Micro-topography

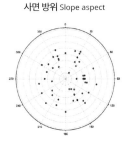

사면 방위 Slope aspect

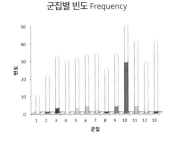

군집별 빈도 Frequency

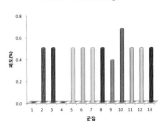

군집별 피도 Coverage

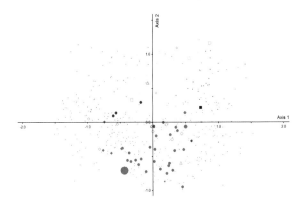

다변량 분석 Multivariate analysis

● **종합** Synopsis
고도가 낮은 산지부터 중간 산지까지 사면 중부 및 상부에 주로 분포한다. 대부분 군집에서 나타나지만 주로 신갈나무 우점
숲에서 출현 빈도가 높은 덩굴성 초본이다. 비교적 흔하나 매우 소수 분포한다.

더위지기

Artemisia gmelinii

◉ **생장형** Growth form
관목, 활엽, 낙엽, 절대육상식물

◉ **지리 분포** Geography
국내: 전국[9]
국외: 러시아, 일본, 중국, 중앙아시아[9]

◉ **생육지** Habitat
모암: 비석회암 30%, 석회암 70%
고도: 518±179m, 낮은 산지
경사: 28±14°
미소 지형: 계곡부 제외, 주로 사면 하부 및 중부
사면 방위: 전 방위

◉ **출현 군집과 우점도** Communities & abundance
총 빈도: 2%(10/447)
평균 피도: 0.5±0%

1. 소나무 - 가래나무_이삭여뀌 군집(◇)
2. 소나무 - 굴참나무_졸참나무 군집(△)
3. 소나무_산딸기 군집(●)
4. 소나무_진달래 군집(▼)

5. 굴참나무 - 소나무_왕느릅나무 군집(○)
6. 굴참나무 - 떡갈나무_큰기름새 군집(◆)

7. 신갈나무 - 서어나무_생강나무 군집(◈)
8. 신갈나무 - 전나무_조릿대 군집(■)
9. 신갈나무 - 들메나무_고광나무 군집(□)
10. 신갈나무_우산나물 군집(●)
11. 신갈나무_철쭉 군집(○)
12. 신갈나무_동자꽃 군집(◌)
13. 신갈나무 - 피나무_나래박쥐나물 군집(◆)

◉ **종 다양성 지수(H')** Species diversity
2.21±0.34(9)

◉ **동반 종** Accompanying species
생강나무(100%), 큰기름새(100%), 굴참나무(90%),
물푸레나무(80%)

◉ **종합** Synopsis
고도가 낮은 석회암 산지에서 계곡부를 제외하고 사면 하부와 중부에 주로 분포한다. 건조한 굴참나무 숲 가장자리나 근처 빛이 많이 들어오는 곳에서 주로 출현하는 관목이다. 매우 드물고 매우 소수 분포한다.

고도 Elevation

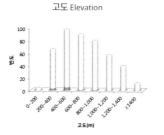

경사 Slope degree

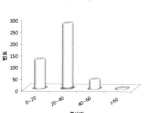

미소 지형 Micro-topography

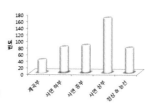

사면 방위 Slope aspect

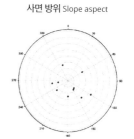

군집별 빈도 Frequency

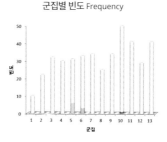

군집별 피도 Coverage

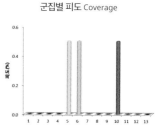

다변량 분석 Multivariate analysis

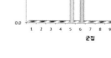

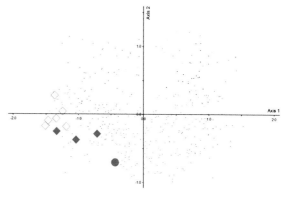

도깨비부채
Rodgersia podophylla

범의귀과
Saxifragaceae

● **생장형** Growth form
　초본, 다년생, 낙엽, 절대육상식물

● **지리 분포** Geography
　국내: 중부 이북[7]
　국외: 일본, 중국 동북부[7]

● **생육지** Habitat
　모암: 비석회암 93%, 석회암 7%
　고도: 1,081±201m, 중간 산지~높은 산지
　경사: 34±8°
　미소 지형: 사면 중부 및 상부
　사면 방위: 전 방위

● **출현 군집과 우점도** Communities & abundance
　총 빈도: 3%(14/447)
　평균 피도: 8±16%

1. 소나무-가래나무_이삭여뀌 군집(◇)
2. 소나무-굴참나무_졸참나무 군집(△)
3. 소나무_산딸기 군집(●)
4. 소나무_진달래 군집(▼)

5. 굴참나무-소나무_왕느릅나무 군집(○)
6. 굴참나무-떡갈나무_큰기름새 군집(◆)

7. 신갈나무-서어나무_생강나무 군집(◈)
8. 신갈나무-전나무_조릿대 군집(■)
9. 신갈나무-들메나무_고광나무 군집(□)
10. 신갈나무_우산나물 군집(●)
11. 신갈나무_철쭉 군집(○)
12. 신갈나무_동자꽃 군집(△)
13. 신갈나무-피나무_나래박쥐나물 군집(◆)

● **종 다양성 지수(H′)** Species diversity
　2.60±0.37(9)

● **동반 종** Accompanying species
　관중(100%), 단풍취(93%), 당단풍나무(86%),
　신갈나무(86%), 미역줄나무(79%)

● **종합** Synopsis
　고도가 중간 산지부터 높은 산지까지 가파르고 건조한 사면 중부와 상부에 분포한다. 신갈나무 우점 숲이나 높은 산지 신갈나무-활엽수 혼합 숲에서 출현하는 초본이다. 출현하는 군집의 종 다양성이 높다. 매우 드물지만 비교적 우점한다.

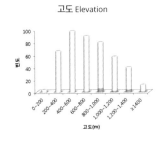
고도 Elevation

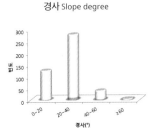
경사 Slope degree

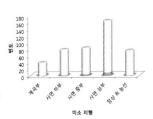
미소 지형 Micro-topography

사면 방위 Slope aspect

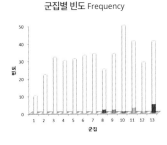
군집별 빈도 Frequency

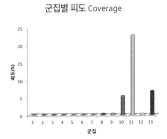
군집별 피도 Coverage

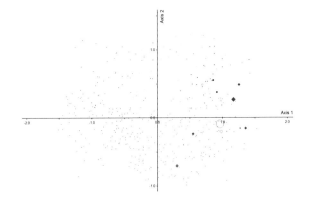
다변량 분석 Multivariate analysis

도꼬로마

Dioscorea tokoro

◉ **생장형** Growth form
덩굴성 초본, 다년생, 낙엽, 절대육상식물

◉ **지리 분포** Geography
국내: 전국[9]
국외: 일본[9]

◉ **생육지** Habitat
모암: 비석회암 75%, 석회암 25%
고도: 559±220m, 낮은 산지~중간 산지
경사: 26±11°
미소 지형: 전 지형
사면 방위: 전 방위

◉ **출현 군집과 우점도** Communities & abundance
총 빈도: 5%(24/447)
평균 피도: 2±4%

1. 소나무-가래나무_이삭여뀌 군집(◇)
2. 소나무-굴참나무_졸참나무 군집(△)
3. 소나무_산딸기 군집(●)
4. 소나무_진달래 군집(▼)

5. 굴참나무-소나무_왕느릅나무 군집(○)
6. 굴참나무-떡갈나무_큰기름새 군집(◆)

7. 신갈나무-서어나무_생강나무 군집(◈)
8. 신갈나무-전나무_조릿대 군집(■)
9. 신갈나무-들메나무_고광나무 군집(□)
10. 신갈나무_우산나물 군집(●)
11. 신갈나무_철쭉 군집(○)
12. 신갈나무_동자꽃 군집(◐)
13. 신갈나무-피나무_나래박쥐나물 군집(◆)

◉ **종 다양성 지수(H′)** Species diversity
2.13±0.34(22)

◉ **동반 종** Accompanying species
둥굴레(88%), 산딸기(83%), 큰기름새(83%),
생강나무(79%), 산박하(75%), 신갈나무(75%), 참취(75%)

◉ **종합** Synopsis
고도가 낮은 산지부터 중간 산지까지 건조한 전 지형에 분포한다. 굴참나무 숲이나 소나무 우점 숲, 신갈나무 우점 숲에서 주로 출현하는 덩굴성 초본이다. 드물고 소수 분포한다.

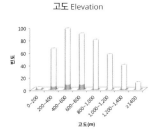

고도 Elevation

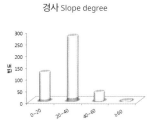

경사 Slope degree

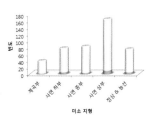

미소 지형 Micro-topography

사면 방위 Slope aspect

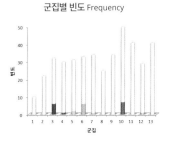

군집별 빈도 Frequency

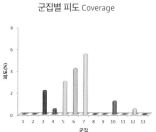

군집별 피도 Coverage

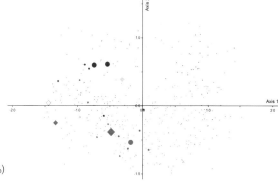

다변량 분석 Multivariate analysis

도둑놈의갈고리

Desmodium podocarpum **subsp.** *oxyphyllum*

◉ **생장형** Growth form
초본, 다년생, 낙엽, 절대육상식물

◉ **지리 분포** Geography
국내: 전국[9]
국외: 대만, 미얀마, 인도, 일본, 중국, 히말라야[9]

◉ **생육지** Habitat
모암: 비석회암 67%, 석회암 33%
고도: 635±371m, 낮은 산지~높은 산지
경사: 15±13°
미소 지형: 주로 사면 하부 이하
사면 방위: 전 방위

◉ **출현 군집과 우점도** Communities & abundance
총 빈도: 3%(15/447)
평균 피도: 3±10%

1. 소나무-가래나무_이삭여뀌 군집(◇)
2. 소나무-굴참나무_졸참나무 군집(△)
3. 소나무_산딸기 군집(●)
4. 소나무_진달래 군집(▼)

5. 굴참나무-소나무_왕느릅나무 군집(○)
6. 굴참나무-떡갈나무_큰기름새 군집(◆)

7. 신갈나무-서어나무_생강나무 군집(◆)
8. 신갈나무-전나무_조릿대 군집(■)
9. 신갈나무-들메나무_고광나무 군집(□)
10. 신갈나무_우산나물 군집(●)
11. 신갈나무_철쭉 군집(○)
12. 신갈나무_동자꽃 군집(△)
13. 신갈나무-피나무_나래박쥐나물 군집(◆)

◉ **종 다양성 지수(H')** Species diversity
2.27±0.27(13)

◉ **동반 종** Accompanying species
고로쇠나무(80%), 물푸레나무(80%), 당단풍나무(67%),
산딸기(67%), 층층나무(67%)

고도 Elevation
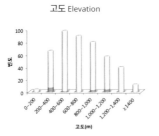

경사 Slope degree
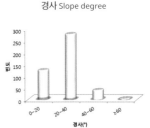

미소 지형 Micro-topography
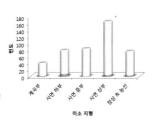

사면 방위 Slope aspect
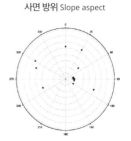

군집별 빈도 Frequency
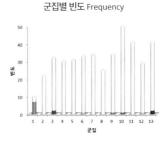

군집별 피도 Coverage
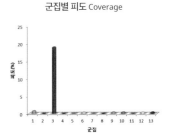

다변량 분석 Multivariate analysis
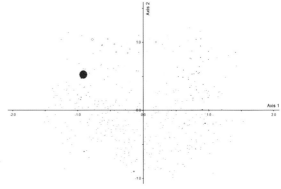

◉ **종합** Synopsis
고도가 낮은 산지부터 높은 산지까지 분포하는 고도 범위가 넓으나, 주로 낮은 산지 적습하고 완만한 사면 하부 이하에서
출현한다. 비교적 적습한 소나무-활엽수 혼합 숲이나 소나무 우점 숲에서 출현하는 초본이다. 길이나 밭 가장자리에는 흔하지만
숲 속에는 매우 드물고 소수 분포한다.

도라지

Platycodon grandiflorum

◉ **생장형** Growth form
초본, 다년생, 낙엽, 절대육상식물

◉ **지리 분포** Geography
국내: 전국[2]
국외: 러시아 극동, 몽골, 일본, 중국 동북부[2]

◉ **생육지** Habitat
모암: 비석회암 80%, 석회암 20%
고도: 423±136m, 낮은 산지
경사: 32±5°
미소 지형: 주로 사면 중부 및 상부
사면 방위: 전 방위

◉ **출현 군집과 우점도** Communities & abundance
총 빈도: 3%(15/447)
평균 피도: 0.4±0.2%

1. 소나무-가래나무_이삭여뀌 군집(◇)
2. 소나무-굴참나무_졸참나무 군집(△)
3. 소나무_산딸기 군집(●)
4. 소나무_진달래 군집(▼)

5. 굴참나무-소나무_왕느릅나무 군집(○)
6. 굴참나무-떡갈나무_큰기름새 군집(◆)

7. 신갈나무-서어나무_생강나무 군집(◉)
8. 신갈나무-전나무_조릿대 군집(■)
9. 신갈나무-들메나무_고광나무 군집(□)
10. 신갈나무_우산나물 군집(●)
11. 신갈나무_철쭉 군집(○)
12. 신갈나무_동자꽃 군집(○)
13. 신갈나무-피나무_나래박쥐나물 군집(◆)

◉ **종 다양성 지수(H′)** Species diversity
1.93±0.33(11)

◉ **동반 종** Accompanying species
생강나무(93%), 신갈나무(93%), 개옻나무(87%),
삽주(87%), 큰기름새(87%)

고도 Elevation

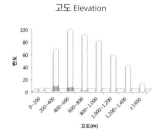

경사 Slope degree

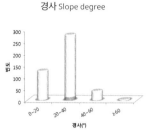

미소 지형 Micro-topography

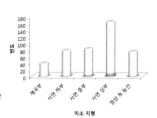

사면 방위 Slope aspect

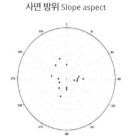

군집별 빈도 Frequency

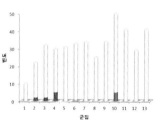

군집별 피도 Coverage

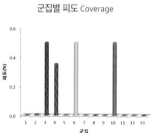

다변량 분석 Multivariate analysis

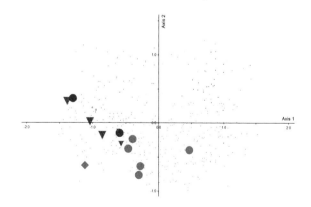

◉ **종합** Synopsis
고도가 낮은 산지에서 가파르고 건조한 산지 사면 중부와 상부에 주로 분포한다. 소나무 우점 숲과 신갈나무 우점 숲에서 주로 출현하는 초본이다. 출현하는 군집의 종 다양성이 낮다. 매우 드물고 매우 소수 분포한다.

동자꽃
Lychnis cognata

● **생장형** Growth form
초본, 다년생, 낙엽, 절대육상식물

● **지리 분포** Geography
국내: 전국(제주도 제외)[2]
국외: 러시아 동북부, 중국 동북부[2]

● **생육지** Habitat
모암: 비석회암 82%, 석회암 18%
고도: 1,174±194m, 중간 산지~높은 산지
경사: 23±17°
미소 지형: 전 지형, 주로 사면 상부 이상
사면 방위: 전 방위

● **출현 군집과 우점도** Communities & abundance
총 빈도: 9%(38/447)
평균 피도: 1±2%

1. 소나무 - 가래나무 _ 이삭여뀌 군집(◇)
2. 소나무 - 굴참나무 _ 졸참나무 군집(△)
3. 소나무 _ 산딸기 군집(●)
4. 소나무 _ 진달래 군집(▼)

5. 굴참나무 - 소나무 _ 왕느릅나무 군집(○)
6. 굴참나무 - 떡갈나무 _ 큰기름새 군집(◆)

7. 신갈나무 - 서어나무 _ 생강나무 군집(◈)
8. 신갈나무 - 전나무 _ 조릿대 군집(■)
9. 신갈나무 - 들메나무 _ 고광나무 군집(□)
10. 신갈나무 _ 우산나물 군집(●)
11. 신갈나무 _ 철쭉 군집(○)
12. 신갈나무 _ 동자꽃 군집(◐)
13. 신갈나무 - 피나무 _ 나래박쥐나물 군집(◆)

● **종 다양성 지수(H′)** Species diversity
2.34±0.31(32)

● **동반 종** Accompanying species
신갈나무(95%), 대사초(87%), 당단풍나무(79%),
미역줄나무(79%), 피나무(79%)

고도 Elevation
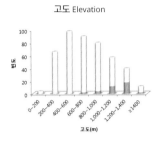

경사 Slope degree
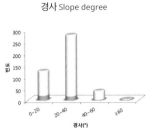

미소 지형 Micro·topography
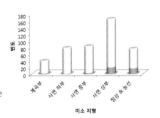

사면 방위 Slope aspect

군집별 빈도 Frequency
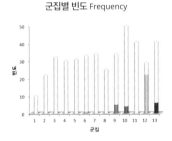

군집별 피도 Coverage
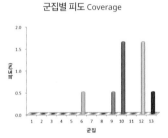

다변량 분석 Multivariate analysis
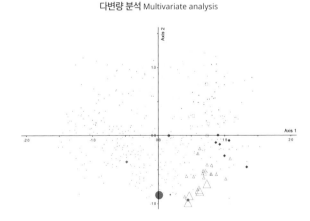

● **종합** Synopsis
고도가 중간 산지부터 높은 산지까지 사면 상부 이상 지역에 주로 분포한다. 높은 산지 신갈나무 우점 숲에서 빈도가 높고 우점도도 높으며 지표종인 초본이다. 드물고 소수 분포한다.

두릅나무

Aralia elata

◉ **생장형** Growth form
관목, 활엽, 낙엽, 절대육상식물

◉ **지리 분포** Geography
국내: 전국[2]
국외: 러시아 동북부, 일본, 중국[2]

◉ **생육지** Habitat
모암: 비석회암 91%, 석회암 9%
고도: 656±268m, 낮은 산지~중간 산지
경사: 24±13°
미소 지형: 전 지형, 주로 사면 하부 이하
사면 방위: 전 방위

◉ **출현 군집과 우점도** Communities & abundance
총 빈도: 5%(23/447)
평균 피도: 1±1.4%

1. 소나무 - 가래나무_이삭여뀌 군집(◇)
2. 소나무 - 굴참나무_졸참나무 군집(△)
3. 소나무_산딸기 군집(●)
4. 소나무_진달래 군집(▼)

5. 굴참나무 - 소나무_왕느릅나무 군집(◇)
6. 굴참나무 - 떡갈나무_큰기름새 군집(◆)

7. 신갈나무 - 서어나무_생강나무 군집(◈)
8. 신갈나무 - 전나무_조릿대 군집(■)
9. 신갈나무 - 들메나무_고광나무 군집(□)
10. 신갈나무_우산나물 군집(●)
11. 신갈나무_철쭉 군집(○)
12. 신갈나무_동자꽃 군집(○)
13. 신갈나무 - 피나무_나래박쥐나물 군집(◆)

◉ **종 다양성 지수(H′)** Species diversity
2.11±0.34(20)

◉ **동반 종** Accompanying species
신갈나무(83%), 생강나무(70%), 산딸기(65%),
맑은대쑥(61%), 소나무(61%), 참취(61%), 큰기름새(61%)

◉ **종합** Synopsis
고도가 낮은 산지부터 중간 산지까지 사면 하부에 주로 분포한다. 소나무 우점 숲이나 굴참나무 우점 숲에서 출현 빈도와
우점도가 높은 관목이다. 드물고 소수 분포한다.

고도 Elevation
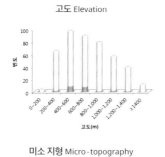

경사 Slope degree
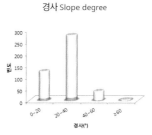

미소 지형 Micro-topography
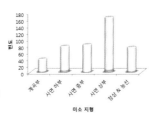

사면 방위 Slope aspect
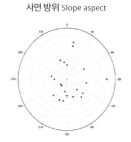

군집별 빈도 Frequency
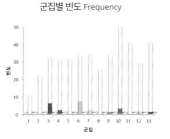

군집별 피도 Coverage
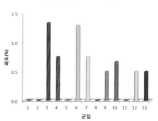

다변량 분석 Multivariate analysis

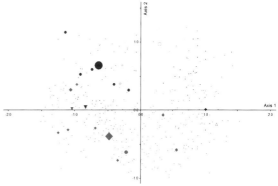

두메고들빼기
Lactuca triangulata

● **생장형** Growth form
초본, 이년생, 낙엽, 절대육상식물

● **지리 분포** Geography
국내: 전국[3]
국외: 러시아 시베리아 동부, 일본, 중국 북동부[3]

● **생육지** Habitat
모암: 비석회암 100%
고도: 1,150±296m, 중간 산지~높은 산지
경사: 17±6°
미소 지형: 계곡부 제외, 주로 사면 상부 이상
사면 방위: 전 방위

● **출현 군집과 우점도** Communities & abundance
총 빈도: 2%(11/447)
평균 피도: 0.5±0%

1. 소나무-가래나무_이삭여뀌 군집(◇)
2. 소나무-굴참나무_졸참나무 군집(△)
3. 소나무_산딸기 군집(●)
4. 소나무_진달래 군집(▼)

5. 굴참나무-소나무_왕느릅나무 군집(○)
6. 굴참나무-떡갈나무_큰기름새 군집(◆)

7. 신갈나무-서어나무_생강나무 군집(✦)
8. 신갈나무-전나무_조릿대 군집(■)
9. 신갈나무-들메나무_고광나무 군집(□)
10. 신갈나무_우산나물 군집(●)
11. 신갈나무_철쭉 군집(○)
12. 신갈나무_동자꽃 군집(·)
13. 신갈나무-피나무_나래박쥐나물 군집(◆)

● **종 다양성 지수(H′)** Species diversity
2.51±0.35(8)

● **동반 종** Accompanying species
미역줄나무(91%), 신갈나무(91%), 당단풍나무(82%),
대사초(82%), 큰개별꽃(82%), 피나무(82%)

● **종합** Synopsis
고도가 중간 산지부터 높은 산지까지 계곡부를 제외한 사면 상부 이상에 주로 분포한다. 높은 산지 신갈나무 우점 숲이나 신갈나무-활엽수 혼합 숲에서 주로 출현하는 초본이다. 출현하는 군집의 종 다양성이 매우 높다. 매우 드물고 매우 소수 분포한다.

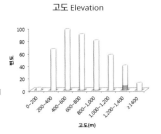
고도 Elevation

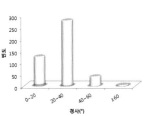
경사 Slope degree

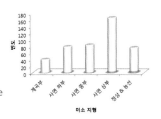
미소 지형 Micro-topography

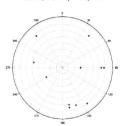
사면 방위 Slope aspect

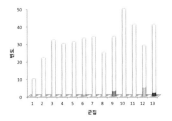
군집별 빈도 Frequency

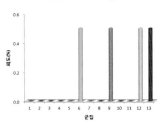
군집별 피도 Coverage

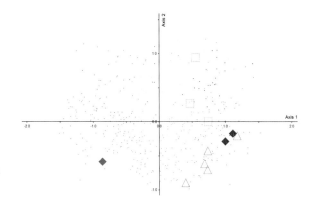
다변량 분석 Multivariate analysis

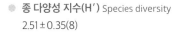

둥굴레
Polygonatum odoratum var. *pluriflorum*

◉ **생장형** Growth form
초본, 다년생, 낙엽, 절대육상식물

◉ **지리 분포** Geography
국내: 전국[2]
국외: 러시아, 몽골, 일본, 중국 동북부[7]

◉ **생육지** Habitat
모암: 비석회암 74%, 석회암 26%
고도: 687±266m, 낮은 산지~중간 산지
경사: 29±10°
미소 지형: 전 지형, 주로 사면부
사면 방위: 전 방위

◉ **출현 군집과 우점도** Communities & abundance
총 빈도: 45%(202/447)
평균 피도: 0.8±1.2%

1. 소나무 - 가래나무_이삭여뀌 군집(◇)
2. 소나무_굴참나무_졸참나무 군집(△)
3. 소나무_산딸기 군집(●)
4. 소나무_진달래 군집(▼)

5. 굴참나무 - 소나무_왕느릅나무 군집(○)
6. 굴참나무 - 떡갈나무_큰기름새 군집(◆)

7. 신갈나무 - 서어나무_생강나무 군집(◈)
8. 신갈나무 - 전나무_조릿대 군집(■)
9. 신갈나무_들메나무_고광나무 군집(□)
10. 신갈나무_우산나물 군집(●)
11. 신갈나무_철쭉 군집(○)
12. 신갈나무_동자꽃 군집(◌)
13. 신갈나무 - 피나무_나래박쥐나물 군집(◆)

◉ **종 다양성 지수(H′)** Species diversity
2.08±0.38(167)

◉ **동반 종** Accompanying species
신갈나무(88%), 생강나무(75%), 물푸레나무(67%),
삽주(65%), 큰기름새(65%)

◉ **종합** Synopsis
고도가 낮은 산지부터 중간 산지까지 건조한 사면부에 주로 분포한다. 모든 군집에서 발견되나, 주로 소나무 우점 숲이나 소나무-활엽수 혼합 숲, 굴참나무 숲과 신갈나무 우점 숲에서 주로 출현하고 우점도도 높은 초본이다. 분포하는 군집의 종 다양성이 낮다. 매우 흔하게 발견되나 매우 소수 분포한다.

고도 Elevation
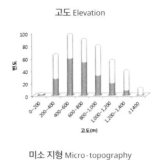

경사 Slope degree
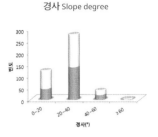

미소 지형 Micro-topography
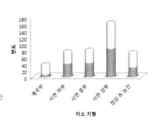

사면 방위 Slope aspect
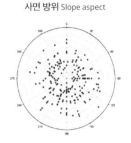

군집별 빈도 Frequency
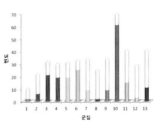

군집별 피도 Coverage
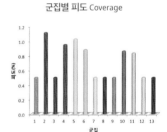

다변량 분석 Multivariate analysis

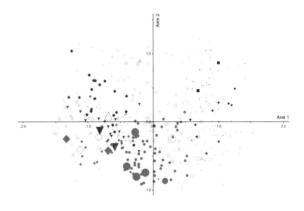

둥근잎천남성

Arisaema amurense

● **생장형** Growth form
초본, 다년생, 낙엽, 절대육상식물

● **지리 분포** Geography
국내: 전국[3]
국외: 러시아 사할린, 아무르, 일본, 중국 동북부[3]

● **생육지** Habitat
모암: 비석회암 85%, 석회암 15%
고도: 891±181m, 중간 산지~높은 산지
경사: 30±10°
미소 지형: 사면 상부 이하, 특히 사면 하부
사면 방위: 전 방위

● **출현 군집과 우점도** Communities & abundance
총 빈도: 4%(20/447)
평균 피도: 0.5±0.1%

1. 소나무-가래나무_이삭여뀌 군집(◇)
2. 소나무-굴참나무_졸참나무 군집(△)
3. 소나무_산딸기 군집(●)
4. 소나무_진달래 군집(▼)

5. 굴참나무-소나무_왕느릅나무 군집(○)
6. 굴참나무-떡갈나무_큰기름새 군집(◆)

7. 신갈나무-서어나무_생강나무 군집(◈)
8. 신갈나무-전나무_조릿대 군집(■)
9. 신갈나무-들메나무_고광나무 군집(□)
10. 신갈나무_우산나물 군집(●)
11. 신갈나무_철쭉 군집(○)
12. 신갈나무_동자꽃 군집(△)
13. 신갈나무-피나무_나래박쥐나물 군집(◆)

● **종 다양성 지수(H′)** Species diversity
2.41±0.51(7)

● **동반 종** Accompanying species
당단풍나무(95%), 신갈나무(90%), 고로쇠나무(80%),
까치박달(70%), 다래(70%), 물푸레나무(70%)

고도 Elevation

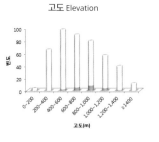

경사 Slope degree

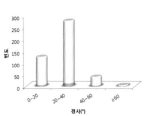

미소 지형 Micro-topography

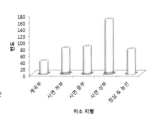

사면 방위 Slope aspect

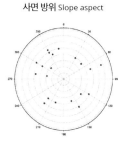

군집별 빈도 Frequency

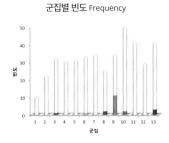

군집별 피도 Coverage

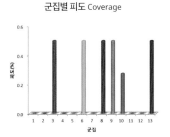

다변량 분석 Multivariate analysis

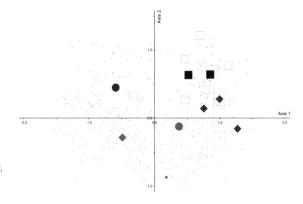

● **종합** Synopsis
고도가 중간 산지부터 높은 산지까지 가파르고 적습한 사면 하부에서 주로 분포한다. 중간 산지 활엽수 혼합 숲과 높은 산지 신갈나무-활엽수 혼합 숲에서 주로 출현하는 초본이다. 매우 드물고 매우 소수 분포한다.

둥근털제비꽃

Viola collina

● **생장형** Growth form
초본, 다년생, 낙엽, 절대육상식물

● **지리 분포** Geography
국내: 전국[9]
국외: 러시아, 몽골, 유럽, 일본, 중국[9]

● **생육지** Habitat
모암: 비석회암 88%, 석회암 12%
고도: 772±306m, 낮은 산지 ~ 높은 산지
경사: 25±11°
미소 지형: 전 지형, 특히 사면 하부
사면 방위: 전 방위

● **출현 군집과 우점도** Communities & abundance
총 빈도: 13%(59/447)
평균 피도: 1±2%

1. 소나무 - 가래나무_이삭여뀌 군집(◇)
2. 소나무 - 굴참나무_졸참나무 군집(△)
3. 소나무_산딸기 군집(●)
4. 소나무_진달래 군집(▼)

5. 굴참나무 - 소나무_왕느릅나무 군집(○)
6. 굴참나무 - 떡갈나무_큰기름새 군집(◆)

7. 신갈나무 - 서어나무_생강나무 군집(◉)
8. 신갈나무 - 전나무_조릿대 군집(■)
9. 신갈나무 - 들메나무_고광나무 군집(□)
10. 신갈나무_우산나물 군집(●)
11. 신갈나무_철쭉 군집(○)
12. 신갈나무_동자꽃 군집(○)
13. 신갈나무 - 피나무_나래박쥐나물 군집(◆)

● **종 다양성 지수(H')** Species diversity
2.14±0.37(50)

● **동반 종** Accompanying species
신갈나무(85%), 물푸레나무(64%), 생강나무(64%),
참취(64%), 당단풍나무(63%)

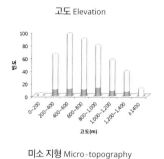

고도 Elevation

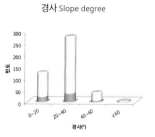

경사 Slope degree

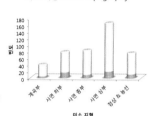

미소 지형 Micro - topography

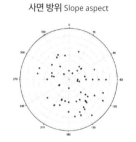

사면 방위 Slope aspect

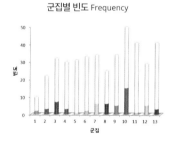

군집별 빈도 Frequency

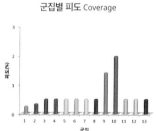

군집별 피도 Coverage

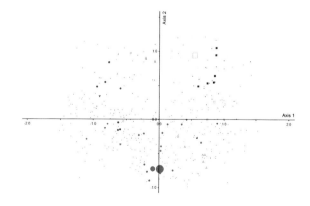

다변량 분석 Multivariate analysis

● **종합** Synopsis
고도가 낮은 산지부터 높은 산지까지, 분포하는 고도 범위가 넓다. 다른 생육지 범위도 넓으나 아주 고도가 낮은 산지와 높은 산지를 제외하고 중간 산지 사면 하부에서 주로 분포한다. 소나무나 신갈나무 우점 숲이나 활엽수와 혼합 숲을 이루는 곳에서 출현하는 초본이다. 비교적 흔하나 소수 분포한다.

들메나무

Fraxinus mandshurica

물푸레나무과
Oleaceae

● **생장형** Growth form
교목, 활엽, 낙엽, 절대육상식물

● **지리 분포** Geography
국내: 전국[3]
국외: 러시아 극동, 일본, 중국 동북부[3]

● **생육지** Habitat
모암: 비석회암 75%, 석회암 25%
고도: 884±285m, 낮은 산지~높은 산지
경사: 24±11°
미소 지형: 전 지형
사면 방위: 전 방위

● **출현 군집과 우점도** Communities & abundance
총 빈도: 13%(56/447)
평균 피도: 15±22%

1. 소나무 - 가래나무_이삭여뀌 군집(◇)
2. 소나무 - 굴참나무_졸참나무 군집(△)
3. 소나무_산딸기 군집(●)
4. 소나무_진달래 군집(▼)

5. 굴참나무 - 소나무_왕느릅나무 군집(◇)
6. 굴참나무 - 떡갈나무_큰기름새 군집(◆)

7. 신갈나무 - 서어나무_생강나무 군집(◈)
8. 신갈나무 - 전나무_조릿대 군집(■)
9. 신갈나무 - 들메나무_고광나무 군집(□)
10. 신갈나무_우산나물 군집(●)
11. 신갈나무_철쭉 군집(○)
12. 신갈나무_동자꽃 군집(△)
13. 신갈나무 - 피나무_나래박쥐나물 군집(◆)

● **종 다양성 지수(H′)** Species diversity
2.27±0.38(49)

● **동반 종** Accompanying species
신갈나무(89%), 당단풍나무(68%), 참취(68%), 대사초(66%),
고로쇠나무(57%), 넓은잎외잎쑥(57%)

● **종합** Synopsis
고도가 낮은 산지부터 높은 산지까지, 분포하는 고도 범위가 넓다. 다른 생육지 범위도 넓다. 굴참나무 숲이나 소나무 우점
숲에서도 나타나지만 신갈나무 우점 숲이나 활엽수 혼합 숲에서 출현 빈도와 우점도가 높은 교목이다. 비교적 흔하고 비교적
우점한다.

고도 Elevation
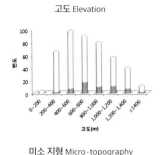

경사 Slope degree
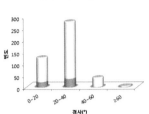

미소 지형 Micro-topography
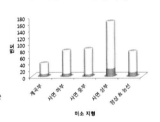

사면 방위 Slope aspect
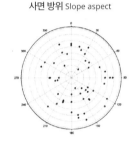

군집별 빈도 Frequency
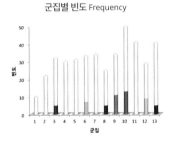

군집별 피도 Coverage
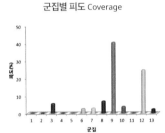

다변량 분석 Multivariate analysis
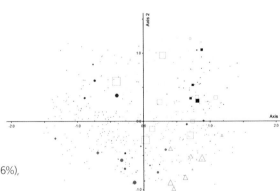

등골나물

Eupatorium japonicum

국화과
Asteraceae

- **생장형** Growth form
  초본, 다년생, 낙엽, 절대육상식물

- **지리 분포** Geography
  국내: 전국[2]
  국외: 일본, 중국[2]

- **생육지** Habitat
  모암: 비석회암 88%, 석회암 12%
  고도: 705±303m, 낮은 산지~높은 산지
  경사: 25±11°
  미소 지형: 주로 사면부
  사면 방위: 전 방위

- **출현 군집과 우점도** Communities & abundance
  총 빈도: 4%(17/447)
  평균 피도: 0.5±0.1%

  1. 소나무-가래나무_이삭여뀌 군집(◇)
  2. 소나무-굴참나무_졸참나무 군집(△)
  3. 소나무_산딸기 군집(●)
  4. 소나무_진달래 군집(▼)

  5. 굴참나무-소나무_왕느릅나무 군집(   )
  6. 굴참나무-떡갈나무_큰기름새 군집(◆)

  7. 신갈나무-서어나무_생강나무 군집(   )
  8. 신갈나무-전나무_조릿대 군집(■)
  9. 신갈나무-들메나무_고광나무 군집(□)
  10. 신갈나무-우산나물 군집(●)
  11. 신갈나무_철쭉 군집(   )
  12. 신갈나무_동자꽃 군집(   )
  13. 신갈나무-피나무_나래박쥐나물 군집(◆)

- **종 다양성 지수(H´)** Species diversity
  2.19±0.30(14)

- **동반 종** Accompanying species
  신갈나무(82%), 참취(82%), 넓은잎외잎쑥(76%),
  생강나무(71%), 큰기름새(71%)

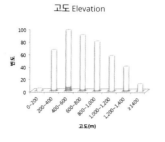

고도 Elevation

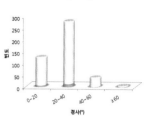

경사 Slope degree

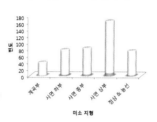

미소 지형 Micro-topography

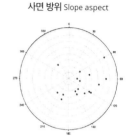

사면 방위 Slope aspect

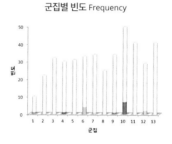

군집별 빈도 Frequency

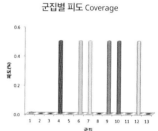

군집별 피도 Coverage

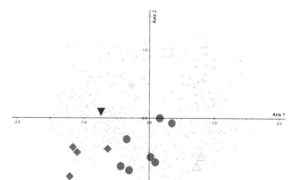

다변량 분석 Multivariate analysis

- **종합** Synopsis
  고도가 낮은 산지부터 높은 산지까지, 분포하는 고도 범위가 넓다. 건조한 사면부에 주로 분포한다. 굴참나무 숲과 신갈나무 우점 숲에서 주로 출현하는 초본이다. 매우 드물고 매우 소수 분포한다.

등칡
Aristolochia manshuriensis

● **생장형** Growth form
덩굴성 목본, 활엽, 낙엽, 절대육상식물

● **지리 분포** Geography
국내: 동부[6]
국외: 러시아 우수리, 중국 동북부[7]

● **생육지** Habitat
모암: 비석회암 75%, 석회암 25%
고도: 757±276m, 낮은 산지~높은 산지
경사: 29±10°
미소 지형: 전 지형, 특히 계곡부
사면 방위: 전 방위

● **출현 군집과 우점도** Communities & abundance
총 빈도: 6%(28/447)
평균 피도: 2±4%

1. 소나무-가래나무_이삭여뀌 군집(◇)
2. 소나무-굴참나무_졸참나무 군집(△)
3. 소나무_산딸기 군집(●)
4. 소나무_진달래 군집(▼)

5. 굴참나무-소나무_왕느릅나무 군집(◇)
6. 굴참나무-떡갈나무_큰기름새 군집(◆)

7. 신갈나무-서어나무_생강나무 군집(◈)
8. 신갈나무-전나무_조릿대 군집(■)
9. 신갈나무-들메나무_고광나무 군집(□)
10. 신갈나무_우산나물 군집(●)
11. 신갈나무_철쭉 군집(○)
12. 신갈나무_동자꽃 군집(○)
13. 신갈나무-피나무_나래박쥐나물 군집(◆)

● **종 다양성 지수(H′)** Species diversity
2.26±0.36(22)

● **동반 종** Accompanying species
생강나무(82%), 당단풍나무(75%), 신갈나무(75%),
단풍취(57%), 대사초(57%), 물푸레나무(57%)

고도 Elevation
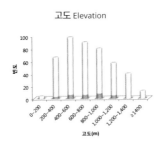

경사 Slope degree
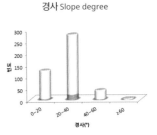

미소 지형 Micro-topography
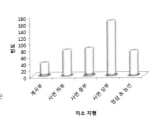

사면 방위 Slope aspect
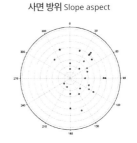

군집별 빈도 Frequency
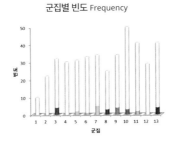

군집별 피도 Coverage
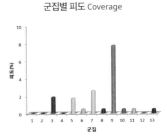

다변량 분석 Multivariate analysis

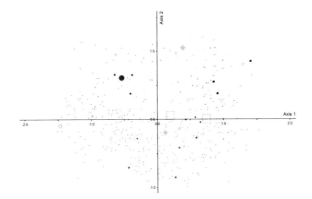

● **종합** Synopsis
고도가 낮은 산지부터 높은 산지까지, 분포하는 고도 범위가 넓다. 비교적 습한 계곡부에 주로 분포한다. 적습한 소나무 우점 숲,
신갈나무-활엽수 혼합 숲, 활엽수 혼합 숲에서 주로 출현하는 덩굴성 목본이다. 드물고 소수 분포한다.

딱총나무

Sambucus racemosa subsp. *sieboldiana*

◉ **생장형** Growth form
관목, 활엽, 낙엽, 절대육상식물

◉ **지리 분포** Geography
국내: 전국[2]
국외: 일본[2]

◉ **생육지** Habitat
모암: 비석회암 78%, 석회암 22%
고도: 1,024±285m, 중간 산지~높은 산지
경사: 19±12°
미소 지형: 주로 계곡부
사면 방위: 전 방위

◉ **출현 군집과 우점도** Communities & abundance
총 빈도: 4%(18/447)
평균 피도: 0.5±0.1%

1. 소나무 - 가래나무_이삭여뀌 군집(◇)
2. 소나무 - 굴참나무_졸참나무 군집(△)
3. 소나무_산딸기 군집(●)
4. 소나무_진달래 군집(▼)

5. 굴참나무 - 소나무_왕느릅나무 군집(◇)
6. 굴참나무 - 떡갈나무_큰기름새 군집(◆)

7. 신갈나무 - 서어나무_생강나무 군집(◈)
8. 신갈나무 - 전나무_조릿대 군집(■)
9. 신갈나무 - 들메나무_고광나무 군집(□)
10. 신갈나무 - 우산나물 군집(●)
11. 신갈나무 - 철쭉 군집(○)
12. 신갈나무 - 동자꽃 군집( )
13. 신갈나무 - 피나무_나래박쥐나물 군집(◆)

◉ **종 다양성 지수(H′)** Species diversity
2.49±0.29(13)

◉ **동반 종** Accompanying species
대사초(83%), 당단풍나무(78%), 신갈나무(72%),
물푸레나무(67%), 참나물(67%)

◉ **종합** Synopsis
고도가 중간 산지부터 높은 산지까지 완만한 계곡부에 주로 분포한다. 중간 산지 활엽수 혼합 숲, 높은 산지 신갈나무 우점 숲이나 신갈나무 - 활엽수 혼합 숲에서 주로 출현하는 관목이다. 매우 드물고 매우 소수 분포한다.

고도 Elevation

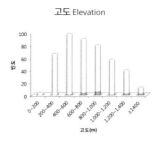

경사 Slope degree

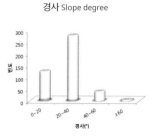

미소 지형 Micro-topography

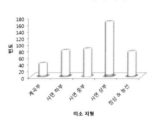

사면 방위 Slope aspect

군집별 빈도 Frequency

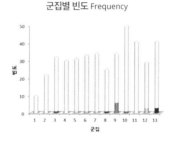

군집별 피도 Coverage

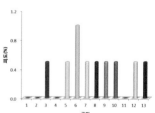

다변량 분석 Multivariate analysis

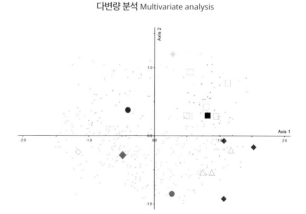

떡갈나무
Quercus dentata

◉ **생장형** Growth form
교목, 활엽, 낙엽, 절대육상식물

◉ **지리 분포** Geography
국내: 전국[2]
국외: 극동 아시아, 몽골[2]

◉ **생육지** Habitat
모암: 비석회암 40%, 석회암 60%
고도: 535±167m, 낮은 산지~중간 산지
경사: 29±10°
미소 지형: 계곡부 제외, 전 지형
사면 방위: 전 방위

◉ **출현 군집과 우점도** Communities & abundance
총 빈도: 17%(78/447)
평균 피도: 18±27%

1. 소나무-가래나무_이삭여뀌 군집(◇)
2. 소나무-굴참나무_졸참나무 군집(△)
3. 소나무_산딸기 군집(●)
4. 소나무_진달래 군집(▼)

5. 굴참나무-소나무_왕느릅나무 군집(◇)
6. 굴참나무-떡갈나무_큰기름새 군집(◆)

7. 신갈나무-서어나무_생강나무 군집(◆)
8. 신갈나무-전나무_조릿대 군집(■)
9. 신갈나무-들메나무_고광나무 군집(□)
10. 신갈나무_우산나물 군집(●)
11. 신갈나무_철쭉 군집(○)
12. 신갈나무_동자꽃 군집(○)
13. 신갈나무-피나무_나래박쥐나물 군집(◆)

◉ **종 다양성 지수(H′)** Species diversity
2.17±0.34(74)

◉ **동반 종** Accompanying species
큰기름새(92%), 생강나무(85%), 삽주(82%),
물푸레나무(77%), 신갈나무(73%)

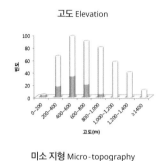
고도 Elevation

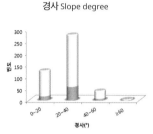
경사 Slope degree

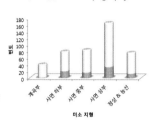
미소 지형 Micro-topography

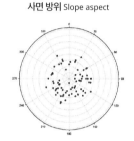
사면 방위 Slope aspect

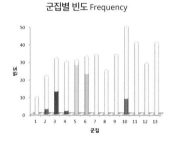
군집별 빈도 Frequency

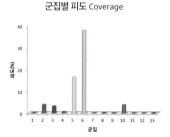
군집별 피도 Coverage

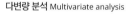

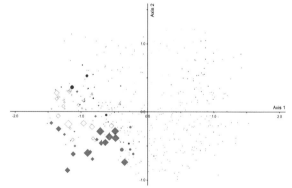
다변량 분석 Multivariate analysis

◉ **종합** Synopsis
고도가 낮은 산지부터 중간 산지까지 계곡부를 제외하고 건조한 전 지형에 분포한다. 굴참나무나 소나무와 혼생해 숲을 이루는 교목으로 지표종이다. 드물지만 작은 규모로 떡갈나무 숲을 이루기도 한다. 비교적 흔하고 비교적 우점한다.

뚝갈

Patrinia villosa

◉ **생장형** Growth form
초본, 다년생, 낙엽, 절대육상식물

◉ **지리 분포** Geography
국내: 전국[5]
국외: 대만, 일본, 중국 동북부[14]

◉ **생육지** Habitat
모암: 비석회암 79%, 석회암 21%
고도: 553±218m, 낮은 산지~중간 산지
경사: 31±8°
미소 지형: 전 지형, 주로 사면부
사면 방위: 전 방위

◉ **출현 군집과 우점도** Communities & abundance
총 빈도: 9%(39/447)
평균 피도: 0.6±0.8%

1. 소나무 - 가래나무_이삭여뀌 군집(◇)
2. 소나무 - 굴참나무_졸참나무 군집(△)
3. 소나무_산딸기 군집(●)
4. 소나무_진달래 군집(▼)

5. 굴참나무 - 소나무_왕느릅나무 군집(○)
6. 굴참나무 - 떡갈나무_큰기름새 군집(◆)

7. 신갈나무 - 서어나무_생강나무 군집(◈)
8. 신갈나무 - 전나무_조릿대 군집(■)
9. 신갈나무 - 들메나무_고광나무 군집(□)
10. 신갈나무_우산나물 군집(●)
11. 신갈나무_철쭉 군집(○)
12. 신갈나무_동자꽃 군집(◐)
13. 신갈나무 - 피나무_나래박쥐나물 군집(◆)

◉ **종 다양성 지수(H')** Species diversity
1.94±0.30(31)

◉ **동반 종** Accompanying species
큰기름새(92%), 삽주(82%), 생강나무(82%),
신갈나무(79%), 맑은대쑥(77%), 참취(77%)

고도 Elevation

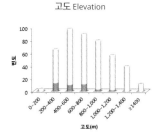

경사 Slope degree

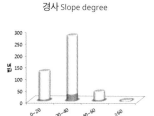

미소 지형 Micro-topography

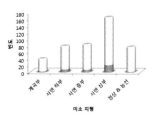

사면 방위 Slope aspect

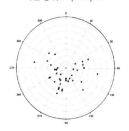

군집별 빈도 Frequency

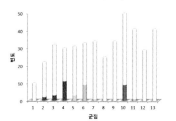

군집별 피도 Coverage

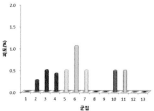

다변량 분석 Multivariate analysis

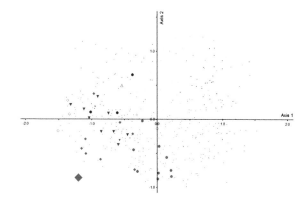

◉ **종합** Synopsis
고도가 낮은 산지부터 중간 산지까지 건조하고 가파른 사면부에 주로 분포한다. 소나무 우점 숲, 굴참나무 숲, 신갈나무 우점 숲에서 주로 출현하는 초본이다. 출현하는 군집의 종 다양성이 낮다. 드물고 매우 소수 분포한다.

마

Dioscorea oppositifolia

● **생장형** Growth form
덩굴성 초본, 다년생, 낙엽, 절대육상식물

● **지리 분포** Geography
국내: 전국[2]
국외: 대만, 인도, 일본, 중국[1]

● **생육지** Habitat
모암: 비석회암 40%, 석회암 60%
고도: 456±153m, 낮은 산지
경사: 25±14°
미소 지형: 전 지형, 주로 사면 하부
사면 방위: 전 방위

● **출현 군집과 우점도** Communities & abundance
총 빈도: 6%(25/447)
평균 피도: 0.7±1.0%

1. 소나무 - 가래나무_이삭여뀌 군집(◇)
2. 소나무 - 굴참나무_졸참나무 군집(△)
3. 소나무_산딸기 군집(●)
4. 소나무_진달래 군집(▼)

5. 굴참나무 - 소나무_왕느릅나무 군집(◌)
6. 굴참나무 - 떡갈나무_큰기름새 군집(◆)

7. 신갈나무 - 서어나무_생강나무 군집(◉)
8. 신갈나무 - 전나무_조릿대 군집(■)
9. 신갈나무 - 들메나무_고광나무 군집(□)
10. 신갈나무_우산나물 군집(●)
11. 신갈나무_철쭉 군집(○)
12. 신갈나무_동자꽃 군집(△)
13. 신갈나무 - 피나무_나래박쥐나물 군집(◆)

● **종 다양성 지수(H′)** Species diversity
2.25±0.34(24)

● **동반 종** Accompanying species
물푸레나무(92%), 생강나무(92%), 큰기름새(88%),
소나무(76%), 으아리(76%), 청가시덩굴(76%)

● **종합** Synopsis
고도가 낮은 산지에서 사면 하부에 주로 분포한다. 건조한 굴참나무 숲을 비롯해 소나무 우점 숲과 비교적 습한 소나무 - 활엽수 혼합 숲에서 주로 출현하는 덩굴성 초본이다. 드물고 매우 소수 분포한다.

고도 Elevation
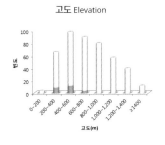

경사 Slope degree
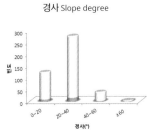

미소 지형 Micro-topography
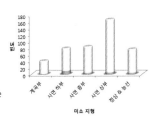

사면 방위 Slope aspect
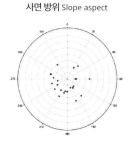

군집별 빈도 Frequency
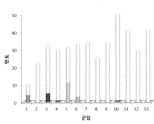

군집별 피도 Coverage
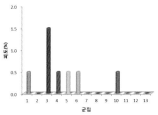

다변량 분석 Multivariate analysis
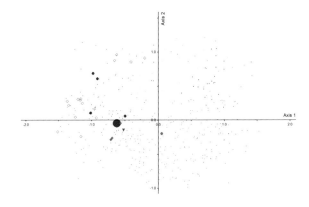

마가목

Sorbus commixta

◉ **생장형** Growth form
소교목, 활엽, 낙엽, 절대육상식물

◉ **지리 분포** Geography
국내: 전국[2]
국외: 러시아 사할린, 일본[2]

◉ **생육지** Habitat
모암: 비석회암 95%, 석회암 5%
고도: 1,187±224m, 중간 산지~높은 산지
경사: 23±11°
미소 지형: 전 지형, 주로 사면 상부 이상
사면 방위: 전 방위

◉ **출현 군집과 우점도** Communities & abundance
총 빈도: 9%(42/447)
평균 피도: 5±7%

1. 소나무-가래나무_이삭여뀌 군집(◇)
2. 소나무-굴참나무_졸참나무 군집(△)
3. 소나무_산딸기 군집(●)
4. 소나무_진달래 군집(▼)

5. 굴참나무-소나무_왕느릅나무 군집(○)
6. 굴참나무-떡갈나무_큰기름새 군집(◆)

7. 신갈나무-서어나무_생강나무 군집(◈)
8. 신갈나무-전나무_조릿대 군집(■)
9. 신갈나무-들메나무_고광나무 군집(□)
10. 신갈나무_우산나물 군집(●)
11. 신갈나무_철쭉 군집(○)
12. 신갈나무_동자꽃 군집( )
13. 신갈나무-피나무_나래박쥐나물 군집(◆)

◉ **종 다양성 지수(H′)** Species diversity
2.42±0.36(30)

◉ **동반 종** Accompanying species
대사초(86%), 당단풍나무(81%), 신갈나무(81%),
미역줄나무(76%), 피나무(69%)

◉ **종합** Synopsis
고도가 중간 산지부터 높은 산지까지 건조한 사면 상부, 능선, 정상에 주로 분포한다. 높은 산지 신갈나무 우점 숲이나 신갈나무-활엽수 혼합 숲에서 주로 출현하는 소교목이다. 신갈나무-활엽수 혼합 숲 지표종이다. 드물고 비교적 우점한다.

고도 Elevation
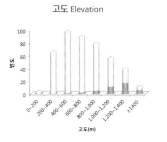

경사 Slope degree
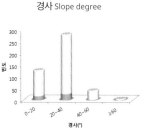

미소 지형 Micro-topography
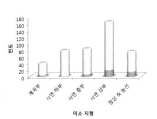

사면 방위 Slope aspect

군집별 빈도 Frequency
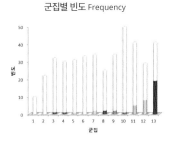

군집별 피도 Coverage
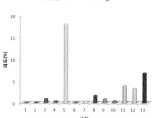

다변량 분석 Multivariate analysis

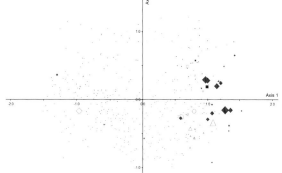

마타리
Patrinia scabiosifolia

● **생장형** Growth form
초본, 다년생, 낙엽, 절대육상식물

● **지리 분포** Geography
국내: 전국[2]
국외: 러시아 시베리아 동부, 일본, 중국[2]

● **생육지** Habitat
모암: 비석회암 86%, 석회암 14%
고도: 458±300m, 낮은 산지~중간 산지
경사: 27±9°
미소 지형: 주로 사면 하부 및 중부
사면 방위: 전 방위

● **출현 군집과 우점도** Communities & abundance
총 빈도: 3%(14/447)
평균 피도: 0.4±0.2%

1. 소나무-가래나무_이삭여뀌 군집(◇)
2. 소나무-굴참나무_졸참나무 군집(△)
3. 소나무_산딸기 군집(●)
4. 소나무_진달래 군집(▼)

5. 굴참나무-소나무_왕느릅나무 군집(○)
6. 굴참나무-떡갈나무_큰기름새 군집(◆)

7. 신갈나무-서어나무_생강나무 군집(◈)
8. 신갈나무-전나무_조릿대 군집(■)
9. 신갈나무-들메나무_고광나무 군집(□)
10. 신갈나무_우산나물 군집(●)
11. 신갈나무_철쭉 군집(○)
12. 신갈나무_동자꽃 군집(△)
13. 신갈나무-피나무_나래박쥐나물 군집(◆)

● **종 다양성 지수(H′)** Species diversity
2.27±0.25(8)

● **동반 종** Accompanying species
신갈나무(93%), 굴참나무(86%), 삽주(86%),
생강나무(86%), 소나무(86%), 큰기름새(86%)

고도 Elevation
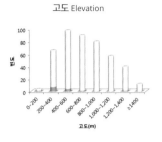

경사 Slope degree
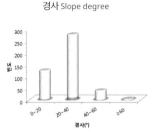

미소 지형 Micro-topography
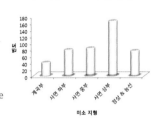

사면 방위 Slope aspect
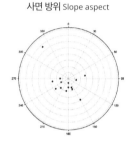

군집별 빈도 Frequency
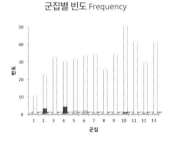

군집별 피도 Coverage
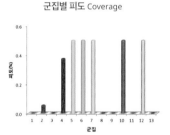

다변량 분석 Multivariate analysis
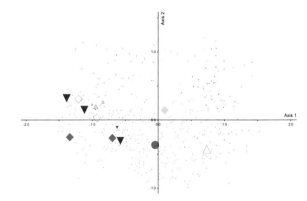

● **종합** Synopsis
고도가 낮은 산지부터 중간 산지까지 사면 하부와 중부 건조한 사면에 주로 분포한다. 굴참나무 또는 소나무가 우점하거나 다른
활엽수와 혼합 숲을 이루며, 햇빛이 하층까지 많이 들어오는 숲에서 출현하는 초본이다. 매우 드물고 매우 소수 분포한다.

말나리
Lilium distichum

◉ **생장형** Growth form
초본, 다년생, 낙엽, 절대육상식물

◉ **지리 분포** Geography
국내: 전국(제주도 제외)[6]
국외: 러시아 아무르, 우수리, 일본, 중국 동북부[7]

◉ **생육지** Habitat
모암: 비석회암 75%, 석회암 25%
고도: 1,132±299m, 중간 산지~높은 산지
경사: 22±13°
미소 지형: 전 지형, 주로 사면 상부 이상
사면 방위: 전 방위

◉ **출현 군집과 우점도** Communities & abundance
총 빈도: 6%(28/447)
평균 피도: 0.7±0.7%

1. 소나무 - 가래나무_이삭여뀌 군집(◇)
2. 소나무 - 굴참나무_졸참나무 군집(△)
3. 소나무_산딸기 군집(●)
4. 소나무_진달래 군집(▼)

5. 굴참나무 - 소나무 - 왕느릅나무 군집(◌)
6. 굴참나무 - 떡갈나무_큰기름새 군집(◆)

7. 신갈나무 - 서어나무_생강나무 군집(◍)
8. 신갈나무 - 전나무_조릿대 군집(■)
9. 신갈나무 - 들메나무_고광나무 군집(□)
10. 신갈나무_우산나물 군집(●)
11. 신갈나무_철쭉 군집( )
12. 신갈나무_동자꽃 군집( )
13. 신갈나무 - 피나무_나래박쥐나물 군집(◆)

◉ **종 다양성 지수(H′)** Species diversity
2.41±0.38(22)

◉ **동반 종** Accompanying species
당단풍나무(86%), 신갈나무(86%), 대사초(82%),
미역줄나무(79%), 고로쇠나무(71%)

고도 Elevation
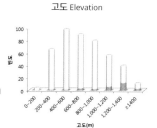

경사 Slope degree
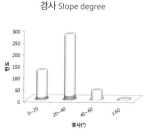

미소 지형 Micro-topography
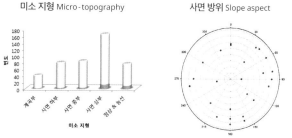

사면 방위 Slope aspect

군집별 빈도 Frequency

군집별 피도 Coverage
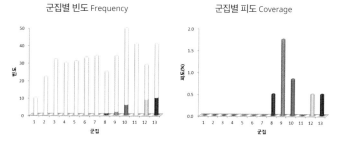

다변량 분석 Multivariate analysis
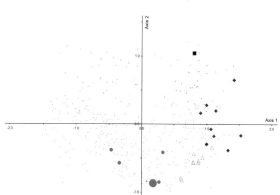

◉ **종합** Synopsis
고도가 중간 산지부터 높은 산지까지 건조한 사면 상부 이상에 주로 분포한다. 신갈나무 우점 숲이나 높은 산지 신갈나무 - 활엽수 혼합 숲에서 주로 출현하는 초본이다. 드물고 매우 소수 분포한다.

말채나무

Cornus walteri

● **생장형** Growth form
교목, 활엽, 낙엽, 절대육상식물

● **지리 분포** Geography
국내: 전국[3]
국외: 동아시아 온대[11]

● **생육지** Habitat
모암: 비석회암 25%, 석회암 75%
고도: 559±298m, 낮은 산지~중간 산지
경사: 28±11°
미소 지형: 계곡부 제외, 주로 사면 하부 및 중부
사면 방위: 전 방위

● **출현 군집과 우점도** Communities & abundance
총 빈도: 3%(12/447)
평균 피도: 3±5%

1. 소나무-가래나무_이삭여뀌 군집(◇)
2. 소나무-굴참나무_졸참나무 군집(△)
3. 소나무_산딸기 군집(●)
4. 소나무_진달래 군집(▼)

5. 굴참나무-소나무_왕느릅나무 군집(◇)
6. 굴참나무-떡갈나무_큰기름새 군집(◆)

7. 신갈나무-서어나무_생강나무 군집(◆)
8. 신갈나무-전나무_조릿대 군집(■)
9. 신갈나무-들메나무_고광나무 군집(□)
10. 신갈나무_우산나물 군집(●)
11. 신갈나무_철쭉 군집(○)
12. 신갈나무_동자꽃 군집(△)
13. 신갈나무-피나무_나래박쥐나물 군집(◆)

● **종 다양성 지수(H')** Species diversity
2.43±0.32(12)

● **동반 종** Accompanying species
물푸레나무(83%), 생강나무(75%), 으아리(75%),
청가시덩굴(75%), 큰기름새(75%)

● **종합** Synopsis
고도가 낮은 산지부터 중간 산지까지 계곡부를 제외한 사면 하부와 중부에 주로 분포한다. 굴참나무나 소나무 우점 숲,
신갈나무-활엽수 혼합 숲에서 주로 출현하는 교목이다. 매우 드물고 소수 분포한다.

고도 Elevation

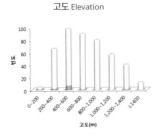

경사 Slope degree

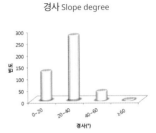

미소 지형 Micro-topography

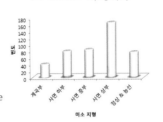

사면 방위 Slope aspect

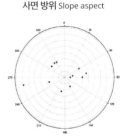

군집별 빈도 Frequency

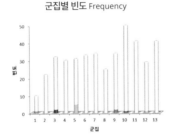

군집별 피도 Coverage

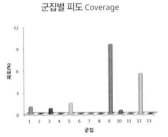

다변량 분석 Multivariate analysis

맑은대쑥
Artemisia keiskeana

◉ **생장형** Growth form
초본, 다년생, 낙엽, 절대육상식물

◉ **지리 분포** Geography
국내: 전국[3]
국외: 러시아 아무르, 우수리, 일본, 중국[3]

◉ **생육지** Habitat
모암: 비석회암 78%, 석회암 22%
고도: 638±241m, 낮은 산지~중간 산지
경사: 28±12°
미소 지형: 주로 사면 하부 이상
사면 방위: 전 방위

◉ **출현 군집과 우점도** Communities & abundance
총 빈도: 35%(156/447)
평균 피도: 2±4%

1. 소나무-가래나무_이삭여뀌 군집(◇)
2. 소나무-굴참나무_졸참나무 군집(△)
3. 소나무_산딸기 군집(●)
4. 소나무_진달래 군집(▼)

5. 굴참나무-소나무_왕느릅나무 군집(◇)
6. 굴참나무-떡갈나무_큰기름새 군집(◆)

7. 신갈나무-서어나무_생강나무 군집(◈)
8. 신갈나무-전나무_조릿대 군집(■)
9. 신갈나무_들메나무_고광나무 군집(□)
10. 신갈나무_우산나물 군집(●)
11. 신갈나무_철쭉 군집(○)
12. 신갈나무_동자꽃 군집(◖)
13. 신갈나무-피나무_나래박쥐나물 군집(◆)

◉ **종 다양성 지수(H′)** Species diversity
2.02±.0.37(126)

◉ **동반 종** Accompanying species
신갈나무(91%), 생강나무(80%), 삽주(73%),
큰기름새(71%), 둥굴레(67%)

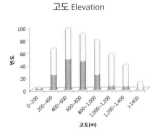

고도 Elevation

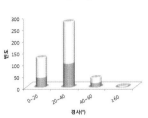

경사 Slope degree

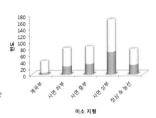

미소 지형 Micro-topography

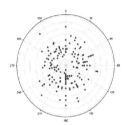

사면 방위 Slope aspect

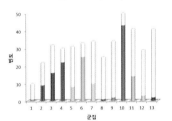

군집별 빈도 Frequency

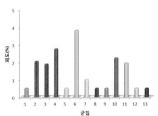

군집별 피도 Coverage

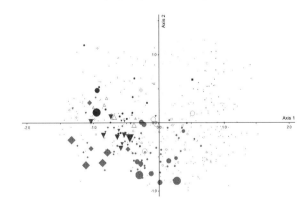

다변량 분석 Multivariate analysis

◉ **종합** Synopsis
고도가 낮은 산지부터 중간 산지까지 주로 사면 하부 이상에 분포한다. 다양한 군집에서 나타나나 주로 낮은 산지 소나무 우점 숲이나 굴참나무 숲에서 빈번하며 우점도도 높은 지표종이다. 신갈나무 우점 숲에서도 출현하는 흔한 초본이다. 출현하는 군집의 종 다양성이 낮다. 매우 흔하게 발견되나 소수 분포한다.

매화말발도리

Deutzia uniflora

◉ **생장형** Growth form
관목, 활엽, 낙엽, 절대육상식물

◉ **지리 분포** Geography
국내: 전국(제주도 제외)[6]
국외: 일본[14]

◉ **생육지** Habitat
모암: 비석회암 80%, 석회암 20%
고도: 581±282m, 낮은 산지~중간 산지
경사: 37±9°
미소 지형: 전 지형, 특히 계곡부
사면 방위: 전 방위

◉ **출현 군집과 우점도** Communities & abundance
총 빈도: 2%(10/447)
평균 피도: 1.0±1.0%

1. 소나무 - 가래나무_이삭여뀌 군집(◇)
2. 소나무 - 굴참나무_졸참나무 군집(△)
3. 소나무_산딸기 군집(●)
4. 소나무_진달래 군집(▼)

5. 굴참나무 - 소나무_왕느릅나무 군집(◇)
6. 굴참나무 - 떡갈나무_큰기름새 군집(◆)

7. 신갈나무 - 서어나무_생강나무 군집(◈)
8. 신갈나무 - 전나무_조릿대 군집(■)
9. 신갈나무 - 들메나무_고광나무 군집(□)
10. 신갈나무_우산나물 군집(●)
11. 신갈나무_철쭉 군집(○)
12. 신갈나무_동자꽃 군집(○)
13. 신갈나무 - 피나무_나래박쥐나물 군집(◆)

◉ **종 다양성 지수(H′)** Species diversity
1.99±0.42(10)

◉ **동반 종** Accompanying species
물푸레나무(90%), 생강나무(90%), 신갈나무(90%),
큰기름새(80%), 둥굴레(70%), 쪽동백나무(70%), 참싸리(70%)

◉ **종합** Synopsis
고도가 낮은 산지부터 중간 산지까지 가파른 계곡부에 주로 분포한다. 소나무 우점 숲에서 주로 출현하는 관목이다. 출현하는 군집의 종 다양성이 낮다. 매우 드물고 소수 분포한다.

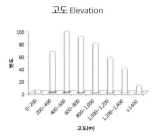

고도 Elevation

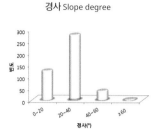

경사 Slope degree

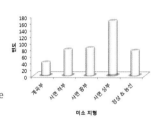

미소 지형 Micro-topography

사면 방위 Slope aspect

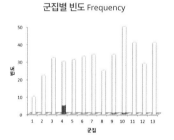

군집별 빈도 Frequency

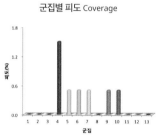

군집별 피도 Coverage

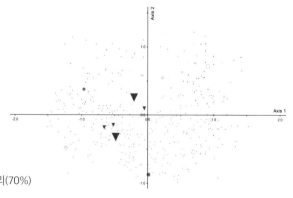

다변량 분석 Multivariate analysis

머루

Vitis coignetiae

◉ **생장형** Growth form
덩굴성 목본, 활엽, 낙엽, 절대육상식물

◉ **지리 분포** Geography
국내: 전국[5]
국외: 러시아 사할린, 일본[2]

◉ **생육지** Habitat
모암: 비석회암 65%, 석회암 35%
고도: 664±252m, 낮은 산지~중간 산지
경사: 26±10°
미소 지형: 전 지형
사면 방위: 전 방위

◉ **출현 군집과 우점도** Communities & abundance
총 빈도: 22%(98/447)
평균 피도: 2±4%

1. 소나무 - 가래나무_이삭여뀌 군집(◇)
2. 소나무 - 굴참나무_졸참나무 군집(△)
3. 소나무 _산딸기 군집(●)
4. 소나무 _진달래 군집(▼)

5. 굴참나무 - 소나무_왕느릅나무 군집(◌)
6. 굴참나무 - 떡갈나무_큰기름새 군집(◆)

7. 신갈나무 - 서어나무_생강나무 군집(◈)
8. 신갈나무 - 전나무_조릿대 군집(■)
9. 신갈나무 - 들메나무_고광나무 군집(□)
10. 신갈나무 _우산나물 군집(●)
11. 신갈나무 _철쭉 군집(◌)
12. 신갈나무 _동자꽃 군집( )
13. 신갈나무 - 피나무_나래박쥐나물 군집(◆)

◉ **종 다양성 지수(H′)** Species diversity
2.11±0.32(84)

◉ **동반 종** Accompanying species
신갈나무(82%), 생강나무(80%), 물푸레나무(59%),
산박하(59%), 참취(59%)

◉ **종합** Synopsis
고도가 낮은 산지부터 중간 산지까지 전 지형에 분포한다. 소나무 우점 숲이나 굴참나무 숲에서 빈번하고, 신갈나무 우점 숲에서도 출현하는 덩굴성 목본이다. 비교적 흔하고 소수 분포한다.

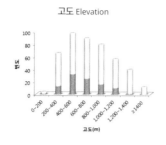
고도 Elevation

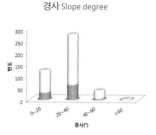
경사 Slope degree

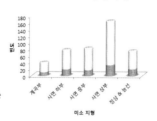
미소 지형 Micro-topography

사면 방위 Slope aspect

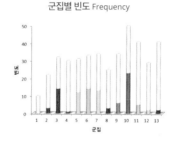
군집별 빈도 Frequency

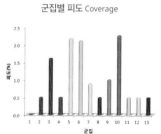
군집별 피도 Coverage

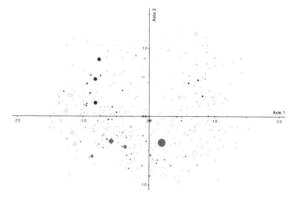
다변량 분석 Multivariate analysis

멍석딸기
Rubus parvifolius

● **생장형** Growth form
관목, 활엽, 낙엽, 절대육상식물

● **지리 분포** Geography
국내: 전국[2]
국외: 대만, 인도, 일본, 중국 동북부[2]

● **생육지** Habitat
모암: 비석회암 14%, 석회암 86%
고도: 528±163m, 낮은 산지
경사: 25±9°
미소 지형: 전 지형
사면 방위: 전 방위

● **출현 군집과 우점도** Communities & abundance
총 빈도: 5%(21/447)
평균 피도: 0.6±0.5%

1. 소나무 - 가래나무_이삭여뀌 군집(◇)
2. 소나무 - 굴참나무_졸참나무 군집(△)
3. 소나무_산딸기 군집(●)
4. 소나무_진달래 군집(▼)

5. 굴참나무 - 소나무_왕느릅나무 군집(◇)
6. 굴참나무 - 떡갈나무_큰기름새 군집(◆)

7. 신갈나무 - 서어나무_생강나무 군집(◈)
8. 신갈나무 - 전나무_조릿대 군집(■)
9. 신갈나무 - 들메나무_고광나무 군집(□)
10. 신갈나무_우산나물 군집(●)
11. 신갈나무_철쭉 군집(○)
12. 신갈나무_동자꽃 군집(◌)
13. 신갈나무 - 피나무_나래박쥐나물 군집(◆)

● **종 다양성 지수(H')** Species diversity
2.38±0.26(21)

● **동반 종** Accompanying species
큰기름새(95%), 물푸레나무(90%), 소나무(90%),
생강나무(86%), 청가시덩굴(81%)

● **종합** Synopsis
고도가 낮은 산지에서 건조한 전 지형에 분포한다. 소나무 우점 숲이나 굴참나무 숲에서 주로 출현하는 관목이다. 드물고 매우 소수 분포한다.

고도 Elevation

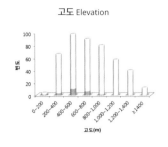

경사 Slope degree

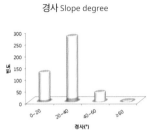

미소 지형 Micro-topography

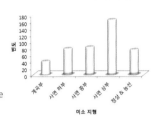

사면 방위 Slope aspect

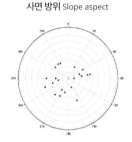

군집별 빈도 Frequency

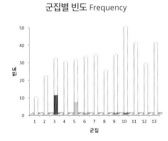

군집별 피도 Coverage

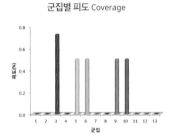

다변량 분석 Multivariate analysis

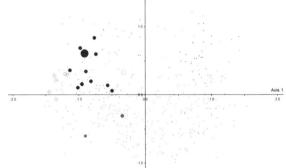

멸가치

Adenocaulon himalaicum

◉ **생장형** Growth form
초본, 다년생, 낙엽, 절대육상식물

◉ **지리 분포** Geography
국내: 전국[1]
국외: 동남아시아, 러시아 우수리, 일본, 중국[1]

◉ **생육지** Habitat
모암: 비석회암 100%
고도: 869±498m, 낮은 산지~높은 산지
경사: 14±12°
미소 지형: 전 지형
사면 방위: 전 방위

◉ **출현 군집과 우점도** Communities & abundance
총 빈도: 3%(14/447)
평균 피도: 1.0±1.4%

1. 소나무-가래나무_이삭여뀌 군집(◇)
2. 소나무-굴참나무_졸참나무 군집(△)
3. 소나무_산딸기 군집(●)
4. 소나무_진달래 군집(▼)

5. 굴참나무-소나무_왕느릅나무 군집(○)
6. 굴참나무-떡갈나무_큰기름새 군집(◆)

7. 신갈나무-서어나무_생강나무 군집(✦)
8. 신갈나무-전나무_조릿대 군집(■)
9. 신갈나무-들메나무_고광나무 군집(□)
10. 신갈나무_우산나물 군집(●)
11. 신갈나무_철쭉 군집(○)
12. 신갈나무_동자꽃 군집(○)
13. 신갈나무-피나무_나래박쥐나물 군집(◆)

◉ **종 다양성 지수(H′)** Species diversity
2.36±0.31(11)

◉ **동반 종** Accompanying species
당단풍나무(79%), 산박하(71%), 노루오줌(64%),
대사초(64%), 신갈나무(64%)

◉ **종합** Synopsis
고도가 낮은 산지부터 높은 산지까지, 분포하는 고도 범위가 넓다. 비교적 완만한 전 지형에서 출현한다. 중간 산지 활엽수 혼합 숲이나 높은 산지 신갈나무 우점 숲과 신갈나무-활엽수 혼합 숲 가장자리에서 등산로를 따라서 주로 출현하는 초본이다. 매우 드물고 소수 분포한다.

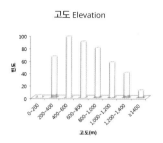

고도 Elevation

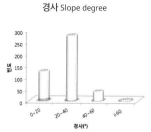

경사 Slope degree

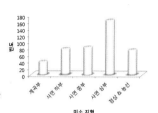

미소 지형 Micro-topography

사면 방위 Slope aspect

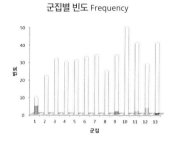

군집별 빈도 Frequency

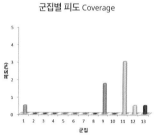

군집별 피도 Coverage

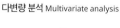

다변량 분석 Multivariate analysis

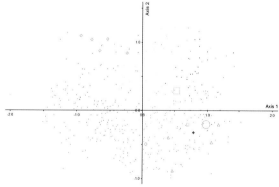

137

모시대

Adenophora remotiflora

● **생장형** Growth form
초본, 다년생, 낙엽, 절대육상식물

● **지리 분포** Geography
국내: 전국[3]
국외: 러시아 우수리, 일본, 중국 동북부[3]

● **생육지** Habitat
모암: 비석회암 91%, 석회암 9%
고도: 1,181±254m, 중간 산지~높은 산지
경사: 23±13°
미소 지형: 전 지형, 주로 사면 중부 이상
사면 방위: 전 방위

● **출현 군집과 우점도** Communities & abundance
총 빈도: 5%(23/447)
평균 피도: 0.9±1.4%

1. 소나무 - 가래나무_이삭여뀌 군집(◇)
2. 소나무 - 굴참나무_졸참나무 군집(△)
3. 소나무_산딸기 군집(●)
4. 소나무_진달래 군집(▼)

5. 굴참나무 - 소나무_왕느릅나무 군집(○)
6. 굴참나무 - 떡갈나무_큰기름새 군집(◆)

7. 신갈나무 - 서어나무_생강나무 군집(◈)
8. 신갈나무 - 전나무_조릿대 군집(■)
9. 신갈나무 - 들메나무_고광나무 군집(□)
10. 신갈나무_우산나물 군집(●)
11. 신갈나무_철쭉 군집(○)
12. 신갈나무_동자꽃 군집(△)
13. 신갈나무 - 피나무_나래박쥐나물 군집(◆)

● **종 다양성 지수(H′)** Species diversity
2.46±0.38(18)

● **동반 종** Accompanying species
당단풍나무(91%), 대사초(91%), 신갈나무(91%),
피나무(78%), 미역줄나무(74%), 큰개별꽃(74%)

● **종합** Synopsis
고도가 중간 산지부터 높은 산지까지 사면 중부 이상에 주로 분포한다. 특히 높은 산지 신갈나무 우점 숲과 신갈나무 - 활엽수 혼합 숲에서 주로 출현하는 초본이다. 드물고 매우 소수 분포한다.

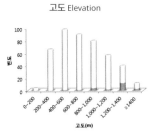

고도 Elevation

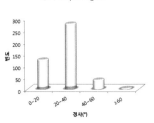

경사 Slope degree

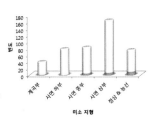

미소 지형 Micro-topography

사면 방위 Slope aspect

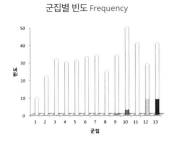

군집별 빈도 Frequency

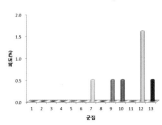

군집별 피도 Coverage

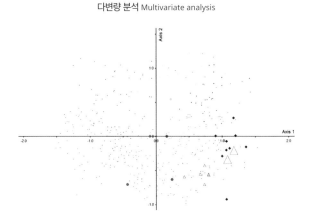

다변량 분석 Multivariate analysis

뫼제비꽃
Viola selkirkii

◈ **생장형** Growth form
초본, 다년생, 낙엽, 절대육상식물

◈ **지리 분포** Geography
국내: 전국[3]
국외: 북반구 온대[3]

◈ **생육지** Habitat
모암: 비석회암 100%
고도: 1,004±259m, 중간 산지 ~ 높은 산지
경사: 23±12°
미소 지형: 전 지형, 주로 계곡부
사면 방위: 전 방위

◈ **출현 군집과 우점도** Communities & abundance
총 빈도: 2%(10/447)
평균 피도: 0.5±0%

1. 소나무 - 가래나무_이삭여뀌 군집(◇)
2. 소나무 - 굴참나무_졸참나무 군집(△)
3. 소나무_산딸기 군집(●)
4. 소나무_진달래 군집(▼)

5. 굴참나무 - 소나무_왕느릅나무 군집(◇)
6. 굴참나무 - 떡갈나무_큰기름새 군집(◆)

7. 신갈나무 - 서어나무_생강나무 군집(◉)
8. 신갈나무 - 전나무_조릿대 군집(■)
9. 신갈나무 - 들메나무_고광나무 군집(□)
10. 신갈나무_우산나물 군집(●)
11. 신갈나무_철쭉 군집(○)
12. 신갈나무_동자꽃 군집( )
13. 신갈나무 - 피나무_나래박쥐나물 군집(◆)

◈ **종 다양성 지수(H′)** Species diversity
2.25±0.52(6)

◈ **동반 종** Accompanying species
고로쇠나무(90%), 신갈나무(90%), 당단풍나무(80%), 피나무(70%)

◈ **종합** Synopsis
고도가 중간 산지부터 높은 산지까지 적습한 계곡부에 주로 분포한다. 중간 산지 활엽수 혼합 숲에서 주로 출현하는 초본이다. 매우 드물고 매우 소수 분포한다.

고도 Elevation
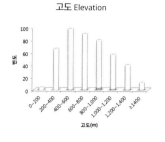

경사 Slope degree
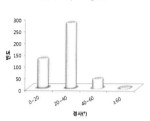

미소 지형 Micro - topography
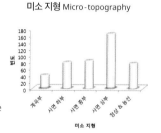

사면 방위 Slope aspect

군집별 빈도 Frequency
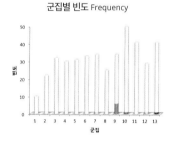

군집별 피도 Coverage
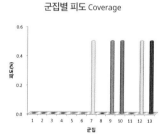

다변량 분석 Multivariate analysis
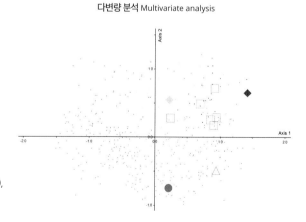

묏미나리

Ostericum sieboldii

미나리과
Apiaceae

● **생장형** Growth form
  초본, 다년생, 낙엽, 양생식물

● **지리 분포** Geography
  국내: 전국[3]
  국외: 러시아 사할린, 일본, 중국[3]

● **생육지** Habitat
  모암: 비석회암 30%, 석회암 70%
  고도: 733±266m, 낮은 산지~중간 산지
  경사: 30±9°
  미소 지형: 계곡부 제외, 전 지형
  사면 방위: 전 방위

● **출현 군집과 우점도** Communities & abundance
  총 빈도: 10%(46/447)
  평균 피도: 0.6±0.5%

1. 소나무-가래나무_이삭여뀌 군집(◇)
2. 소나무-굴참나무_졸참나무 군집(△)
3. 소나무_산딸기 군집(●)
4. 소나무_진달래 군집(▼)

5. 굴참나무-소나무_왕느릅나무 군집(◇)
6. 굴참나무-떡갈나무_큰기름새 군집(◆)

7. 신갈나무-서어나무_생강나무 군집(◈)
8. 신갈나무-전나무_조릿대 군집(■)
9. 신갈나무-들메나무_고광나무 군집(□)
10. 신갈나무_우산나물 군집(●)
11. 신갈나무_철쭉 군집(○)
12. 신갈나무_동자꽃 군집(△)
13. 신갈나무-피나무_나래박쥐나물 군집(◆)

● **종 다양성 지수(H′)** Species diversity
  2.22±0.38(43)

● **동반 종** Accompanying species
  신갈나무(80%), 물푸레나무(76%), 큰기름새(70%),
  둥굴레(67%), 부채마(67%)

● **종합** Synopsis
  고도가 낮은 산지부터 중간 산지까지 계곡부를 제외하고 가파른 전 지형에 분포한다. 소나무 우점 숲, 굴참나무 숲을 비롯해
  신갈나무 숲 등 대부분 군집에서 출현하는 초본이다. 비교적 흔하나 매우 소수 분포한다.

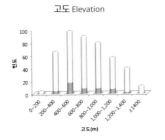

고도 Elevation

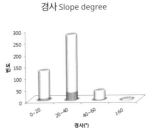

경사 Slope degree

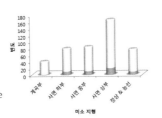

미소 지형 Micro-topography

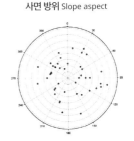

사면 방위 Slope aspect

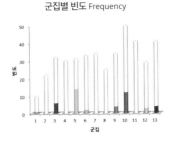

군집별 빈도 Frequency

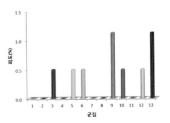

군집별 피도 Coverage

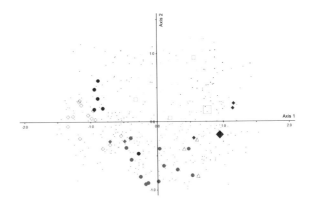

다변량 분석 Multivariate analysis

물레나물

Hypericum ascyron

◉ **생장형** Growth form
초본, 다년생, 낙엽, 임의육상식물

◉ **지리 분포** Geography
국내: 전국[2]
국외: 러시아, 몽골, 베트남, 북아메리카 동부,
일본, 중국[2]

◉ **생육지** Habitat
모암: 비석회암 40%, 석회암 60%
고도: 684±243m, 낮은 산지~중간 산지
경사: 20±13°
미소 지형: 계곡부 제외, 전 지형
사면 방위: 전 방위

◉ **출현 군집과 우점도** Communities & abundance
총 빈도: 2%(10/447)
평균 피도: 0.5±0%

1. 소나무-가래나무_이삭여뀌 군집(◇)
2. 소나무-굴참나무_졸참나무 군집(△)
3. 소나무_산딸기 군집(●)
4. 소나무_진달래 군집(▼)

5. 굴참나무-소나무_왕느릅나무 군집(◌)
6. 굴참나무-떡갈나무_큰기름새 군집(◆)

7. 신갈나무-서어나무_생강나무 군집(◈)
8. 신갈나무-전나무_조릿대 군집(■)
9. 신갈나무-들메나무_고광나무 군집(□)
10. 신갈나무_우산나물 군집(●)
11. 신갈나무_철쭉 군집(○)
12. 신갈나무_동자꽃 군집(◌)
13. 신갈나무-피나무_나래박쥐나물 군집(◆)

◉ **종 다양성 지수(H′)** Species diversity
2.31±0.24(10)

◉ **동반 종** Accompanying species
둥굴레(90%), 신갈나무(90%), 큰기름새(90%), 부채마(80%),
산딸기(80%), 참취(80%), 큰까치수염(80%)

◉ **종합** Synopsis
고도가 낮은 산지부터 중간 산지까지 계곡부를 제외하고 전 지형에 분포한다. 소나무 우점 숲 가장자리에서 주로 출현하는
임의육상 초본이다. 매우 드물고 매우 소수 분포한다.

고도 Elevation
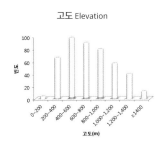

경사 Slope degree
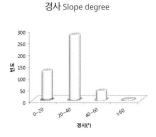

미소 지형 Micro-topography
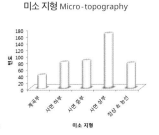

사면 방위 Slope aspect
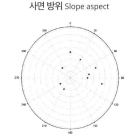

군집별 빈도 Frequency
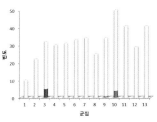

군집별 피도 Coverage
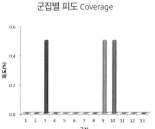

다변량 분석 Multivariate analysis
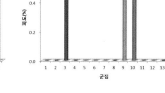
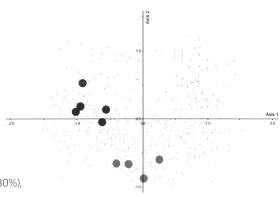

물박달나무
Betula dahurica

● **생장형** Growth form
교목, 활엽, 낙엽, 절대육상식물

● **지리 분포** Geography
국내: 전국[3]
국외: 러시아, 일본, 중국[3]

● **생육지** Habitat
모암: 비석회암 83%, 석회암 17%
고도: 772±263m, 낮은 산지~높은 산지
경사: 27±14°
미소 지형: 전 지형, 주로 사면부
사면 방위: 전 방위

● **출현 군집과 우점도** Communities & abundance
총 빈도: 13%(58/447)
평균 피도: 14±19%

1. 소나무 - 가래나무_이삭여뀌 군집(◇)
2. 소나무 - 굴참나무_졸참나무 군집(△)
3. 소나무_산딸기 군집(●)
4. 소나무_진달래 군집(▼)

5. 굴참나무 - 소나무_왕느릅나무 군집(◇)
6. 굴참나무 - 떡갈나무_큰기름새 군집(◆)

7. 신갈나무 - 서어나무_생강나무 군집(◈)
8. 신갈나무 - 전나무_조릿대 군집(■)
9. 신갈나무 - 들메나무_고광나무 군집(□)
10. 신갈나무_우산나물 군집(●)
11. 신갈나무_철쭉 군집(○)
12. 신갈나무_동자꽃 군집(◔)
13. 신갈나무 - 피나무_나래박쥐나물 군집(◆)

● **종 다양성 지수(H′)** Species diversity
2.17±0.41(41)

● **동반 종** Accompanying species
신갈나무(90%), 당단풍나무(74%), 생강나무(74%),
대사초(60%), 물푸레나무(55%)

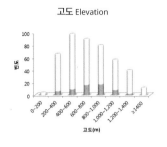

고도 Elevation

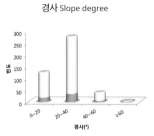

경사 Slope degree

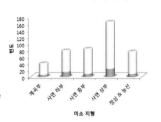

미소 지형 Micro-topography

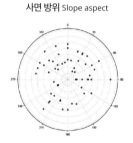

사면 방위 Slope aspect

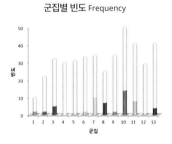

군집별 빈도 Frequency

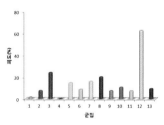

군집별 피도 Coverage

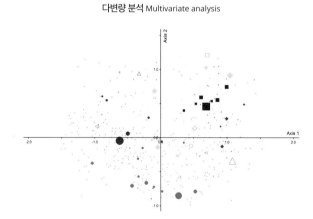

다변량 분석 Multivariate analysis

● **종합** Synopsis
고도가 낮은 산지부터 높은 산지까지, 분포하는 고도 범위가 넓으나 중간 산지 이상 고도에서 더욱 흔하고 사면부에 주로
분포한다. 낮은 산지 건조한 굴참나무 숲이나 소나무 우점 숲에서도 나타나지만 신갈나무 우점 숲과 적습한 활엽수 혼합 숲에서
주로 출현하는 교목이다. 비교적 흔하고 비교적 우점한다.

물봉선

Impatiens textori

- **생장형** Growth form
  초본, 일년생, 낙엽, 임의습지식물

- **지리 분포** Geography
  국내: 전국[2]
  국외: 동북아시아[2]

- **생육지** Habitat
  모암: 비석회암 82%, 석회암 18%
  고도: 788±226m, 낮은 산지~높은 산지
  경사: 26±14°
  미소 지형: 전 지형, 주로 사면 하부 이하
  사면 방위: 전 방위

- **출현 군집과 우점도** Communities & abundance
  총 빈도: 5%(22/447)
  평균 피도: 0.6±0.5%

  1. 소나무-가래나무_이삭여뀌 군집(◇)
  2. 소나무-굴참나무_졸참나무 군집(△)
  3. 소나무_산딸기 군집(●)
  4. 소나무_진달래 군집(▼)

  5. 굴참나무-소나무_왕느릅나무 군집(◌)
  6. 굴참나무-떡갈나무_큰기름새 군집(◆)

  7. 신갈나무-서어나무_생강나무 군집(◒)
  8. 신갈나무-전나무_조릿대 군집(■)
  9. 신갈나무-들메나무_고광나무 군집(□)
  10. 신갈나무_우산나물 군집(●)
  11. 신갈나무_철쭉 군집(◌)
  12. 신갈나무_동자꽃 군집(◌)
  13. 신갈나무-피나무_나래박쥐나물 군집(◆)

- **종 다양성 지수(H′)** Species diversity
  2.22±0.31(12)

- **동반 종** Accompanying species
  당단풍나무(91%), 물푸레나무(91%), 신갈나무(82%),
  고로쇠나무(73%), 노루오줌(59%), 대사초(59%)

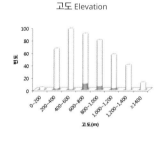

고도 Elevation

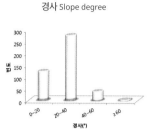

경사 Slope degree

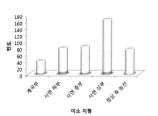

미소 지형 Micro-topography

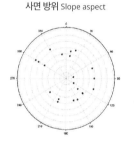

사면 방위 Slope aspect

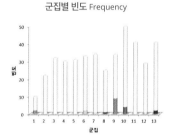

군집별 빈도 Frequency

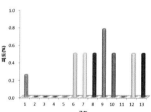

군집별 피도 Coverage

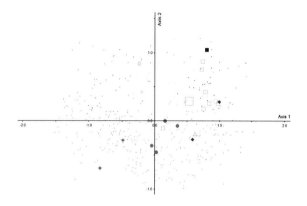

다변량 분석 Multivariate analysis

- **종합** Synopsis
  고도가 낮은 산지부터 높은 산지까지, 분포하는 고도 범위가 넓다. 적습한 계곡부나 사면 하부에서 주로 출현한다. 소나무-활엽수 혼합 숲에도 나타나지만 활엽수 혼합 숲이나 신갈나무 우점 숲에서 주로 출현하는 임의습지 초본이다. 드물고 매우 소수 분포한다.

물참대

Deutzia glabrata

◉ **생장형** Growth form
관목, 활엽, 낙엽, 절대육상식물

◉ **지리 분포** Geography
국내: 전국(제주도 제외)[12]
국외: 러시아 극동, 중국 동북부[12]

◉ **생육지** Habitat
모암: 비석회암 68%, 석회암 32%
고도: 960±261m, 낮은 산지~높은 산지
경사: 30±13°
미소 지형: 전 지형
사면 방위: 주로 북사면

◉ **출현 군집과 우점도** Communities & abundance
총 빈도: 5%(22/447)
평균 피도: 5±9%

1. 소나무-가래나무_이삭여뀌 군집(◇)
2. 소나무-굴참나무_졸참나무 군집(△)
3. 소나무_산딸기 군집(●)
4. 소나무_진달래 군집(▼)

5. 굴참나무-소나무_왕느릅나무 군집(◇)
6. 굴참나무-떡갈나무_큰기름새 군집(◆)

7. 신갈나무-서어나무_생강나무 군집(◈)
8. 신갈나무-전나무_조릿대 군집(■)
9. 신갈나무-들메나무_고광나무 군집(□)
10. 신갈나무_우산나물 군집(●)
11. 신갈나무_철쭉 군집(○)
12. 신갈나무_동자꽃 군집(○)
13. 신갈나무-피나무_나래박쥐나물 군집(◆)

◉ **종 다양성 지수(H′)** Species diversity
2.42±0.37(13)

◉ **동반 종** Accompanying species
신갈나무(100%), 당단풍나무(77%), 고로쇠나무(73%),
피나무(68%), 대사초(64%)

◉ **종합** Synopsis
고도가 낮은 산지부터 높은 산지까지, 분포하는 고도 범위가 넓다. 주로 북사면 전 지형에 분포한다. 중간 산지 이상 활엽수 혼합 숲이나 신갈나무 우점 숲에서 주로 출현하는 관목이다. 드물고 비교적 우점한다.

고도 Elevation
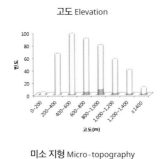

경사 Slope degree
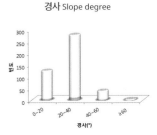

미소 지형 Micro-topography
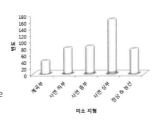

사면 방위 Slope aspect

군집별 빈도 Frequency
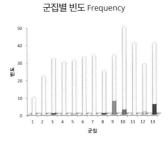

군집별 피도 Coverage
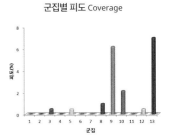

다변량 분석 Multivariate analysis
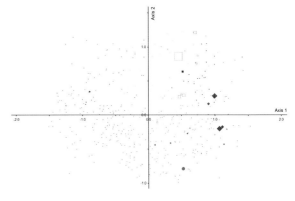

물푸레나무
Fraxinus rhynchophylla

물푸레나무과
Oleaceae

◉ **생장형** Growth form
교목, 활엽, 낙엽, 절대육상식물

◉ **지리 분포** Geography
국내: 전국[2]
국외: 일본, 중국 동북부[2]

◉ **생육지** Habitat
모암: 비석회암 71%, 석회암 29%
고도: 692±277m, 낮은 산지~중간 산지
경사: 27±14°
미소 지형: 전 지형
사면 방위: 전 방위

◉ **출현 군집과 우점도** Communities & abundance
총 빈도: 55%(247/447)
평균 피도: 6±12%

1. 소나무-가래나무_이삭여뀌 군집(◇)
2. 소나무-굴참나무_졸참나무 군집(△)
3. 소나무_산딸기 군집(●)
4. 소나무_진달래 군집(▼)

5. 굴참나무-소나무_왕느릅나무 군집(○)
6. 굴참나무-떡갈나무_큰기름새 군집(◆)

7. 신갈나무-서어나무_생강나무 군집(◐)
8. 신갈나무-전나무_조릿대 군집(■)
9. 신갈나무-들메나무_고광나무 군집(□)
10. 신갈나무_우산나물 군집(●)
11. 신갈나무_철쭉 군집(○)
12. 신갈나무_동자꽃 군집( )
13. 신갈나무-피나무_나래박쥐나물 군집(◆)

◉ **종 다양성 지수(H′)** Species diversity
2.12±0.37(195)

◉ **동반 종** Accompanying species
신갈나무(86%), 생강나무(71%), 당단풍나무(56%),
둥굴레(55%), 큰기름새(53%)

◉ **종합** Synopsis
고도가 낮은 산지부터 중간 산지까지 전 지형에 분포한다. 모든 군집에서 나타나지만 낮은 산지 굴참나무 숲, 소나무-활엽수 혼합 숲과 중간 산지 활엽수 혼합 숲에서 특히 우점하는 교목이다. 이 책에서 다루는 종 가운데 4번째로 빈도가 높다. 매우 흔하고 비교적 우점한다.

고도 Elevation
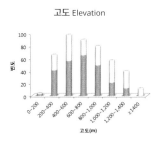

경사 Slope degree
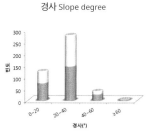

미소 지형 Micro-topography
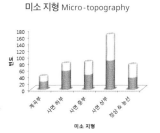

사면 방위 Slope aspect
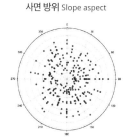

군집별 빈도 Frequency · 군집별 피도 Coverage
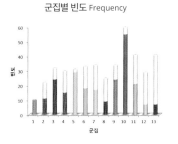
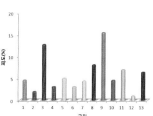

다변량 분석 Multivariate analysis
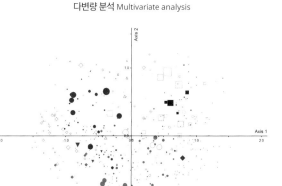

미나리냉이

Cardamine leucantha

● **생장형** Growth form
초본, 다년생, 낙엽, 양생식물

● **지리 분포** Geography
국내: 전국[2]
국외: 러시아 동북부, 일본, 중국 동북부[2]

● **생육지** Habitat
모암: 비석회암 86%, 석회암 14%
고도: 972±376m, 낮은 산지~높은 산지
경사: 17±14°
미소 지형: 전 지형, 주로 계곡부
사면 방위: 전 방위

● **출현 군집과 우점도** Communities & abundance
총 빈도: 3%(14/447)
평균 피도: 4±10%

1. 소나무 - 가래나무_이삭여뀌 군집(◇)
2. 소나무 - 굴참나무_졸참나무 군집(△)
3. 소나무_산딸기 군집(●)
4. 소나무_진달래 군집(▼)

5. 굴참나무 - 소나무_왕느릅나무 군집(○)
6. 굴참나무 - 떡갈나무_큰기름새 군집(◆)

7. 신갈나무 - 서어나무_생강나무 군집(◈)
8. 신갈나무 - 전나무_조릿대 군집(■)
9. 신갈나무 - 들메나무_고광나무 군집(□)
10. 신갈나무_우산나물 군집(●)
11. 신갈나무_철쭉 군집(○)
12. 신갈나무_동자꽃 군집(◐)
13. 신갈나무 - 피나무_나래박쥐나물 군집(◆)

● **종 다양성 지수(H')** Species diversity
2.54±0.36(8)

● **동반 종** Accompanying species
당단풍나무(86%), 벌깨덩굴(86%), 신갈나무(86%),
참나물(86%), 큰개별꽃(86%)

고도 Elevation

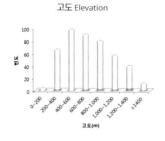

경사 Slope degree

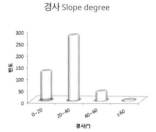

미소 지형 Micro-topography

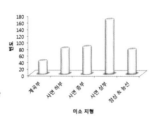

사면 방위 Slope aspect

군집별 빈도 Frequency

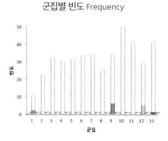

군집별 피도 Coverage

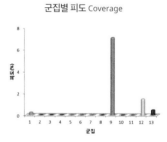

다변량 분석 Multivariate analysis

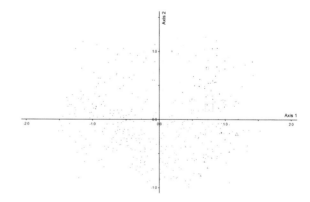

● **종합** Synopsis
고도가 낮은 산지부터 높은 산지까지, 분포하는 고도 범위가 넓다. 적습하고 완만한 계곡부에 주로 분포한다. 중간 산지 활엽수 혼합 숲과 높은 산지 신갈나무 우점 숲에서 주로 출현하는 초본이다. 출현하는 군집의 종 다양성이 높다. 매우 드물고 소수 분포한다.

미역줄나무
Tripterygium regelii

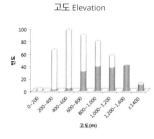 고도 Elevation

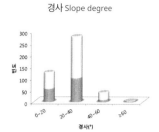 경사 Slope degree

- **생장형** Growth form
  덩굴성 목본, 활엽, 낙엽, 절대육상식물

- **지리 분포** Geography
  국내: 전국[9]
  국외: 러시아 아무르, 일본, 중국 동북부[9]

- **생육지** Habitat
  모암: 비석회암 92%, 석회암 8%
  고도: 1,033±258m, 중간 산지~높은 산지
  경사: 26±13°
  미소 지형: 전 지형, 주로 사면 상부 이상
  사면 방위: 전 방위

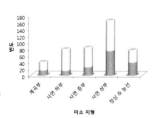 미소 지형 Micro-topography

 사면 방위 Slope aspect

- **출현 군집과 우점도** Communities & abundance
  총 빈도: 37%(163/447)
  평균 피도: 8±20%

1. 소나무 - 가래나무_이삭여뀌 군집(◇)
2. 소나무 - 굴참나무_졸참나무 군집(△)
3. 소나무_산딸기 군집(●)
4. 소나무_진달래 군집(▼)

5. 굴참나무 - 소나무_왕느릅나무 군집(◎)
6. 굴참나무 - 떡갈나무_큰기름새 군집(◆)

7. 신갈나무 - 서어나무_생강나무 군집(◐)
8. 신갈나무 - 전나무_조릿대 군집(■)
9. 신갈나무 - 들메나무_고광나무 군집(□)
10. 신갈나무_우산나물 군집(●)
11. 신갈나무_철쭉 군집(◌)
12. 신갈나무_동자꽃 군집(◌)
13. 신갈나무 - 피나무_나래박쥐나물 군집(◆)

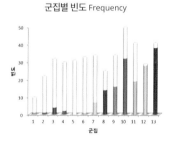 군집별 빈도 Frequency

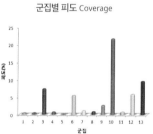 군집별 피도 Coverage

- **종 다양성 지수(H′)** Species diversity
  2.23±0.37(123)

 다변량 분석 Multivariate analysis

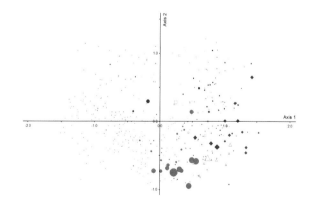

- **동반 종** Accompanying species
  신갈나무(89%), 당단풍나무(85%), 대사초(78%),
  피나무(66%), 단풍취(64%)

- **종합** Synopsis
  고도가 중간 산지부터 높은 산지까지 비교적 건조한 사면 상부나 능선 및 정상에 주로 분포한다. 높은 산지 신갈나무 우점 숲과 신갈나무-활엽수 혼합 숲에서 주로 출현하는 덩굴성 목본이다. 신갈나무-활엽수 혼합 숲 지표종이다. 매우 흔하고 비교적 우점한다.

 노박덩굴과
Celastraceae

미역취

Solidago virgaurea* subsp. *asiatica

● **생장형** Growth form
초본, 다년생, 낙엽, 절대육상식물

● **지리 분포** Geography
국내: 전국[1]
국외: 러시아 사할린, 일본, 중국[1]

● **생육지** Habitat
모암: 비석회암 85%, 석회암 15%
고도: 828±383m, 낮은 산지~높은 산지
경사: 26±13°
미소 지형: 전 지형, 특히 계곡부
사면 방위: 전 방위

● **출현 군집과 우점도** Communities & abundance
총 빈도: 19%(85/447)
평균 피도: 0.6±0.8%

1. 소나무 - 가래나무_이삭여뀌 군집(◇)
2. 소나무 - 굴참나무_졸참나무 군집(△)
3. 소나무_산딸기 군집(●)
4. 소나무_진달래 군집(▼)

5. 굴참나무 - 소나무_왕느릅나무 군집(◌)
6. 굴참나무 - 떡갈나무_큰기름새 군집(◆)

7. 신갈나무 - 서어나무_생강나무 군집(◈)
8. 신갈나무 - 전나무_조릿대 군집(■)
9. 신갈나무 - 들메나무_고광나무 군집(□)
10. 신갈나무_우산나물 군집(●)
11. 신갈나무_철쭉 군집(◌)
12. 신갈나무_동자꽃 군집(◌)
13. 신갈나무 - 피나무_나래박쥐나물 군집(◆)

● **종 다양성 지수(H')** Species diversity
2.19±0.39(53)

● **동반 종** Accompanying species
신갈나무(85%), 당단풍나무(61%), 대사초(58%),
생강나무(55%), 참취(53%)

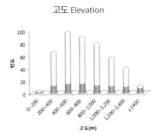

고도 Elevation

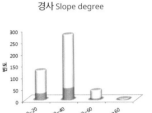

경사 Slope degree

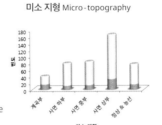

미소 지형 Micro-topography

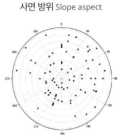

사면 방위 Slope aspect

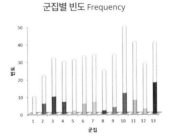

군집별 빈도 Frequency

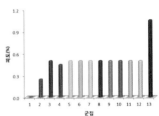

군집별 피도 Coverage

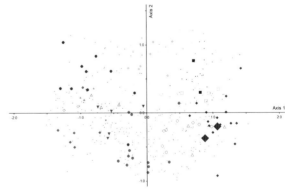

다변량 분석 Multivariate analysis

● **종합** Synopsis
고도가 낮은 산지부터 높은 산지까지, 분포하는 고도 범위가 넓다. 계곡부에 주로 분포한다. 중간 산지 활엽수 혼합 숲을
제외하고 모든 군집에서 출현하지만, 낮은 산지 소나무 우점 숲, 소나무 - 활엽수 혼합 숲과 높은 산지 신갈나무 - 활엽수 혼합
숲에서 주로 출현하는 초본이다. 비교적 흔하나 매우 소수 분포한다.

민둥갈퀴

Galium kinuta

◎ **생장형** Growth form
초본, 다년생, 낙엽, 절대육상식물

◎ **지리 분포** Geography
국내: 강원도, 경기도, 경상남도[3]
국외: 일본, 중국[3]

◎ **생육지** Habitat
모암: 비석회암 30%, 석회암 70%
고도: 706±286m, 낮은 산지~중간 산지
경사: 30±12°
미소 지형: 전 지형, 주로 사면 하부 이상
사면 방위: 전 방위

◎ **출현 군집과 우점도** Communities & abundance
총 빈도: 18%(80/447)
평균 피도: 2±4%

1. 소나무-가래나무_이삭여뀌 군집(◇)
2. 소나무-굴참나무_졸참나무 군집(△)
3. 소나무_산딸기 군집(●)
4. 소나무_진달래 군집(▼)

5. 굴참나무-소나무_왕느릅나무 군집(○)
6. 굴참나무-떡갈나무_큰기름새 군집(◆)

7. 신갈나무-서어나무_생강나무 군집(◈)
8. 신갈나무-전나무_조릿대 군집(■)
9. 신갈나무-들메나무_고광나무 군집(□)
10. 신갈나무_우산나물 군집(●)
11. 신갈나무_철쭉 군집(○)
12. 신갈나무_동자꽃 군집( )
13. 신갈나무-피나무_나래박쥐나물 군집(◆)

◎ **종 다양성 지수(H′)** Species diversity
2.16±0.37(77)

◎ **동반 종** Accompanying species
신갈나무(83%), 삽주(73%), 물푸레나무(71%),
큰기름새(71%), 산박하(68%), 참취(68%)

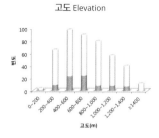
고도 Elevation

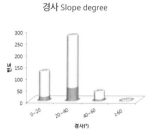
경사 Slope degree

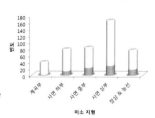
미소 지형 Micro-topography

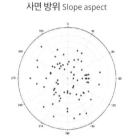
사면 방위 Slope aspect

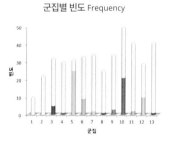
군집별 빈도 Frequency

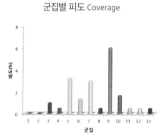
군집별 피도 Coverage

다변량 분석 Multivariate analysis

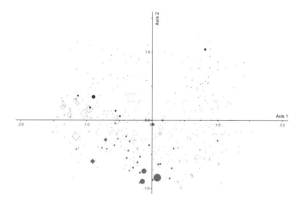

◎ **종합** Synopsis
고도가 낮은 산지부터 중간 산지까지 가파른 사면 하부 이상에 주로 분포한다. 출현하는 군집도 다양하지만 석회암 산지 굴참나무 숲과 신갈나무 우점 숲에서 더 흔하게 보이는 초본이다. 비교적 흔하나 소수 분포한다.

바디나물
Angelica decursiva

● **생장형** Growth form
초본, 다년생, 낙엽, 양생식물

● **지리 분포** Geography
국내: 전국[3]
국외: 러시아, 베트남, 일본, 중국[3]

● **생육지** Habitat
모암: 비석회암 73%, 석회암 27%
고도: 1,002±314m, 낮은 산지~높은 산지
경사: 23±11°
미소 지형: 전 지형
사면 방위: 전 방위

● **출현 군집과 우점도** Communities & abundance
총 빈도: 6%(26/447)
평균 피도: 1±1.2%

1. 소나무 - 가래나무_이삭여뀌 군집(◇)
2. 소나무 - 굴참나무_졸참나무 군집(△)
3. 소나무_산딸기 군집(●)
4. 소나무_진달래 군집(▼)

5. 굴참나무 - 소나무_왕느릅나무 군집(◇)
6. 굴참나무 - 떡갈나무_큰기름새 군집(◆)

7. 신갈나무 - 서어나무_생강나무 군집(◆)
8. 신갈나무 - 전나무_조릿대 군집(■)
9. 신갈나무 - 들메나무_고광나무 군집(□)
10. 신갈나무_우산나물 군집(●)
11. 신갈나무_철쭉 군집(○)
12. 신갈나무_동자꽃 군집(○)
13. 신갈나무 - 피나무_나래박쥐나물 군집(◆)

● **종 다양성 지수(H′)** Species diversity
2.30±0.46(20)

● **동반 종** Accompanying species
신갈나무(96%), 대사초(88%), 고로쇠나무(73%),
노루오줌(73%), 당단풍나무(69%)

고도 Elevation
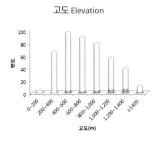

경사 Slope degree
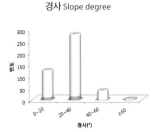

미소 지형 Micro-topography
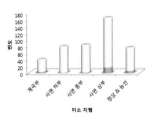

사면 방위 Slope aspect
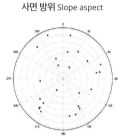

군집별 빈도 Frequency
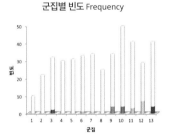

군집별 피도 Coverage
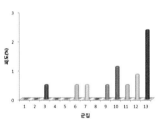

다변량 분석 Multivariate analysis
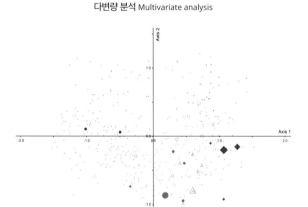

● **종합** Synopsis
고도가 낮은 산지부터 높은 산지까지, 분포하는 고도 범위가 넓고 전 지형에 분포한다. 중간 산지 이상 신갈나무 우점 숲과 신갈나무 - 활엽수 혼합 숲에서 주로 출현하는 초본이다. 드물고 소수 분포한다.

박달나무

Betula schmidtii

◉ **생장형** Growth form
교목, 활엽, 낙엽, 절대육상식물

◉ **지리 분포** Geography
국내: 전국[2]
국외: 러시아 우수리, 일본, 중국 동북부[2]

◉ **생육지** Habitat
모암: 비석회암 81%, 석회암 19%
고도: 747±289m, 낮은 산지~높은 산지
경사: 33±15°
미소 지형: 전 지형, 주로 사면 중부 이하
사면 방위: 전 방위

◉ **출현 군집과 우점도** Communities & abundance
총 빈도: 7%(32/447)
평균 피도: 11±21%

1. 소나무 - 가래나무_이삭여뀌 군집(◇)
2. 소나무 - 굴참나무_졸참나무 군집(△)
3. 소나무_산딸기 군집(●)
4. 소나무_진달래 군집(▼)

5. 굴참나무 - 소나무_왕느릅나무 군집(◇)
6. 굴참나무 - 떡갈나무_큰기름새 군집(◆)

7. 신갈나무 - 서어나무_생강나무 군집(◆)
8. 신갈나무 - 전나무_조릿대 군집(■)
9. 신갈나무 - 들메나무_고광나무 군집(□)
10. 신갈나무_우산나물 군집(●)
11. 신갈나무_철쭉 군집(○)
12. 신갈나무_동자꽃 군집( )
13. 신갈나무 - 피나무_나래박쥐나물 군집(◆)

◉ **종 다양성 지수(H′)** Species diversity
2.02±0.38(26)

◉ **동반 종** Accompanying species
신갈나무(88%), 당단풍나무(81%), 생강나무(78%),
쪽동백나무(56%), 고로쇠나무(47%), 대사초(47%), 큰기름새(47%)

◉ **종합** Synopsis
고도가 낮은 산지부터 높은 산지까지, 분포하는 고도 범위가 넓다. 비교적 가파른 사면 중부 이하에서 출현한다. 건조한 소나무 우점 숲이나 적습한 활엽수 혼합 숲 등 수분 조건이 다양한 숲에서 출현하는 교목이다. 출현하는 군집의 종 다양성이 낮다. 드물지만 비교적 우점한다.

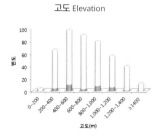
고도 Elevation

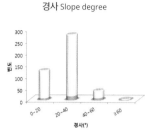
경사 Slope degree

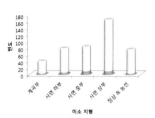
미소 지형 Micro-topography

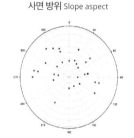
사면 방위 Slope aspect

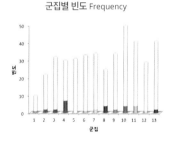
군집별 빈도 Frequency

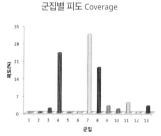
군집별 피도 Coverage

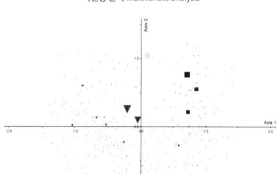
다변량 분석 Multivariate analysis

박새
Veratrum patulum

◉ **생장형** Growth form
초본, 다년생, 낙엽, 절대육상식물

◉ **지리 분포** Geography
국내: 전국[3]
국외: 러시아 사할린, 우수리, 캄차카, 일본, 중국 동북부[3]

◉ **생육지** Habitat
모암: 비석회암 64%, 석회암 36%
고도: 1,082±336m, 중간 산지~높은 산지
경사: 22±14°
미소 지형: 전 지형
사면 방위: 전 방위

◉ **출현 군집과 우점도** Communities & abundance
총 빈도: 6%(28/447)
평균 피도: 5±10%

1. 소나무 - 가래나무_이삭여뀌 군집(◇)
2. 소나무 - 굴참나무_졸참나무 군집(△)
3. 소나무_산딸기 군집(●)
4. 소나무_진달래 군집(▼)

5. 굴참나무 - 소나무_왕느릅나무 군집(◇)
6. 굴참나무 - 떡갈나무_큰기름새 군집(◆)

7. 신갈나무 - 서어나무_생강나무 군집(◈)
8. 신갈나무 - 전나무_조릿대 군집(■)
9. 신갈나무 - 들메나무_고광나무 군집(□)
10. 신갈나무_우산나물 군집(●)
11. 신갈나무_철쭉 군집(○)
12. 신갈나무_동자꽃 군집(△)
13. 신갈나무 - 피나무_나래박쥐나물 군집(◆)

◉ **종 다양성 지수(H')** Species diversity
2.51±0.34(25)

◉ **동반 종** Accompanying species
신갈나무(93%), 대사초(75%), 투구꽃(75%),
고로쇠나무(68%), 참취(68%)

◉ **종합** Synopsis
고도가 중간 산지부터 높은 산지까지 전 지형에 분포한다. 중간 산지 활엽수 혼합 숲이나 높은 산지 신갈나무 우점 숲에서 주로 출현하는 초본이다. 출현하는 군집의 종 다양성이 높다. 드물지만 비교적 우점한다.

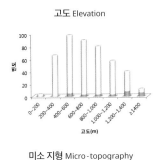

고도 Elevation

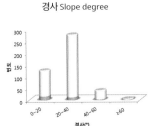

경사 Slope degree

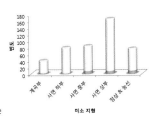

미소 지형 Micro-topography

사면 방위 Slope aspect

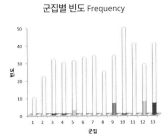

군집별 빈도 Frequency

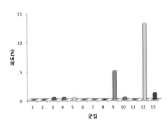

군집별 피도 Coverage

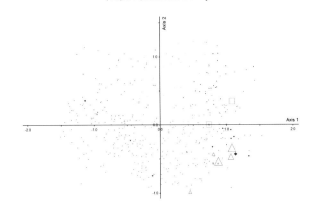

다변량 분석 Multivariate analysis

박쥐나무

Alangium platanifolium* var. *trilobum

● **생장형** Growth form
  관목, 활엽, 낙엽, 절대육상식물

● **지리 분포** Geography
  국내: 전국[11]
  국외: 대만, 일본, 중국[11]

● **생육지** Habitat
  모암: 비석회암 49%, 석회암 51%
  고도: 624±271m, 낮은 산지~중간 산지
  경사: 27±13°
  미소 지형: 전 지형, 주로 사면 중부 이하
  사면 방위: 전 방위

● **출현 군집과 우점도** Communities & abundance
  총 빈도: 8%(35/447)
  평균 피도: 1±1%

  1. 소나무-가래나무_이삭여뀌 군집(◇)
  2. 소나무-굴참나무_졸참나무 군집(△)
  3. 소나무_산딸기 군집(●)
  4. 소나무_진달래 군집(▼)

  5. 굴참나무-소나무_왕느릅나무 군집(◇)
  6. 굴참나무-떡갈나무_큰기름새 군집(◆)

  7. 신갈나무-서어나무_생강나무 군집(◆)
  8. 신갈나무-전나무_조릿대 군집(■)
  9. 신갈나무-들메나무_고광나무 군집(□)
  10. 신갈나무_우산나물 군집(●)
  11. 신갈나무_철쭉 군집(○)
  12. 신갈나무_동자꽃 군집(○)
  13. 신갈나무-피나무_나래박쥐나물 군집(◆)

● **종 다양성 지수(H′)** Species diversity
  2.32±0.34(25)

● **동반 종** Accompanying species
  생강나무(83%), 물푸레나무(80%), 신갈나무(74%),
  고로쇠나무(63%), 산뽕나무(60%)

● **종합** Synopsis
  고도가 낮은 산지부터 중간 산지까지 사면 중부 이하에 주로 분포한다. 건조한 굴참나무 숲에서 빈도가 높으나, 대체로 적습한 소나무 우점 숲과 소나무-활엽수 혼합 숲 및 활엽수 혼합 숲에서 출현하는 관목이다. 드물고 소수 분포한다.

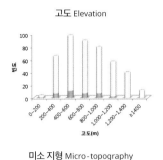

고도 Elevation

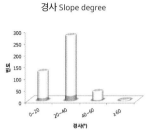

경사 Slope degree

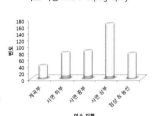

미소 지형 Micro-topography

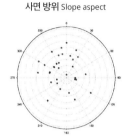

사면 방위 Slope aspect

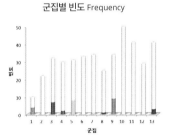

군집별 빈도 Frequency

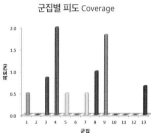

군집별 피도 Coverage

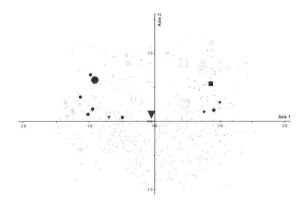

다변량 분석 Multivariate analysis

방아풀
Isodon japonicus

● **생장형** Growth form
초본, 다년생, 낙엽, 절대육상식물

● **지리 분포** Geography
국내: 전국[9]
국외: 러시아, 일본, 중국[9]

● **생육지** Habitat
모암: 비석회암 29%, 석회암 71%
고도: 671±193m, 낮은 산지~중간 산지
경사: 36±10°
미소 지형: 주로 사면 중부 및 상부
사면 방위: 전 방위

● **출현 군집과 우점도** Communities & abundance
총 빈도: 3%(14/447)
평균 피도: 2±4%

1. 소나무 - 가래나무_이삭여뀌 군집(◇)
2. 소나무 - 굴참나무_졸참나무 군집(△)
3. 소나무_산딸기 군집(●)
4. 소나무_진달래 군집(▼)

5. 굴참나무 - 소나무_왕느릅나무 군집(◇)
6. 굴참나무 - 떡갈나무_큰기름새 군집(◆)

7. 신갈나무 - 서어나무_생강나무 군집(◆)
8. 신갈나무 - 전나무_조릿대 군집(■)
9. 신갈나무 - 들메나무_고광나무 군집(□)
10. 신갈나무_우산나물 군집(●)
11. 신갈나무_철쭉 군집(○)
12. 신갈나무_동자꽃 군집(○)
13. 신갈나무 - 피나무_나래박쥐나물 군집(◆)

● **종 다양성 지수(H′)** Species diversity
2.33±0.38(14)

● **동반 종** Accompanying species
큰기름새(93%), 부채마(86%), 물푸레나무(79%),
가는잎그늘사초(71%), 생강나무(71%)

● **종합** Synopsis
고도가 낮은 산지부터 중간 산지까지 사면 중부나 상부의 건조하고 가파른 사면에 주로 분포한다. 굴참나무 숲과 신갈나무 우점 숲에서 출현하는 초본이다. 매우 드물고 소수 분포한다.

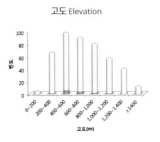
고도 Elevation

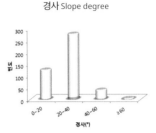
경사 Slope degree

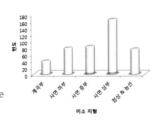
미소 지형 Micro-topography

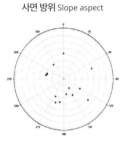
사면 방위 Slope aspect

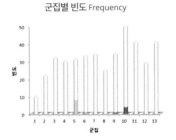
군집별 빈도 Frequency

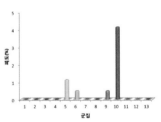
군집별 피도 Coverage

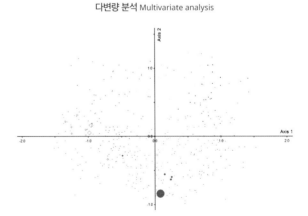
다변량 분석 Multivariate analysis

방울비짜루

Asparagus oligoclonos

◉ **생장형** Growth form
초본, 다년생, 낙엽, 절대육상식물

◉ **지리 분포** Geography
국내: 전국(제주도 제외)[9]
국외: 러시아, 몽골, 일본, 중국 동북부[9]

◉ **생육지** Habitat
모암: 비석회암 4%, 석회암 96%
고도: 478±172m, 낮은 산지
경사: 29±7°
미소 지형: 계곡부 제외, 전 지형
사면 방위: 전 방위

◉ **출현 군집과 우점도** Communities & abundance
총 빈도: 5%(23/447)
평균 피도: 0.5±0%

1. 소나무 - 가래나무_이삭여뀌 군집(◇)
2. 소나무 - 굴참나무_졸참나무 군집(△)
3. 소나무_산딸기 군집(●)
4. 소나무_진달래 군집(▼)

5. 굴참나무 - 소나무_왕느릅나무 군집(◌)
6. 굴참나무 - 떡갈나무_큰기름새 군집(◆)

7. 신갈나무 - 서어나무_생강나무 군집(◈)
8. 신갈나무 - 전나무_조릿대 군집(■)
9. 신갈나무 - 들메나무_고광나무 군집(□)
10. 신갈나무 - 우산나물 군집(●)
11. 신갈나무 - 철쭉 군집( )
12. 신갈나무 - 동자꽃 군집( )
13. 신갈나무 - 피나무_나래박쥐나물 군집(◆)

◉ **종 다양성 지수(H′)** Species diversity
2.24±0.37(23)

◉ **동반 종** Accompanying species
큰기름새(100%), 삽주(91%), 생강나무(91%),
떡갈나무(87%), 물푸레나무(87%)

◉ **종합** Synopsis
고도가 낮고 건조한 석회암 산지에서 계곡부를 제외하고 전 지형에 분포한다. 건조한 굴참나무 숲이나 소나무 우점 숲에서 주로 출현하는 초본이다. 드물고 매우 소수 분포한다.

고도 Elevation

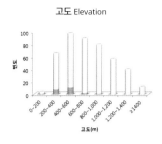

경사 Slope degree

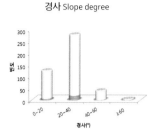

미소 지형 Micro-topography

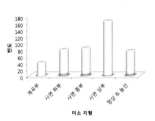

사면 방위 Slope aspect

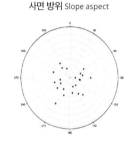

군집별 빈도 Frequency

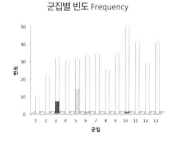

군집별 피도 Coverage

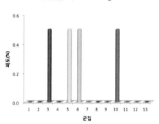

다변량 분석 Multivariate analysis

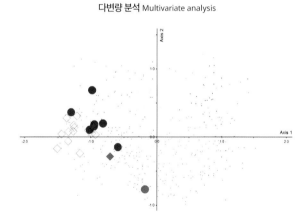

백당나무

Viburnum opulus var. calvescens

산분꽃나무과
Viburnaceae

● **생장형** Growth form
관목, 활엽, 낙엽, 절대육상식물

● **지리 분포** Geography
국내: 전국[2]
국외: 내몽골, 러시아 동북부, 일본,
중국 북부, 중부[2]

● **생육지** Habitat
모암: 비석회암 91%, 석회암 9%
고도: 1,171±313m, 중간 산지~높은 산지
경사: 20±11°
미소 지형: 계곡부 제외, 주로 사면 상부 이상
사면 방위: 전 방위

● **출현 군집과 우점도** Communities & abundance
총 빈도: 2%(11/447)
평균 피도: 0.7±0.8%

1. 소나무 - 가래나무_이삭여뀌 군집(◇)
2. 소나무 - 굴참나무_졸참나무 군집(△)
3. 소나무_산딸기 군집(●)
4. 소나무_진달래 군집(▼)

5. 굴참나무 - 소나무_왕느릅나무 군집(◇)
6. 굴참나무 - 떡갈나무_큰기름새 군집(◆)

7. 신갈나무 - 서어나무_생강나무 군집(◈)
8. 신갈나무 - 전나무_조릿대 군집(■)
9. 신갈나무 - 들메나무_고광나무 군집(□)
10. 신갈나무_우산나물 군집(●)
11. 신갈나무_철쭉 군집(○)
12. 신갈나무_동자꽃 군집(△)
13. 신갈나무 - 피나무_나래박쥐나물 군집(◆)

● **종 다양성 지수(H′)** Species diversity
2.62±0.19(8)

● **동반 종** Accompanying species
신갈나무(100%), 참나물(91%), 대사초(82%), 미역줄나무(82%),
노루오줌(73%), 당단풍나무(73%)

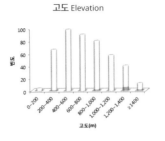

고도 Elevation

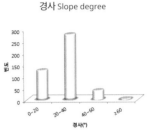

경사 Slope degree

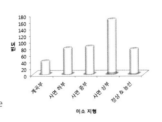

미소 지형 Micro-topography

사면 방위 Slope aspect

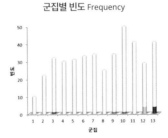

군집별 빈도 Frequency

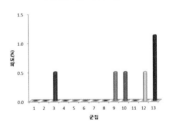

군집별 피도 Coverage

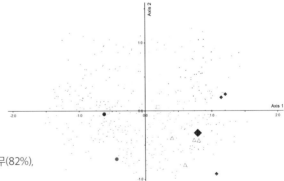

다변량 분석 Multivariate analysis

● **종합** Synopsis
고도가 중간 산지부터 높은 산지까지 계곡부를 제외하고 사면 상부, 능선 및 정상 지역에 주로 분포한다. 높은 산지 신갈나무
우점 숲이나 신갈나무 - 활엽수 혼합 숲에서 주로 출현하는 관목이다. 출현하는 군집의 종 다양성이 높다. 매우 드물고 매우 소수
분포한다.

뱀고사리

Athyrium yokoscense

◉ **생장형** Growth form
초본, 다년생, 낙엽, 절대육상식물

◉ **지리 분포** Geography
국내: 전국[8]
국외: 러시아 동부, 대만, 일본, 중국[8]

◉ **생육지** Habitat
모암: 비석회암 89%, 석회암 11%
고도: 922±308m, 낮은 산지~높은 산지
경사: 26±13°
미소 지형: 전 지형, 주로 사면 상부 이상
사면 방위: 전 방위

◉ **출현 군집과 우점도** Communities & abundance
총 빈도: 25%(112/447)
평균 피도: 2±5%

1. 소나무-가래나무_이삭여뀌 군집(◇)
2. 소나무-굴참나무_졸참나무 군집(△)
3. 소나무_산딸기 군집(●)
4. 소나무_진달래 군집(▼)

5. 굴참나무-소나무_왕느릅나무 군집(○)
6. 굴참나무-떡갈나무_큰기름새 군집(◆)

7. 신갈나무-서어나무_생강나무 군집(◈)
8. 신갈나무-전나무_조릿대 군집(■)
9. 신갈나무-들메나무_고광나무 군집(□)
10. 신갈나무_우산나물 군집(●)
11. 신갈나무_철쭉 군집(○)
12. 신갈나무_동자꽃 군집( )
13. 신갈나무-피나무_나래박쥐나물 군집(◆)

◉ **종 다양성 지수(H′)** Species diversity
2.23±0.35(85)

◉ **동반 종** Accompanying species
신갈나무(91%), 당단풍나무(77%), 대사초(75%),
참취(67%), 노루오줌(65%), 미역줄나무(65%)

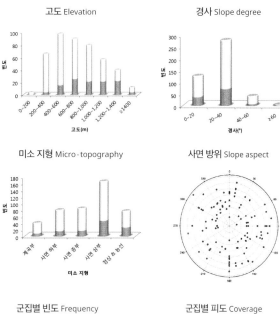

고도 Elevation

경사 Slope degree

미소 지형 Micro-topography

사면 방위 Slope aspect

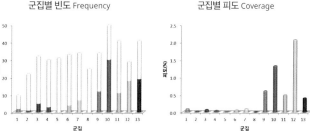

군집별 빈도 Frequency

군집별 피도 Coverage

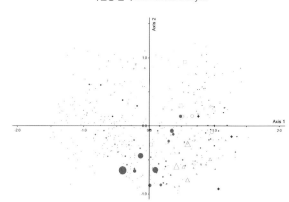

다변량 분석 Multivariate analysis

◉ **종합** Synopsis
고도가 낮은 산지부터 높은 산지까지, 분포하는 고도 범위가 넓다. 사면 상부 이상 지역에 주로 분포한다. 출현하는 군집도 다양하지만 중간 산지 이상 신갈나무 우점 숲과 활엽수 혼합 숲 및 신갈나무-활엽수 혼합 숲에서 빈도와 우점도가 높은 초본이다. 비교적 흔하나 소수 분포한다.

뱀딸기

Duchesnea chrysantha

장미과
Rosaceae

● **생장형** Growth form
초본, 다년생, 낙엽, 절대육상식물

● **지리 분포** Geography
국내: 전국[2]
국외: 네팔, 부탄, 아프가니스탄, 인도, 일본, 중국[2]

● **생육지** Habitat
모암: 비석회암 48%, 석회암 52%
고도: 636±286m, 낮은 산지~중간 산지
경사: 18±10°
미소 지형: 계곡부 제외, 주로 사면 중부 이상
사면 방위: 전 방위

● **출현 군집과 우점도** Communities & abundance
총 빈도: 5%(21/447)
평균 피도: 2±3%

1. 소나무 - 가래나무_이삭여뀌 군집(◇)
2. 소나무 - 굴참나무_졸참나무 군집(△)
3. 소나무_산딸기 군집(●)
4. 소나무_진달래 군집(▼)

5. 굴참나무 - 소나무_왕느릅나무 군집(○)
6. 굴참나무 - 떡갈나무_큰기름새 군집(◆)

7. 신갈나무 - 서어나무_생강나무 군집(◉)
8. 신갈나무 - 전나무_조릿대 군집(■)
9. 신갈나무 - 들메나무_고광나무 군집(□)
10. 신갈나무_우산나물 군집(●)
11. 신갈나무_철쭉 군집(○)
12. 신갈나무_동자꽃 군집(△)
13. 신갈나무 - 피나무_나래박쥐나물 군집(◆)

● **종 다양성 지수(H′)** Species diversity
2.34±0.40(20)

● **동반 종** Accompanying species
물푸레나무(86%), 큰기름새(86%), 생강나무(76%),
산박하(71%), 삽주(71%), 신갈나무(71%)

고도 Elevation
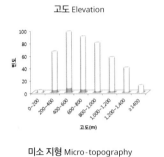

경사 Slope degree
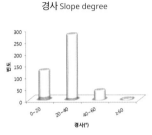

미소 지형 Micro-topography
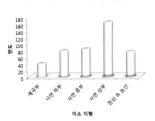

사면 방위 Slope aspect
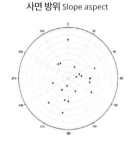

군집별 빈도 Frequency
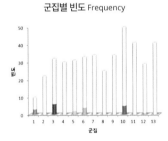

군집별 피도 Coverage
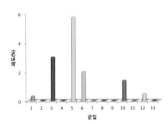

다변량 분석 Multivariate analysis
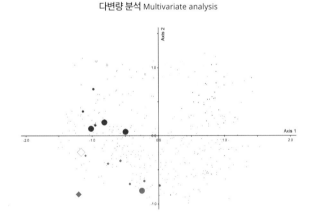

● **종합** Synopsis
고도가 낮은 산지부터 중간 산지까지 계곡부를 제외한 건조하고 완만한 사면 중부 이상에 주로 분포한다. 소나무 우점 숲,
소나무 - 활엽수 혼합 숲 또는 굴참나무 숲 가장자리에서 주로 출현하는 초본이다. 드물고 소수 분포한다.

벌깨덩굴
Meehania urticifolia

◉ **생장형** Growth form
초본, 다년생, 낙엽, 절대육상식물

◉ **지리 분포** Geography
국내: 전국[2]
국외: 러시아, 일본, 중국 동북부[2]

◉ **생육지** Habitat
모암: 비석회암 89%, 석회암 11%
고도: 1,103±282m, 중간 산지~높은 산지
경사: 23±12°
미소 지형: 전 지형
사면 방위: 전 방위

◉ **출현 군집과 우점도** Communities & abundance
총 빈도: 18%(82/447)
평균 피도: 6±8%

1. 소나무-가래나무_이삭여뀌 군집(◇)
2. 소나무-굴참나무_졸참나무 군집(△)
3. 소나무_산딸기 군집(●)
4. 소나무_진달래 군집(▼)

5. 굴참나무-소나무_왕느릅나무 군집(◌)
6. 굴참나무-떡갈나무_큰기름새 군집(◆)

7. 신갈나무-서어나무_생강나무 군집(◈)
8. 신갈나무-전나무_조릿대 군집(■)
9. 신갈나무-들메나무_고광나무 군집(□)
10. 신갈나무_우산나물 군집(●)
11. 신갈나무_철쭉 군집(◌)
12. 신갈나무_동자꽃 군집(◌)
13. 신갈나무-피나무_나래박쥐나물 군집(◆)

◉ **종 다양성 지수(H')** Species diversity
2.43±0.36(57)

◉ **동반 종** Accompanying species
당단풍나무(85%), 신갈나무(85%), 대사초(78%),
큰개별꽃(77%), 미역줄나무(73%)

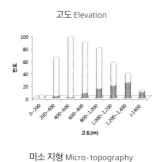
고도 Elevation

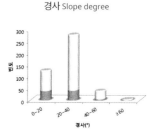
경사 Slope degree

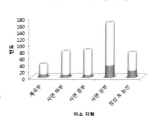
미소 지형 Micro-topography

사면 방위 Slope aspect

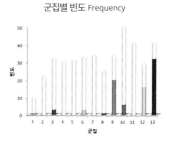
군집별 빈도 Frequency

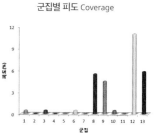
군집별 피도 Coverage

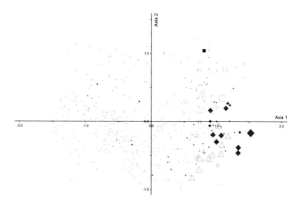
다변량 분석 Multivariate analysis

◉ **종합** Synopsis
고도가 중간 산지부터 높은 산지까지 전 사면과 전 지형에 분포한다. 소나무 우점 숲이나 소나무-활엽수 숲에서도 볼 수 있지만, 높은 산지 신갈나무 우점 숲이나 신갈나무-활엽수 혼합 숲에서 주로 출현하는 초본이다. 높은 산지 신갈나무-활엽수 혼합 숲 지표종이다. 비교적 흔하고 비교적 우점한다.

병꽃나무

Weigela subsessilis

- **생장형** Growth form
  관목, 활엽, 낙엽, 절대육상식물

- **지리 분포** Geography
  국내: 전국[13]
  국외: 한국 특산[15]

- **생육지** Habitat
  모암: 비석회암 100%
  고도: 726±440m, 낮은 산지~높은 산지
  경사: 28±14°
  미소 지형: 전 지형, 주로 사면부
  사면 방위: 전 방위

- **출현 군집과 우점도** Communities & abundance
  총 빈도: 5%(22/447)
  평균 피도: 2±4%

  1. 소나무 - 가래나무 _ 이삭여뀌 군집(◇)
  2. 소나무 - 굴참나무 _ 졸참나무 군집(△)
  3. 소나무 _ 산딸기 군집(●)
  4. 소나무 _ 진달래 군집(▼)

  5. 굴참나무 - 소나무 _ 왕느릅나무 군집(◇)
  6. 굴참나무 - 떡갈나무 _ 큰기름새 군집(◆)

  7. 신갈나무 - 서어나무 _ 생강나무 군집(◈)
  8. 신갈나무 - 전나무 _ 조릿대 군집(■)
  9. 신갈나무 - 들메나무 _ 고광나무 군집(□)
  10. 신갈나무 _ 우산나물 군집(●)
  11. 신갈나무 _ 철쭉 군집(○)
  12. 신갈나무 _ 동자꽃 군집( )
  13. 신갈나무 - 피나무 _ 나래박쥐나물 군집(◆)

- **종 다양성 지수(H′)** Species diversity
  2.10±0.45(15)

- **동반 종** Accompanying species
  물푸레나무(82%), 대사초(77%), 신갈나무(77%),
  고로쇠나무(68%), 당단풍나무(68%)

- **종합** Synopsis
  고도가 낮은 산지부터 높은 산지까지, 분포하는 고도 범위가 넓다. 중간 산지 사면부에 분포한다. 소나무 우점 숲이나 소나무 - 활엽수 혼합 숲 가장자리에서 주로 출현하는 우리나라 고유종 관목이다. 드물고 소수 분포한다.

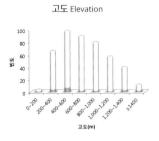

고도 Elevation

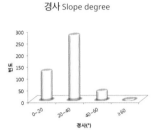

경사 Slope degree

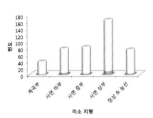

미소 지형 Micro-topography

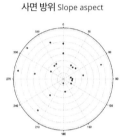

사면 방위 Slope aspect

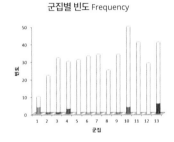

군집별 빈도 Frequency

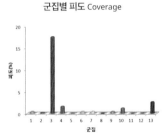

군집별 피도 Coverage

다변량 분석 Multivariate analysis

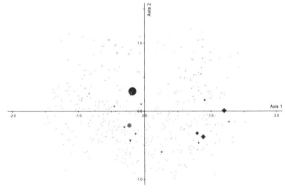

병조희풀
Clematis heracleifolia

◎ **생장형** Growth form
반관목, 활엽, 낙엽, 절대육상식물

◎ **지리 분포** Geography
국내: 전국[3]
국외: 중국 동북부[3]

◎ **생육지** Habitat
모암: 비석회암 62%, 석회암 38%
고도: 766±274m, 낮은 산지~높은 산지
경사: 22±14°
미소 지형: 전 지형, 주로 사면 하부 이하
사면 방위: 주로 동사면

◎ **출현 군집과 우점도** Communities & abundance
총 빈도: 6%(29/447)
평균 피도: 3±4%

1. 소나무 - 가래나무_이삭여뀌 군집(◇)
2. 소나무 - 굴참나무_졸참나무 군집(△)
3. 소나무_산딸기 군집(●)
4. 소나무_진달래 군집(▼)

5. 굴참나무 - 소나무_왕느릅나무 군집(◇)
6. 굴참나무 - 떡갈나무_큰기름새 군집(◆)

7. 신갈나무 - 서어나무_생강나무 군집(◈)
8. 신갈나무 - 전나무_조릿대 군집(■)
9. 신갈나무 - 들메나무_고광나무 군집(□)
10. 신갈나무_우산나물 군집(●)
11. 신갈나무_철쭉 군집(○)
12. 신갈나무_동자꽃 군집(　)
13. 신갈나무 - 피나무_나래박쥐나물 군집(◆)

◎ **종 다양성 지수(H′)** Species diversity
2.40±0.32(24)

◎ **동반 종** Accompanying species
신갈나무(83%), 산박하(72%), 물푸레나무(66%),
산딸기(62%), 고로쇠나무(59%), 당단풍나무(59%),
대사초(59%), 부채마(59%), 생강나무(59%)

◎ **종합** Synopsis
고도가 낮은 산지부터 높은 산지까지, 분포하는 고도 범위가 넓다. 중간 산지에서 사면 하부에 주로 분포하며 주로 동사면에서 출현한다. 소나무 우점 숲이나 소나무 - 활엽수 숲에서도 볼 수 있지만 신갈나무 우점 숲이나 신갈나무 - 활엽수 혼합 숲에서 주로 출현하는 반관목이다. 드물고, 소수 분포한다.

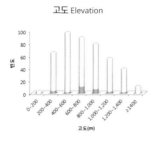

고도 Elevation

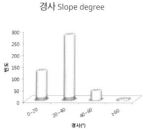

경사 Slope degree

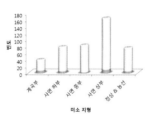

미소 지형 Micro - topography

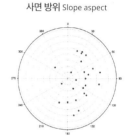

사면 방위 Slope aspect

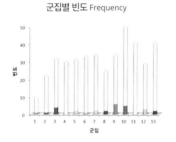

군집별 빈도 Frequency

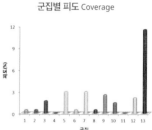

군집별 피도 Coverage

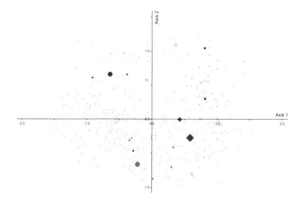

다변량 분석 Multivariate analysis

복자기

Acer triflorum

● **생장형** Growth form
교목, 활엽, 낙엽, 절대육상식물

● **지리 분포** Geography
국내: 중부 이북[5]
국외: 러시아, 중국 동북부[3]

● **생육지** Habitat
모암: 비석회암 50%, 석회암 50%
고도: 643±382m, 낮은 산지~높은 산지
경사: 22±14°
미소 지형: 계곡부 제외, 주로 사면 중부 이하
사면 방위: 전 방위

● **출현 군집과 우점도** Communities & abundance
총 빈도: 5%(22/447)
평균 피도: 7±15%

1. 소나무 - 가래나무 _ 이삭여뀌 군집(◇)
2. 소나무 - 굴참나무 _ 졸참나무 군집(△)
3. 소나무 _ 산딸기 군집(●)
4. 소나무 _ 진달래 군집(▼)

5. 굴참나무 - 소나무 _ 왕느릅나무 군집(○)
6. 굴참나무 - 떡갈나무 _ 큰기름새 군집(◆)

7. 신갈나무 - 서어나무 _ 생강나무 군집(◑)
8. 신갈나무 - 전나무 _ 조릿대 군집(■)
9. 신갈나무 - 들메나무 _ 고광나무 군집(□)
10. 신갈나무 _ 우산나물 군집(●)
11. 신갈나무 _ 철쭉 군집(○)
12. 신갈나무 _ 동자꽃 군집(△)
13. 신갈나무 - 피나무 _ 나래박쥐나물 군집(◆)

● **종 다양성 지수(H′)** Species diversity
2.33±0.32(21)

● **동반 종** Accompanying species
물푸레나무(82%), 부채마(82%), 고로쇠나무(73%),
신갈나무(68%), 산딸기(59%)

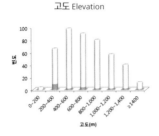
고도 Elevation

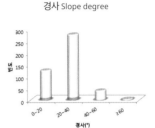
경사 Slope degree

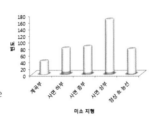
미소 지형 Micro-topography

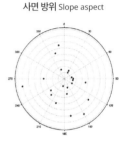
사면 방위 Slope aspect

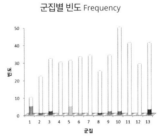
군집별 빈도 Frequency

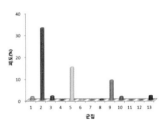
군집별 피도 Coverage

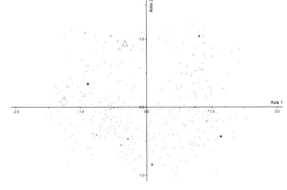
다변량 분석 Multivariate analysis

● **종합** Synopsis
고도가 낮은 산지부터 높은 산지까지, 분포하는 고도 범위가 넓다. 계곡부를 제외하고 사면 하부나 중부에 주로 분포한다.
건조한 굴참나무 숲이나 비교적 적습한 소나무 - 활엽수 혼합 숲 그리고 높은 산지 신갈나무 - 활엽수 혼합 숲까지 다양한 숲에서
출현하는 교목이다. 드물지만 비교적 우점한다.

복장나무

Acer mandshuricum

단풍나무과
Aceraceae

- 생장형 Growth form
  교목, 활엽, 낙엽, 절대육상식물

- 지리 분포 Geography
  국내: 전국[3]
  국외: 러시아, 중국 동북부[3]

- 생육지 Habitat
  모암: 비석회암 96%, 석회암 4%
  고도: 1,082±275m, 중간 산지~높은 산지
  경사: 22±12°
  미소 지형: 전 지형, 특히 계곡부
  사면 방위: 전 방위

- 출현 군집과 우점도 Communities & abundance
  총 빈도: 6%(28/447)
  평균 피도: 5±9%

  1. 소나무 - 가래나무_이삭여뀌 군집(◇)
  2. 소나무 - 굴참나무_졸참나무 군집(△)
  3. 소나무_산딸기 군집(●)
  4. 소나무_진달래 군집(▼)

  5. 굴참나무 - 소나무_왕느릅나무 군집(○)
  6. 굴참나무 - 떡갈나무_큰기름새 군집(◆)

  7. 신갈나무 - 서어나무_생강나무 군집(◆)
  8. 신갈나무 - 전나무_조릿대 군집(■)
  9. 신갈나무 - 들메나무_고광나무 군집(□)
  10. 신갈나무_우산나물 군집(●)
  11. 신갈나무_철쭉 군집(○)
  12. 신갈나무_동자꽃 군집(◌)
  13. 신갈나무 - 피나무_나래박쥐나물 군집(◆)

- 종 다양성 지수(H') Species diversity
  2.39±0.43(13)

- 동반 종 Accompanying species
  당단풍나무(93%), 신갈나무(82%), 고로쇠나무(75%),
  대사초(75%), 피나무(75%)

- 종합 Synopsis
  고도가 중간 산지부터 높은 산지까지 계곡부에 주로 분포한다. 신갈나무 우점 숲이나 신갈나무 - 활엽수 혼합 숲에서 주로
  출현하는 교목이다. 드물지만 비교적 우점한다.

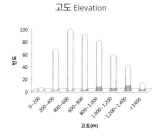

고도 Elevation

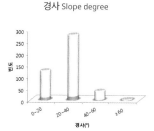

경사 Slope degree

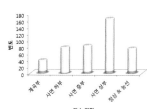

미소 지형 Micro-topography

사면 방위 Slope aspect

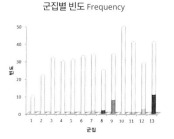

군집별 빈도 Frequency

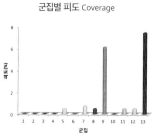

군집별 피도 Coverage

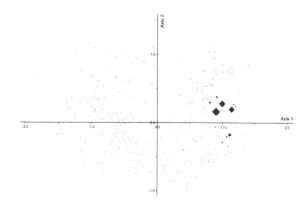

다변량 분석 Multivariate analysis

부채마

Dioscorea nipponica

마과
Dioscoreaceae

◉ **생장형** Growth form
덩굴성 초본, 다년생, 낙엽, 절대육상식물

◉ **지리 분포** Geography
국내: 전국[3]
국외: 일본, 중국[3]

◉ **생육지** Habitat
모암: 비석회암 56%, 석회암 44%
고도: 625±236m, 낮은 산지~중간 산지
경사: 29±12°
미소 지형: 전 지형
사면 방위: 전 방위

◉ **출현 군집과 우점도** Communities & abundance
총 빈도: 32%(141/447)
평균 피도: 0.6±0.6%

1. 소나무 - 가래나무_이삭여뀌 군집(◇)
2. 소나무 - 굴참나무_졸참나무 군집(△)
3. 소나무_산딸기 군집(●)
4. 소나무_진달래 군집(▼)

5. 굴참나무 - 소나무_왕느릅나무 군집(◇)
6. 굴참나무 - 떡갈나무_큰기름새 군집(◆)

7. 신갈나무 - 서어나무_생강나무 군집(◈)
8. 신갈나무 - 전나무_조릿대 군집(■)
9. 신갈나무 - 들메나무_고광나무 군집(□)
10. 신갈나무_우산나물 군집(●)
11. 신갈나무_철쭉 군집(○)
12. 신갈나무_동자꽃 군집(◌)
13. 신갈나무 - 피나무_나래박쥐나물 군집(◆)

◉ **종 다양성 지수(H′)** Species diversity
2.18±0.37(125)

◉ **동반 종** Accompanying species
신갈나무(85%), 생강나무(79%), 물푸레나무(77%),
산딸기(66%), 큰기름새(66%)

◉ **종합** Synopsis
고도가 낮은 산지부터 중간 산지까지 전 지형에 분포한다. 모든 군집에서 출현해 분포 범위가 넓지만 굴참나무 숲, 소나무 우점 숲, 소나무 - 활엽수 혼합 숲 등에서 더 우점도가 높은 덩굴성 초본이다. 매우 흔하지만 매우 소수 분포한다.

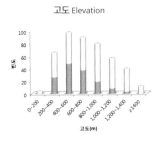

고도 Elevation

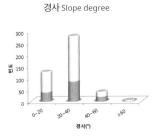

경사 Slope degree

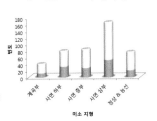

미소 지형 Micro-topography

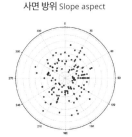

사면 방위 Slope aspect

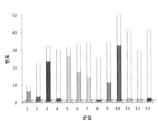

군집별 빈도 Frequency

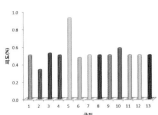

군집별 피도 Coverage

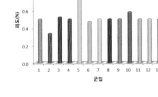

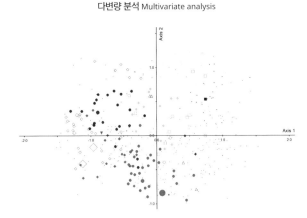

다변량 분석 Multivariate analysis

분꽃나무

Viburnum carlesii

● **생장형** Growth form
관목, 활엽, 낙엽, 절대육상식물

● **지리 분포** Geography
국내: 전국[5]
국외: 일본, 중국[14]

● **생육지** Habitat
모암: 비석회암 24%, 석회암 76%
고도: 453±210m, 낮은 산지
경사: 27±13°
미소 지형: 계곡부 제외, 주로 사면 하부와 중부
사면 방위: 전 방위

● **출현 군집과 우점도** Communities & abundance
총 빈도: 8%(37/447)
평균 피도: 1±2%

1. 소나무 - 가래나무_이삭여뀌 군집(◇)
2. 소나무 - 굴참나무_졸참나무 군집(△)
3. 소나무_산딸기 군집(●)
4. 소나무_진달래 군집(▼)

5. 굴참나무 - 소나무_왕느릅나무 군집(◌)
6. 굴참나무 - 떡갈나무_큰기름새 군집(◆)

7. 신갈나무 - 서어나무_생강나무 군집(◉)
8. 신갈나무 - 전나무_조릿대 군집(■)
9. 신갈나무_들메나무_고광나무 군집(□)
10. 신갈나무_우산나물 군집(●)
11. 신갈나무_철쭉 군집(○)
12. 신갈나무_동자꽃 군집(︿)
13. 신갈나무 - 피나무_나래박쥐나물 군집(◆)

● **종 다양성 지수(H′)** Species diversity
2.21±0.39(36)

● **동반 종** Accompanying species
큰기름새(84%), 부채마(81%), 생강나무(81%),
소나무(78%), 물푸레나무(76%)

고도 Elevation

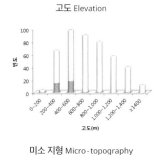

경사 Slope degree

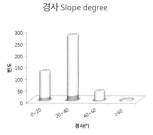

미소 지형 Micro-topography

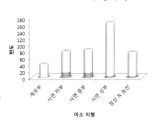

사면 방위 Slope aspect

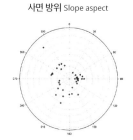

군집별 빈도 Frequency

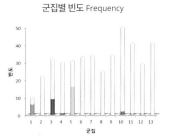

군집별 피도 Coverage

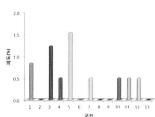

다변량 분석 Multivariate analysis

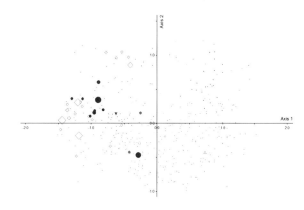

● **종합** Synopsis
고도가 낮은 산지에서 계곡부를 제외하고 사면 하부나 중부에 주로 분포한다. 소나무 우점 숲, 소나무 - 활엽수 혼합 숲, 굴참나무
숲에서 주로 출현하는 관목이다. 드물고 소수 분포한다.

분비나무
Abies nephrolepis

소나무과
Pinaceae

● **생장형** Growth form
교목, 침엽, 상록, 절대육상식물

● **지리 분포** Geography
국내: 백두대간(남부 제외)[6]
국외: 러시아 동부시베리아, 아무르, 우수리,
몽골, 중국 동북부[2]

● **생육지** Habitat
모암: 비석회암 100%
고도: 1,308±138m, 높은 산지
경사: 27±18°
미소 지형: 전 지형, 주로 사면 상부 이상
사면 방위: 전 방위

● **출현 군집과 우점도** Communities & abundance
총 빈도: 4%(20/447)
평균 피도: 19±19%

1. 소나무 - 가래나무_이삭여뀌 군집(◇)
2. 소나무 - 굴참나무_졸참나무 군집(△)
3. 소나무_산딸기 군집(●)
4. 소나무_진달래 군집(▼)

5. 굴참나무 - 소나무_왕느릅나무 군집(○)
6. 굴참나무 - 떡갈나무_큰기름새 군집(◆)

7. 신갈나무 - 서어나무_생강나무 군집(◈)
8. 신갈나무 - 전나무_조릿대 군집(■)
9. 신갈나무 - 들메나무_고광나무 군집(□)
10. 신갈나무_우산나물 군집(●)
11. 신갈나무_철쭉 군집(○)
12. 신갈나무_동자꽃 군집(△)
13. 신갈나무 - 피나무_나래박쥐나물 군집(◆)

● **종 다양성 지수(H′)** Species diversity
2.54±0.39(10)

● **동반 종** Accompanying species
미역줄나무(100%), 대사초(90%), 당단풍나무(80%),
시닥나무(80%), 신갈나무(75%)

고도 Elevation
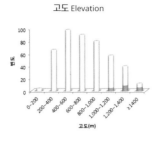

경사 Slope degree
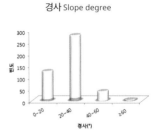

미소 지형 Micro-topography
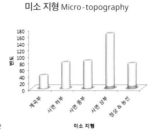

사면 방위 Slope aspect

군집별 빈도 Frequency
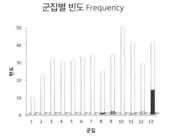

군집별 피도 Coverage
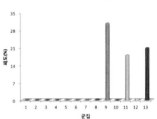

다변량 분석 Multivariate analysis

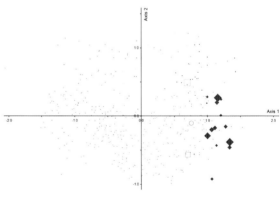

● **종합** Synopsis
고도가 높은 산지에서 사면 상부나 능선, 정상에 분포한다. 신갈나무 - 활엽수 혼합 숲에서 주로 출현하는 상록 침엽 교목으로
지표종이다. 출현하는 군집의 종 다양성이 높다. 매우 드물지만 비교적 우점한다.

분취

Saussurea seoulensis

- **생장형** Growth form
  초본, 다년생, 낙엽, 절대육상식물

- **지리 분포** Geography
  국내: 전국(제주도 제외)[6]
  국외: 한국 특산[15]

- **생육지** Habitat
  모암: 비석회암 91%, 석회암 9%
  고도: 1,037±209m, 중간 산지~높은 산지
  경사: 30±20°
  미소 지형: 전 지형, 주로 사면 상부 이상
  사면 방위: 전 방위

- **출현 군집과 우점도** Communities & abundance
  총 빈도: 5%(22/447)
  평균 피도: 0.5±0%

  1. 소나무-가래나무_이삭여뀌 군집(◇)
  2. 소나무-굴참나무_졸참나무 군집(△)
  3. 소나무_산딸기 군집(●)
  4. 소나무_진달래 군집(▼)

  5. 굴참나무-소나무_왕느릅나무 군집(○)
  6. 굴참나무-떡갈나무_큰기름새 군집(◆)

  7. 신갈나무-서어나무_생강나무 군집(◉)
  8. 신갈나무-전나무_조릿대 군집(■)
  9. 신갈나무-들메나무_고광나무 군집(□)
  10. 신갈나무_우산나물 군집(●)
  11. 신갈나무_철쭉 군집(○)
  12. 신갈나무_동자꽃 군집(◍)
  13. 신갈나무-피나무_나래박쥐나물 군집(◆)

- **종 다양성 지수(H′)** Species diversity
  2.18±0.39(17)

- **동반 종** Accompanying species
  신갈나무(95%), 참취(86%), 단풍취(82%),
  대사초(82%), 당단풍나무(77%)

고도 Elevation

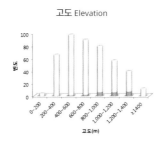

경사 Slope degree

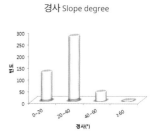

미소 지형 Micro-topography

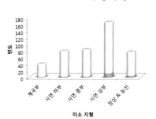

사면 방위 Slope aspect

군집별 빈도 Frequency

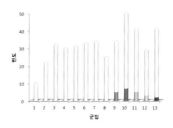

군집별 피도 Coverage

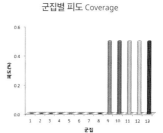

다변량 분석 Multivariate analysis

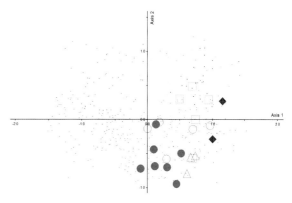

- **종합** Synopsis
  고도가 중간 산지부터 높은 산지까지 가파르고 적습한 사면 상부나 능선, 정상에 주로 분포한다. 주로 신갈나무 우점 숲에서 출현하는 우리나라 고유종 초본이다. 드물지만 매우 소수 분포한다.

붉나무

Rhus javanica

- **생장형** Growth form
  소교목, 활엽, 낙엽, 절대육상식물

- **지리 분포** Geography
  국내: 전국[1]
  국외: 인도차이나, 일본, 중국, 히말라야[1]

- **생육지** Habitat
  모암: 비석회암 52%, 석회암 48%
  고도: 461±147m, 낮은 산지
  경사: 31±9°
  미소 지형: 계곡부 제외, 주로 사면 하부 및 중부
  사면 방위: 전 방위

- **출현 군집과 우점도** Communities & abundance
  총 빈도: 7%(31/447)
  평균 피도: 2±8%

  1. 소나무 - 가래나무_이삭여뀌 군집(◇)
  2. 소나무 - 굴참나무_졸참나무 군집(△)
  3. 소나무_산딸기 군집(●)
  4. 소나무_진달래 군집(▼)

  5. 굴참나무 - 소나무_왕느릅나무 군집(○)
  6. 굴참나무 - 떡갈나무_큰기름새 군집(◆)

  7. 신갈나무 - 서어나무_생강나무 군집(◈)
  8. 신갈나무 - 전나무_조릿대 군집(■)
  9. 신갈나무 - 들메나무_고광나무 군집(□)
  10. 신갈나무_우산나물 군집(●)
  11. 신갈나무_철쭉 군집(○)
  12. 신갈나무_동자꽃 군집(◌)
  13. 신갈나무 - 피나무_나래박쥐나물 군집(◆)

- **종 다양성 지수(H')** Species diversity
  2.16±0.43(30)

- **동반 종** Accompanying species
  큰기름새(97%), 생강나무(94%), 삽주(84%),
  굴참나무(81%), 소나무(77%), 신갈나무(77%)

고도 Elevation

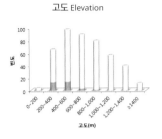

경사 Slope degree

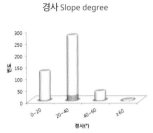

미소 지형 Micro-topography

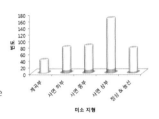

사면 방위 Slope aspect

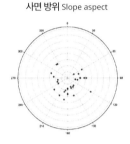

군집별 빈도 Frequency

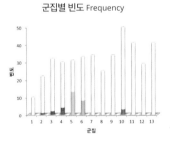

군집별 피도 Coverage

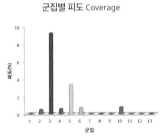

다변량 분석 Multivariate analysis

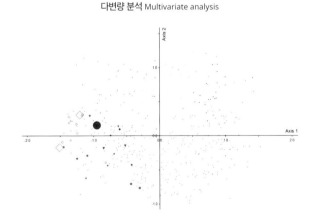

- **종합** Synopsis
  고도가 낮은 산지에서 계곡부를 제외하고 가파른 사면 하부나 중부에 주로 분포한다. 굴참나무 숲이나 소나무 우점 숲에서
  햇빛이 많이 들어오는 곳에서 출현하는 소교목이다. 숲 속에는 드물고 소수 분포한다.

붉은병꽃나무
Weigela florida

⚫ **생장형** Growth form
관목, 활엽, 낙엽, 절대육상식물

⚫ **지리 분포** Geography
국내: 전국[2]
국외: 러시아 우수리, 일본, 중국[3]

⚫ **생육지** Habitat
모암: 비석회암 87%, 석회암 13%
고도: 884±355m, 낮은 산지~높은 산지
경사: 28±18°
미소 지형: 전 지형
사면 방위: 전 방위

⚫ **출현 군집과 우점도** Communities & abundance
총 빈도: 12%(52/447)
평균 피도: 4±8%

1. 소나무-가래나무_이삭여뀌 군집(◇)
2. 소나무-굴참나무_졸참나무 군집(△)
3. 소나무_산딸기 군집(●)
4. 소나무_진달래 군집(▼)

5. 굴참나무-소나무_왕느릅나무 군집(◌)
6. 굴참나무-떡갈나무_큰기름새 군집(◆)

7. 신갈나무-서어나무_생강나무 군집(✳)
8. 신갈나무-전나무_조릿대 군집(■)
9. 신갈나무-들메나무_고광나무 군집(□)
10. 신갈나무_우산나물 군집(●)
11. 신갈나무_철쭉 군집(○)
12. 신갈나무_동자꽃 군집(◌)
13. 신갈나무-피나무_나래박쥐나물 군집(◆)

⚫ **종 다양성 지수(H′)** Species diversity
2.21±0.40(41)

⚫ **동반 종** Accompanying species
신갈나무(83%), 대사초(60%), 당단풍나무(56%),
생강나무(56%), 노루오줌(52%)

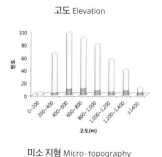
고도 Elevation

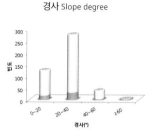
경사 Slope degree

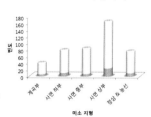
미소 지형 Micro-topography

사면 방위 Slope aspect

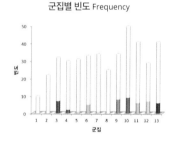
군집별 빈도 Frequency

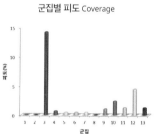
군집별 피도 Coverage

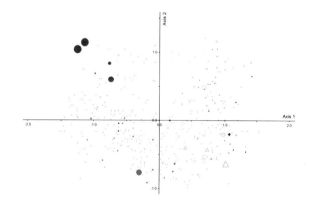
다변량 분석 Multivariate analysis

⚫ **종합** Synopsis
고도가 낮은 산지부터 높은 산지까지, 분포하는 고도 범위가 넓다. 다른 생육지 범위도 넓어서 전 지형과 전 사면에 분포한다. 대부분 군집에서 출현하나 소나무 우점 숲이나 신갈나무 우점 숲 또는 신갈나무-활엽수 혼합 숲 가장자리에서 주로 출현하는 관목이다. 비교적 흔하고 소수 분포한다.

붓꽃
Iris sanguinea

● **생장형** Growth form
초본, 다년생, 낙엽, 절대육상식물

● **지리 분포** Geography
국내: 전국(제주도 제외)[2]
국외: 러시아, 몽골, 일본, 중국 중동부[2]

● **생육지** Habitat
모암: 비석회암 67%, 석회암 33%
고도: 553±193m, 낮은 산지~중간 산지
경사: 26±14°
미소 지형: 전 지형, 주로 사면 하부와 중부
사면 방위: 전 방위

● **출현 군집과 우점도** Communities & abundance
총 빈도: 6%(27/447)
평균 피도: 0.9±1.3%

1. 소나무-가래나무_이삭여뀌 군집(◇)
2. 소나무-굴참나무_졸참나무 군집(△)
3. 소나무_산딸기 군집(●)
4. 소나무_진달래 군집(▼)

5. 굴참나무-소나무_왕느릅나무 군집(◇)
6. 굴참나무-떡갈나무_큰기름새 군집(◆)

7. 신갈나무-서어나무_생강나무 군집(◆)
8. 신갈나무-전나무_조릿대 군집(■)
9. 신갈나무-들메나무_고광나무 군집(□)
10. 신갈나무_우산나물 군집(●)
11. 신갈나무_철쭉 군집(○)
12. 신갈나무_동자꽃 군집(○)
13. 신갈나무-피나무_나래박쥐나물 군집(◆)

● **종 다양성 지수(H′)** Species diversity
2.22±0.33(25)

● **동반 종** Accompanying species
큰기름새(89%), 생강나무(85%), 신갈나무(85%),
삽주(78%), 부채마(70%), 산딸기(70%)

● **종합** Synopsis
고도가 낮은 산지부터 중간 산지까지 사면 하부와 중부에 주로 분포한다. 햇빛이 많이 들어오는 굴참나무 숲에서 주로 출현하고 소나무 우점 숲이나 소나무-활엽수 혼합 숲에서도 출현하는 초본이다. 드물고 매우 소수 분포한다.

고도 Elevation
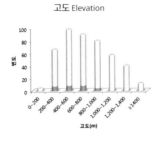

경사 Slope degree
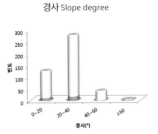

미소 지형 Micro-topography
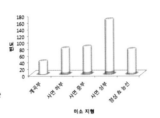

사면 방위 Slope aspect
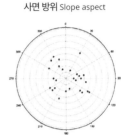

군집별 빈도 Frequency
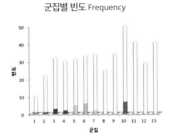

군집별 피도 Coverage
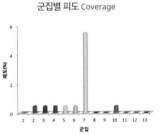

다변량 분석 Multivariate analysis
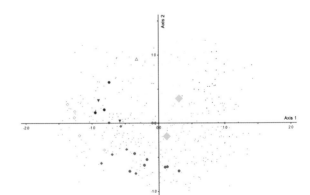

비비추
Hosta longipes

● **생장형** Growth form
초본, 다년생, 낙엽, 임의육상식물

● **지리 분포** Geography
국내: 남부[6]
국외: 일본[2]

● **생육지** Habitat
모암: 비석회암 50%, 석회암 50%
고도: 995±274m, 중간 산지~높은 산지
경사: 24±17°
미소 지형: 계곡부 제외, 주로 사면 상부 이상
사면 방위: 전 방위

● **출현 군집과 우점도** Communities & abundance
총 빈도: 6%(26/447)
평균 피도: 4±8%

1. 소나무 - 가래나무_이삭여뀌 군집(◇)
2. 소나무 - 굴참나무_졸참나무 군집(△)
3. 소나무_산딸기 군집(●)
4. 소나무_진달래 군집(▼)

5. 굴참나무 - 소나무_왕느릅나무 군집( )
6. 굴참나무 - 떡갈나무_큰기름새 군집(◆)

7. 신갈나무 - 서어나무_생강나무 군집(◆)
8. 신갈나무 - 전나무_조릿대 군집(■)
9. 신갈나무 - 들메나무_고광나무 군집(□)
10. 신갈나무_우산나물 군집(●)
11. 신갈나무_철쭉 군집(○)
12. 신갈나무_동자꽃 군집( )
13. 신갈나무 - 피나무_나래박쥐나물 군집(◆)

● **종 다양성 지수(H′)** Species diversity
2.16±0.39(25)

● **동반 종** Accompanying species
신갈나무(100%), 대사초(81%), 참취(77%),
당단풍나무(65%), 넓은잎외잎쑥(62%), 산박하(62%)

● **종합** Synopsis
고도가 중간 산지부터 높은 산지까지 계곡부를 제외하고 주로 상부 이상에 분포한다. 주로 신갈나무 우점 숲에서 출현하는 임의육상 초본이다. 드물고 소수 분포한다.

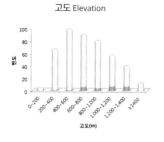
고도 Elevation

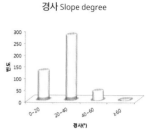
경사 Slope degree

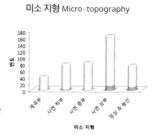
미소 지형 Micro-topography

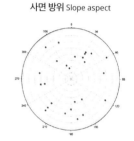
사면 방위 Slope aspect

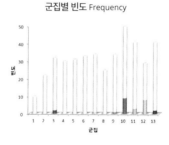
군집별 빈도 Frequency

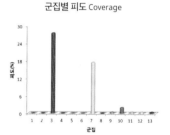
군집별 피도 Coverage

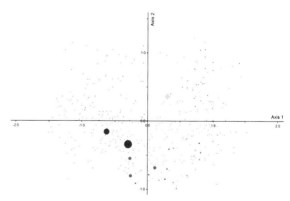
다변량 분석 Multivariate analysis

사스래나무

Betula ermanii

● **생장형** Growth form
　　교목, 활엽, 낙엽, 절대육상식물

● **지리 분포** Geography
　　국내: 전국[2]
　　국외: 러시아 사할린, 시베리아 동부, 캄차카,
　　　　　일본, 중국 동북부[2]

● **생육지** Habitat
　　모암: 비석회암 96%, 석회암 4%
　　고도: 1,231±164m, 높은 산지
　　경사: 19±12°
　　미소 지형: 전 지형, 주로 사면 상부 이상
　　사면 방위: 주로 북사면

● **출현 군집과 우점도** Communities & abundance
　　총 빈도: 6%(26/447)
　　평균 피도: 28±27%

1. 소나무 - 가래나무_이삭여뀌 군집(◇)
2. 소나무 - 굴참나무_졸참나무 군집(△)
3. 소나무_산딸기 군집(●)
4. 소나무_진달래 군집(▼)

5. 굴참나무 - 소나무_왕느릅나무 군집(◇)
6. 굴참나무 - 떡갈나무_큰기름새 군집(◆)

7. 신갈나무 - 서어나무_생강나무 군집(◆)
8. 신갈나무 - 전나무_조릿대 군집(■)
9. 신갈나무 - 들메나무_고광나무 군집(□)
10. 신갈나무_우산나물 군집(●)
11. 신갈나무_철쭉 군집(○)
12. 신갈나무_동자꽃 군집(◌)
13. 신갈나무 - 피나무_나래박쥐나물 군집(◆)

● **종 다양성 지수(H′)** Species diversity
　　2.54±0.41(19)

● **동반 종** Accompanying species
　　신갈나무(88%), 당단풍나무(81%), 미역줄나무(81%),
　　대사초(77%), 노루오줌(69%)

고도 Elevation
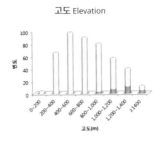

경사 Slope degree
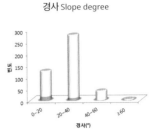

미소 지형 Micro-topography
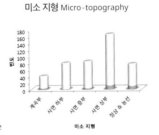

사면 방위 Slope aspect
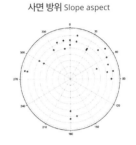

군집별 빈도 Frequency
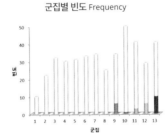

군집별 피도 Coverage
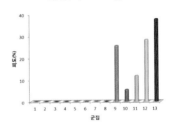

다변량 분석 Multivariate analysis
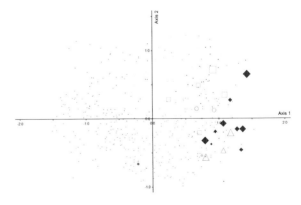

● **종합** Synopsis
　　고도가 높은 산지에서 완만한 상부 이상 북사면에 주로 분포한다. 건조한 신갈나무 우점 숲이나 신갈나무 - 활엽수 혼합 숲에서
　　주로 출현하는데 고도가 높은 곳에서 우점도가 높은 교목이다. 출현하는 군집의 종 다양성이 높다. 드물고 매우 우점한다.

사시나무
Populus davidiana

◉ **생장형** Growth form
교목, 활엽, 낙엽, 절대육상식물

◉ **지리 분포** Geography
국내: 전국(제주도 제외)[3]
국외: 러시아 사할린, 캄차카, 일본, 중국[3]

◉ **생육지** Habitat
모암: 비석회암 93%, 석회암 7%
고도: 874±214m, 낮은 산지~높은 산지
경사: 23±11°
미소 지형: 전 지형
사면 방위: 전 방위

◉ **출현 군집과 우점도** Communities & abundance
총 빈도: 3%(14/447)
평균 피도: 21±23%

1. 소나무 - 가래나무 _ 이삭여뀌 군집(◇)
2. 소나무 - 굴참나무 _ 졸참나무 군집(△)
3. 소나무 _ 산딸기 군집(●)
4. 소나무 _ 진달래 군집(▼)

5. 굴참나무 - 소나무 _ 왕느릅나무 군집(◌)
6. 굴참나무 - 떡갈나무 _ 큰기름새 군집(◆)

7. 신갈나무 - 서어나무 _ 생강나무 군집(◈)
8. 신갈나무 - 전나무 _ 조릿대 군집(■)
9. 신갈나무 - 들메나무 _ 고광나무 군집(□)
10. 신갈나무 _ 우산나물 군집(●)
11. 신갈나무 _ 철쭉 군집(◌)
12. 신갈나무 _ 동자꽃 군집(◌)
13. 신갈나무 - 피나무 _ 나래박쥐나물 군집(◆)

◉ **종 다양성 지수(H′)** Species diversity
2.24±0.28(13)

◉ **동반 종** Accompanying species
생강나무(86%), 신갈나무(86%), 당단풍나무(79%),
미역줄나무(71%), 다릅나무(64%)

고도 Elevation
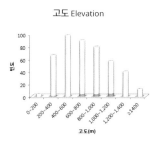

경사 Slope degree
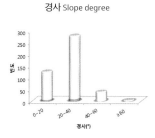

미소 지형 Micro-topography
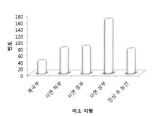

사면 방위 Slope aspect
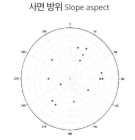

군집별 빈도 Frequency
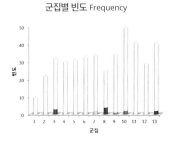

군집별 피도 Coverage
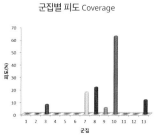

다변량 분석 Multivariate analysis

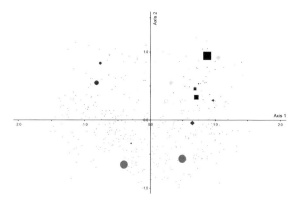

◉ **종합** Synopsis
고도가 낮은 산지부터 높은 산지까지, 분포하는 고도 범위가 넓고, 전 지형에 분포한다. 소나무 우점 숲에서도 출현하지만, 중간 산지 신갈나무 - 활엽수 혼합 숲에서 주로 출현하는 교목이다. 매우 드물지만 비교적 우점한다.

사위질빵

Clematis apiifolia

● **생장형** Growth form
덩굴성 목본, 활엽, 낙엽, 절대육상식물

● **지리 분포** Geography
국내: 전국[1]
국외: 일본, 중국[1]

● **생육지** Habitat
모암: 비석회암 82%, 석회암 18%
고도: 588±414m, 낮은 산지~높은 산지
경사: 13±14°
미소 지형: 전 지형
사면 방위: 전 방위

● **출현 군집과 우점도** Communities & abundance
총 빈도: 4%(17/447)
평균 피도: 0.6±0.6%

1. 소나무 - 가래나무_이삭여뀌 군집(◇)
2. 소나무 - 굴참나무_졸참나무 군집(△)
3. 소나무_산딸기 군집(●)
4. 소나무_진달래 군집(▼)

5. 굴참나무 - 소나무_왕느릅나무 군집(○)
6. 굴참나무 - 떡갈나무_큰기름새 군집(◆)

7. 신갈나무 - 서어나무_생강나무 군집(◐)
8. 신갈나무 - 전나무_조릿대 군집(■)
9. 신갈나무 - 들메나무_고광나무 군집(□)
10. 신갈나무 - 우산나물 군집(●)
11. 신갈나무_철쭉 군집(○)
12. 신갈나무_동자꽃 군집(◖)
13. 신갈나무 - 피나무_나래박쥐나물 군집(◆)

● **종 다양성 지수(H′)** Species diversity
2.22±0.24(14)

● **동반 종** Accompanying species
물푸레나무(82%), 산박하(82%), 산딸기(65%),
참나물(65%)

고도 Elevation

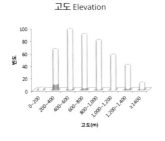

경사 Slope degree

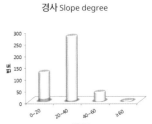

미소 지형 Micro-topography

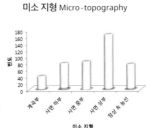

사면 방위 Slope aspect

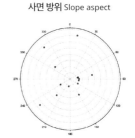

군집별 빈도 Frequency

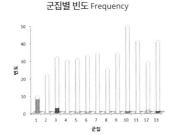

군집별 피도 Coverage

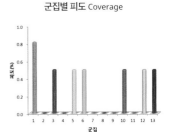

다변량 분석 Multivariate analysis

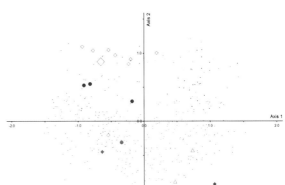

● **종합** Synopsis
고도가 낮은 산지부터 높은 산지까지, 분포하는 고도 범위가 넓고 전 지형에 분포한다. 완만한 곳에 주로 분포한다. 여러 군집에서 출현하나 낮은 산지 적습한 소나무-활엽수 혼합 숲에서 주로 출현하는 덩굴성 목본으로 지표종이다. 숲 속에는 매우 드물고 매우 소수 분포한다.

산가막살나무
Viburnum wrightii

● **생장형** Growth form
관목, 활엽, 낙엽, 절대육상식물

● **지리 분포** Geography
국내: 전국[6]
국외: 일본, 중국[9]

● **생육지** Habitat
모암: 비석회암 100%
고도: 1,083±227m, 중간 산지~높은 산지
경사: 31±9°
미소 지형: 주로 사면 중부
사면 방위: 전 방위

● **출현 군집과 우점도** Communities & abundance
총 빈도: 2%(10/447)
평균 피도: 5±6%

1. 소나무-가래나무_이삭여뀌 군집(◇)
2. 소나무-굴참나무_졸참나무 군집(△)
3. 소나무_산딸기 군집(●)
4. 소나무_진달래 군집(▼)

5. 굴참나무-소나무_왕느릅나무 군집(◇)
6. 굴참나무-떡갈나무_큰기름새 군집(◆)

7. 신갈나무-서어나무_생강나무 군집(◆)
8. 신갈나무-전나무_조릿대 군집(■)
9. 신갈나무-들메나무_고광나무 군집(□)
10. 신갈나무_우산나물 군집(●)
11. 신갈나무_철쭉 군집(○)
12. 신갈나무_동자꽃 군집( )
13. 신갈나무-피나무_나래박쥐나물 군집(◆)

● **종 다양성 지수(H′)** Species diversity
2.48±0.54(4)

● **동반 종** Accompanying species
당단풍나무(100%), 대사초(90%), 미역줄나무(90%),
신갈나무(90%), 피나무(90%)

고도 Elevation
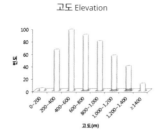

경사 Slope degree
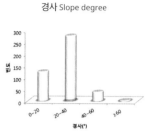

미소 지형 Micro-topography
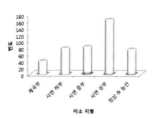

사면 방위 Slope aspect

군집별 빈도 Frequency
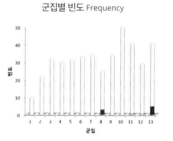

군집별 피도 Coverage
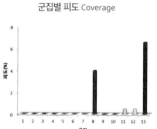

다변량 분석 Multivariate analysis

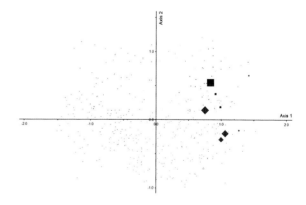

● **종합** Synopsis
고도가 중간 산지부터 높은 산지까지 사면 중부 가파른 지형에 주로 분포한다. 높은 산지 신갈나무-활엽수 혼합 숲에서 주로
출현하는 관목이다. 매우 드물지만 비교적 우점한다.

산개벚지나무

Prunus maximowiczii

◉ **생장형** Growth form
교목, 활엽, 낙엽, 절대육상식물

◉ **지리 분포** Geography
국내: 전국[6]
국외: 러시아 사할린, 우수리, 캄차카,
일본, 중국 동북부[9]

◉ **생육지** Habitat
모암: 비석회암 100%
고도: 1,251±186m, 높은 산지
경사: 25±10°
미소 지형: 전 지형
사면 방위: 전 방위

◉ **출현 군집과 우점도** Communities & abundance
총 빈도: 4%(16/447)
평균 피도: 7±10%

1. 소나무 - 가래나무_이삭여뀌 군집(◇)
2. 소나무 - 굴참나무_졸참나무 군집(△)
3. 소나무_산딸기 군집(●)
4. 소나무_진달래 군집(▼)

5. 굴참나무 - 소나무_왕느릅나무 군집(◇)
6. 굴참나무 - 떡갈나무_큰기름새 군집(◆)

7. 신갈나무 - 서어나무_생강나무 군집(◆)
8. 신갈나무 - 전나무_조릿대 군집(■)
9. 신갈나무 - 들메나무_고광나무 군집(□)
10. 신갈나무_우산나물 군집(●)
11. 신갈나무_철쭉 군집(○)
12. 신갈나무_동자꽃 군집(○)
13. 신갈나무 - 피나무_나래박쥐나물 군집(◆)

◉ **종 다양성 지수(H')** Species diversity
2.59±0.45(9)

◉ **동반 종** Accompanying species
당단풍나무(100%), 미역줄나무(94%), 신갈나무(88%),
단풍취(81%), 대사초(81%), 송이풀(81%)

◉ **종합** Synopsis
고도가 높은 산지 전 지형에 분포한다. 신갈나무 - 활엽수 혼합 숲과 신갈나무 우점 숲에서 주로 출현하는 교목이다. 출현하는 군집의 종 다양성이 높다. 매우 드물지만 비교적 우점한다.

고도 Elevation
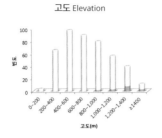

경사 Slope degree
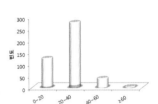

미소 지형 Micro-topography
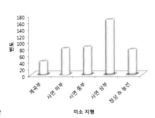

사면 방위 Slope aspect

군집별 빈도 Frequency
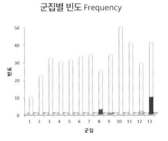

군집별 피도 Coverage
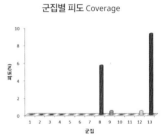

다변량 분석 Multivariate analysis
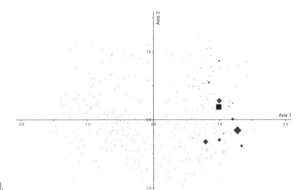

산겨릅나무

Acer tegmentosum

◉ **생장형** Growth form
교목, 활엽, 낙엽, 절대육상식물

◉ **지리 분포** Geography
국내: 전국[7]
국외: 중국[7]

◉ **생육지** Habitat
모암: 비석회암 97%, 석회암 3%
고도: 1,033±209m, 중간 산지~높은 산지
경사: 25±12°
미소 지형: 전 지형, 특히 계곡부
사면 방위: 주로 북사면

◉ **출현 군집과 우점도** Communities & abundance
총 빈도: 8%(35/447)
평균 피도: 7±14%

1. 소나무-가래나무_이삭여뀌 군집(◇)
2. 소나무-굴참나무_졸참나무 군집(△)
3. 소나무_산딸기 군집(●)
4. 소나무_진달래 군집(▼)

5. 굴참나무-소나무_왕느릅나무 군집(○)
6. 굴참나무-떡갈나무_큰기름새 군집(◆)

7. 신갈나무-서어나무_생강나무 군집(◈)
8. 신갈나무-전나무_조릿대 군집(■)
9. 신갈나무-들메나무_고광나무 군집(□)
10. 신갈나무_우산나물 군집(●)
11. 신갈나무_철쭉 군집(○)
12. 신갈나무_동자꽃 군집( )
13. 신갈나무-피나무_나래박쥐나물 군집(◆)

◉ **종 다양성 지수(H′)** Species diversity
2.27±0.41(22)

◉ **동반 종** Accompanying species
당단풍나무(91%), 피나무(80%), 신갈나무(77%),
함박꽃나무(74%), 까치박달(71%)

◉ **종합** Synopsis
고도가 중간 산지부터 높은 산지까지 적습한 북사면 계곡부에 주로 분포한다. 활엽수 혼합 숲에서 주로 출현하는 교목으로 지표종이다. 드물지만 비교적 우점한다.

고도 Elevation

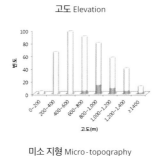

경사 Slope degree

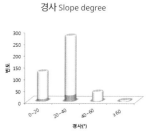

미소 지형 Micro-topography

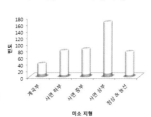

사면 방위 Slope aspect

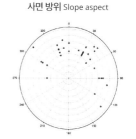

군집별 빈도 Frequency

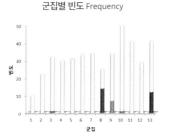

군집별 피도 Coverage

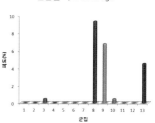

다변량 분석 Multivariate analysis

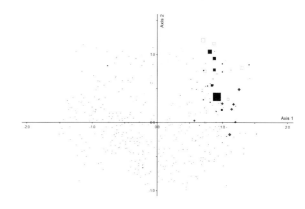

산꿩의다리

Thalictrum filamentosum

● **생장형** Growth form
초본, 다년생, 낙엽, 절대육상식물

● **지리 분포** Geography
국내: 전국[3]
국외: 러시아 아무르, 우수리, 일본, 중국[11]

● **생육지** Habitat
모암: 비석회암 73%, 석회암 27%
고도: 1,110±279m, 중간 산지~높은 산지
경사: 23±12°
미소 지형: 전 지형
사면 방위: 전 방위

● **출현 군집과 우점도** Communities & abundance
총 빈도: 7%(30/447)
평균 피도: 0.7±0.9%

1. 소나무 - 가래나무_이삭여뀌 군집(◇)
2. 소나무 - 굴참나무_졸참나무 군집(△)
3. 소나무_산딸기 군집(●)
4. 소나무_진달래 군집(▼)

5. 굴참나무 - 소나무_왕느릅나무 군집(◇)
6. 굴참나무 - 떡갈나무_큰기름새 군집(◆)

7. 신갈나무 - 서어나무_생강나무 군집(◈)
8. 신갈나무 - 전나무_조릿대 군집(■)
9. 신갈나무 - 들메나무_고광나무 군집(□)
10. 신갈나무_우산나물 군집(●)
11. 신갈나무_철쭉 군집(○)
12. 신갈나무_동자꽃 군집(△)
13. 신갈나무 - 피나무_나래박쥐나물 군집(◆)

● **종 다양성 지수(H′)** Species diversity
2.46±0.27(14)

● **동반 종** Accompanying species
신갈나무(90%), 당단풍나무(83%), 피나무(80%),
대사초(77%), 고로쇠나무(73%), 큰개별꽃(73%)

고도 Elevation
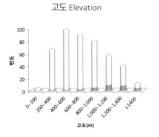

경사 Slope degree
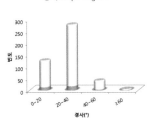

미소 지형 Micro-topography
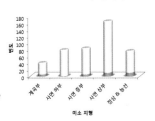

사면 방위 Slope aspect

군집별 빈도 Frequency
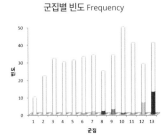

군집별 피도 Coverage
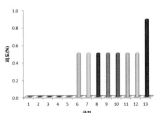
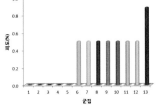

다변량 분석 Multivariate analysis
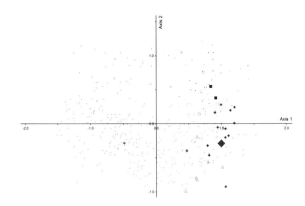

● **종합** Synopsis
고도가 중간 산지부터 높은 산지까지 전 지형에 분포한다. 높은 산지 신갈나무 우점 숲과 신갈나무 - 활엽수 혼합 숲에서 주로 출현하는 초본이다. 드물고 매우 소수 분포한다.

산돌배나무
Pyrus ussuriensis

장미과
Rosaceae

◉ **생장형** Growth form
교목, 활엽, 낙엽, 절대육상식물

◉ **지리 분포** Geography
국내: 전국[3]
국외: 러시아 극동, 일본, 중국[3]

◉ **생육지** Habitat
모암: 비석회암 80%, 석회암 20%
고도: 765±497m, 낮은 산지~높은 산지
경사: 15±13°
미소 지형: 전 지형, 특히 능선과 정상
사면 방위: 전 방위

고도 Elevation

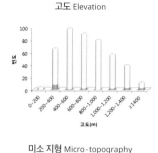

경사 Slope degree

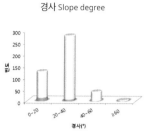

미소 지형 Micro-topography

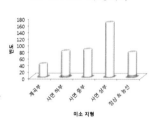

사면 방위 Slope aspect

◉ **출현 군집과 우점도** Communities & abundance
총 빈도: 4%(19/447)
평균 피도: 6±10%

1. 소나무-가래나무_이삭여뀌 군집(◇)
2. 소나무-굴참나무_졸참나무 군집(△)
3. 소나무_산딸기 군집(●)
4. 소나무_진달래 군집(▼)

5. 굴참나무-소나무_왕느릅나무 군집(○)
6. 굴참나무-떡갈나무_큰기름새 군집(◆)

7. 신갈나무-서어나무_생강나무 군집(◈)
8. 신갈나무-전나무_조릿대 군집(■)
9. 신갈나무-들메나무_고광나무 군집(□)
10. 신갈나무_우산나물 군집(●)
11. 신갈나무_철쭉 군집(○)
12. 신갈나무_동자꽃 군집( )
13. 신갈나무-피나무_나래박쥐나물 군집(◆)

◉ **종 다양성 지수(H′)** Species diversity
2.31±0.41(16)

◉ **동반 종** Accompanying species
신갈나무(79%), 물푸레나무(68%), 당단풍나무(53%),
대사초(53%), 미역줄나무(53%), 소나무(53%), 참취(53%)

군집별 빈도 Frequency

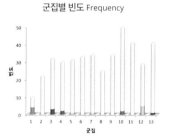

군집별 피도 Coverage

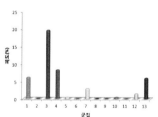

다변량 분석 Multivariate analysis

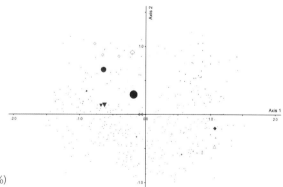

◉ **종합** Synopsis
고도가 낮은 산지부터 높은 산지까지, 분포하는 고도 범위가 넓다. 전 지형에서 출현하나 완만한 능선이나 정상에서 더욱 흔하다.
신갈나무 우점 숲에서도 나타나나 소나무 우점 숲이나 소나무-활엽수 혼합 숲에서 주로 출현하는 교목이다. 매우 드물지만
비교적 우점한다.

산딸기

Rubus crataegifolius

- **생장형** Growth form
  관목, 활엽, 낙엽, 절대육상식물

- **지리 분포** Geography
  국내: 전국[2]
  국외: 러시아 동부, 일본, 중국[2]

- **생육지** Habitat
  모암: 비석회암 67%, 석회암 33%
  고도: 680±246m, 낮은 산지~중간 산지
  경사: 27±11°
  미소 지형: 전 지형, 주로 사면부
  사면 방위: 전 방위

고도 Elevation
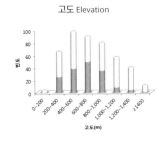

경사 Slope degree
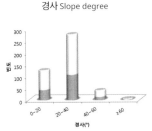

미소 지형 Micro-topography
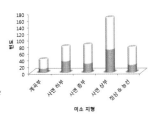

사면 방위 Slope aspect

- **출현 군집과 우점도** Communities & abundance
  총 빈도: 36%(160/447)
  평균 피도: 2±5%

  1. 소나무 - 가래나무_이삭여뀌 군집(◇)
  2. 소나무 - 굴참나무_졸참나무 군집(△)
  3. 소나무_산딸기 군집(●)
  4. 소나무_진달래 군집(▼)

  5. 굴참나무 - 소나무_왕느릅나무 군집(◇)
  6. 굴참나무 - 떡갈나무_큰기름새 군집(◆)

  7. 신갈나무 - 서어나무_생강나무 군집(◈)
  8. 신갈나무 - 전나무_조릿대 군집(■)
  9. 신갈나무 - 들메나무_고광나무 군집(□)
  10. 신갈나무_우산나물 군집(●)
  11. 신갈나무_철쭉 군집(○)
  12. 신갈나무_동자꽃 군집(◌)
  13. 신갈나무 - 피나무_나래박쥐나물 군집(◆)

군집별 빈도 Frequency
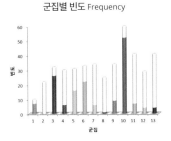

군집별 피도 Coverage
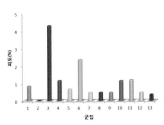

- **종 다양성 지수(H')** Species diversity
  2.16±0.38(142)

다변량 분석 Multivariate analysis
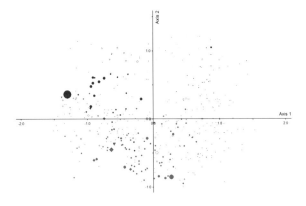

- **동반 종** Accompanying species
  신갈나무(84%), 물푸레나무(74%), 생강나무(71%),
  참취(68%), 큰기름새(68%)

- **종합** Synopsis
  고도가 낮은 산지부터 중간 산지까지 사면부에 분포한다. 거의 모든 군집에서 출현하나 낮은 산지 소나무 우점 숲, 소나무-활엽수 혼합 숲 및 굴참나무 숲과 중간 산지 신갈나무 우점 숲 가장자리에서 우점하는 관목이다. 매우 흔하나 소수 분포한다.

산박하

Isodon inflexus

◎ **생장형** Growth form
초본, 다년생, 낙엽, 절대육상식물

◎ **지리 분포** Geography
국내: 전국[1]
국외: 일본[1]

◎ **생육지** Habitat
모암: 비석회암 69%, 석회암 31%
고도: 727±333m, 낮은 산지~높은 산지
경사: 26±12°
미소 지형: 전 지형
사면 방위: 전 방위

◎ **출현 군집과 우점도** Communities & abundance
총 빈도: 38%(168/447)
평균 피도: 1±3%

1. 소나무 - 가래나무_이삭여뀌 군집(◇)
2. 소나무 - 굴참나무_졸참나무 군집(△)
3. 소나무_산딸기 군집(●)
4. 소나무_진달래 군집(▼)

5. 굴참나무 - 소나무_왕느릅나무 군집(◇)
6. 굴참나무 - 떡갈나무_큰기름새 군집(◆)

7. 신갈나무 - 서어나무_생강나무 군집(◈)
8. 신갈나무 - 전나무_조릿대 군집(■)
9. 신갈나무 - 들메나무_고광나무 군집(□)
10. 신갈나무_우산나물 군집(●)
11. 신갈나무_철쭉 군집(○)
12. 신갈나무_동자꽃 군집( )
13. 신갈나무 - 피나무_나래박쥐나물 군집(◆)

◎ **종 다양성 지수(H′)** Species diversity
2.18±0.34(153)

◎ **동반 종** Accompanying species
신갈나무(82%), 생강나무(65%), 참취(65%),
물푸레나무(62%), 대사초(59%)

고도 Elevation

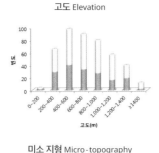

경사 Slope degree

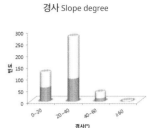

미소 지형 Micro-topography

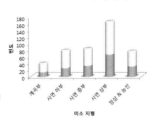

사면 방위 Slope aspect

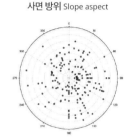

군집별 빈도 Frequency

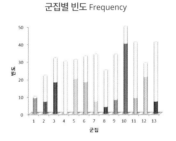

군집별 피도 Coverage

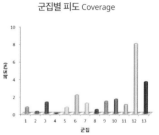

다변량 분석 Multivariate analysis

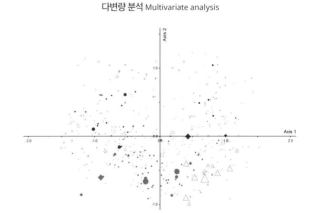

◎ **종합** Synopsis
고도가 낮은 산지부터 높은 산지까지, 분포하는 고도 범위가 넓다. 생육지 범위가 넓으나 비교적 건조한 곳에 주로 분포한다.
낮은 산지 소나무 우점 숲, 소나무-활엽수 혼합 숲, 굴참나무 숲, 높은 산지 신갈나무 우점 숲에서 출현하고 우점도가 높은
초본이다. 매우 흔하나 소수 분포한다.

산벚나무

Prunus sargentii

장미과
Rosaceae

◉ **생장형** Growth form
교목, 활엽, 낙엽, 절대육상식물

◉ **지리 분포** Geography
국내: 전국[6]
국외: 러시아 사할린, 일본[2]

◉ **생육지** Habitat
모암: 비석회암 67%, 석회암 33%
고도: 694±304m, 낮은 산지~중간 산지
경사: 26±11°
미소 지형: 전 지형, 주로 사면 중부 이하
사면 방위: 전 방위

◉ **출현 군집과 우점도** Communities & abundance
총 빈도: 26%(114/447)
평균 피도: 4±6%

1. 소나무 - 가래나무_이삭여뀌 군집(◇)
2. 소나무 - 굴참나무_졸참나무 군집(△)
3. 소나무_산딸기 군집(●)
4. 소나무_진달래 군집(▼)

5. 굴참나무 - 소나무_왕느릅나무 군집(○)
6. 굴참나무 - 떡갈나무_큰기름새 군집(◆)

7. 신갈나무 - 서어나무_생강나무 군집(◈)
8. 신갈나무 - 전나무_조릿대 군집(■)
9. 신갈나무 - 들메나무_고광나무 군집(□)
10. 신갈나무_우산나물 군집(●)
11. 신갈나무_철쭉 군집(○)
12. 신갈나무_동자꽃 군집(◁)
13. 신갈나무 - 피나무_나래박쥐나물 군집(◆)

◉ **종 다양성 지수(H')** Species diversity
2.17±0.33(80)

◉ **동반 종** Accompanying species
신갈나무(84%), 생강나무(68%), 물푸레나무(63%),
참취(61%), 당단풍나무(57%)

◉ **종합** Synopsis
고도가 낮은 산지부터 중간 산지까지 사면 중부 이하에 주로 분포한다. 모든 군집에서 출현하나 건조한 소나무 우점 숲과 굴참나무 숲, 적습한 활엽수 혼합 숲에서 주로 출현하는 교목이다. 비교적 흔하나 소수 분포한다.

고도 Elevation

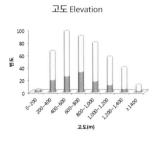

경사 Slope degree

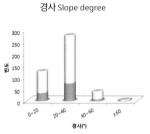

미소 지형 Micro-topography

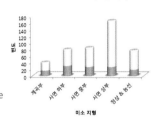

사면 방위 Slope aspect

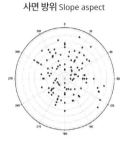

군집별 빈도 Frequency

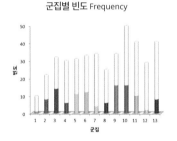

군집별 피도 Coverage

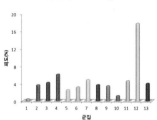

다변량 분석 Multivariate analysis

산뽕나무
Morus bombycis

◉ **생장형** Growth form
소교목, 활엽, 낙엽, 절대육상식물

◉ **지리 분포** Geography
국내: 전국[3]
국외: 러시아, 일본, 중국[3]

◉ **생육지** Habitat
모암: 비석회암 62%, 석회암 38%
고도: 601±236m, 낮은 산지~중간 산지
경사: 27±12°
미소 지형: 전 지형, 주로 사면 중부 이하
사면 방위: 전 방위

◉ **출현 군집과 우점도** Communities & abundance
총 빈도: 18%(81/447)
평균 피도: 4±8%

1. 소나무-가래나무_이삭여뀌 군집(◇)
2. 소나무-굴참나무_졸참나무 군집(△)
3. 소나무_산딸기 군집(●)
4. 소나무_진달래 군집(▼)

5. 굴참나무-소나무_왕느릅나무 군집(○)
6. 굴참나무-떡갈나무_큰기름새 군집(◆)

7. 신갈나무-서어나무_생강나무 군집(◉)
8. 신갈나무-전나무_조릿대 군집(■)
9. 신갈나무-들메나무_고광나무 군집(□)
10. 신갈나무_우산나물 군집(●)
11. 신갈나무_철쭉 군집(○)
12. 신갈나무_동자꽃 군집( )
13. 신갈나무-피나무_나래박쥐나물 군집(◆)

◉ **종 다양성 지수(H′)** Species diversity
2.26±0.29(66)

◉ **동반 종** Accompanying species
물푸레나무(79%), 생강나무(77%), 신갈나무(73%),
부채마(59%), 산딸기(52%), 큰기름새(52%)

◉ **종합** Synopsis
고도가 낮은 산지부터 중간 산지까지 사면 중부 이하에 주로 분포한다. 소나무 우점 숲, 소나무-활엽수 혼합 숲, 굴참나무 숲,
활엽수 혼합 숲 등 수분 범위가 넓은 다양한 군집에서 출현하는 소교목이다. 비교적 흔하나 소수 분포한다.

고도 Elevation
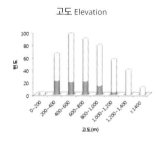

경사 Slope degree
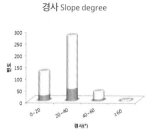

미소 지형 Micro-topography
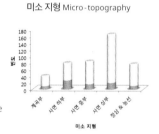

사면 방위 Slope aspect

군집별 빈도 Frequency
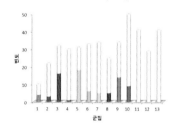

군집별 피도 Coverage
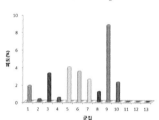

다변량 분석 Multivariate analysis

산새풀

Calamagrostis langsdorffii

◉ **생장형** Growth form
초본, 다년생, 낙엽, 절대육상식물

◉ **지리 분포** Geography
국내: 중부 이북[6]
국외: 러시아, 몽골, 유럽과 북아메리카 아극 지역,
일본[8]

◉ **생육지** Habitat
모암: 비석회암 89%, 석회암 11%
고도: 1,235±249m, 중간 산지~높은 산지
경사: 22±12°
미소 지형: 주로 사면 상부 이상
사면 방위: 전 방위

◉ **출현 군집과 우점도** Communities & abundance
총 빈도: 4%(18/447)
평균 피도: 12±18%

1. 소나무 - 가래나무 _ 이삭여뀌 군집(◇)
2. 소나무 - 굴참나무 _ 졸참나무 군집(△)
3. 소나무 _ 산딸기 군집(●)
4. 소나무 _ 진달래 군집(▼)

5. 굴참나무 - 소나무 _ 왕느릅나무 군집(◇)
6. 굴참나무 - 떡갈나무 _ 큰기름새 군집(◆)

7. 신갈나무 - 서어나무 _ 생강나무 군집(◈)
8. 신갈나무 - 전나무 _ 조릿대 군집(■)
9. 신갈나무 - 들메나무 _ 고광나무 군집(□)
10. 신갈나무 _ 우산나물 군집(●)
11. 신갈나무 _ 철쭉 군집(○)
12. 신갈나무 _ 동자꽃 군집(◌)
13. 신갈나무 - 피나무 _ 나래박쥐나물 군집(◆)

◉ **종 다양성 지수(H')** Species diversity
2.38±0.41(16)

◉ **동반 종** Accompanying species
대사초(100%), 당단풍나무(78%), 미역줄나무(78%),
신갈나무(72%), 참취(72%)

◉ **종합** Synopsis
고도가 중간 산지부터 높은 산지까지 사면 상부 이상 건조한 곳에 주로 분포한다. 신갈나무 우점 숲과 신갈나무 - 활엽수 혼합
숲에서 주로 출현하는 초본이다. 매우 드물지만 비교적 우점한다.

고도 Elevation

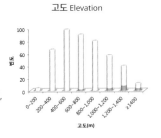

경사 Slope degree

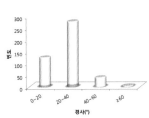

미소 지형 Micro-topography

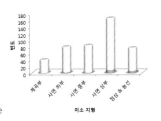

사면 방위 Slope aspect

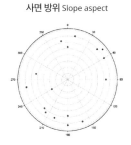

군집별 빈도 Frequency

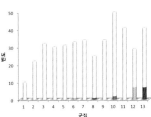

군집별 피도 Coverage

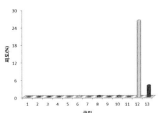

다변량 분석 Multivariate analysis

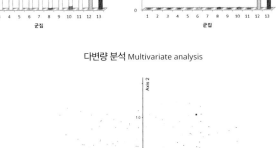
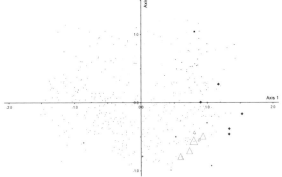

산씀바귀

Lactuca raddeana

● **생장형** Growth form
초본, 이년생, 낙엽, 절대육상식물

● **지리 분포** Geography
국내: 전국[3]
국외: 대만, 동남아시아, 러시아 시베리아,
일본, 중국 남부[3]

● **생육지** Habitat
모암: 비석회암 61%, 석회암 39%
고도: 759±313m, 낮은 산지~높은 산지
경사: 27±12°
미소 지형: 전 지형, 주로 사면 중부 이상
사면 방위: 전 방위

● **출현 군집과 우점도** Communities & abundance
총 빈도: 7%(31/447)
평균 피도: 0.5±0.1%

1. 소나무-가래나무_이삭여뀌 군집(◇)
2. 소나무-굴참나무_졸참나무 군집(△)
3. 소나무_산딸기 군집(●)
4. 소나무_진달래 군집(▼)

5. 굴참나무-소나무_왕느릅나무 군집(◌)
6. 굴참나무-떡갈나무_큰기름새 군집(◆)

7. 신갈나무-서어나무_생강나무 군집(◈)
8. 신갈나무-전나무_조릿대 군집(■)
9. 신갈나무-들메나무_고광나무 군집(□)
10. 신갈나무_우산나물 군집(●)
11. 신갈나무_철쭉 군집(◌)
12. 신갈나무_동자꽃 군집(◌)
13. 신갈나무-피나무_나래박쥐나물 군집(◆)

● **종 다양성 지수(H′)** Species diversity
2.32±0.43(24)

● **동반 종** Accompanying species
신갈나무(84%), 둥굴레(74%), 물푸레나무(71%),
참취(71%), 큰기름새(71%)

● **종합** Synopsis
고도가 낮은 산지부터 높은 산지까지, 분포하는 고도 범위가 넓다. 사면 중부 이상에 주로 분포한다. 낮은 산지 소나무 우점 숲,
소나무-활엽수 혼합 숲, 굴참나무 숲과 중간 산지 신갈나무 우점 숲에서 주로 출현하는 초본이다. 드물고 매우 소수 분포한다.

고도 Elevation
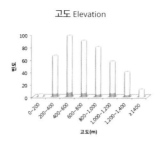

경사 Slope degree
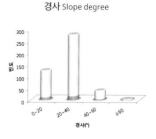

미소 지형 Micro-topography
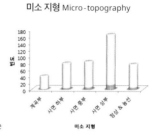

사면 방위 Slope aspect

군집별 빈도 Frequency
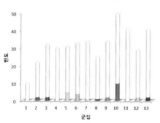

군집별 피도 Coverage
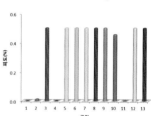

다변량 분석 Multivariate analysis
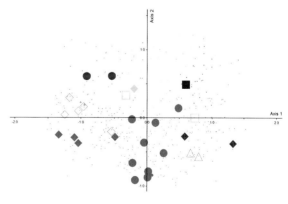

산앵도나무

Vaccinium hirtum var. *koreanum*

● **생장형** Growth form
관목, 활엽, 낙엽, 절대육상식물

● **지리 분포** Geography
국내: 전국(제주도 제외)[1]
국외: 한국 특산[15]

● **생육지** Habitat
모암: 비석회암 96%, 석회암 4%
고도: 927±288m, 낮은 산지~높은 산지
경사: 32±14°
미소 지형: 전 지형, 주로 사면 상부 이상
사면 방위: 전 방위

● **출현 군집과 우점도** Communities & abundance
총 빈도: 6%(28/447)
평균 피도: 5±8%

1. 소나무 - 가래나무_이삭여뀌 군집(◇)
2. 소나무 - 굴참나무_졸참나무 군집(△)
3. 소나무_산딸기 군집(●)
4. 소나무_진달래 군집(▼)

5. 굴참나무 - 소나무_왕느릅나무 군집(○)
6. 굴참나무 - 떡갈나무_큰기름새 군집(◆)

7. 신갈나무 - 서어나무_생강나무 군집(◈)
8. 신갈나무 - 전나무_조릿대 군집(■)
9. 신갈나무 - 들메나무_고광나무 군집(□)
10. 신갈나무 - 우산나물 군집(●)
11. 신갈나무_철쭉 군집(○)
12. 신갈나무_동자꽃 군집(◌)
13. 신갈나무 - 피나무_나래박쥐나물 군집(◆)

● **종 다양성 지수(H′)** Species diversity
2.00±0.36(24)

● **동반 종** Accompanying species
신갈나무(96%), 당단풍나무(86%), 철쭉(82%),
대사초(71%), 진달래(71%)

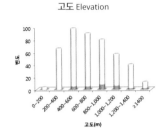

고도 Elevation

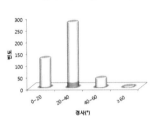

경사 Slope degree

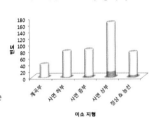

미소 지형 Micro-topography

사면 방위 Slope aspect

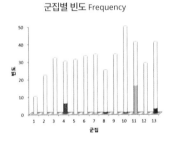

군집별 빈도 Frequency

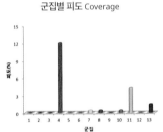

군집별 피도 Coverage

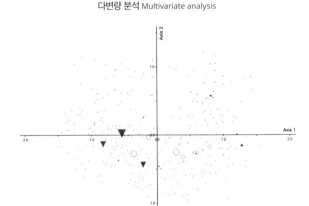

다변량 분석 Multivariate analysis

● **종합** Synopsis
고도가 낮은 산지부터 높은 산지까지, 분포하는 고도 범위가 넓다. 가파르고 건조한 사면 상부나 능선과 정상에 분포한다. 소나무 우점 숲과 신갈나무 우점 숲에서 주로 출현하는 우리나라 고유종 관목이다. 출현하는 군집의 종 다양성이 낮다. 드물지만 비교적 우점한다.

산조팝나무

Spiraea blumei

◉ **생장형** Growth form
관목, 활엽, 낙엽, 절대육상식물

◉ **지리 분포** Geography
국내: 전국(제주도 제외)[2]
국외: 일본, 중국[2]

◉ **생육지** Habitat
모암: 비석회암 42%, 석회암 58%
고도: 731±417m, 낮은 산지~높은 산지
경사: 44±23°
미소 지형: 사면부
사면 방위: 전 방위

◉ **출현 군집과 우점도** Communities & abundance
총 빈도: 3%(12/447)
평균 피도: 2±5%

1. 소나무 - 가래나무_이삭여뀌 군집(◇)
2. 소나무 - 굴참나무_졸참나무 군집(△)
3. 소나무_산딸기 군집(●)
4. 소나무_진달래 군집(▼)

5. 굴참나무 - 소나무_왕느릅나무 군집(◯)
6. 굴참나무 - 떡갈나무_큰기름새 군집(◆)

7. 신갈나무 - 서어나무_생강나무 군집(◈)
8. 신갈나무 - 전나무_조릿대 군집(■)
9. 신갈나무 - 들메나무_고광나무 군집(□)
10. 신갈나무_우산나물 군집(●)
11. 신갈나무_철쭉 군집(◌)
12. 신갈나무_동자꽃 군집( )
13. 신갈나무 - 피나무_나래박쥐나물 군집(◆)

◉ **종 다양성 지수(H′)** Species diversity
2.36±0.46(7)

◉ **동반 종** Accompanying species
신갈나무(92%), 물푸레나무(75%), 가는잎그늘사초(67%),
고로쇠나무(67%), 부채마(58%)

◉ **종합** Synopsis
고도가 낮은 산지부터 높은 산지까지, 분포하는 고도 범위가 넓다. 건조하고 낮은 석회암 산지 가파른 사면부에 주로 분포한다.
굴참나무 숲에서 주로 출현하는 관목이다. 매우 드물고 소수 분포한다.

고도 Elevation

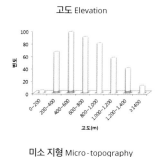

경사 Slope degree

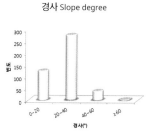

미소 지형 Micro-topography

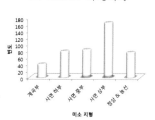

사면 방위 Slope aspect

군집별 빈도 Frequency

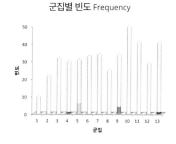

군집별 피도 Coverage

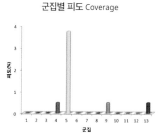

다변량 분석 Multivariate analysis

산초나무

Zanthoxylum schinifolium

● **생장형** Growth form
관목, 활엽, 낙엽, 절대육상식물

● **지리 분포** Geography
국내: 전국[2]
국외: 대만, 일본, 중국[10]

● **생육지** Habitat
모암: 비석회암 40%, 석회암 60%
고도: 461±150m, 낮은 산지
경사: 26±11°
미소 지형: 전 지형, 주로 사면 하부 및 중부
사면 방위: 전 방위

● **출현 군집과 우점도** Communities & abundance
총 빈도: 11%(47/447)
평균 피도: 3±6%

1. 소나무 - 가래나무_이삭여뀌 군집(◇)
2. 소나무 - 굴참나무_졸참나무 군집(△)
3. 소나무_산딸기 군집(●)
4. 소나무_진달래 군집(▼)

5. 굴참나무 - 소나무_왕느릅나무 군집(◇)
6. 굴참나무 - 떡갈나무_큰기름새 군집(◆)

7. 신갈나무 - 서어나무_생강나무 군집(◈)
8. 신갈나무 - 전나무_조릿대 군집(■)
9. 신갈나무 - 들메나무_고광나무 군집(□)
10. 신갈나무 - 우산나물 군집(●)
11. 신갈나무_철쭉 군집(○)
12. 신갈나무_동자꽃 군집(△)
13. 신갈나무 - 피나무_나래박쥐나물 군집(◆)

● **종 다양성 지수(H′)** Species diversity
2.19±0.31(43)

● **동반 종** Accompanying species
생강나무(94%), 큰기름새(91%), 소나무(87%),
신갈나무(83%), 물푸레나무(72%), 삽주(72%)

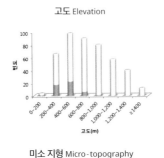

고도 Elevation

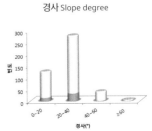

경사 Slope degree

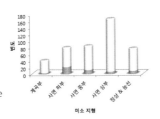

미소 지형 Micro-topography

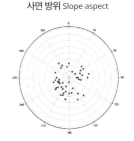

사면 방위 Slope aspect

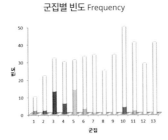

군집별 빈도 Frequency

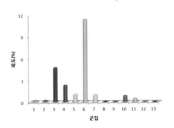

군집별 피도 Coverage

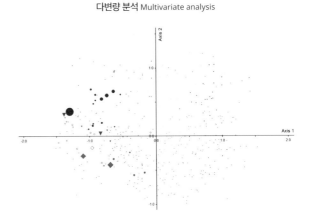

다변량 분석 Multivariate analysis

● **종합** Synopsis
고도가 낮은 산지 하부와 중부 건조한 곳에 주로 분포한다. 굴참나무 숲이나 소나무 우점 숲에서 주로 출현하는 관목이다. 비교적 흔하나 소수 분포한다.

삽주

Atractylodes ovata

● 생장형 Growth form
초본, 다년생, 낙엽, 절대육상식물

● 지리 분포 Geography
국내: 전국[9]
국외: 러시아 동부, 일본, 중국 동북부[9]

● 생육지 Habitat
모암: 비석회암 64%, 석회암 36%
고도: 589±213m, 낮은 산지~중간 산지
경사: 30±9°
미소 지형: 전 지형, 주로 사면부
사면 방위: 전 방위

● 출현 군집과 우점도 Communities & abundance
총 빈도: 41%(184/447)
평균 피도: 0.7±0.9%

1. 소나무 - 가래나무_이삭여뀌 군집(◇)
2. 소나무 - 굴참나무_졸참나무 군집(△)
3. 소나무_산딸기 군집(●)
4. 소나무_진달래 군집(▼)

5. 굴참나무 - 소나무_왕느릅나무 군집(○)
6. 굴참나무 - 떡갈나무_큰기름새 군집(◆)

7. 신갈나무 - 서어나무_생강나무 군집(◈)
8. 신갈나무 - 전나무_조릿대 군집(■)
9. 신갈나무 - 들메나무_고광나무 군집(□)
10. 신갈나무_우산나물 군집(●)
11. 신갈나무_철쭉 군집(○)
12. 신갈나무_동자꽃 군집(△)
13. 신갈나무 - 피나무_나래박쥐나물 군집(◆)

● 종 다양성 지수(H′) Species diversity
2.03±0.38(159)

● 동반 종 Accompanying species
신갈나무(89%), 생강나무(82%), 큰기름새(79%),
둥굴레(71%), 물푸레나무(65%)

● 종합 Synopsis
고도가 낮은 산지부터 중간 산지까지 건조하고 가파른 사면부에 주로 분포한다. 낮은 산지 소나무 우점 숲과 굴참나무 숲, 중간 산지 신갈나무 우점 숲에서 주로 출현하는 초본이다. 출현하는 군집의 종 다양성이 낮다. 매우 흔하나 매우 소수 분포한다.

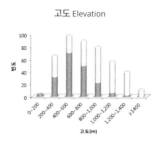
고도 Elevation

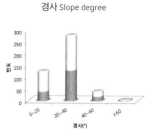
경사 Slope degree

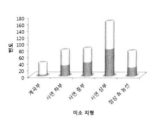
미소 지형 Micro-topography

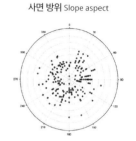
사면 방위 Slope aspect

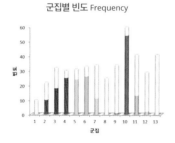
군집별 빈도 Frequency

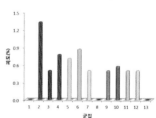
군집별 피도 Coverage

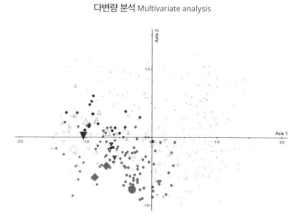
다변량 분석 Multivariate analysis

삿갓나물

Paris verticillata

● **생장형** Growth form
초본, 다년생, 낙엽, 절대육상식물

● **지리 분포** Geography
국내: 전국[9]
국외: 러시아 사할린, 시베리아, 일본[9]

● **생육지** Habitat
모암: 비석회암 85%, 석회암 15%
고도: 919±332m, 낮은 산지~높은 산지
경사: 27±15°
미소 지형: 전 지형
사면 방위: 전 방위

● **출현 군집과 우점도** Communities & abundance
총 빈도: 6%(27/447)
평균 피도: 0.5±0%

1. 소나무 - 가래나무_이삭여뀌 군집(◇)
2. 소나무 - 굴참나무_졸참나무 군집(△)
3. 소나무_산딸기 군집(●)
4. 소나무_진달래 군집(▼)

5. 굴참나무 - 소나무_왕느릅나무 군집(◇)
6. 굴참나무 - 떡갈나무_큰기름새 군집(◆)

7. 신갈나무 - 서어나무_생강나무 군집(◇)
8. 신갈나무 - 전나무_조릿대 군집(■)
9. 신갈나무 - 들메나무_고광나무 군집(□)
10. 신갈나무_우산나물 군집(●)
11. 신갈나무_철쭉 군집(○)
12. 신갈나무_동자꽃 군집(○)
13. 신갈나무 - 피나무_나래박쥐나물 군집(◆)

● **종 다양성 지수(H′)** Species diversity
2.34±0.25(21)

● **동반 종** Accompanying species
신갈나무(89%), 대사초(81%), 당단풍나무(74%),
고로쇠나무(67%), 단풍취(67%)

고도 Elevation
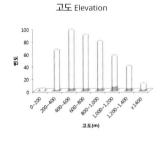

경사 Slope degree
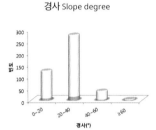

미소 지형 Micro-topography
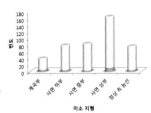

사면 방위 Slope aspect
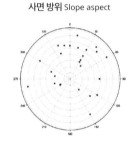

군집별 빈도 Frequency
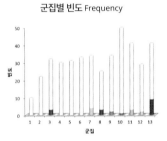

군집별 피도 Coverage
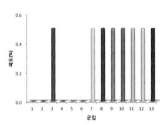

다변량 분석 Multivariate analysis
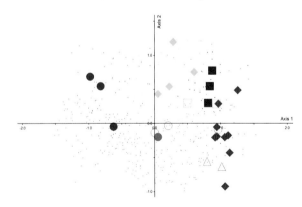

● **종합** Synopsis
고도가 낮은 산지부터 높은 산지까지, 분포하는 고도 범위가 넓다. 전 지형에 분포한다. 적습한 중간 산지 신갈나무 - 활엽수 혼합 숲과 건조한 신갈나무 - 혼합 숲에서 주로 출현하는 초본이다. 드물고 매우 소수 분포한다.

새

Arundinella hirta

● **생장형** Growth form
초본, 다년생, 낙엽, 절대육상식물

● **지리 분포** Geography
국내: 전국[8]
국외: 러시아 극동, 일본, 중국[8]

● **생육지** Habitat
모암: 비석회암 85%, 석회암 15%
고도: 526±261m, 낮은 산지~중간 산지
경사: 26±12°
미소 지형: 전 지형
사면 방위: 주로 남사면

● **출현 군집과 우점도** Communities & abundance
총 빈도: 4%(20/447)
평균 피도: 0.7±0.8%

1. 소나무-가래나무_이삭여뀌 군집(◇)
2. 소나무-굴참나무_졸참나무 군집(△)
3. 소나무_산딸기 군집(●)
4. 소나무_진달래 군집(▼)

5. 굴참나무-소나무_왕느릅나무 군집(◌)
6. 굴참나무-떡갈나무_큰기름새 군집(◆)

7. 신갈나무-서어나무_생강나무 군집(◈)
8. 신갈나무-전나무_조릿대 군집(■)
9. 신갈나무-들메나무_고광나무 군집(□)
10. 신갈나무_우산나물 군집(●)
11. 신갈나무_철쭉 군집(◌)
12. 신갈나무_동자꽃 군집(◌)
13. 신갈나무-피나무_나래박쥐나물 군집(◆)

● **종 다양성 지수(H′)** Species diversity
2.03±0.52(14)

● **동반 종** Accompanying species
생강나무(90%), 신갈나무(85%), 큰기름새(80%),
삽주(75%), 굴참나무(70%), 둥굴레(70%), 참싸리(70%)

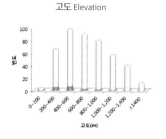
고도 Elevation

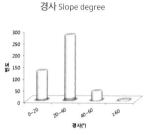
경사 Slope degree

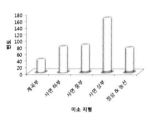
미소 지형 Micro-topography

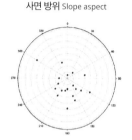
사면 방위 Slope aspect

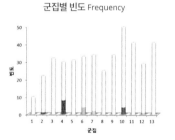
군집별 빈도 Frequency

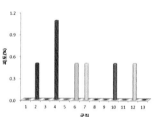
군집별 피도 Coverage

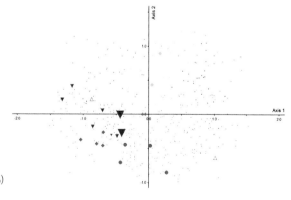
다변량 분석 Multivariate analysis

● **종합** Synopsis
고도가 낮은 산지부터 중간 산지까지 전 지형에 주로 분포한다. 주로 남사면에 분포한다. 소나무 우점 숲, 굴참나무 숲과
신갈나무 우점 숲 가장자리와 햇빛이 많이 들어오는 숲 틈에서 주로 출현하는 초본이다. 출현하는 군집의 종 다양성이 낮다. 숲
속에는 매우 드물고 매우 소수 분포한다.

새콩

Amphicarpaea bracteata subsp. *edgeworthii*

● **생장형** Growth form
덩굴성초본, 일년생, 낙엽, 절대육상식물

● **지리 분포** Geography
국내: 전국[3]
국외: 러시아 극동, 인도차이나, 일본, 히말라야[3]

● **생육지** Habitat
모암: 비석회암 46%, 석회암 54%
고도: 433±201m, 낮은 산지
경사: 20±15°
미소 지형: 주로 사면 하부
사면 방위: 전 방위

● **출현 군집과 우점도** Communities & abundance
총 빈도: 3%(13/447)
평균 피도: 0.7±0.7%

1. 소나무-가래나무_이삭여뀌 군집(◇)
2. 소나무-굴참나무_졸참나무 군집(△)
3. 소나무_산딸기 군집(●)
4. 소나무_진달래 군집(▼)

5. 굴참나무-소나무_왕느릅나무 군집(◌)
6. 굴참나무-떡갈나무_큰기름새 군집(◆)

7. 신갈나무-서어나무_생강나무 군집(◉)
8. 신갈나무-전나무_조릿대 군집(■)
9. 신갈나무-들메나무_고광나무 군집(□)
10. 신갈나무_우산나물 군집(●)
11. 신갈나무_철쭉 군집(○)
12. 신갈나무_동자꽃 군집(◌)
13. 신갈나무-피나무_나래박쥐나물 군집(◆)

● **종 다양성 지수(H′)** Species diversity
2.24±0.27(13)

● **동반 종** Accompanying species
물푸레나무(92%), 줄딸기(85%), 산박하(77%),
부채마(69%), 산딸기(69%), 산뽕나무(69%), 청가시덩굴(69%)

고도 Elevation

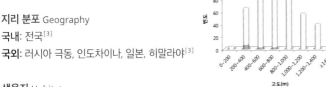

경사 Slope degree

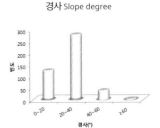

미소 지형 Micro-topography

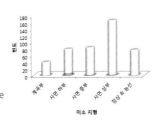

사면 방위 Slope aspect

군집별 빈도 Frequency

군집별 피도 Coverage

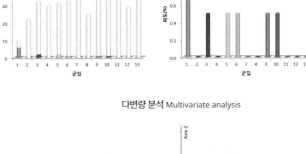

다변량 분석 Multivariate analysis

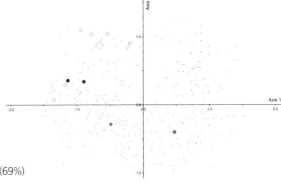

● **종합** Synopsis
고도가 낮은 산지에서 사면 하부 적습한 곳에 주로 분포한다. 적습한 소나무-활엽수 혼합 숲에서 출현하는 덩굴성 일년생 초본이다. 매우 드물고 매우 소수 분포한다.

생강나무

Lindera obtusiloba

녹나무과
Lauraceae

● **생장형** Growth form
소교목, 활엽, 낙엽, 절대육상식물

● **지리 분포** Geography
국내: 전국[2]
국외: 일본, 중국[2]

● **생육지** Habitat
모암: 비석회암 78%, 석회암 22%
고도: 612±233m, 낮은 산지~중간 산지
경사: 30±12°
미소 지형: 전 지형, 주로 사면 중부 이하
사면 방위: 전 방위

● **출현 군집과 우점도** Communities & abundance
총 빈도: 66%(293/447)
평균 피도: 11±19%

1. 소나무 - 가래나무_이삭여뀌 군집(◇)
2. 소나무 - 굴참나무_졸참나무 군집(△)
3. 소나무_산딸기 군집(●)
4. 소나무_진달래 군집(▼)

5. 굴참나무 - 소나무_왕느릅나무 군집(○)
6. 굴참나무 - 떡갈나무_큰기름새 군집(◆)

7. 신갈나무 - 서어나무_생강나무 군집(◉)
8. 신갈나무 - 전나무_조릿대 군집(■)
9. 신갈나무 - 들메나무_고광나무 군집(□)
10. 신갈나무_우산나물 군집(●)
11. 신갈나무_철쭉 군집(○)
12. 신갈나무_동자꽃 군집(○)
13. 신갈나무 - 피나무_나래박쥐나물 군집(◆)

● **종 다양성 지수(H')** Species diversity
2.03±0.38(232)

● **동반 종** Accompanying species
신갈나무(82%), 물푸레나무(60%), 큰기름새(56%),
당단풍나무(53%), 둥굴레(52%), 삽주(52%)

고도 Elevation

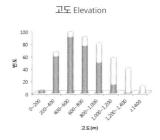

경사 Slope degree

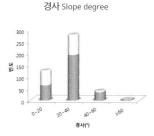

미소 지형 Micro-topography

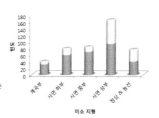

사면 방위 Slope aspect

군집별 빈도 Frequency

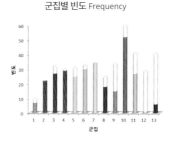

군집별 피도 Coverage

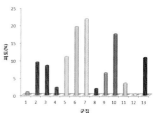

다변량 분석 Multivariate analysis

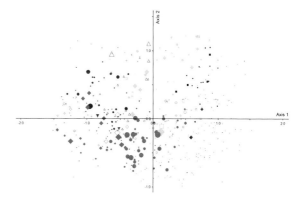

● **종합** Synopsis
고도가 낮은 산지부터 중간 산지까지 다양한 생육지에서 출현하는데 가파른 사면 중부 이하에 주로 분포한다. 모든 군집에
나타나나 낮은 산지 소나무 우점 숲과 굴참나무 숲, 중간 산지 신갈나무 우점 숲과 신갈나무-활엽수 숲에서 주로 출현하는
소교목이다. 출현하는 군집의 종 다양성이 낮다. 전체 대상 종 가운데 신갈나무에 이어서 2번째로, 매우 흔하게 출현하고 비교적
우점한다.

서덜취
Saussurea grandifolia

● **생장형** Growth form
　초본, 다년생, 낙엽, 절대육상식물

● **지리 분포** Geography
　국내: 전국[9]
　국외: 러시아 극동, 중국 동북부[9]

● **생육지** Habitat
　모암: 비석회암 79%, 석회암 21%
　고도: 1,108±264m, 중간 산지~높은 산지
　경사: 26±11°
　미소 지형: 전 지형
　사면 방위: 전 방위

● **출현 군집과 우점도** Communities & abundance
　총 빈도: 6%(28/447)
　평균 피도: 2±4%

　1. 소나무-가래나무_이삭여뀌 군집(◇)
　2. 소나무-굴참나무_졸참나무 군집(△)
　3. 소나무_산딸기 군집(●)
　4. 소나무_진달래 군집(▼)

　5. 굴참나무-소나무_왕느릅나무 군집(○)
　6. 굴참나무-떡갈나무_큰기름새 군집(◆)

　7. 신갈나무-서어나무_생강나무 군집(◓)
　8. 신갈나무-전나무_조릿대 군집(■)
　9. 신갈나무-들메나무_고광나무 군집(□)
　10. 신갈나무_우산나물 군집(●)
　11. 신갈나무_철쭉 군집(○)
　12. 신갈나무_동자꽃 군집(◟)
　13. 신갈나무-피나무_나래박쥐나물 군집(◆)

● **종 다양성 지수(H′)** Species diversity
　2.43±0.44(12)

● **동반 종** Accompanying species
　신갈나무(96%), 당단풍나무(89%), 대사초(82%),
　고로쇠나무(75%), 벌깨덩굴(71%), 족도리풀(71%), 참나물(71%)

● **종합** Synopsis
　고도가 중간 산지부터 높은 산지까지, 신갈나무-활엽수 혼합 숲에서 주로 출현하는 초본이다. 전 지형에 분포한다. 드물고 소수 분포한다.

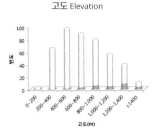
고도 Elevation

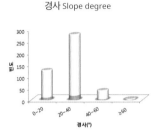
경사 Slope degree

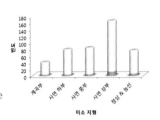
미소 지형 Micro-topography

사면 방위 Slope aspect

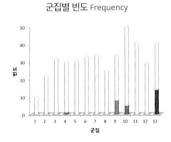
군집별 빈도 Frequency

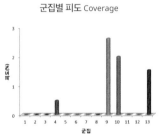
군집별 피도 Coverage

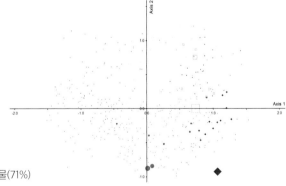
다변량 분석 Multivariate analysis

서어나무

Carpinus laxiflora

자작나무과
Betulaceae

◉ **생장형** Growth form
교목, 활엽, 낙엽, 절대육상식물

◉ **지리 분포** Geography
국내: 전국[5]
국외: 일본, 중국[14]

◉ **생육지** Habitat
모암: 비석회암 98%, 석회암 2%
고도: 598±242m, 낮은 산지~중간 산지
경사: 28±11°
미소 지형: 전 지형, 주로 사면 하부 이하
사면 방위: 전 방위

◉ **출현 군집과 우점도** Communities & abundance
총 빈도: 9%(41/447)
평균 피도: 25±31%

1. 소나무-가래나무_이삭여뀌 군집(◇)
2. 소나무-굴참나무_졸참나무 군집(△)
3. 소나무_산딸기 군집(●)
4. 소나무_진달래 군집(▼)

5. 굴참나무-소나무_왕느릅나무 군집(◇)
6. 굴참나무-떡갈나무_큰기름새 군집(◆)

7. 신갈나무-서어나무_생강나무 군집(◈)
8. 신갈나무-전나무_조릿대 군집(■)
9. 신갈나무-들메나무_고광나무 군집(□)
10. 신갈나무_우산나물 군집(●)
11. 신갈나무_철쭉 군집( )
12. 신갈나무_동자꽃 군집( )
13. 신갈나무-피나무_나래박쥐나물 군집(◆)

◉ **종 다양성 지수(H′)** Species diversity
2.05±0.27(25)

◉ **동반 종** Accompanying species
당단풍나무(93%), 생강나무(90%), 쪽동백나무(81%),
신갈나무(64%), 조록싸리(62%)

◉ **종합** Synopsis
고도가 낮은 산지부터 중간 산지까지 사면 하부에 주로 분포한다. 중간 산지인 신갈나무-활엽수 혼합 숲 지표종인 교목이다.
소나무-활엽수 혼합 숲과 신갈나무 우점 숲에서도 출현한다. 출현하는 군집의 종 다양성이 낮다. 드물고 매우 우점한다.

고도 Elevation
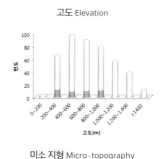

경사 Slope degree
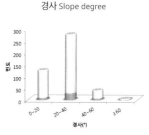

미소 지형 Micro-topography
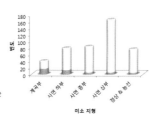

사면 방위 Slope aspect
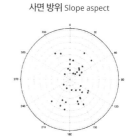

군집별 빈도 Frequency
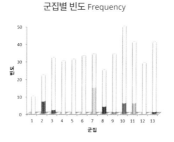

군집별 피도 Coverage
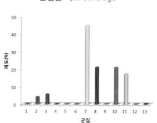

다변량 분석 Multivariate analysis

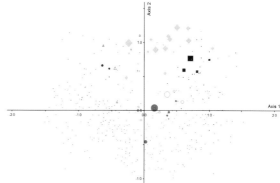

선밀나물

Smilax nipponica

◉ **생장형** Growth form
초본, 다년생, 낙엽, 절대육상식물

◉ **지리 분포** Geography
국내: 전국[9]
국외: 일본, 중국[9]

◉ **생육지** Habitat
모암: 비석회암 75%, 석회암 25%
고도: 642±227m, 낮은 산지~중간 산지
경사: 28±10°
미소 지형: 전 지형, 주로 사면부
사면 방위: 전 방위

◉ **출현 군집과 우점도** Communities & abundance
총 빈도: 25%(110/447)
평균 피도: 1±2%

1. 소나무 - 가래나무_이삭여뀌 군집(◇)
2. 소나무 - 굴참나무_졸참나무 군집(△)
3. 소나무_산딸기 군집(●)
4. 소나무_진달래 군집(▼)

5. 굴참나무 - 소나무_왕느릅나무 군집(◇)
6. 굴참나무 - 떡갈나무_큰기름새 군집(◆)

7. 신갈나무 - 서어나무_생강나무 군집(◆)
8. 신갈나무 - 전나무_조릿대 군집(■)
9. 신갈나무 - 들메나무_고광나무 군집(□)
10. 신갈나무_우산나물 군집(●)
11. 신갈나무_철쭉 군집(○)
12. 신갈나무_동자꽃 군집(○)
13. 신갈나무 - 피나무_나래박쥐나물 군집(◆)

◉ **종 다양성 지수(H′)** Species diversity
2.07±0.34(96)

◉ **동반 종** Accompanying species
신갈나무(92%), 생강나무(75%), 참취(75%),
물푸레나무(70%), 삽주(69%)

◉ **종합** Synopsis
고도가 낮은 산지부터 중간 산지까지 사면부에 주로 분포한다. 소나무 우점 숲, 굴참나무 숲 및 신갈나무 우점 숲에서 주로
출현하는 초본이나, 신갈나무 우점 숲에서 매우 높은 빈도로 출현한다. 출현하는 군집의 종 다양성이 낮다. 비교적 흔하나 소수
분포한다.

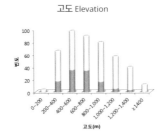
고도 Elevation

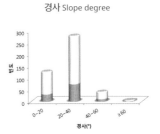
경사 Slope degree

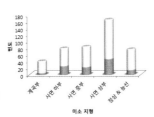
미소 지형 Micro-topography

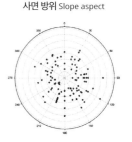
사면 방위 Slope aspect

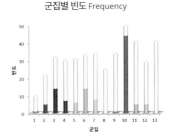
군집별 빈도 Frequency

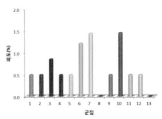
군집별 피도 Coverage

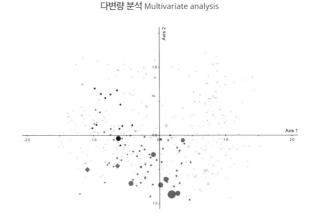
다변량 분석 Multivariate analysis

세잎양지꽃

Potentilla freyniana

◉ **생장형** Growth form
초본, 다년생, 낙엽, 절대육상식물

◉ **지리 분포** Geography
국내: 전국[2]
국외: 러시아, 일본, 중국[2]

◉ **생육지** Habitat
모암: 비석회암 62%, 석회암 38%
고도: 646±198m, 낮은 산지~중간 산지
경사: 27±10°
미소 지형: 전 지형, 주로 사면 중부 이상
사면 방위: 전 방위

◉ **출현 군집과 우점도** Communities & abundance
총 빈도: 11%(47/447)
평균 피도: 0.6±0.7%

1. 소나무 - 가래나무_이삭여뀌 군집(◇)
2. 소나무 - 굴참나무_졸참나무 군집(△)
3. 소나무_산딸기 군집(●)
4. 소나무_진달래 군집(▼)

5. 굴참나무 - 소나무_왕느릅나무 군집(○)
6. 굴참나무 - 떡갈나무_큰기름새 군집(◆)

7. 신갈나무 - 서어나무_생강나무 군집(◉)
8. 신갈나무 - 전나무_조릿대 군집(■)
9. 신갈나무 - 들메나무_고광나무 군집(□)
10. 신갈나무_우산나물 군집(●)
11. 신갈나무_철쭉 군집(○)
12. 신갈나무_동자꽃 군집(○)
13. 신갈나무 - 피나무_나래박쥐나물 군집(◆)

◉ **종 다양성 지수(H′)** Species diversity
2.04±0.33(42)

◉ **동반 종** Accompanying species
큰기름새(87%), 신갈나무(83%), 참취(83%),
삽주(77%), 생강나무(77%)

◉ **종합** Synopsis
고도가 낮은 산지부터 중간 산지까지 사면 중부 이상에 주로 분포한다. 소나무 우점 숲, 굴참나무 숲, 신갈나무 우점 숲에서 주로
출현하는 초본이다. 출현하는 군집의 종 다양성이 낮다. 비교적 흔하나 매우 소수 분포한다.

고도 Elevation

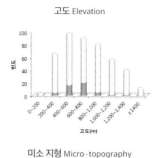

경사 Slope degree

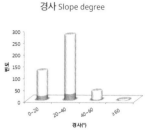

미소 지형 Micro - topography

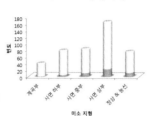

사면 방위 Slope aspect

군집별 빈도 Frequency

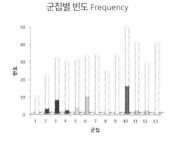

군집별 피도 Coverage

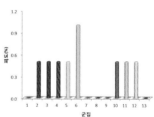

다변량 분석 Multivariate analysis

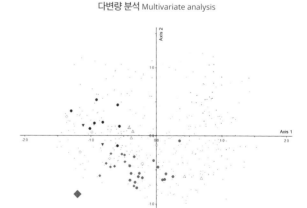

소나무
Pinus densiflora

소나무과
Pinaceae

◉ **생장형** Growth form
교목, 침엽, 상록, 절대육상식물

◉ **지리 분포** Geography
국내: 전국[2]
국외: 일본, 중국[2]

◉ **생육지** Habitat
모암: 비석회암 70%, 석회암 30%
고도: 538±207m, 낮은 산지~중간 산지
경사: 28±14°
미소 지형: 전 지형, 사면 하부와 중부
사면 방위: 전 방위

◉ **출현 군집과 우점도** Communities & abundance
총 빈도: 38%(171/447)
평균 피도: 46±36%

1. 소나무 - 가래나무_이삭여뀌 군집(◇)
2. 소나무 - 굴참나무_졸참나무 군집(△)
3. 소나무_산딸기 군집(●)
4. 소나무_진달래 군집(▼)

5. 굴참나무 - 소나무_왕느릅나무 군집(○)
6. 굴참나무 - 떡갈나무_큰기름새 군집(◆)

7. 신갈나무 - 서어나무_생강나무 군집(◉)
8. 신갈나무 - 전나무_조릿대 군집(■)
9. 신갈나무 - 들메나무_고광나무 군집(□)
10. 신갈나무_우산나물 군집(●)
11. 신갈나무_철쭉 군집(○)
12. 신갈나무_동자꽃 군집(△)
13. 신갈나무 - 피나무_나래박쥐나물 군집(◆)

◉ **종 다양성 지수(H′)** Species diversity
2.08±0.36(140)

◉ **동반 종** Accompanying species
생강나무(87%), 신갈나무(84%), 큰기름새(74%),
물푸레나무(65%), 삽주(63%)

고도 Elevation

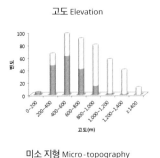

경사 Slope degree

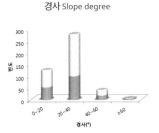

미소 지형 Micro-topography

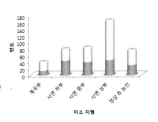

사면 방위 Slope aspect

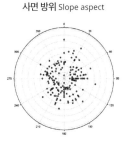

군집별 빈도 Frequency

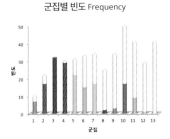

군집별 피도 Coverage

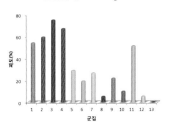

다변량 분석 Multivariate analysis

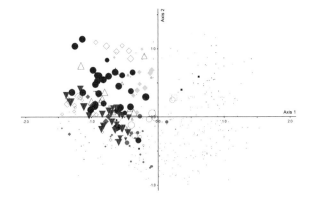

◉ **종합** Synopsis
고도가 낮은 산지부터 중간 산지까지 다양한 생육지에 분포하나, 낮은 산지 사면 하부나 중부에 주로 분포한다. 적습한 곳과 건조한 곳에서 모두 출현하지만 낮은 산지에는 적습한 곳이 드물어 건조한 곳에서 더욱 흔하다. 상록 침엽 교목으로 소나무 군락을 이루며 매우 우점하거나 참나무 속 수종과 소나무-활엽수 혼합 숲을 구성한다. 우리나라 중부지방 숲에서 천이 초기에 나타나는 대표 교목이다. 출현하는 군집의 종 다양성이 낮다. 매우 흔하게 출현하고 출현하는 곳에서 매우 우점한다.

소태나무
Picrasma quassioides

● **생장형** Growth form
소교목, 활엽, 낙엽, 절대육상식물

● **지리 분포** Geography
국내: 전국[2]
국외: 대만, 인도, 일본, 중국[2]

● **생육지** Habitat
모암: 비석회암 33%, 석회암 67%
고도: 417±152m, 낮은 산지
경사: 25±16°
미소 지형: 주로 사면 하부
사면 방위: 전 방위

● **출현 군집과 우점도** Communities & abundance
총 빈도: 4%(18/447)
평균 피도: 4±9%

1. 소나무 - 가래나무_이삭여뀌 군집(◇)
2. 소나무 - 굴참나무_졸참나무 군집(△)
3. 소나무_산딸기 군집(●)
4. 소나무_진달래 군집(▼)

5. 굴참나무 - 소나무_왕느릅나무 군집(◌)
6. 굴참나무 - 떡갈나무_큰기름새 군집(◆)

7. 신갈나무 - 서어나무_생강나무 군집(◈)
8. 신갈나무 - 전나무_조릿대 군집(■)
9. 신갈나무 - 들메나무_고광나무 군집(□)
10. 신갈나무_우산나물 군집(●)
11. 신갈나무_철쭉 군집(◌)
12. 신갈나무_동자꽃 군집(◌)
13. 신갈나무 - 피나무_나래박쥐나물 군집(◆)

● **종 다양성 지수(H')** Species diversity
2.32±0.35(18)

● **동반 종** Accompanying species
물푸레나무(94%), 부채마(89%), 소나무(83%),
큰기름새(83%), 생강나무(78%), 청가시덩굴(78%)

● **종합** Synopsis
고도 낮은 산지의 사면 하부에 주로 분포한다. 석회암 산지에서 출현 빈도가 높다. 굴참나무 숲과 적습한 소나무 - 활엽수 혼합 숲에서 출현하는 소교목이다. 매우 드물고 소수 분포한다.

고도 Elevation
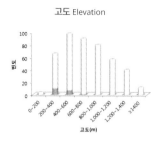

경사 Slope degree
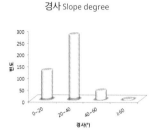

미소 지형 Micro-topography
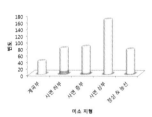

사면 방위 Slope aspect
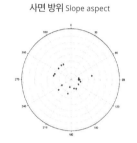

군집별 빈도 Frequency
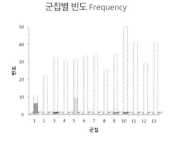

군집별 피도 Coverage
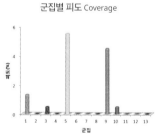

다변량 분석 Multivariate analysis
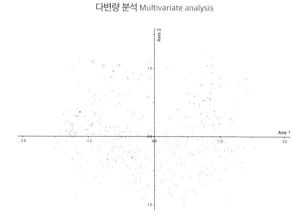

속새
Equisetum hyemale

● **생장형** Growth form
초본, 다년생, 낙엽, 임의습지식물

● **지리 분포** Geography
국내: 중부 이북[6]
국외: 러시아 시베리아, 북아메리카, 유럽,
일본, 중국[1]

● **생육지** Habitat
모암: 비석회암 100%
고도: 969±174m, 중간 산지~높은 산지
경사: 17±14°
미소 지형: 주로 계곡부
사면 방위: 전 방위

● **출현 군집과 우점도** Communities & abundance
총 빈도: 2%(11/447)
평균 피도: 22±35%

1. 소나무-가래나무_이삭여뀌 군집(◇)
2. 소나무-굴참나무_졸참나무 군집(△)
3. 소나무_산딸기 군집(●)
4. 소나무_진달래 군집(▼)

5. 굴참나무-소나무_왕느릅나무 군집(◇)
6. 굴참나무-떡갈나무_큰기름새 군집(◆)

7. 신갈나무-서어나무_생강나무 군집(◆)
8. 신갈나무-전나무_조릿대 군집(■)
9. 신갈나무-들메나무_고광나무 군집(□)
10. 신갈나무_우산나물 군집(●)
11. 신갈나무_철쭉 군집(○)
12. 신갈나무_동자꽃 군집(○)
13. 신갈나무-피나무_나래박쥐나물 군집(◆)

● **종 다양성 지수(H′)** Species diversity
* 조사구 수 부족으로 분석에서 제외

● **동반 종** Accompanying species
고로쇠나무(100%), 당단풍나무(100%), 신갈나무(100%),
까치박달(91%), 노루오줌(73%), 벌깨덩굴(73%), 층층나무(73%)

● **종합** Synopsis
고도가 중간 산지부터 높은 산지까지 완만한 계곡부에 주로 분포한다. 적습한 신갈나무-활엽수 혼합 숲 축축한 곳에 출현하는
임의습지 초본이다. 매우 드물지만 비교적 우점한다.

고도 Elevation

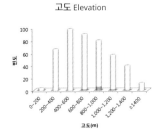

경사 Slope degree

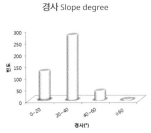

미소 지형 Micro-topography

사면 방위 Slope aspect

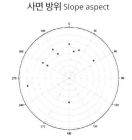

군집별 빈도 Frequency

군집별 피도 Coverage

다변량 분석 Multivariate analysis

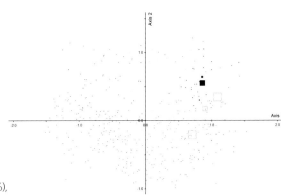

송이풀

Pedicularis resupinata

◉ **생장형** Growth form
초본, 다년생, 낙엽, 절대육상식물

◉ **지리 분포** Geography
국내: 전국[2]
국외: 러시아 극동, 일본, 중국 동북부[2]

◉ **생육지** Habitat
모암: 비석회암 94%, 석회암 6%
고도: 1,211±181m, 높은 산지
경사: 23±11°
미소 지형: 전 지형, 주로 사면 상부 이상
사면 방위: 전 방위

◉ **출현 군집과 우점도** Communities & abundance
총 빈도: 11%(47/447)
평균 피도: 1±2%

1. 소나무-가래나무_이삭여뀌 군집(◇)
2. 소나무-굴참나무_졸참나무 군집(△)
3. 소나무_산딸기 군집(●)
4. 소나무_진달래 군집(▼)

5. 굴참나무-소나무_왕느릅나무 군집(○)
6. 굴참나무-떡갈나무_큰기름새 군집(◆)

7. 신갈나무-서어나무_생강나무 군집(○)
8. 신갈나무-전나무_조릿대 군집(■)
9. 신갈나무-들메나무_고광나무 군집(□)
10. 신갈나무_우산나물 군집(●)
11. 신갈나무_철쭉 군집(○)
12. 신갈나무_동자꽃 군집(○)
13. 신갈나무-피나무_나래박쥐나물 군집(◆)

◉ **종 다양성 지수(H')** Species diversity
2.41±0.36(33)

◉ **동반 종** Accompanying species
당단풍나무(91%), 미역줄나무(91%), 대사초(89%),
신갈나무(89%), 단풍취(81%)

◉ **종합** Synopsis
고도가 높은 산지에서 사면 상부 이상에 주로 분포한다. 높은 산지 신갈나무 우점 숲이나 신갈나무-활엽수 혼합 숲에서
출현하는 초본이다. 신갈나무-활엽수 혼합 숲 지표종이다. 비교적 흔하지만 소수 분포한다.

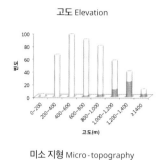
고도 Elevation

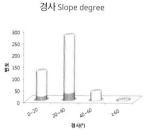
경사 Slope degree

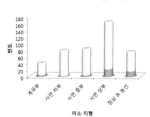
미소 지형 Micro-topography

사면 방위 Slope aspect

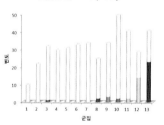
군집별 빈도 Frequency

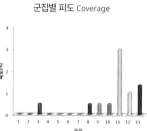
군집별 피도 Coverage

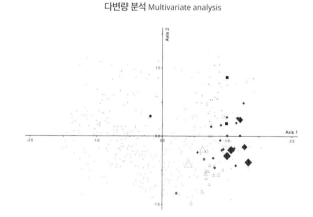
다변량 분석 Multivariate analysis

쇠물푸레

Fraxinus sieboldiana

● **생장형** Growth form
소교목, 활엽, 낙엽, 절대육상식물

● **지리 분포** Geography
국내: 남부, 동부[5]
국외: 일본[3]

● **생육지** Habitat
모암: 비석회암 94%, 석회암 4%
고도: 596±348m, 낮은 산지~중간 산지
경사: 29±10°
미소 지형: 전 지형, 주로 사면 하부 이하
사면 방위: 전 방위

● **출현 군집과 우점도** Communities & abundance
총 빈도: 6%(25/447)
평균 피도: 7±9%

1. 소나무-가래나무_이삭여뀌 군집(◇)
2. 소나무-굴참나무_졸참나무 군집(△)
3. 소나무_산딸기 군집(●)
4. 소나무_진달래 군집(▼)

5. 굴참나무-소나무_왕느릅나무 군집(○)
6. 굴참나무-떡갈나무_큰기름새 군집(◆)

7. 신갈나무-서어나무_생강나무 군집(◈)
8. 신갈나무-전나무_조릿대 군집(■)
9. 신갈나무-들메나무_고광나무 군집(□)
10. 신갈나무-우산나물 군집(●)
11. 신갈나무_철쭉 군집(○)
12. 신갈나무_동자꽃 군집(◌)
13. 신갈나무-피나무_나래박쥐나물 군집(◆)

● **종 다양성 지수(H′)** Species diversity
2.00±0.38(16)

● **동반 종** Accompanying species
생강나무(88%), 당단풍나무(80%), 신갈나무(64%),
조록싸리(64%), 철쭉(64%)

고도 Elevation

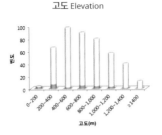

경사 Slope degree

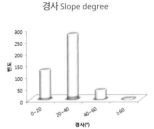

미소 지형 Micro-topography

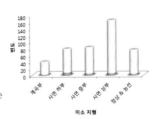

사면 방위 Slope aspect

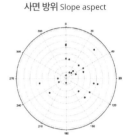

군집별 빈도 Frequency

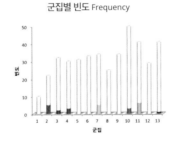

군집별 피도 Coverage

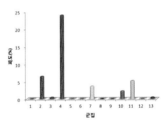

다변량 분석 Multivariate analysis

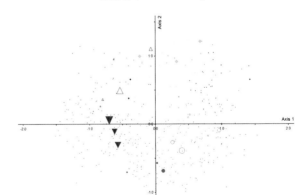

● **종합** Synopsis
고도가 낮은 산지부터 중간 산지까지 사면 하부에 주로 분포한다. 소나무-활엽수 혼합 숲, 소나무 우점 숲에서 주로 출현하고 신갈나무 숲에서도 출현하는 소교목이다. 출현하는 군집의 종 다양성이 낮다. 드물지만 비교적 우점한다.

수리취

Synurus deltoides

국화과
Asteraceae

● **생장형** Growth form
초본, 다년생, 낙엽, 절대육상식물

● **지리 분포** Geography
국내: 전국[9]
국외: 러시아, 몽골, 일본, 중국[9]

● **생육지** Habitat
모암: 비석회암 67%, 석회암 33%
고도: 1,021±278m, 중간 산지~높은 산지
경사: 24±14°
미소 지형: 전 지형, 주로 사면 중부 이상
사면 방위: 전 방위

● **출현 군집과 우점도** Communities & abundance
총 빈도: 15%(67/447)
평균 피도: 1±2%

1. 소나무 - 가래나무_이삭여뀌 군집(◇)
2. 소나무 - 굴참나무_졸참나무 군집(△)
3. 소나무_산딸기 군집(●)
4. 소나무_진달래 군집(▼)

5. 굴참나무 - 소나무_왕느릅나무 군집(◌)
6. 굴참나무 - 떡갈나무_큰기름새 군집(◆)

7. 신갈나무 - 서어나무_생강나무 군집(◍)
8. 신갈나무 - 전나무_조릿대 군집(■)
9. 신갈나무 - 들메나무_고광나무 군집(□)
10. 신갈나무_우산나물 군집(●)
11. 신갈나무_철쭉 군집( )
12. 신갈나무_동자꽃 군집( )
13. 신갈나무 - 피나무_나래박쥐나물 군집(◆)

● **종 다양성 지수(H′)** Species diversity
2.29±0.35(64)

● **동반 종** Accompanying species
신갈나무(91%), 대사초(79%), 참취(78%),
넓은잎외잎쑥(69%), 당단풍나무(69%)

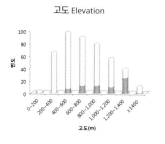

고도 Elevation

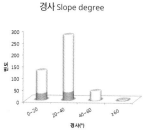

경사 Slope degree

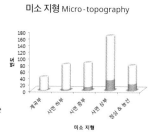

미소 지형 Micro-topography

사면 방위 Slope aspect

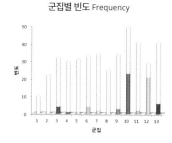

군집별 빈도 Frequency

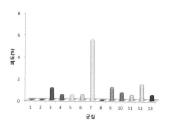

군집별 피도 Coverage

다변량 분석 Multivariate analysis

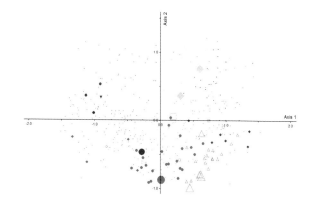

● **종합** Synopsis
고도가 중간 산지부터 높은 산지까지 건조한 사면 중부 이상 지역에 주로 분포한다. 다양한 군집에서 출현하나, 주로 신갈나무 우점 숲이나 신갈나무 - 활엽수 혼합 숲에서 주로 출현하는 초본이다. 높은 산지 신갈나무 우점 숲 지표종이다. 비교적 흔하나 소수 분포한다.

승마

Cimicifuga heracleifolia

● **생장형** Growth form
초본, 다년생, 낙엽, 절대육상식물

● **지리 분포** Geography
국내: 경기도, 북부[8]
국외: 러시아, 중국 동북부[8]

● **생육지** Habitat
모암: 비석회암 85%, 석회암 15%
고도: 989±240m, 중간 산지~높은 산지
경사: 24±16°
미소 지형: 전 지형, 주로 계곡부
사면 방위: 전 방위

● **출현 군집과 우점도** Communities & abundance
총 빈도: 12%(52/447)
평균 피도: 3±10%

1. 소나무 - 가래나무_이삭여뀌 군집(◇)
2. 소나무 - 굴참나무_졸참나무 군집(△)
3. 소나무_산딸기 군집(●)
4. 소나무_진달래 군집(▼)

5. 굴참나무 - 소나무_왕느릅나무 군집(◇)
6. 굴참나무 - 떡갈나무_큰기름새 군집(◆)

7. 신갈나무 - 서어나무_생강나무 군집(◆)
8. 신갈나무 - 전나무_조릿대 군집(■)
9. 신갈나무 - 들메나무_고광나무 군집(□)
10. 신갈나무_우산나물 군집(●)
11. 신갈나무_철쭉 군집(○)
12. 신갈나무_동자꽃 군집(○)
13. 신갈나무 - 피나무_나래박쥐나물 군집(◆)

● **종 다양성 지수(H′)** Species diversity
2.27±0.28(7)

● **동반 종** Accompanying species
당단풍나무(81%), 신갈나무(81%), 고로쇠나무(67%),
대사초(65%), 까치박달(63%)

고도 Elevation

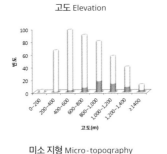

경사 Slope degree

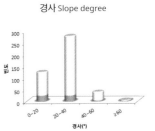

미소 지형 Micro-topography

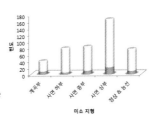

사면 방위 Slope aspect

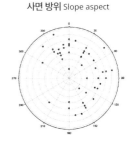

군집별 빈도 Frequency

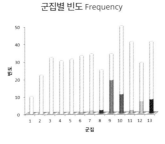

군집별 피도 Coverage

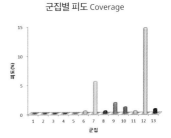

다변량 분석 Multivariate analysis

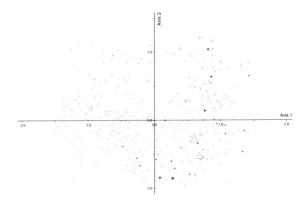

● **종합** Synopsis
고도가 중간 산지부터 높은 산지까지 계곡부에 주로 분포한다. 신갈나무 우점 숲이나 신갈나무 - 활엽수 혼합 숲 또는 활엽수
혼합 숲에서 주로 출현하는 초본이다. 비교적 흔하지만 소수 분포한다.

시닥나무

Acer komarovii

◉ **생장형** Growth form
소교목, 활엽, 낙엽, 절대육상식물

◉ **지리 분포** Geography
국내: 전국(제주도 제외)[3]
국외: 러시아, 중국 동북부[3]

◉ **생육지** Habitat
모암: 비석회암 97%, 석회암 3%
고도: 1,182±214m, 중간 산지~높은 산지
경사: 22±9°
미소 지형: 전 지형, 주로 사면 상부 이상
사면 방위: 전 방위

◉ **출현 군집과 우점도** Communities & abundance
총 빈도: 13%(60/447)
평균 피도: 7±12%

1. 소나무 - 가래나무_이삭여뀌 군집(◇)
2. 소나무 - 굴참나무_졸참나무 군집(△)
3. 소나무_산딸기 군집(●)
4. 소나무_진달래 군집(▼)

5. 굴참나무 - 소나무_왕느릅나무 군집(○)
6. 굴참나무 - 떡갈나무_큰기름새 군집(◆)

7. 신갈나무 - 서어나무_생강나무 군집(◐)
8. 신갈나무 - 전나무_조릿대 군집(■)
9. 신갈나무 - 들메나무_고광나무 군집(□)
10. 신갈나무_우산나물 군집(●)
11. 신갈나무_철쭉 군집(○)
12. 신갈나무_동자꽃 군집(◔)
13. 신갈나무 - 피나무_나래박쥐나물 군집(◆)

◉ **종 다양성 지수(H′)** Species diversity
2.32±0.37(43)

◉ **동반 종** Accompanying species
당단풍나무(92%), 신갈나무(83%), 대사초(78%),
미역줄나무(73%), 피나무(73%)

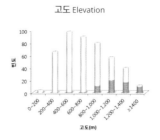

고도 Elevation

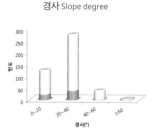

경사 Slope degree

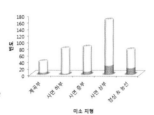

미소 지형 Micro-topography

사면 방위 Slope aspect

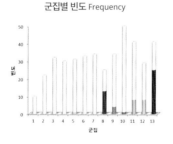

군집별 빈도 Frequency

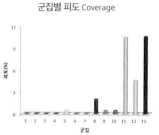

군집별 피도 Coverage

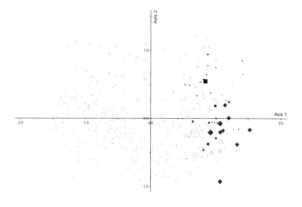

다변량 분석 Multivariate analysis

◉ **종합** Synopsis
고도가 중간 산지부터 높은 산지까지 사면 상부 이상에 주로 분포한다. 높은 산지 신갈나무 - 활엽수 혼합 숲에서 빈도가 가장 높은 소교목으로 지표종이다. 신갈나무 우점 숲 및 활엽수 혼합 숲에서도 출현한다. 비교적 흔하고 비교적 우점한다.

신갈나무

Quercus mongolica

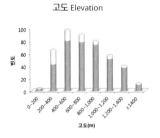

고도 Elevation

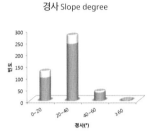

경사 Slope degree

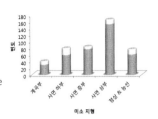

미소 지형 Micro-topography

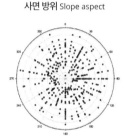

사면 방위 Slope aspect

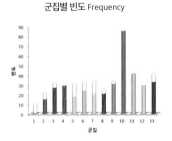

군집별 빈도 Frequency

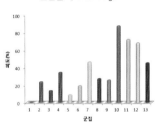

군집별 피도 Coverage

참나무과
Fagaceae

- **생장형** Growth form
  교목, 활엽, 낙엽, 절대육상식물

- **지리 분포** Geography
  국내: 전국[2]
  국외: 러시아 극동, 중국[2]

- **생육지** Habitat
  모암: 비석회암 80%, 석회암 20%
  고도: 789±315m, 낮은 산지~높은 산지
  경사: 28±12°
  미소 지형: 전 지형, 주로 사면 중부 및 상부
  사면 방위: 전 방위

- **출현 군집과 우점도** Communities & abundance
  총 빈도: 84%(375/447)
  평균 피도: 49±36%

  1. 소나무 - 가래나무_이삭여뀌 군집(◇)
  2. 소나무 - 굴참나무_졸참나무 군집(△)
  3. 소나무_산딸기 군집(●)
  4. 소나무_진달래 군집(▼)

  5. 굴참나무 - 소나무_왕느릅나무 군집(○)
  6. 굴참나무 - 떡갈나무_큰기름새 군집(◆)

  7. 신갈나무 - 서어나무_생강나무 군집(◈)
  8. 신갈나무 - 전나무_조릿대 군집(■)
  9. 신갈나무 - 들메나무_고광나무 군집(□)
  10. 신갈나무_우산나물 군집(●)
  11. 신갈나무_철쭉 군집(○)
  12. 신갈나무_동자꽃 군집(◌)
  13. 신갈나무 - 피나무_나래박쥐나물 군집(◆)

- **종 다양성 지수(H′)** Species diversity
  2.09±0.40(287)

- **동반 종** Accompanying species
  생강나무(64%), 당단풍나무(62%), 대사초(57%),
  물푸레나무(57%), 참취(54%)

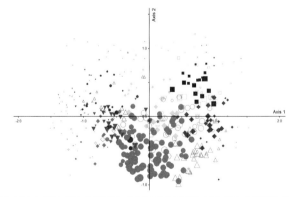

다변량 분석 Multivariate analysis

- **종합** Synopsis
  고도가 낮은 산지부터 높은 산지까지, 분포하는 고도 범위가 넓다. 다른 생육지 범위도 매우 넓으나 건조한 사면 중부나 상부에서 더 빈도가 높다. 모든 군집에서 출현하지만 군집 이름에 '신갈나무'가 포함된 숲에서 더욱 우점하는 교목이다. 신갈나무 우점 숲에서 매우 우점하며, 신갈나무-활엽수 혼합 숲에서는 다른 활엽수와 섞여서 공동 우점한다. 소나무 우점 숲이나 소나무-활엽수 혼합 숲, 굴참나무 숲에서는 소나무나 굴참나무 하층에서 출현하거나 공동 우점한다. 평균적으로 종 다양성이 낮지만, 실제 분포하는 숲에서 종 다양성은 낮은 곳부터 높은 곳까지 범위가 매우 넓다. 이 책에서 다루는 종 가운데 빈도가 가장 높고 분포하는 곳에서 매우 우점한다.

신나무

Acer tataricum subsp. *ginnala*

● **생장형** Growth form
소교목, 활엽, 낙엽, 임의육상식물

● **지리 분포** Geography
국내: 전국[3]
국외: 러시아, 일본, 중국[3]

● **생육지** Habitat
모암: 비석회암 57%, 석회암 43%
고도: 542±246m, 낮은 산지~중간 산지
경사: 16±13°
미소 지형: 주로 사면 하부 이하
사면 방위: 전 방위

● **출현 군집과 우점도** Communities & abundance
총 빈도: 3%(14/447)
평균 피도: 10±18%

1. 소나무-가래나무_이삭여뀌 군집(◇)
2. 소나무-굴참나무_졸참나무 군집(△)
3. 소나무_산딸기 군집(●)
4. 소나무_진달래 군집(▼)

5. 굴참나무-소나무_왕느릅나무 군집(○)
6. 굴참나무-떡갈나무_큰기름새 군집(◆)

7. 신갈나무-서어나무_생강나무 군집(◉)
8. 신갈나무-전나무_조릿대 군집(■)
9. 신갈나무-들메나무_고광나무 군집(□)
10. 신갈나무_우산나물 군집(●)
11. 신갈나무_철쭉 군집(○)
12. 신갈나무_동자꽃 군집(○)
13. 신갈나무-피나무_나래박쥐나물 군집(◆)

● **종 다양성 지수(H′)** Species diversity
2.30±0.29(13)

● **동반 종** Accompanying species
물푸레나무(86%), 산딸기(79%), 생강나무(79%),
소나무(79%), 부채마(71%), 짚신나물(71%), 큰기름새(71%)

고도 Elevation
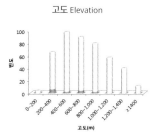

경사 Slope degree
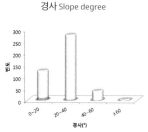

미소 지형 Micro-topography
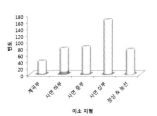

사면 방위 Slope aspect

군집별 빈도 Frequency
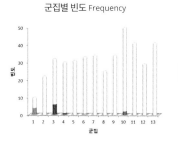

군집별 피도 Coverage
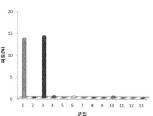

다변량 분석 Multivariate analysis

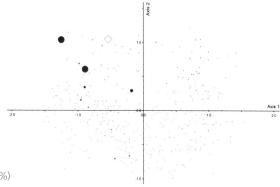

● **종합** Synopsis
고도가 낮은 산지부터 중간 산지까지 적습하고 완만한 사면 하부 이하에서 출현하며 능선이나 정상에는 분포하지 않는다.
소나무 우점 숲이나 비교적 습한 소나무-활엽수 혼합 숲에서 출현하는 소교목이다. 임의육상식물이지만 드물게 강가에서
신나무 우점 숲을 형성하기도 한다. 매우 드물지만 비교적 우점한다.

실새풀
Calamagrostis arundinacea

● **생장형** Growth form
초본, 다년생, 낙엽, 절대육상식물

● **지리 분포** Geography
국내: 전국[8]
국외: 아시아, 유럽 온대 [8]

● **생육지** Habitat
모암: 비석회암 72%, 석회암 28%
고도: 666±302m, 낮은 산지~중간 산지
경사: 29±10°
미소 지형: 전 지형, 주로 사면 하부 이상
사면 방위: 전 방위

● **출현 군집과 우점도** Communities & abundance
총 빈도: 24%(106/447)
평균 피도: 5±11%

1. 소나무 - 가래나무_이삭여뀌 군집(◇)
2. 소나무 - 굴참나무_졸참나무 군집(△)
3. 소나무_산딸기 군집(●)
4. 소나무_진달래 군집(▼)

5. 굴참나무 - 소나무_왕느릅나무 군집(○)
6. 굴참나무 - 떡갈나무_큰기름새 군집(◆)

7. 신갈나무 - 서어나무_생강나무 군집(◐)
8. 신갈나무 - 전나무_조릿대 군집(■)
9. 신갈나무 - 들메나무_고광나무 군집(□)
10. 신갈나무_우산나물 군집(●)
11. 신갈나무_철쭉 군집(◯)
12. 신갈나무_동자꽃 군집(△)
13. 신갈나무 - 피나무_나래박쥐나물 군집(◆)

● **종 다양성 지수(H')** Species diversity
2.12±0.39(82)

● **동반 종** Accompanying species
신갈나무(80%), 생강나무(75%), 큰기름새(64%),
둥굴레(59%), 물푸레나무(58%), 삽주(58%)

고도 Elevation
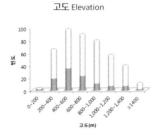

경사 Slope degree
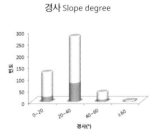

미소 지형 Micro-topography
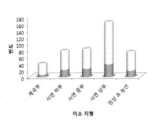

사면 방위 Slope aspect
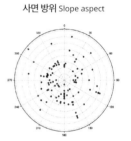

군집별 빈도 Frequency
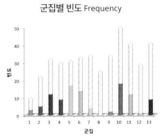

군집별 피도 Coverage
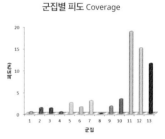

다변량 분석 Multivariate analysis

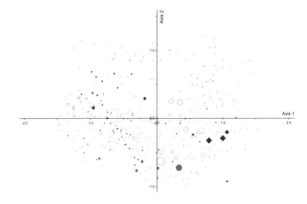

● **종합** Synopsis
고도가 낮은 산지부터 중간 산지까지 사면 하부 이상 건조한 곳에 주로 분포한다. 굴참나무 숲과 소나무 우점 숲에서 출현 빈도가 높은 초본이지만, 높은 산지 신갈나무 숲에서 우점도가 더 높다. 비교적 흔하고 비교적 우점하며, 숲에 따라서 우점도가 매우 높은 곳도 흔하다.

십자고사리

Polystichum tripteron

◉ **생장형** Growth form
초본, 다년생, 낙엽, 절대육상식물

◉ **지리 분포** Geography
국내: 전국[9]
국외: 러시아, 일본, 중국[9]

◉ **생육지** Habitat
모암: 비석회암 94%, 석회암 6%
고도: 977±328m, 낮은 산지~높은 산지
경사: 24±13°
미소 지형: 전 지형, 주로 계곡부
사면 방위: 주로 북사면

◉ **출현 군집과 우점도** Communities & abundance
총 빈도: 8%(34/447)
평균 피도: 3±5%

1. 소나무-가래나무_이삭여뀌 군집(◇)
2. 소나무-굴참나무_졸참나무 군집(△)
3. 소나무_산딸기 군집(●)
4. 소나무_진달래 군집(▼)

5. 굴참나무-소나무_왕느릅나무 군집(◇)
6. 굴참나무-떡갈나무_큰기름새 군집(◆)

7. 신갈나무-서어나무_생강나무 군집(◇)
8. 신갈나무-전나무_조릿대 군집(■)
9. 신갈나무-들메나무_고광나무 군집(□)
10. 신갈나무_우산나물 군집(●)
11. 신갈나무_철쭉 군집( )
12. 신갈나무_동자꽃 군집( )
13. 신갈나무-피나무_나래박쥐나물 군집(◆)

◉ **종 다양성 지수(H′)** Species diversity
2.39±0.42(18)

◉ **동반 종** Accompanying species
당단풍나무(85%), 관중(79%), 신갈나무(76%),
고로쇠나무(74%), 단풍취(65%), 큰개별꽃(65%)

◉ **종합** Synopsis
고도가 낮은 산지부터 높은 산지까지, 분포하는 고도 범위가 넓다. 북사면 적습한 계곡부에 주로 분포한다. 중간 산지 활엽수 혼합 숲과 높은 산지 신갈나무-활엽수 혼합 숲에서 주로 출현하는 초본이다. 드물고 소수 분포한다.

고도 Elevation

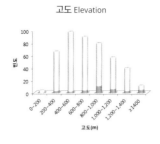

경사 Slope degree

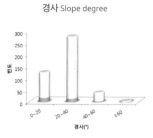

미소 지형 Micro-topography

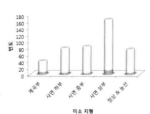

사면 방위 Slope aspect

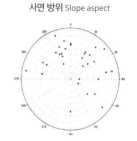

군집별 빈도 Frequency

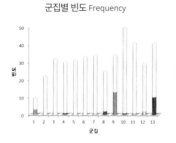

군집별 피도 Coverage

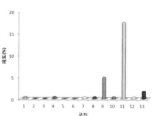

다변량 분석 Multivariate analysis

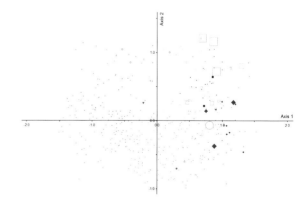

싸리
Lespedeza bicolor

● **생장형** Growth form
관목, 활엽, 낙엽, 절대육상식물

● **지리 분포** Geography
국내: 전국[1]
국외: 러시아, 몽골, 일본, 중국[1]

● **생육지** Habitat
모암: 비석회암 23%, 석회암 77%
고도: 581±244m, 낮은 산지~중간 산지
경사: 27±10°
미소 지형: 계곡부 제외, 전 지형
사면 방위: 전 방위

● **출현 군집과 우점도** Communities & abundance
총 빈도: 5%(22/447)
평균 피도: 4±9%

1. 소나무 - 가래나무_이삭여뀌 군집(◇)
2. 소나무 - 굴참나무_졸참나무 군집(△)
3. 소나무_산딸기 군집(●)
4. 소나무_진달래 군집(▼)

5. 굴참나무 - 소나무_왕느릅나무 군집(○)
6. 굴참나무 - 떡갈나무_큰기름새 군집(◆)

7. 신갈나무 - 서어나무_생강나무 군집(◈)
8. 신갈나무 - 전나무_조릿대 군집(■)
9. 신갈나무 - 들메나무_고광나무 군집(□)
10. 신갈나무 - 우산나물 군집(●)
11. 신갈나무_철쭉 군집(○)
12. 신갈나무_동자꽃 군집( )
13. 신갈나무 - 피나무_나래박쥐나물 군집(◆)

● **종 다양성 지수(H′)** Species diversity
2.22±0.33(20)

● **동반 종** Accompanying species
물푸레나무(86%), 생강나무(86%), 큰기름새(82%),
삽주(77%), 가는잎그늘사초(73%)

고도 Elevation
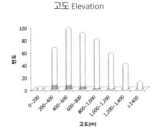

경사 Slope degree
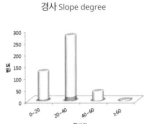

미소 지형 Micro-topography
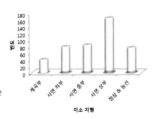

사면 방위 Slope aspect
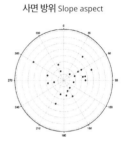

군집별 빈도 Frequency
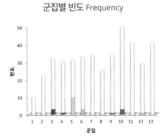

군집별 피도 Coverage
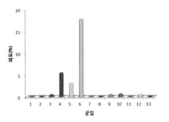

다변량 분석 Multivariate analysis
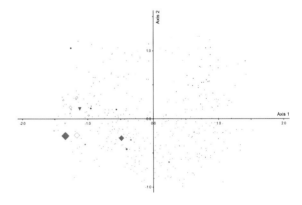

● **종합** Synopsis
고도가 낮은 산지부터 중간 산지까지 계곡부를 제외하고 전 지형에 분포한다. 굴참나무 숲, 소나무 우점 숲, 신갈나무 우점 숲에서 주로 출현하는 관목이다. 드물고 소수 분포한다.

알록제비꽃
Viola variegata

● **생장형** Growth form
초본, 다년생, 낙엽, 절대육상식물

● **지리 분포** Geography
국내: 전국[3]
국외: 러시아, 일본, 중국[3]

● **생육지** Habitat
모암: 비석회암 41%, 석회암 59%
고도: 506±144m, 낮은 산지
경사: 33±7°
미소 지형: 전 지형, 주로 사면 하부 및 중부
사면 방위: 전 방위

● **출현 군집과 우점도** Communities & abundance
총 빈도: 11%(49/447)
평균 피도: 0.5±0%

1. 소나무 - 가래나무_이삭여뀌 군집(◇)
2. 소나무 - 굴참나무_졸참나무 군집(△)
3. 소나무_산딸기 군집(●)
4. 소나무_진달래 군집(▼)

5. 굴참나무 - 소나무_왕느릅나무 군집(○)
6. 굴참나무 - 떡갈나무_큰기름새 군집(◆)

7. 신갈나무 - 서어나무_생강나무 군집(◈)
8. 신갈나무 - 전나무_조릿대 군집(■)
9. 신갈나무 - 들메나무_고광나무 군집(□)
10. 신갈나무_우산나물 군집(●)
11. 신갈나무_철쭉 군집(○)
12. 신갈나무_동자꽃 군집(○)
13. 신갈나무 - 피나무_나래박쥐나물 군집(◆)

● **종 다양성 지수(H')** Species diversity
2.19±0.37(41)

● **동반 종** Accompanying species
생강나무(92%), 큰기름새(90%), 물푸레나무(80%),
부채마(73%), 소나무(73%)

● **종합** Synopsis
고도가 낮은 산지에서 가파른 사면 하부나 중부에 주로 분포한다. 굴참나무 숲과 소나무 우점 숲에서 주로 출현하는 초본이다. 비교적 흔하나 매우 소수 분포한다.

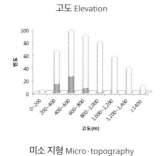
고도 Elevation

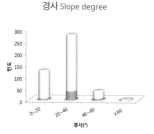
경사 Slope degree

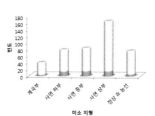
미소 지형 Micro-topography

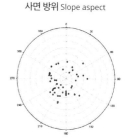
사면 방위 Slope aspect

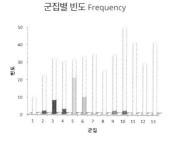
군집별 빈도 Frequency

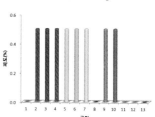
군집별 피도 Coverage

다변량 분석 Multivariate analysis
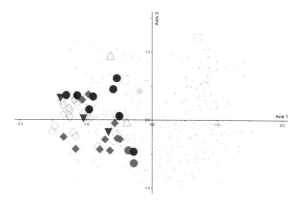

애기나리

Disporum smilacinum

● **생장형** Growth form
초본, 다년생, 낙엽, 절대육상식물

● **지리 분포** Geography
국내: 전국[5]
국외: 러시아 극동, 일본, 중국 동북부[2]

● **생육지** Habitat
모암: 비석회암 91%, 석회암 9%
고도: 847±296m, 낮은 산지~높은 산지
경사: 27±11°
미소 지형: 전 지형, 주로 사면부
사면 방위: 전 방위

● **출현 군집과 우점도** Communities & abundance
총 빈도: 15%(67/447)
평균 피도: 2±4%

1. 소나무 - 가래나무_이삭여뀌 군집(◇)
2. 소나무 - 굴참나무_졸참나무 군집(△)
3. 소나무_산딸기 군집(●)
4. 소나무_진달래 군집(▼)

5. 굴참나무 - 소나무_왕느릅나무 군집(○)
6. 굴참나무 - 떡갈나무_큰기름새 군집(◆)

7. 신갈나무 - 서어나무_생강나무 군집(◈)
8. 신갈나무 - 전나무_조릿대 군집(■)
9. 신갈나무 - 들메나무_고광나무 군집(□)
10. 신갈나무_우산나물 군집(●)
11. 신갈나무_철쭉 군집(○)
12. 신갈나무_동자꽃 군집(△)
13. 신갈나무 - 피나무_나래박쥐나물 군집(◆)

● **종 다양성 지수(H′)** Species diversity
2.20±0.34(51)

● **동반 종** Accompanying species
신갈나무(87%), 당단풍나무(78%), 대사초(70%),
단풍취(58%), 물푸레나무(58%), 미역줄나무(58%)

고도 Elevation

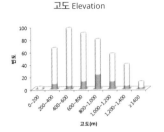

경사 Slope degree

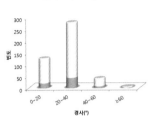

미소 지형 Micro-topography

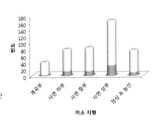

사면 방위 Slope aspect

군집별 빈도 Frequency

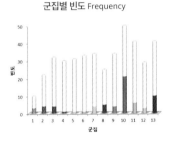

군집별 피도 Coverage

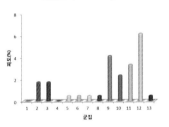

다변량 분석 Multivariate analysis

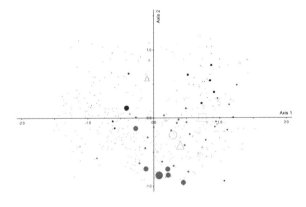

● **종합** Synopsis
고도가 낮은 산지부터 높은 산지까지, 분포하는 고도 범위가 넓다. 다른 생육지 범위도 넓으나 중간 산지 사면부에 주로 분포한다. 소나무 우점 숲에서 출현하나 건조한 신갈나무 우점 숲이나 신갈나무 - 활엽수 혼합 숲에서 빈번하게 출현하는 초본이다. 비교적 흔하나 소수 분포한다.

애기며느리밥풀

Melampyrum setaceum

◉ **생장형** Growth form
초본, 일년생, 낙엽, 절대육상식물

◉ **지리 분포** Geography
국내: 중부 이북[3]
국외: 러시아 우수리, 일본, 중국[3]

◉ **생육지** Habitat
모암: 비석회암 100%
고도: 678±411m, 낮은 산지~높은 산지
경사: 31±6°
미소 지형: 주로 사면부
사면 방위: 전 방위

◉ **출현 군집과 우점도** Communities & abundance
총 빈도: 2%(10/447)
평균 피도: 2±2%

1. 소나무-가래나무_이삭여뀌 군집(◇)
2. 소나무-굴참나무_졸참나무 군집(△)
3. 소나무_산딸기 군집(●)
4. 소나무_진달래 군집(▼)

5. 굴참나무-소나무_왕느릅나무 군집(◈)
6. 굴참나무-떡갈나무_큰기름새 군집(◆)

7. 신갈나무-서어나무_생강나무 군집(◈)
8. 신갈나무-전나무_조릿대 군집(■)
9. 신갈나무-들메나무_고광나무 군집(□)
10. 신갈나무_우산나물 군집(●)
11. 신갈나무_철쭉 군집(○)
12. 신갈나무_동자꽃 군집(○)
13. 신갈나무-피나무_나래박쥐나물 군집(◆)

◉ **종 다양성 지수(H′)** Species diversity
1.87±0.12(3)

◉ **동반 종** Accompanying species
신갈나무(100%), 둥굴레(80%), 생강나무(80%),
큰기름새(80%), 맑은대쑥(70%), 진달래(70%),
참싸리(70%), 참취(70%)

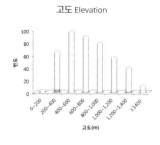
고도 Elevation

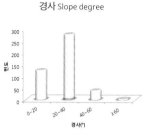
경사 Slope degree

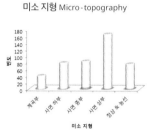
미소 지형 Micro-topography

사면 방위 Slope aspect

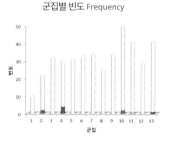
군집별 빈도 Frequency

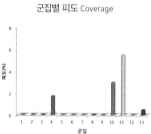
군집별 피도 Coverage

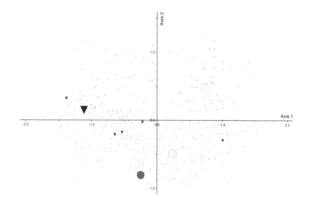
다변량 분석 Multivariate analysis

◉ **종합** Synopsis
고도가 낮은 산지부터 높은 산지까지, 분포하는 고도 범위가 넓다. 가파른 사면부에 주로 분포한다. 소나무 우점 숲에서 주로 출현하는 일년생 초본이다. 출현하는 군집의 종 다양성이 낮다. 매우 드물고 소수 분포한다.

양지꽃

Potentilla fragarioides

● 생장형 Growth form
초본, 다년생, 낙엽, 절대육상식물

● 지리 분포 Geography
국내: 전국[9]
국외: 러시아 시베리아, 몽골, 일본, 중국[9]

● 생육지 Habitat
모암: 비석회암 67%, 석회암 33%
고도: 759±337m, 낮은 산지~높은 산지
경사: 26±12°
미소 지형: 전 지형, 주로 사면 상부 이상
사면 방위: 전 방위

● 출현 군집과 우점도 Communities & abundance
총 빈도: 13%(57/447)
평균 피도: 0.6±0.9%

1. 소나무-가래나무_이삭여뀌 군집(◇)
2. 소나무-굴참나무_졸참나무 군집(△)
3. 소나무_산딸기 군집(●)
4. 소나무_진달래 군집(▼)

5. 굴참나무-소나무_왕느릅나무 군집(◇)
6. 굴참나무-떡갈나무_큰기름새 군집(◆)

7. 신갈나무-서어나무_생강나무 군집(◈)
8. 신갈나무-전나무_조릿대 군집(■)
9. 신갈나무-들메나무_고광나무 군집(□)
10. 신갈나무_우산나물 군집(●)
11. 신갈나무_철쭉 군집(○)
12. 신갈나무_동자꽃 군집(○)
13. 신갈나무-피나무_나래박쥐나물 군집(◆)

● 종 다양성 지수(H') Species diversity
2.15±0.35(53)

● 동반 종 Accompanying species
신갈나무(84%), 참취(70%), 큰기름새(68%),
대사초(63%), 삽주(61%)

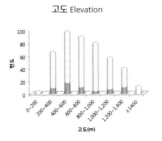
고도 Elevation

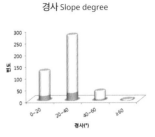
경사 Slope degree

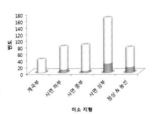
미소 지형 Micro-topography

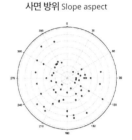
사면 방위 Slope aspect

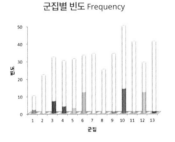
군집별 빈도 Frequency

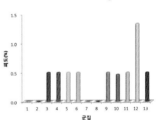
군집별 피도 Coverage

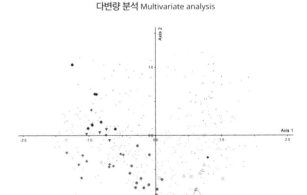
다변량 분석 Multivariate analysis

● 종합 Synopsis
고도가 낮은 산지부터 높은 산지까지, 분포하는 고도 범위가 넓다. 다른 생육지 범위도 넓으나 건조한 중간 산지 사면 상부 이상에 주로 분포한다. 다수 군집에서 출현하는데 낮은 산지 굴참나무 숲과 소나무 우점 숲, 중간 산지 이상 신갈나무 우점 숲에서 햇빛이 들어오는 숲 가장자리에서 주로 출현하는 초본이다. 비교적 흔하나 매우 소수 분포한다.

어수리

Heracleum moellendorffii

◉ **생장형** Growth form
초본, 다년생, 낙엽, 절대육상식물

◉ **지리 분포** Geography
국내: 전국[2]
국외: 러시아, 몽골, 일본, 중국[2]

◉ **생육지** Habitat
모암: 비석회암 80%, 석회암 20%
고도: 1,271±192m, 높은 산지
경사: 19±13°
미소 지형: 계곡부 제외, 주로 사면 상부 이상
사면 방위: 전 방위

◉ **출현 군집과 우점도** Communities & abundance
총 빈도: 2%(10/447)
평균 피도: 0.5±0%

1. 소나무 - 가래나무_이삭여뀌 군집(◇)
2. 소나무 - 굴참나무_졸참나무 군집(△)
3. 소나무_산딸기 군집(●)
4. 소나무_진달래 군집(▼)

5. 굴참나무 - 소나무_왕느릅나무 군집(◇)
6. 굴참나무 - 떡갈나무_큰기름새 군집(◆)

7. 신갈나무 - 서어나무_생강나무 군집(◆)
8. 신갈나무 - 전나무_조릿대 군집(■)
9. 신갈나무 - 들메나무_고광나무 군집(□)
10. 신갈나무_우산나물 군집(●)
11. 신갈나무_철쭉 군집(○)
12. 신갈나무_동자꽃 군집( )
13. 신갈나무 - 피나무_나래박쥐나물 군집(◆)

◉ **종 다양성 지수(H′)** Species diversity
2.51±0.25(9)

◉ **동반 종** Accompanying species
신갈나무(90%), 당단풍나무(80%), 대사초(80%),
미역줄나무(80%), 벌깨덩굴(80%)

◉ **종합** Synopsis
고도가 높은 산지에서 계곡부를 제외한 완만하고 건조한 사면 상부 이상에 주로 분포한다. 신갈나무 우점 숲에서 주로 출현하는 초본이다. 출현하는 군집의 종 다양성이 높다. 매우 드물고 매우 소수 분포한다.

고도 Elevation
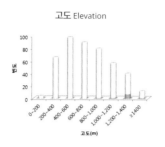

경사 Slope degree
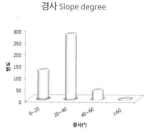

미소 지형 Micro-topography
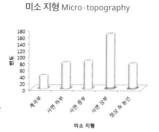

사면 방위 Slope aspect

군집별 빈도 Frequency
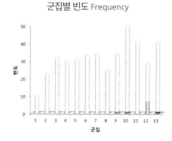

군집별 피도 Coverage
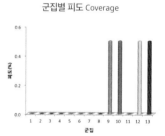

다변량 분석 Multivariate analysis
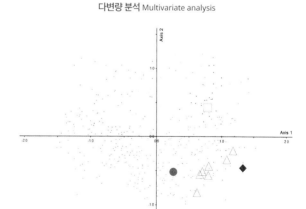

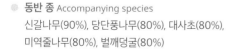

억새
Miscanthus sinensis

● **생장형 Growth form**
　초본, 다년생, 낙엽, 절대육상식물

● **지리 분포 Geography**
　국내: 전국[2]
　국외: 대만, 러시아 극동, 일본, 중국 동북부[2]

● **생육지 Habitat**
　모암: 비석회암 62%, 석회암 38%
　고도: 489±195m, 낮은 산지
　경사: 24±9°
　미소 지형: 계곡부 제외, 주로 사면 하부
　사면 방위: 전 방위

● **출현 군집과 우점도 Communities & abundance**
　총 빈도: 3%(13/447)
　평균 피도: 0.5±0.1%

1. 소나무 - 가래나무_이삭여뀌 군집(◇)
2. 소나무 - 굴참나무_졸참나무 군집(△)
3. 소나무_산딸기 군집(●)
4. 소나무_진달래 군집(▼)

5. 굴참나무 - 소나무_왕느릅나무 군집(◇)
6. 굴참나무 - 떡갈나무_큰기름새 군집(◆)

7. 신갈나무 - 서어나무_생강나무 군집(◉)
8. 신갈나무 - 전나무_조릿대 군집(■)
9. 신갈나무 - 들메나무_고광나무 군집(□)
10. 신갈나무_우산나물 군집(●)
11. 신갈나무_철쭉 군집(○)
12. 신갈나무_동자꽃 군집(◌)
13. 신갈나무 - 피나무_나래박쥐나물 군집(◆)

● **종 다양성 지수(H') Species diversity**
　2.07±0.47(11)

● **동반 종 Accompanying species**
　큰기름새(100%), 생강나무(92%), 굴참나무(77%),
　삽주(77%)

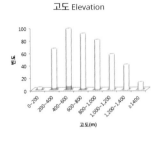

고도 Elevation

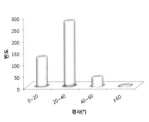

경사 Slope degree

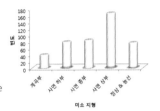

미소 지형 Micro-topography

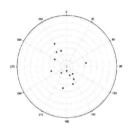

사면 방위 Slope aspect

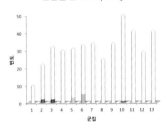

군집별 빈도 Frequency

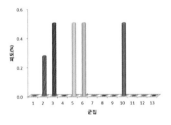

군집별 피도 Coverage

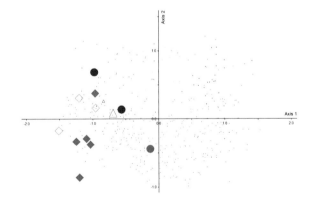

다변량 분석 Multivariate analysis

● **종합 Synopsis**
　고도가 낮은 산지에서 계곡부를 제외하고 사면 하부 건조한 곳에 주로 분포한다. 굴참나무 숲이나 소나무 숲에서 햇빛이 많이 들어오는 숲 틈이나 개방지에서 주로 출현하는 초본이다. 출현하는 군집의 종 다양성이 낮다. 매우 드물고 매우 소수 분포한다.

얼레지

Erythronium japonicum

◉ **생장형** Growth form
초본, 다년생, 낙엽, 절대육상식물

◉ **지리 분포** Geography
국내: 전국(제주도 제외)[2]
국외: 일본, 중국 동북부[2]

◉ **생육지** Habitat
모암: 비석회암 100%
고도: 812±333m, 낮은 산지~높은 산지
경사: 28±11°
미소 지형: 전 지형, 주로 사면 하부 이하
사면 방위: 전 방위

◉ **출현 군집과 우점도** Communities & abundance
총 빈도: 5%(22/447)
평균 피도: 0.7±1.1%

1. 소나무-가래나무_이삭여뀌 군집(◇)
2. 소나무-굴참나무_졸참나무 군집(△)
3. 소나무_산딸기 군집(●)
4. 소나무_진달래 군집(▼)

5. 굴참나무-소나무_왕느릅나무 군집(◇)
6. 굴참나무-떡갈나무_큰기름새 군집(◆)

7. 신갈나무-서어나무_생강나무 군집(◈)
8. 신갈나무-전나무_조릿대 군집(■)
9. 신갈나무-들메나무_고광나무 군집(□)
10. 신갈나무_우산나물 군집(●)
11. 신갈나무_철쭉 군집(○)
12. 신갈나무_동자꽃 군집(○)
13. 신갈나무-피나무_나래박쥐나물 군집(◆)

◉ **종 다양성 지수(H′)** Species diversity
2.25±0.32(21)

◉ **동반 종** Accompanying species
신갈나무(95%), 대사초(86%), 단풍취(73%),
당단풍나무(73%), 삿갓나물(59%), 생강나무(59%), 참취(59%)

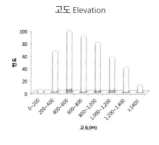

고도 Elevation

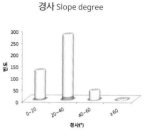

경사 Slope degree

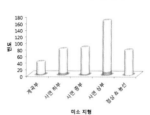

미소 지형 Micro-topography

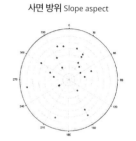

사면 방위 Slope aspect

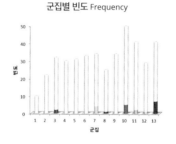

군집별 빈도 Frequency

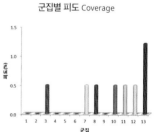

군집별 피도 Coverage

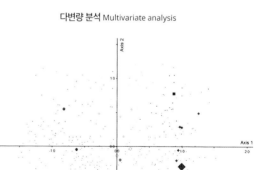

다변량 분석 Multivariate analysis

◉ **종합** Synopsis
고도가 낮은 산지부터 높은 산지까지, 분포하는 고도 범위가 넓다. 사면 하부 이하에 주로 분포한다. 중간 산지 이상 신갈나무 우점 숲이나 신갈나무-활엽수 혼합 숲에서 주로 출현하는 초본이다. 드물고 매우 소수 분포한다.

여로

Veratrum nigrum var. *japonicum*

● **생장형** Growth form
초본, 다년생, 낙엽, 절대육상식물

● **지리 분포** Geography
국내: 강원도, 충청북도[9]
국외: 중국 동북부[9]

● **생육지** Habitat
모암: 비석회암 73%, 석회암 27%
고도: 921±334m, 낮은 산지~높은 산지
경사: 24±11°
미소 지형: 전 지형, 주로 사면 상부 이상
사면 방위: 전 방위

● **출현 군집과 우점도** Communities & abundance
총 빈도: 17%(75/447)
평균 피도: 0.5±0.3%

1. 소나무 - 가래나무_이삭여뀌 군집(◇)
2. 소나무 - 굴참나무_졸참나무 군집(△)
3. 소나무_산딸기 군집(●)
4. 소나무_진달래 군집(▼)

5. 굴참나무 - 소나무_왕느릅나무 군집(◇)
6. 굴참나무 - 떡갈나무_큰기름새 군집(◆)

7. 신갈나무 - 서어나무_생강나무 군집(◈)
8. 신갈나무 - 전나무_조릿대 군집(■)
9. 신갈나무 - 들메나무_고광나무 군집(□)
10. 신갈나무 - 우산나물 군집(●)
11. 신갈나무_철쭉 군집(○)
12. 신갈나무_동자꽃 군집(◌)
13. 신갈나무 - 피나무_나래박쥐나물 군집(◆)

● **종 다양성 지수(H′)** Species diversity
2.22±0.35(69)

● **동반 종** Accompanying species
신갈나무(91%), 대사초(84%), 참취(72%),
산박하(64%), 당단풍나무(60%)

고도 Elevation

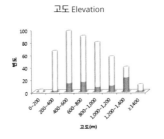

경사 Slope degree

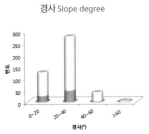

미소 지형 Micro-topography

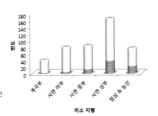

사면 방위 Slope aspect

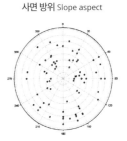

군집별 빈도 Frequency

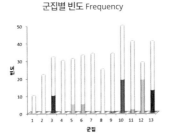

군집별 피도 Coverage

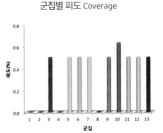

다변량 분석 Multivariate analysis

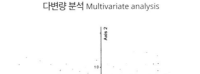
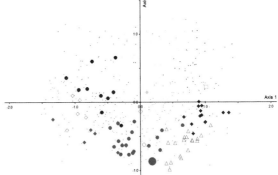

● **종합** Synopsis
고도가 낮은 산지부터 높은 산지까지, 분포하는 고도 범위가 넓다. 다른 생육지 범위도 넓으나 건조한 사면 상부 이상 지역에 주로 분포한다. 낮은 산지 소나무 우점 숲에서도 나타나나, 중간 산지 이상 신갈나무 우점 숲이나 신갈나무 - 활엽수 혼합 숲에서 주로 출현하는 초본이다. 비교적 흔하나 매우 소수 분포한다.

오리방풀
Isodon excisus

● **생장형** Growth form
초본, 다년생, 낙엽, 절대육상식물

● **지리 분포** Geography
국내: 전국[9]
국외: 러시아, 일본, 중국[9]

● **생육지** Habitat
모암: 비석회암 93%, 석회암 7%
고도: 961±275m, 낮은 산지~높은 산지
경사: 25±12°
미소 지형: 전 지형, 주로 사면 하부 이하
사면 방위: 전 방위

● **출현 군집과 우점도** Communities & abundance
총 빈도: 10%(44/447)
평균 피도: 3±6%

1. 소나무 - 가래나무_이삭여뀌 군집(◇)
2. 소나무 - 굴참나무_졸참나무 군집(△)
3. 소나무_산딸기 군집(●)
4. 소나무_진달래 군집(▼)

5. 굴참나무 - 소나무_왕느릅나무 군집(◌)
6. 굴참나무 - 떡갈나무_큰기름새 군집(◆)

7. 신갈나무 - 서어나무_생강나무 군집(◈)
8. 신갈나무 - 전나무_조릿대 군집(■)
9. 신갈나무 - 들메나무_고광나무 군집(□)
10. 신갈나무_우산나물 군집(●)
11. 신갈나무_철쭉 군집(◯)
12. 신갈나무_동자꽃 군집(　)
13. 신갈나무 - 피나무_나래박쥐나물 군집(◆)

● **종 다양성 지수(H′)** Species diversity
2.53±0.29(12)

● **동반 종** Accompanying species
신갈나무(93%), 당단풍나무(91%), 고로쇠나무(80%),
피나무(75%), 대사초(70%)

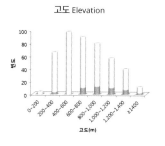

고도 Elevation

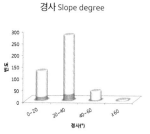

경사 Slope degree

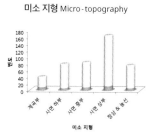

미소 지형 Micro-topography

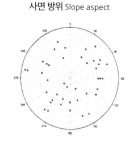

사면 방위 Slope aspect

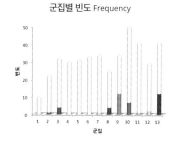

군집별 빈도 Frequency

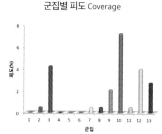

군집별 피도 Coverage

다변량 분석 Multivariate analysis

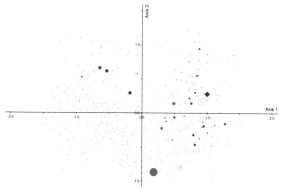

● **종합** Synopsis
고도가 낮은 산지부터 높은 산지까지, 분포하는 고도 범위가 넓다. 사면 하부에 주로 분포한다. 소나무 우점 숲에서도 나타나나, 중간 산지 이상 신갈나무 우점 숲이나 높은 산지 신갈나무 - 활엽수 혼합 숲에서 출현 빈도와 우점도가 높은 초본이다. 출현하는 군집의 종 다양성이 높다. 비교적 흔하나 소수 분포한다.

오미자

Schisandra chinensis

◉ **생장형** Growth form
덩굴성 목본, 활엽, 낙엽, 절대육상식물

◉ **지리 분포** Geography
국내: 전국[2]
국외: 러시아 동북부, 일본, 중국[2]

◉ **생육지** Habitat
모암: 비석회암 82%, 석회암 18%
고도: 852±306m, 낮은 산지~높은 산지
경사: 26±13°
미소 지형: 전 지형, 주로 사면 하부 이하
사면 방위: 전 방위

◉ **출현 군집과 우점도** Communities & abundance
총 빈도: 11%(50/447)
평균 피도: 2±4%

1. 소나무 - 가래나무_이삭여뀌 군집(◇)
2. 소나무 - 굴참나무_졸참나무 군집(△)
3. 소나무_산딸기 군집(●)
4. 소나무_진달래 군집(▼)

5. 굴참나무 - 소나무_왕느릅나무 군집(◇)
6. 굴참나무 - 떡갈나무_큰기름새 군집(◆)

7. 신갈나무 - 서어나무_생강나무 군집(◆)
8. 신갈나무 - 전나무_조릿대 군집(■)
9. 신갈나무 - 들메나무_고광나무 군집(□)
10. 신갈나무_우산나물 군집(●)
11. 신갈나무_철쭉 군집(○)
12. 신갈나무_동자꽃 군집(○)
13. 신갈나무 - 피나무_나래박쥐나물 군집(◆)

◉ **종 다양성 지수(H′)** Species diversity
2.32±0.35(33)

◉ **동반 종** Accompanying species
당단풍나무(78%), 고로쇠나무(74%), 신갈나무(74%),
물푸레나무(62%), 생강나무(62%), 피나무(62%)

◉ **종합** Synopsis
고도가 낮은 산지부터 높은 산지까지, 분포하는 고도 범위가 넓다. 적습한 사면 하부 이하에 주로 분포한다. 거의 대부분 군집에 나타나나, 낮은 산지 소나무 - 활엽수 혼합 숲, 중간 산지 활엽수 혼합 숲 및 높은 산지 신갈나무 - 활엽수 혼합 숲에서 주로 출현하는 덩굴성 목본이다. 분포하는 군집의 종 다양성이 높다. 비교적 흔하나 소수 분포한다.

고도 Elevation
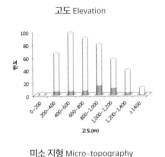

경사 Slope degree
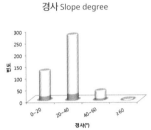

미소 지형 Micro-topography
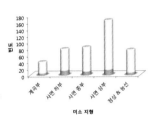

사면 방위 Slope aspect
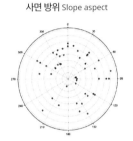

군집별 빈도 Frequency
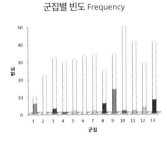

군집별 피도 Coverage
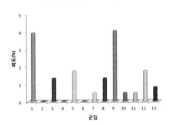

다변량 분석 Multivariate analysis
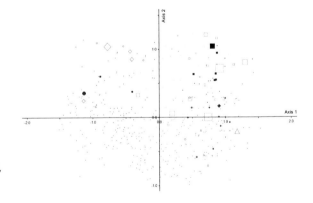

오이풀

Sanguisorba officinalis

◉ **생장형** Growth form
초본, 다년생, 낙엽, 절대육상식물

◉ **지리 분포** Geography
국내: 전국[2]
국외: 북아메리카, 유럽, 일본, 중국[2]

◉ **생육지** Habitat
모암: 비석회암 24%, 석회암 76%
고도: 648±260m, 낮은 산지~중간 산지
경사: 27±10°
미소 지형: 계곡부 제외, 주로 사면 중부 이하
사면 방위: 전 방위

◉ **출현 군집과 우점도** Communities & abundance
총 빈도: 6%(29/447)
평균 피도: 0.5±0%

1. 소나무 - 가래나무_이삭여뀌 군집(◇)
2. 소나무 - 굴참나무_졸참나무 군집(△)
3. 소나무_산딸기 군집(●)
4. 소나무_진달래 군집(▼)

5. 굴참나무 - 소나무_왕느릅나무 군집(◌)
6. 굴참나무 - 떡갈나무_큰기름새 군집(◆)

7. 신갈나무 - 서어나무_생강나무 군집(◈)
8. 신갈나무 - 전나무_조릿대 군집(■)
9. 신갈나무 - 들메나무_고광나무 군집(□)
10. 신갈나무_우산나물 군집(●)
11. 신갈나무_철쭉 군집(◌)
12. 신갈나무_동자꽃 군집(◌)
13. 신갈나무 - 피나무_나래박쥐나물 군집(◆)

◉ **종 다양성 지수(H′)** Species diversity
2.22±0.36(28)

◉ **동반 종** Accompanying species
큰기름새(97%), 삽주(90%), 신갈나무(86%),
둥굴레(76%), 물푸레나무(76%), 참취(76%)

◉ **종합** Synopsis
고도가 낮은 산지부터 중간 산지까지 계곡부를 제외하고 사면 중부 이하 건조한 곳에 주로 분포한다. 굴참나무 숲과 소나무 우점
숲을 비롯해 신갈나무 우점 숲에서 주로 출현하는 초본이다. 드물고 매우 소수 분포한다.

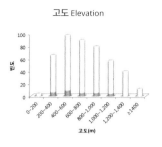
고도 Elevation

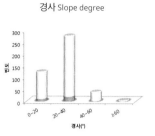
경사 Slope degree

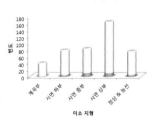
미소 지형 Micro-topography

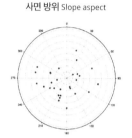
사면 방위 Slope aspect

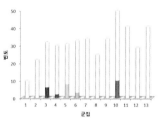
군집별 빈도 Frequency

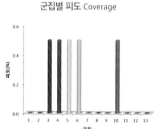
군집별 피도 Coverage

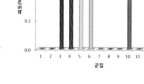

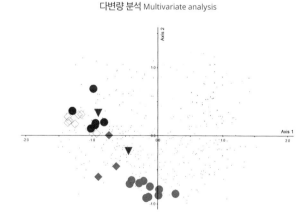
다변량 분석 Multivariate analysis

올괴불나무
Lonicera praeflorens

● **생장형** Growth form
관목, 활엽, 낙엽, 절대육상식물

● **지리 분포** Geography
국내: 전국(제주도 제외)[9]
국외: 러시아 동시베리아, 중국 동북부[9]

● **생육지** Habitat
모암: 비석회암 51%, 석회암 49%
고도: 524±217m, 낮은 산지~중간 산지
경사: 27±12°
미소 지형: 전 지형, 특히 사면 하부
사면 방위: 전 방위

● **출현 군집과 우점도** Communities & abundance
총 빈도: 19%(84/447)
평균 피도: 3±8%

1. 소나무 - 가래나무 _ 이삭여뀌 군집(◇)
2. 소나무 - 굴참나무 _ 졸참나무 군집(△)
3. 소나무 _ 산딸기 군집(●)
4. 소나무 _ 진달래 군집(▼)

5. 굴참나무 - 소나무 _ 왕느릅나무 군집(○)
6. 굴참나무 - 떡갈나무 _ 큰기름새 군집(◆)

7. 신갈나무 - 서어나무 _ 생강나무 군집(◈)
8. 신갈나무 - 전나무 _ 조릿대 군집(■)
9. 신갈나무 - 들메나무 _ 고광나무 군집(□)
10. 신갈나무 _ 우산나물 군집(●)
11. 신갈나무 _ 철쭉 군집(○)
12. 신갈나무 _ 동자꽃 군집( )
13. 신갈나무 - 피나무 _ 나래박쥐나물 군집(◆)

● **종 다양성 지수(H′)** Species diversity
2.13±0.35(74)

● **동반 종** Accompanying species
생강나무(83%), 물푸레나무(76%), 신갈나무(75%),
소나무(68%), 큰기름새(63%)

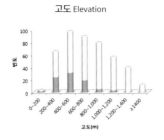

고도 Elevation

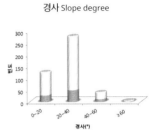

경사 Slope degree

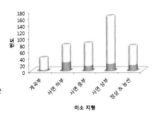

미소 지형 Micro-topography

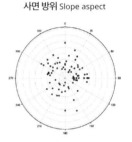

사면 방위 Slope aspect

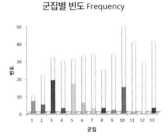

군집별 빈도 Frequency

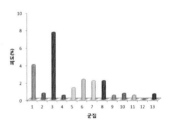

군집별 피도 Coverage

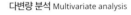

다변량 분석 Multivariate analysis

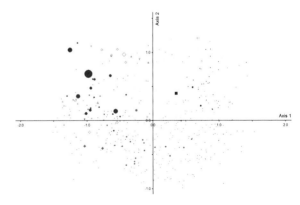

● **종합** Synopsis
고도가 낮은 산지부터 중간 산지까지 건조한 사면 하부에 주로 분포한다. 소나무 우점 숲, 굴참나무 숲, 신갈나무 우점 숲에서
주로 출현하는 관목이다. 비교적 적습한 소나무 우점 숲과 소나무-활엽수 혼합 숲에서 우점도가 높다. 비교적 흔하나 소수
분포한다.

왁살고사리

Leptorumohra miqueliana

◉ **생장형** Growth form
초본, 다년생, 낙엽, 절대육상식물

◉ **지리 분포** Geography
국내: 전국[8]
국외: 러시아 극동, 일본, 중국 동북부[8]

◉ **생육지** Habitat
모암: 비석회암 100%
고도: 1,116±282m, 중간 산지~높은 산지
경사: 26±9°
미소 지형: 전 지형, 특히 계곡부
사면 방위: 전 방위

◉ **출현 군집과 우점도** Communities & abundance
총 빈도: 3%(15/447)
평균 피도: 2±2%

1. 소나무 - 가래나무_이삭여뀌 군집(◇)
2. 소나무 - 굴참나무_졸참나무 군집(△)
3. 소나무_산딸기 군집(●)
4. 소나무_진달래 군집(▼)

5. 굴참나무 - 소나무_왕느릅나무 군집(○)
6. 굴참나무 - 떡갈나무_큰기름새 군집(◆)

7. 신갈나무 - 서어나무_생강나무 군집(◈)
8. 신갈나무 - 전나무_조릿대 군집(■)
9. 신갈나무 - 들메나무_고광나무 군집(□)
10. 신갈나무_우산나물 군집(●)
11. 신갈나무_철쭉 군집(○)
12. 신갈나무_동자꽃 군집(○)
13. 신갈나무 - 피나무_나래박쥐나물 군집(◆)

◉ **종 다양성 지수(H′)** Species diversity
2.23±0.41(9)

◉ **동반 종** Accompanying species
미역줄나무(93%), 당단풍나무(87%), 대사초(87%),
관중(80%), 단풍취(80%)

◉ **종합** Synopsis
고도가 중간 산지부터 높은 산지까지 북사면 계곡부에 주로 분포한다. 신갈나무 - 활엽수 혼합 숲에서 주로 출현하는 초본이다.
매우 드물고 소수 분포한다.

고도 Elevation
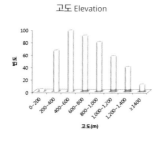

경사 Slope degree
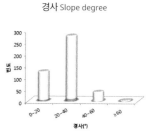

미소 지형 Micro-topography
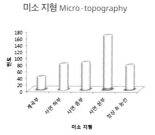

사면 방위 Slope aspect
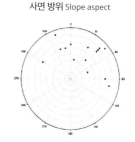

군집별 빈도 Frequency
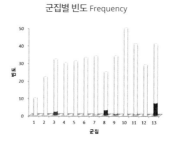

군집별 피도 Coverage
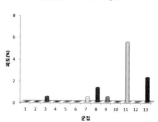

다변량 분석 Multivariate analysis
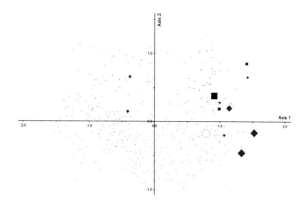

왕느릅나무

Ulmus macrocarpa

느릅나무과
Ulmaceae

- ◉ **생장형** Growth form
  소교목, 활엽, 낙엽, 절대육상식물

- ◉ **지리 분포** Geography
  국내: 강원도, 충청북도[5]
  국외: 러시아 우수리, 몽골, 중국[7]

- ◉ **생육지** Habitat
  모암: 석회암 100%
  고도: 540±200m, 낮은 산지~중간 산지
  경사: 31±10°
  미소 지형: 계곡부 제외, 주로 사면 하부 및 중부
  사면 방위: 전 방위

- ◉ **출현 군집과 우점도** Communities & abundance
  총 빈도: 11%(47/447)
  평균 피도: 8±9%

  1. 소나무 - 가래나무_이삭여뀌 군집(◇)
  2. 소나무 - 굴참나무_졸참나무 군집(△)
  3. 소나무_산딸기 군집(●)
  4. 소나무_진달래 군집(▼)

  5. 굴참나무 - 소나무_왕느릅나무 군집(◌)
  6. 굴참나무 - 떡갈나무_큰기름새 군집(◆)

  7. 신갈나무 - 서어나무_생강나무 군집(◆)
  8. 신갈나무 - 전나무_조릿대 군집(■)
  9. 신갈나무 - 들메나무_고광나무 군집(□)
  10. 신갈나무_우산나물 군집(●)
  11. 신갈나무_철쭉 군집(○)
  12. 신갈나무_동자꽃 군집(◌)
  13. 신갈나무 - 피나무_나래박쥐나물 군집(◆)

- ◉ **종 다양성 지수(H′)** Species diversity
  2.28±0.34(46)

- ◉ **동반 종** Accompanying species
  물푸레나무(91%), 큰기름새(83%), 떡갈나무(81%),
  부채마(81%), 생강나무(81%)

고도 Elevation

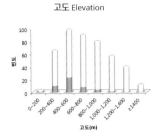

경사 Slope degree

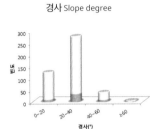

미소 지형 Micro-topography

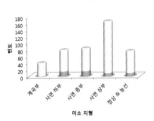

사면 방위 Slope aspect

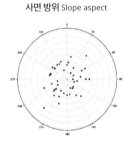

군집별 빈도 Frequency

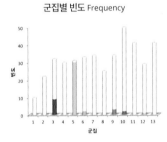

군집별 피도 Coverage

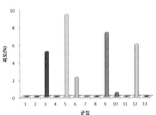

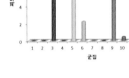

다변량 분석 Multivariate analysis

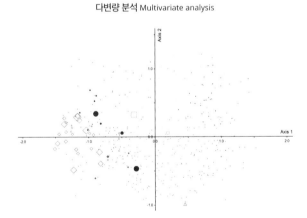

- ◉ **종합** Synopsis
  고도가 낮은 산지부터 중간 산지까지 계곡부를 제외하고 가파르고 건조한 사면에 주로 분포한다. 석회암이 모암인 곳에서만 출현한다. 석회암 지대 굴참나무 우점 숲에서 주로 볼 수 있고 일부 소나무 우점 숲에서 출현하는 소교목이다. 석회암 지역에서 비교적 흔하고 비교적 우점한다.

왕팽나무
Celtis koraiensis

◉ **생장형** Growth form
교목, 활엽, 낙엽, 절대육상식물

◉ **지리 분포** Geography
국내: 강원도, 경상북도, 충청북도[6]
국외: 중국[3]

◉ **생육지** Habitat
모암: 석회암 100%
고도: 538±129m, 낮은 산지
경사: 32±9°
미소 지형: 계곡부 제외, 전 지형
사면 방위: 전 방위

◉ **출현 군집과 우점도** Communities & abundance
총 빈도: 6%(27/447)
평균 피도: 4±8%

1. 소나무 - 가래나무_이삭여뀌 군집(◇)
2. 소나무 - 굴참나무_졸참나무 군집(△)
3. 소나무_산딸기 군집(●)
4. 소나무_진달래 군집(▼)

5. 굴참나무 - 소나무_왕느릅나무 군집(◇)
6. 굴참나무 - 떡갈나무_큰기름새 군집(◆)

7. 신갈나무 - 서어나무_생강나무 군집(◇)
8. 신갈나무 - 전나무_조릿대 군집(■)
9. 신갈나무 - 들메나무_고광나무 군집(□)
10. 신갈나무_우산나물 군집(●)
11. 신갈나무_철쭉 군집(○)
12. 신갈나무_동자꽃 군집(○)
13. 신갈나무 - 피나무_나래박쥐나물 군집(◆)

◉ **종 다양성 지수(H′)** Species diversity
2.23±0.31(27)

◉ **동반 종** Accompanying species
생강나무(96%), 물푸레나무(93%), 부채마(89%),
가는잎그늘사초(85%), 삽주(85%), 왕느릅나무(85%), 큰기름새(85%)

◉ **종합** Synopsis
고도가 낮은 산지에서 계곡부를 제외하고 전 지형에 분포한다. 석회암이 모암인 곳에서만 출현한다. 석회암 지대 굴참나무 우점 숲에서 주로 볼 수 있고 일부 소나무 우점 숲에서 출현하는 교목이다. 드물고 소수 분포한다.

고도 Elevation
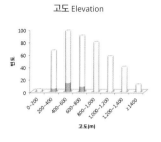

경사 Slope degree
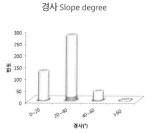

미소 지형 Micro-topography
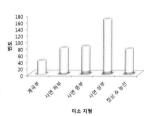

사면 방위 Slope aspect
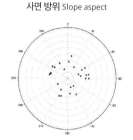

군집별 빈도 Frequency
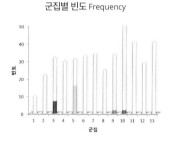

군집별 피도 Coverage
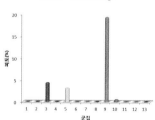

다변량 분석 Multivariate analysis
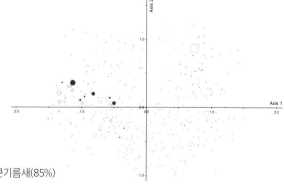

외대으아리

Clematis brachyura

◉ **생장형** Growth form
반관목, 활엽, 낙엽, 절대육상식물

◉ **지리 분포** Geography
국내: 전국[5]
국외: 한국 특산[15]

◉ **생육지** Habitat
모암: 비석회암 60%, 석회암 40%
고도: 570±62m, 낮은 산지
경사: 32±5°
미소 지형: 사면부
사면 방위: 전 방위

고도 Elevation

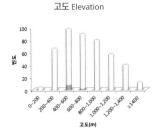

경사 Slope degree

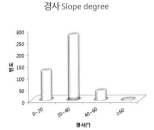

미소 지형 Micro-topography

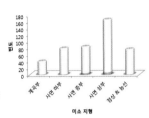

사면 방위 Slope aspect

◉ **출현 군집과 우점도** Communities & abundance
총 빈도: 2%(10/447)
평균 피도: 0.5±0%

1. 소나무-가래나무_이삭여뀌 군집(◇)
2. 소나무-굴참나무_졸참나무 군집(△)
3. 소나무_산딸기 군집(●)
4. 소나무_진달래 군집(▼)

5. 굴참나무-소나무_왕느릅나무 군집(◇)
6. 굴참나무-떡갈나무_큰기름새 군집(◆)

7. 신갈나무-서어나무_생강나무 군집(◆)
8. 신갈나무-전나무_조릿대 군집(■)
9. 신갈나무-들메나무_고광나무 군집(□)
10. 신갈나무_우산나물 군집(●)
11. 신갈나무_철쭉 군집(○)
12. 신갈나무_동자꽃 군집( )
13. 신갈나무-피나무_나래박쥐나물 군집(◆)

군집별 빈도 Frequency

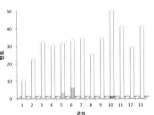

군집별 피도 Coverage

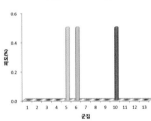

◉ **종 다양성 지수(H')** Species diversity
2.08±0.34(10)

다변량 분석 Multivariate analysis

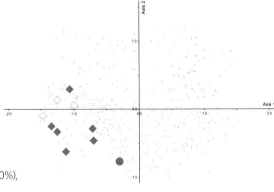

◉ **동반 종** Accompanying species
생강나무(100%), 큰기름새(100%), 굴참나무(90%),
떡갈나무(80%), 맑은대쑥(70%), 삽주(70%), 신갈나무(70%),
실새풀(70%), 참취(70%)

◉ **종합** Synopsis
고도가 낮은 산지에서 가파르고 건조한 사면부에 주로 분포한다. 굴참나무 숲 가장자리 빛이 많이 투과되는 곳에서 주로
출현하는 우리나라 고유종 반관목이다. 출현하는 군집의 종 다양성이 낮다. 매우 드물고 매우 소수 분포한다.

용둥굴레
Polygonatum involucratum

◉ **생장형** Growth form
초본, 다년생, 낙엽, 절대육상식물

◉ **지리 분포** Geography
국내: 전국[9]
국외: 러시아 극동, 일본, 중국 동북부[9]

◉ **생육지** Habitat
모암: 비석회암 60%, 석회암 40%
고도: 715±268m, 낮은 산지~중간 산지
경사: 28±13°
미소 지형: 전 지형, 주로 사면 상부 이하
사면 방위: 전 방위

◉ **출현 군집과 우점도** Communities & abundance
총 빈도: 11%(47/447)
평균 피도: 0.8±1.2%

1. 소나무-가래나무_이삭여뀌 군집(◇)
2. 소나무-굴참나무_졸참나무 군집(△)
3. 소나무_산딸기 군집(●)
4. 소나무_진달래 군집(▼)

5. 굴참나무-소나무_왕느릅나무 군집(○)
6. 굴참나무-떡갈나무_큰기름새 군집(◆)

7. 신갈나무-서어나무_생강나무 군집(◉)
8. 신갈나무-전나무_조릿대 군집(■)
9. 신갈나무-들메나무_고광나무 군집(□)
10. 신갈나무_우산나물 군집(●)
11. 신갈나무_철쭉 군집(○)
12. 신갈나무_동자꽃 군집(○)
13. 신갈나무-피나무_나래박쥐나물 군집(◆)

◉ **종 다양성 지수(H')** Species diversity
2.25±0.39(40)

◉ **동반 종** Accompanying species
신갈나무(94%), 생강나무(77%), 당단풍나무(66%),
물푸레나무(66%), 부채마(66%)

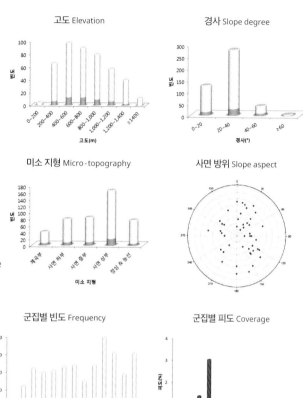

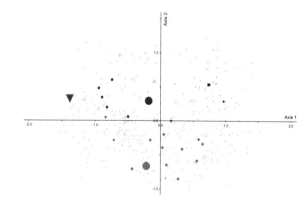

◉ **종합** Synopsis
고도가 낮은 산지부터 중간 산지까지 능선과 정상을 제외하고 거의 전 지형에 분포한다. 거의 대부분 군집에서 나타나나 낮은
산지 소나무 우점 숲이나 굴참나무 숲, 중간 산지 신갈나무 우점 숲이나 신갈나무-활엽수 혼합 숲에서 주로 출현하는 초본이다.
낮은 산지 소나무 숲에서 우점도가 높다. 비교적 흔하지만 매우 소수 분포한다.

우산나물

Syneilesis palmata

● **생장형** Growth form
초본, 다년생, 낙엽, 절대육상식물

● **지리 분포** Geography
국내: 전국[3]
국외: 일본[3]

● **생육지** Habitat
모암: 비석회암 71%, 석회암 29%
고도: 624±200m, 낮은 산지~중간 산지
경사: 28±11°
미소 지형: 전 지형
사면 방위: 전 방위

● **출현 군집과 우점도** Communities & abundance
총 빈도: 24%(106/447)
평균 피도: 4±8%

1. 소나무 - 가래나무_이삭여뀌 군집(◇)
2. 소나무 - 굴참나무_졸참나무 군집(△)
3. 소나무_산딸기 군집(●)
4. 소나무_진달래 군집(▼)

5. 굴참나무 - 소나무_왕느릅나무 군집(○)
6. 굴참나무 - 떡갈나무_큰기름새 군집(◆)

7. 신갈나무 - 서어나무_생강나무 군집(◈)
8. 신갈나무 - 전나무_조릿대 군집(■)
9. 신갈나무 - 들메나무_고광나무 군집(□)
10. 신갈나무_우산나물 군집(●)
11. 신갈나무_철쭉 군집(○)
12. 신갈나무_동자꽃 군집(◐)
13. 신갈나무 - 피나무_나래박쥐나물 군집(◆)

● **종 다양성 지수(H′)** Species diversity
2.09±0.39(90)

● **동반 종** Accompanying species
신갈나무(87%), 생강나무(84%), 삽주(72%),
물푸레나무(70%), 참취(68%)

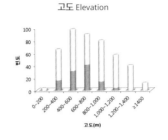

고도 Elevation

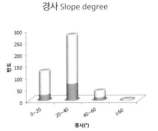

경사 Slope degree

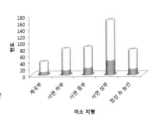

미소 지형 Micro-topography

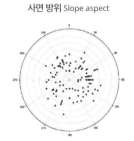

사면 방위 Slope aspect

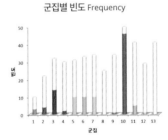

군집별 빈도 Frequency

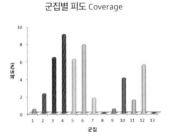

군집별 피도 Coverage

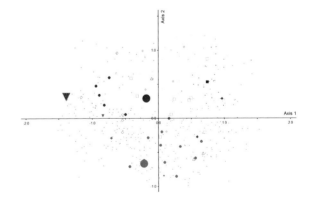

다변량 분석 Multivariate analysis

● **종합** Synopsis
고도가 낮은 산지부터 중간 산지까지 다양한 생육지에 분포한다. 거의 모든 군집에서 나타나나, 신갈나무 우점 숲에서 출현 빈도가 특히 높은 초본으로 지표종이다. 소나무 우점 숲과 굴참나무 숲에서도 출현 빈도가 높고, 신갈나무 우점 숲 보다 우점도가 높다. 출현하는 군집의 종 다양성이 낮다. 비교적 흔하나 소수 분포한다.

원추리
Hemerocallis fulva

● **생장형** Growth form
초본, 다년생, 낙엽, 절대육상식물

● **지리 분포** Geography
국내: 전국[2]
국외: 중국[2]

● **생육지** Habitat
모암: 비석회암 76%, 석회암 24%
고도: 574±194m, 낮은 산지~중간 산지
경사: 31±10°
미소 지형: 전 지형, 주로 사면 상부 이상
사면 방위: 전 방위

● **출현 군집과 우점도** Communities & abundance
총 빈도: 12%(54/447)
평균 피도: 0.6±0.7%

1. 소나무 - 가래나무_이삭여뀌 군집(◇)
2. 소나무 - 굴참나무_졸참나무 군집(△)
3. 소나무_산딸기 군집(●)
4. 소나무_진달래 군집(▼)

5. 굴참나무 - 소나무_왕느릅나무 군집(○)
6. 굴참나무 - 떡갈나무_큰기름새 군집(◆)

7. 신갈나무 - 서어나무_생강나무 군집(◈)
8. 신갈나무 - 전나무_조릿대 군집(■)
9. 신갈나무 - 들메나무_고광나무 군집(□)
10. 신갈나무_우산나물 군집(●)
11. 신갈나무_철쭉 군집(○)
12. 신갈나무_동자꽃 군집(○)
13. 신갈나무 - 피나무_나래박쥐나물 군집(◆)

● **종 다양성 지수(H')** Species diversity
1.98±0.39(51)

● **동반 종** Accompanying species
신갈나무(89%), 생강나무(83%), 삽주(81%),
둥굴레(78%), 큰기름새(74%)

고도 Elevation

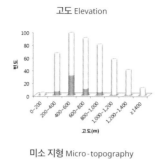

경사 Slope degree

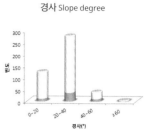

미소 지형 Micro-topography

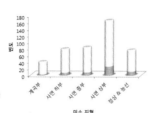

사면 방위 Slope aspect

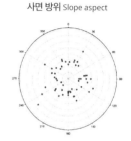

군집별 빈도 Frequency

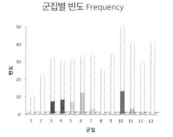

군집별 피도 Coverage

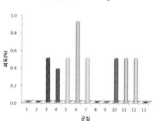

다변량 분석 Multivariate analysis

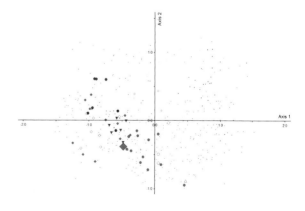

● **종합** Synopsis
고도가 낮은 산지부터 중간 산지까지 가파르고 건조한 사면 상부 이상에 주로 분포한다. 소나무 우점 숲, 굴참나무 숲, 신갈나무 우점 숲에서 주로 출현하는 초본이다. 출현하는 군집의 종 다양성이 낮다. 비교적 흔하나 매우 소수 분포한다.

으아리

Clematis terniflora var. mandshurica

● **생장형** Growth form
덩굴성 목본, 활엽, 낙엽, 절대육상식물

● **지리 분포** Geography
국내: 전국[3]
국외: 일본, 중국[3]

● **생육지** Habitat
모암: 비석회암 42%, 석회암 58%
고도: 531±181m, 낮은 산지~중간 산지
경사: 28±11°
미소 지형: 전 지형, 주로 사면 하부 및 중부
사면 방위: 전 방위

● **출현 군집과 우점도** Communities & abundance
총 빈도: 15%(67/447)
평균 피도: 0.5±1%

1. 소나무 - 가래나무_이삭여뀌 군집(◇)
2. 소나무 - 굴참나무_졸참나무 군집(△)
3. 소나무 _ 산딸기 군집(●)
4. 소나무_진달래 군집(▼)

5. 굴참나무 - 소나무_왕느릅나무 군집(◇)
6. 굴참나무 - 떡갈나무_큰기름새 군집(◆)

7. 신갈나무 - 서어나무_생강나무 군집(◆)
8. 신갈나무 - 전나무_조릿대 군집(■)
9. 신갈나무 - 들메나무_고광나무 군집(□)
10. 신갈나무 _ 우산나물 군집(●)
11. 신갈나무_철쭉 군집(○)
12. 신갈나무_동자꽃 군집(◌)
13. 신갈나무 - 피나무_나래박쥐나물 군집(◆)

● **종 다양성 지수(H')** Species diversity
2.19±0.30(64)

● **동반 종** Accompanying species
큰기름새(85%), 생강나무(82%), 둥굴레(73%),
삽주(73%), 물푸레나무(72%), 신갈나무(72%)

● **종합** Synopsis
고도가 낮은 산지부터 중간 산지까지 건조한 사면 하부와 중부에 주로 분포한다. 소나무 우점 숲, 굴참나무 숲, 신갈나무 우점 숲에서 빛이 많이 들어오는 곳에서 주로 출현하는 덩굴성 목본이다. 비교적 흔하나 매우 소수 분포한다.

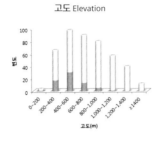

고도 Elevation

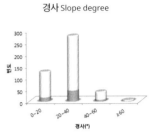

경사 Slope degree

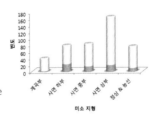

미소 지형 Micro-topography

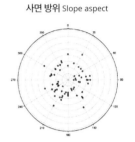

사면 방위 Slope aspect

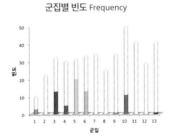

군집별 빈도 Frequency

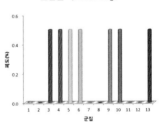

군집별 피도 Coverage

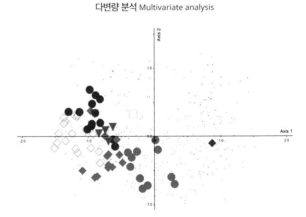

다변량 분석 Multivariate analysis

은꿩의다리

Thalictrum actaefolium var. brevistylum

◉ **생장형** Growth form
초본, 다년생, 낙엽, 절대육상식물

◉ **지리 분포** Geography
국내: 중부 이남[7]
국외: 한국 특산[15]

◉ **생육지** Habitat
모암: 비석회암 88%, 석회암 12%
고도: 1,142±246m, 중간 산지~높은 산지
경사: 20±12°
미소 지형: 전 지형, 주로 사면 상부 이상
사면 방위: 전 방위

◉ **출현 군집과 우점도** Communities & abundance
총 빈도: 4%(16/447)
평균 피도: 0.8±1.3%

1. 소나무 - 가래나무_이삭여뀌 군집(◇)
2. 소나무 - 굴참나무_졸참나무 군집(△)
3. 소나무_산딸기 군집(●)
4. 소나무_진달래 군집(▼)

5. 굴참나무 - 소나무_왕느릅나무 군집(○)
6. 굴참나무 - 떡갈나무_큰기름새 군집(◆)

7. 신갈나무 - 서어나무_생강나무 군집(◈)
8. 신갈나무 - 전나무_조릿대 군집(■)
9. 신갈나무 - 들메나무_고광나무 군집(□)
10. 신갈나무_우산나물 군집(●)
11. 신갈나무_철쭉 군집(○)
12. 신갈나무_동자꽃 군집( )
13. 신갈나무 - 피나무_나래박쥐나물 군집(◆)

◉ **종 다양성 지수(H′)** Species diversity
2.54±0.25(14)

◉ **동반 종** Accompanying species
당단풍나무(100%), 미역줄나무(88%), 신갈나무(88%),
고로쇠나무(81%), 대사초(81%), 참나물(81%), 큰개별꽃(81%),
피나무(81%)

◉ **종합** Synopsis
고도가 중간 산지부터 높은 산지까지 건조한 사면 상부 이상에 주로 분포한다. 높은 산지 신갈나무 우점 숲과 신갈나무 - 활엽수
혼합 숲에서 주로 출현하는 우리나라 고유종 초본이다. 출현하는 군집의 종 다양성이 높다. 매우 드물고 매우 소수 분포한다.

고도 Elevation
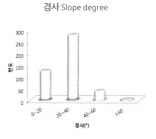

경사 Slope degree

미소 지형 Micro - topography
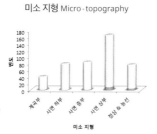

사면 방위 Slope aspect

군집별 빈도 Frequency
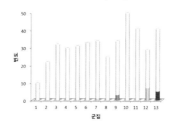

군집별 피도 Coverage
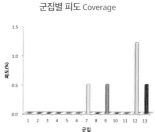

다변량 분석 Multivariate analysis
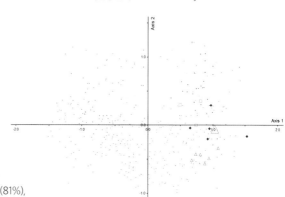

은대난초

Cephalanthera longibracteata

◉ **생장형** Growth form
초본, 다년생, 낙엽, 절대육상식물

◉ **지리 분포** Geography
국내: 전국[9]
국외: 러시아, 일본, 중국[9]

◉ **생육지** Habitat
모암: 비석회암 76%, 석회암 24%
고도: 725±302m, 낮은 산지 ~ 높은 산지
경사: 25±11°
미소 지형: 전 지형, 주로 사면부
사면 방위: 전 방위

◉ **출현 군집과 우점도** Communities & abundance
총 빈도: 17%(74/447)
평균 피도: 0.6±0.8%

1. 소나무 - 가래나무_이삭여뀌 군집(◇)
2. 소나무 - 굴참나무_졸참나무 군집(△)
3. 소나무_산딸기 군집(●)
4. 소나무_진달래 군집(▼)

5. 굴참나무 - 소나무_왕느릅나무 군집(◇)
6. 굴참나무 - 떡갈나무_큰기름새 군집(◆)

7. 신갈나무 - 서어나무_생강나무 군집(◈)
8. 신갈나무 - 전나무_조릿대 군집(■)
9. 신갈나무 - 들메나무_고광나무 군집(□)
10. 신갈나무_우산나물 군집(●)
11. 신갈나무_철쭉 군집(○)
12. 신갈나무_동자꽃 군집(△)
13. 신갈나무 - 피나무_나래박쥐나물 군집(◆)

◉ **종 다양성 지수(H′)** Species diversity
2.05±0.35(52)

◉ **동반 종** Accompanying species
신갈나무(84%), 생강나무(70%), 참취(69%),
당단풍나무(62%), 대사초(61%)

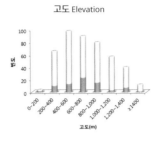
고도 Elevation

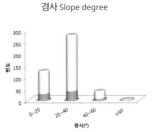
경사 Slope degree

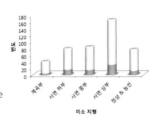
미소 지형 Micro-topography

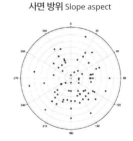
사면 방위 Slope aspect

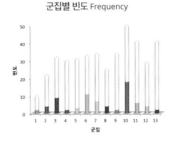
군집별 빈도 Frequency

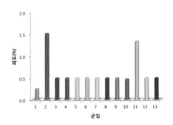
군집별 피도 Coverage

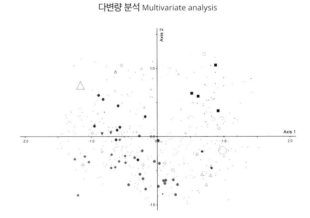
다변량 분석 Multivariate analysis

◉ **종합** Synopsis
고도가 낮은 산지부터 높은 산지까지, 분포하는 고도 범위가 넓다. 사면부에 주로 분포한다. 모든 군집에서 출현하나, 낮은 산지 굴참나무 숲과 소나무 우점 숲에서 더욱 빈번하게 출현하고 중간 산지 신갈나무 우점 숲과 신갈나무 - 활엽수 혼합 숲에서도 볼 수 있는 초본이다. 출현하는 군집의 종 다양성이 낮다. 비교적 흔하지만 매우 소수 분포한다.

은방울꽃
Convallaria keiskei

◉ **생장형** Growth form
초본, 다년생, 낙엽, 절대육상식물

◉ **지리 분포** Geography
국내: 전국(제주도 제외)[2]
국외: 러시아, 몽골, 미얀마, 북아메리카,
유럽, 일본, 중국[2]

◉ **생육지** Habitat
모암: 비석회암 68%, 석회암 32%
고도: 808±318m, 낮은 산지~높은 산지
경사: 22±14°
미소 지형: 사면 하부 이상
사면 방위: 전 방위

◉ **출현 군집과 우점도** Communities & abundance
총 빈도: 4%(19/447)
평균 피도: 1±2%

1. 소나무-가래나무_이삭여뀌 군집(◇)
2. 소나무-굴참나무_졸참나무 군집(△)
3. 소나무_산딸기 군집(●)
4. 소나무_진달래 군집(▼)

5. 굴참나무-소나무_왕느릅나무 군집(◌)
6. 굴참나무-떡갈나무_큰기름새 군집(◆)

7. 신갈나무-서어나무_생강나무 군집(◉)
8. 신갈나무-전나무_조릿대 군집(■)
9. 신갈나무-들메나무_고광나무 군집(□)
10. 신갈나무_우산나물 군집(●)
11. 신갈나무_철쭉 군집(◌)
12. 신갈나무_동자꽃 군집(◌)
13. 신갈나무-피나무_나래박쥐나물 군집(◆)

◉ **종 다양성 지수(H′)** Species diversity
2.13±0.43(19)

◉ **동반 종** Accompanying species
신갈나무(89%), 넓은잎외잎쑥(68%), 노루오줌(68%),
산박하(68%), 참취(68%)

◉ **종합** Synopsis
고도가 낮은 산지부터 높은 산지까지, 분포하는 고도 범위가 넓다. 다른 생육지 범위도 넓으나 건조한 사면 하부 이상에 주로 분포한다. 소나무 우점 숲과 신갈나무 우점 숲 가장자리에서 주로 출현하는 초본이다. 매우 드물고 소수 분포하나 곳에 따라서는 매우 우점하기도 한다.

고도 Elevation
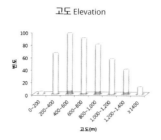

경사 Slope degree
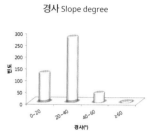

미소 지형 Micro-topography
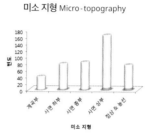

사면 방위 Slope aspect
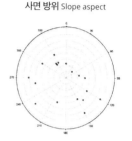

군집별 빈도 Frequency
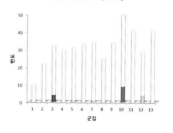

군집별 피도 Coverage
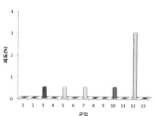

다변량 분석 Multivariate analysis

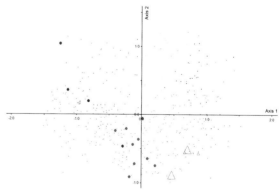

음나무

Kalopanax septemlobus

● **생장형 Growth form**
교목, 활엽, 낙엽, 절대육상식물

● **지리 분포 Geography**
국내: 전국[2]
국외: 러시아 동부, 일본, 중국[2]

● **생육지 Habitat**
모암: 비석회암 77%, 석회암 23%
고도: 764±246m, 낮은 산지~높은 산지
경사: 28±12°
미소 지형: 전 지형
사면 방위: 전 방위

● **출현 군집과 우점도 Communities & abundance**
총 빈도: 23%(102/447)
평균 피도: 5±8%

1. 소나무 - 가래나무_이삭여뀌 군집(◇)
2. 소나무 - 굴참나무_졸참나무 군집(△)
3. 소나무_산딸기 군집(●)
4. 소나무_진달래 군집(▼)

5. 굴참나무 - 소나무_왕느릅나무 군집(○)
6. 굴참나무 - 떡갈나무_큰기름새 군집(◆)

7. 신갈나무 - 서어나무_생강나무 군집(◈)
8. 신갈나무 - 전나무_조릿대 군집(■)
9. 신갈나무 - 들메나무_고광나무 군집(□)
10. 신갈나무 - 우산나물 군집(●)
11. 신갈나무_철쭉 군집(○)
12. 신갈나무_동자꽃 군집(◌)
13. 신갈나무 - 피나무_나래박쥐나물 군집(◆)

● **종 다양성 지수(H′) Species diversity**
2.13±0.34(76)

● **동반 종 Accompanying species**
신갈나무(86%), 물푸레나무(75%), 생강나무(74%),
당단풍나무(72%), 고로쇠나무(57%)

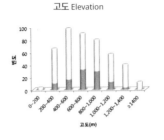
고도 Elevation

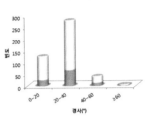
경사 Slope degree

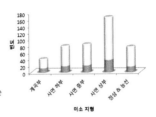
미소 지형 Micro-topography

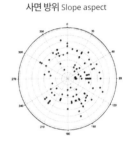
사면 방위 Slope aspect

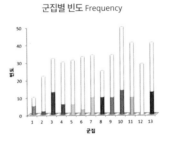
군집별 빈도 Frequency

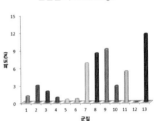
군집별 피도 Coverage

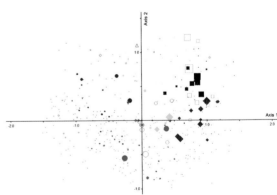
다변량 분석 Multivariate analysis

● **종합 Synopsis**
고도가 낮은 산지부터 높은 산지까지, 분포하는 고도 범위가 넓다. 전 지형에 분포한다. 낮은 산지 소나무 우점 숲에서도 비교적 빈도가 높으나, 중간 산지 이상 신갈나무 우점 숲, 신갈나무 - 활엽수 혼합 숲, 활엽수 혼합 숲에서 출현 빈도와 우점도가 높은 교목이다. 비교적 흔하고 비교적 우점한다.

이고들빼기
Crepidiastrum denticulatum

● **생장형** Growth form
초본, 이년생, 낙엽, 절대육상식물

● **지리 분포** Geography
국내: 전국[9]
국외: 동남아시아, 러시아, 몽골, 일본, 중국[9]

● **생육지** Habitat
모암: 비석회암 57%, 석회암 43%
고도: 647±217m, 낮은 산지~중간 산지
경사: 33±8°
미소 지형: 전 지형, 주로 사면 중부 이하
사면 방위: 전 방위

● **출현 군집과 우점도** Communities & abundance
총 빈도: 8%(37/447)
평균 피도: 1±2%

1. 소나무-가래나무_이삭여뀌 군집(◇)
2. 소나무-굴참나무_졸참나무 군집(△)
3. 소나무_산딸기 군집(●)
4. 소나무_진달래 군집(▼)

5. 굴참나무-소나무_왕느릅나무 군집(◇)
6. 굴참나무-떡갈나무_큰기름새 군집(◆)

7. 신갈나무-서어나무_생강나무 군집(✦)
8. 신갈나무-전나무_조릿대 군집(■)
9. 신갈나무-들메나무_고광나무 군집(□)
10. 신갈나무_우산나물 군집(●)
11. 신갈나무_철쭉 군집(○)
12. 신갈나무_동자꽃 군집( )
13. 신갈나무-피나무_나래박쥐나물 군집(◆)

● **종 다양성 지수(H′)** Species diversity
2.01±0.36(37)

● **동반 종** Accompanying species
신갈나무(86%), 큰기름새(86%), 생강나무(78%),
참취(78%), 물푸레나무(76%), 산딸기(76%)

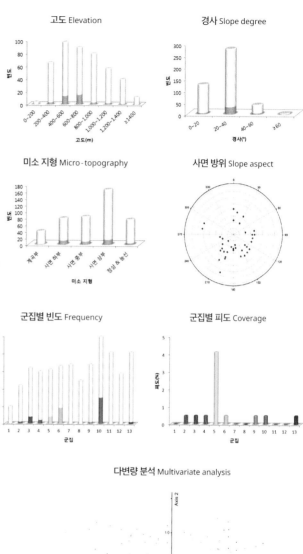

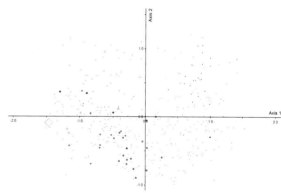

● **종합** Synopsis
고도가 낮은 산지부터 중간 산지까지 가파르고 건조한 사면 중부 이하에 주로 분포한다. 굴참나무 숲, 소나무 우점 숲, 신갈나무 우점 숲에서 주로 출현하는 초본이다. 출현하는 군집의 종 다양성이 낮다. 드물고 소수 분포한다.

이삭여뀌
Polygonum filiforme

● **생장형** Growth form
　초본, 다년생, 낙엽, 절대육상식물

● **지리 분포** Geography
　국내: 전국[9]
　국외: 인도차이나, 일본, 중국[9]

● **생육지** Habitat
　모암: 비석회암 100%
　고도: 268±26m
　경사: 6±6°
　미소 지형: 사면 하부 이하
　사면 방위: 전 방위

● **출현 군집과 우점도** Communities & abundance
　총 빈도: 2%(10/447)
　평균 피도: 1±1%

1. 소나무 - 가래나무_이삭여뀌 군집(◇)
2. 소나무 - 굴참나무_졸참나무 군집(△)
3. 소나무_산딸기 군집(●)
4. 소나무_진달래 군집(▼)

5. 굴참나무 - 소나무_왕느릅나무 군집(◇)
6. 굴참나무 - 떡갈나무_큰기름새 군집(◆)

7. 신갈나무 - 서어나무_생강나무 군집(◆)
8. 신갈나무 - 전나무_조릿대 군집(■)
9. 신갈나무 - 들메나무_고광나무 군집(□)
10. 신갈나무_우산나물 군집(●)
11. 신갈나무_철쭉 군집(○)
12. 신갈나무_동자꽃 군집(△)
13. 신갈나무 - 피나무_나래박쥐나물 군집(◆)

● **종 다양성 지수(H′)** Species diversity
　2.22±0.22(10)

● **동반 종** Accompanying species
　물푸레나무(100%), 주름조개풀(100%), 꼭두선이(90%),
　산박하(90%), 좀담배풀(90%), 청가시덩굴(90%)

● **종합** Synopsis
　고도가 낮은 산지에서 완만하고 적습한 사면 하부 이하에 주로 분포한다. 소나무 - 활엽수 혼합 숲에서 주로 출현하는 초본이고
　지표종이다. 매우 드물고 소수 분포한다.

고도 Elevation

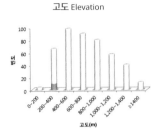

경사 Slope degree

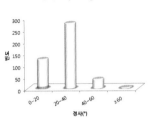

미소 지형 Micro-topography

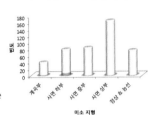

사면 방위 Slope aspect

군집별 빈도 Frequency

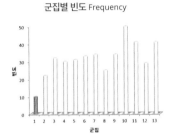

군집별 피도 Coverage

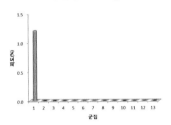

다변량 분석 Multivariate analysis

이스라지나무

Prunus japonica var. nakaii

◉ **생장형** Growth form
관목, 활엽, 낙엽, 절대육상식물

◉ **지리 분포** Geography
국내: 전국[9]
국외: 중국 동북부[9]

◉ **생육지** Habitat
모암: 비석회암 56%, 석회암 44%
고도: 518±168m, 낮은 산지
경사: 25±11°
미소 지형: 전 지형, 주로 사면 하부 이하
사면 방위: 전 방위

◉ **출현 군집과 우점도** Communities & abundance
총 빈도: 4%(16/447)
평균 피도: 0.9±1.2%

1. 소나무 - 가래나무_이삭여뀌 군집(◇)
2. 소나무 - 굴참나무_졸참나무 군집(△)
3. 소나무_산딸기 군집(●)
4. 소나무_진달래 군집(▼)

5. 굴참나무 - 소나무_왕느릅나무 군집(○)
6. 굴참나무 - 떡갈나무_큰기름새 군집(◆)

7. 신갈나무 - 서어나무_생강나무 군집(◈)
8. 신갈나무 - 전나무_조릿대 군집(■)
9. 신갈나무 - 들메나무_고광나무 군집(□)
10. 신갈나무_우산나물 군집(●)
11. 신갈나무_철쭉 군집(○)
12. 신갈나무_동자꽃 군집(◌)
13. 신갈나무 - 피나무_나래박쥐나물 군집(◆)

◉ **종 다양성 지수(H′)** Species diversity
2.16±0.26(14)

◉ **동반 종** Accompanying species
신갈나무(88%), 큰기름새(88%), 생강나무(81%),
소나무(81%), 참취(81%)

◉ **종합** Synopsis
고도가 낮은 산지에서 건조한 사면 하부 이하에 주로 분포한다. 굴참나무 숲, 소나무 우점 숲, 소나무 - 활엽수 혼합 숲에서 주로
출현하는 관목이다. 매우 드물고 매우 소수 분포한다.

고도 Elevation

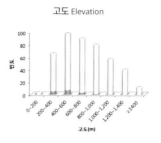

경사 Slope degree

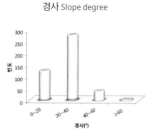

미소 지형 Micro-topography

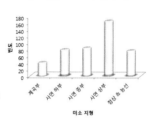

사면 방위 Slope aspect

군집별 빈도 Frequency

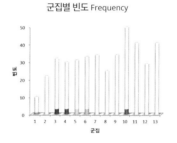

군집별 피도 Coverage

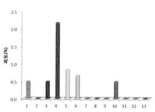

다변량 분석 Multivariate analysis

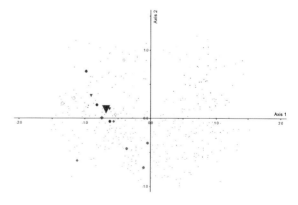

작살나무
Callicarpa japonica

● **생장형** Growth form
　관목, 활엽, 낙엽, 절대육상식물

● **지리 분포** Geography
　국내: 전국[2]
　국외: 일본, 중국 중부[2]

● **생육지** Habitat
　모암: 비석회암 98%, 석회암 2%
　고도: 372±134m, 낮은 산지
　경사: 27±13°
　미소 지형: 전 지형, 주로 사면 하부 이하
　사면 방위: 전 방위

● **출현 군집과 우점도** Communities & abundance
　총 빈도: 9%(41/447)
　평균 피도: 3±6%

1. 소나무 - 가래나무 _ 이삭여뀌 군집(◇)
2. 소나무 - 굴참나무 _ 졸참나무 군집(△)
3. 소나무 _ 산딸기 군집(●)
4. 소나무 _ 진달래 군집(▼)

5. 굴참나무 - 소나무 _ 왕느릅나무 군집(○)
6. 굴참나무 - 떡갈나무 _ 큰기름새 군집(◆)

7. 신갈나무 - 서어나무 _ 생강나무 군집(◈)
8. 신갈나무 - 전나무 _ 조릿대 군집(■)
9. 신갈나무 - 들메나무 _ 고광나무 군집(□)
10. 신갈나무 _ 우산나물 군집(●)
11. 신갈나무 _ 철쭉 군집(○)
12. 신갈나무 _ 동자꽃 군집( )
13. 신갈나무 - 피나무 _ 나래박쥐나물 군집(◆)

● **종 다양성 지수(H′)** Species diversity
　2.06±0.37(32)

● **동반 종** Accompanying species
　생강나무(93%), 쪽동백나무(85%), 물푸레나무(73%),
　조록싸리(61%), 소나무(59%), 신갈나무(59%), 졸참나무(59%)

● **종합** Synopsis
　고도가 낮은 산지에서 사면 하부 적습한 곳에 주로 분포한다. 소나무 우점 숲, 소나무 - 활엽수 혼합 숲을 포함하며 신갈나무 우점 숲과 신갈나무 - 활엽수 혼합 숲에서 출현하는 관목이다. 출현하는 군집의 종 다양성이 낮다. 드물고 소수 분포한다.

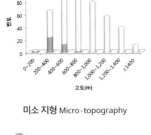
고도 Elevation

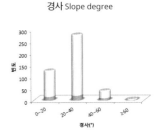
경사 Slope degree

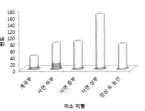
미소 지형 Micro-topography

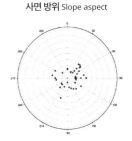
사면 방위 Slope aspect

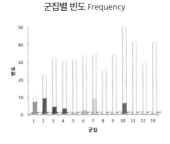
군집별 빈도 Frequency

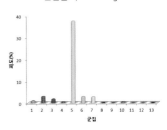
군집별 피도 Coverage

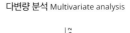

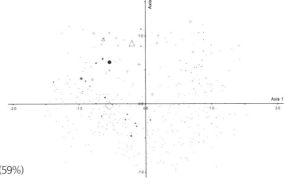
다변량 분석 Multivariate analysis

잔대

Adenophora triphylla var. *japonica*

◉ **생장형** Growth form
초본, 다년생, 낙엽, 절대육상식물

◉ **지리 분포** Geography
국내: 전국[2]
국외: 러시아 다우리아, 시베리아, 아무르,
우수리, 일본, 중국[2]

◉ **생육지** Habitat
모암: 비석회암 73%, 석회암 27%
고도: 735±247m, 낮은 산지~중간 산지
경사: 30±9°
미소 지형: 전 지형, 주로 사면 중부 및 상부
사면 방위: 전 방위

◉ **출현 군집과 우점도** Communities & abundance
총 빈도: 16%(70/447)
평균 피도: 0.5±0.5%

1. 소나무-가래나무_이삭여뀌 군집(◇)
2. 소나무-굴참나무_졸참나무 군집(△)
3. 소나무_산딸기 군집(●)
4. 소나무_진달래 군집(▼)

5. 굴참나무-소나무_왕느릅나무 군집(◌)
6. 굴참나무-떡갈나무_큰기름새 군집(◆)

7. 신갈나무-서어나무_생강나무 군집(◔)
8. 신갈나무-전나무_조릿대 군집(■)
9. 신갈나무-들메나무_고광나무 군집(□)
10. 신갈나무_우산나물 군집(●)
11. 신갈나무_철쭉 군집(◌)
12. 신갈나무_동자꽃 군집(◌)
13. 신갈나무-피나무_나래박쥐나물 군집(◆)

◉ **종 다양성 지수(H′)** Species diversity
2.06±0.32(64)

◉ **동반 종** Accompanying species
신갈나무(93%), 참취(84%), 삽주(74%), 둥굴레(71%),
대사초(67%)

◉ **종합** Synopsis
고도가 낮은 산지부터 중간 산지까지 가파르고 건조한 사면 중부와 상부에 분포한다. 신갈나무 우점 숲에서 출현 빈도가 높고 굴참나무 숲, 소나무 우점 숲에서도 출현하는 초본이다. 출현하는 군집의 종 다양성이 낮다. 비교적 흔하나 매우 소수 분포한다.

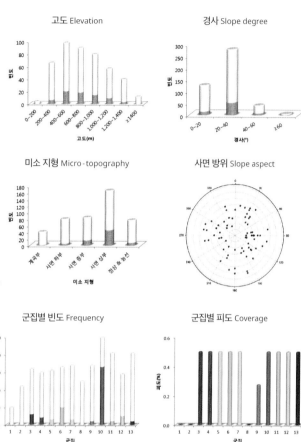

고도 Elevation

경사 Slope degree

미소 지형 Micro-topography

사면 방위 Slope aspect

군집별 빈도 Frequency

군집별 피도 Coverage

다변량 분석 Multivariate analysis

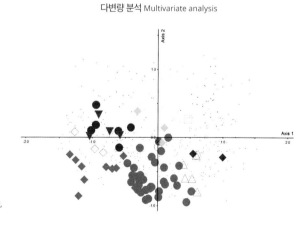

잔털제비꽃

Viola keiskei

제비꽃과
Violaceae

◉ **생장형** Growth form
초본, 다년생, 낙엽, 절대육상식물

◉ **지리 분포** Geography
국내: 전국[3]
국외: 일본[3]

◉ **생육지** Habitat
모암: 비석회암 62%, 석회암 38%
고도: 739±295m, 낮은 산지~높은 산지
경사: 28±12°
미소 지형: 전 지형
사면 방위: 전 방위

◉ **출현 군집과 우점도** Communities & abundance
총 빈도: 9%(39/447)
평균 피도: 0.5±0%

1. 소나무 - 가래나무_이삭여뀌 군집(◇)
2. 소나무 - 굴참나무_졸참나무 군집(△)
3. 소나무_산딸기 군집(●)
4. 소나무_진달래 군집(▼)

5. 굴참나무 - 소나무_왕느릅나무 군집(◇)
6. 굴참나무 - 떡갈나무_큰기름새 군집(◆)

7. 신갈나무 - 서어나무_생강나무 군집(◆)
8. 신갈나무 - 전나무_조릿대 군집(■)
9. 신갈나무 - 들메나무_고광나무 군집(□)
10. 신갈나무_우산나물 군집(●)
11. 신갈나무_철쭉 군집(○)
12. 신갈나무_동자꽃 군집(◯)
13. 신갈나무 - 피나무_나래박쥐나물 군집(◆)

◉ **종 다양성 지수(H′)** Species diversity
2.14±0.38(24)

◉ **동반 종** Accompanying species
신갈나무(85%), 생강나무(74%), 물푸레나무(69%),
참취(67%), 큰기름새(62%)

◉ **종합** Synopsis
고도가 낮은 산지부터 높은 산지까지, 분포하는 고도 범위가 넓다. 다른 생육지 범위도 넓다. 거의 모든 군집에서 출현하지만
굴참나무 숲과 소나무 우점 숲에서 출현 빈도가 높은 초본이다. 드물고 매우 소수 분포한다.

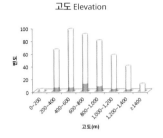

고도 Elevation

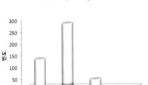

경사 Slope degree

미소 지형 Micro-topography

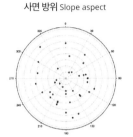

사면 방위 Slope aspect

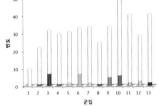

군집별 빈도 Frequency

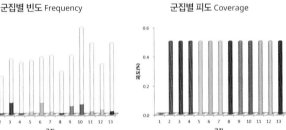

군집별 피도 Coverage

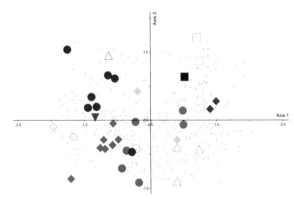

다변량 분석 Multivariate analysis

잣나무

Pinus koraiensis

◉ **생장형** Growth form
교목, 침엽, 상록, 절대육상식물

◉ **지리 분포** Geography
국내: 전국[2]
국외: 러시아 동북부, 일본, 중국 동북부[2]

◉ **생육지** Habitat
모암: 비석회암 85%, 석회암 15%
고도: 863±318m, 낮은 산지~높은 산지
경사: 28±12°
미소 지형: 전 지형
사면 방위: 전 방위

◉ **출현 군집과 우점도** Communities & abundance
총 빈도: 28%(123/447)
평균 피도: 2±4%

1. 소나무 - 가래나무_이삭여뀌 군집(◇)
2. 소나무 - 굴참나무_졸참나무 군집(△)
3. 소나무_산딸기 군집(●)
4. 소나무_진달래 군집(▼)

5. 굴참나무 - 소나무_왕느릅나무 군집(○)
6. 굴참나무 - 떡갈나무_큰기름새 군집(◆)

7. 신갈나무 - 서어나무_생강나무 군집(◉)
8. 신갈나무 - 전나무_조릿대 군집(■)
9. 신갈나무 - 들메나무_고광나무 군집(□)
10. 신갈나무_우산나물 군집(●)
11. 신갈나무_철쭉 군집(○)
12. 신갈나무_동자꽃 군집( )
13. 신갈나무 - 피나무_나래박쥐나물 군집(◆)

◉ **종 다양성 지수(H′)** Species diversity
2.19±0.40(92)

◉ **동반 종** Accompanying species
신갈나무(89%), 대사초(68%), 당단풍나무(67%),
생강나무(58%), 참취(54%)

◉ **종합** Synopsis
고도가 낮은 산지부터 높은 산지까지, 분포하는 고도 범위가 넓다. 다른 생육지 범위도 넓다. 거의 모든 군집에서 출현하지만 높은 산지 신갈나무 우점 숲, 신갈나무 - 활엽수 혼합 숲, 활엽수 혼합 숲에서 더 높은 빈도와 우점도로 출현하는 상록 침엽 교목이다. 비교적 흔하나 소수 분포한다. 고도 낮은 곳에 출현한 잣나무는 식재한 잣나무이거나, 거기서 유래된 종자에서 자란 나무일 가능성이 높다.

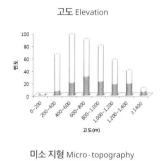

고도 Elevation

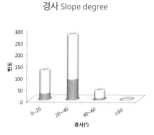

경사 Slope degree

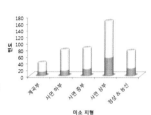

미소 지형 Micro-topography

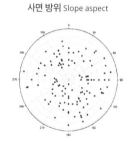

사면 방위 Slope aspect

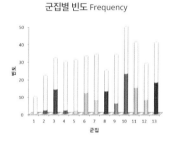

군집별 빈도 Frequency

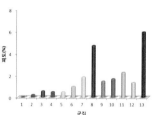

군집별 피도 Coverage

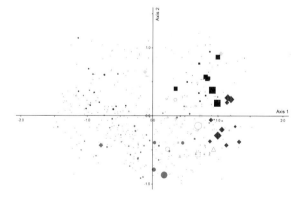

다변량 분석 Multivariate analysis

전나무

Abies holophylla

◉ **생장형** Growth form
교목, 침엽, 상록, 절대육상식물

◉ **지리 분포** Geography
국내: 전국[2]
국외: 러시아 우수리, 중국 동북부[2]

◉ **생육지** Habitat
모암: 비석회암 92%, 석회암 8%
고도: 915±211m, 중간 산지~높은 산지
경사: 29±15°
미소 지형: 전 지형, 주로 사면 하부 이하
사면 방위: 전 방위

◉ **출현 군집과 우점도** Communities & abundance
총 빈도: 17%(78/447)
평균 피도: 17±27%

1. 소나무 - 가래나무_이삭여뀌 군집(◇)
2. 소나무 - 굴참나무_졸참나무 군집(△)
3. 소나무_산딸기 군집(●)
4. 소나무_진달래 군집(▼)

5. 굴참나무 - 소나무_왕느릅나무 군집(◇)
6. 굴참나무 - 떡갈나무_큰기름새 군집(◆)

7. 신갈나무 - 서어나무_생강나무 군집(◈)
8. 신갈나무 - 전나무_조릿대 군집(■)
9. 신갈나무 - 들메나무_고광나무 군집(□)
10. 신갈나무_우산나물 군집(●)
11. 신갈나무_철쭉 군집(○)
12. 신갈나무_동자꽃 군집(○)
13. 신갈나무 - 피나무_나래박쥐나물 군집(◆)

◉ **종 다양성 지수(H')** Species diversity
2.18±0.36(48)

◉ **동반 종** Accompanying species
당단풍나무(95%), 피나무(87%), 신갈나무(79%),
까치박달(71%), 고로쇠나무(69%)

고도 Elevation

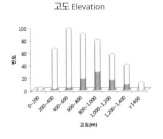

경사 Slope degree

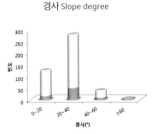

미소 지형 Micro-topography

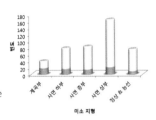

사면 방위 Slope aspect

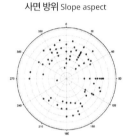

군집별 빈도 Frequency

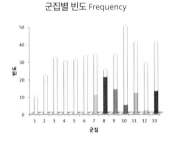

군집별 피도 Coverage

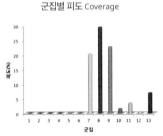

다변량 분석 Multivariate analysis

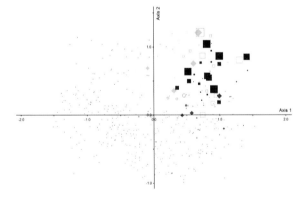

◉ **종합** Synopsis
고도가 중간 산지부터 높은 산지까지 적습한 사면 하부에 주로 분포한다. 중간 산지 신갈나무 - 활엽수 혼합 숲과 활엽수 혼합 숲에서 높은 빈도와 우점도로 출현하는 상록 침엽 교목이며 천이 후기 단계 숲으로 여겨지는 활엽수 혼합 숲 지표종이다. 곳에 따라서는 전나무의 우점도가 높아서 전나무 - 활엽수 혼합 숲을 이룬다. 비교적 흔하고 비교적 우점한다.

점백이천남성

Arisaema peninsulae

◉ **생장형** Growth form
초본, 다년생, 낙엽, 절대육상식물

◉ **지리 분포** Geography
국내: 전국[9]
국외: 러시아 사할린, 우수리, 일본, 중국 동북부[9]

◉ **생육지** Habitat
모암: 비석회암 62%, 석회암 38%
고도: 851±221m, 낮은 산지~높은 산지
경사: 25±10°
미소 지형: 전 지형
사면 방위: 전 방위

◉ **출현 군집과 우점도** Communities & abundance
총 빈도: 3%(13/447)
평균 피도: 0.9±1%

1. 소나무-가래나무_이삭여뀌 군집(◇)
2. 소나무-굴참나무_졸참나무 군집(△)
3. 소나무_산딸기 군집(●)
4. 소나무_진달래 군집(▼)

5. 굴참나무-소나무_왕느릅나무 군집(○)
6. 굴참나무-떡갈나무_큰기름새 군집(◆)

7. 신갈나무-서어나무_생강나무 군집(◉)
8. 신갈나무-전나무_조릿대 군집(■)
9. 신갈나무-들메나무_고광나무 군집(□)
10. 신갈나무_우산나물 군집(●)
11. 신갈나무_철쭉 군집(○)
12. 신갈나무_동자꽃 군집(○)
13. 신갈나무-피나무_나래박쥐나물 군집(◆)

◉ **종 다양성 지수(H´)** Species diversity
2.32±0.34(13)

◉ **동반 종** Accompanying species
신갈나무(92%), 대사초(85%), 부채마(69%),
산딸기(69%)

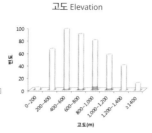

고도 Elevation

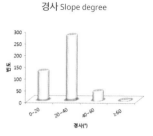

경사 Slope degree

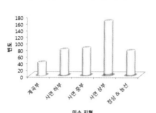

미소 지형 Micro-topography

사면 방위 Slope aspect

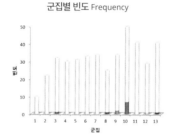

군집별 빈도 Frequency

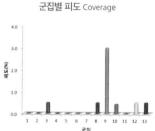

군집별 피도 Coverage

다변량 분석 Multivariate analysis

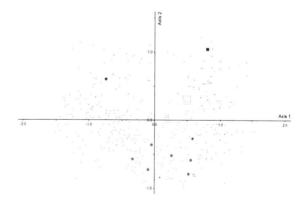

◉ **종합** Synopsis
고도가 낮은 산지부터 높은 산지까지, 분포하는 고도 범위가 넓다. 전 지형에 분포한다. 신갈나무 우점 숲과 신갈나무-활엽수 혼합 숲에서 주로 출현하는 초본이다. 매우 드물고 매우 소수 분포한다.

정향나무

Syringa patula var. *kamibayashii*

- **생장형** Growth form
  관목, 활엽, 낙엽, 절대육상식물

- **지리 분포** Geography
  국내: 전국(제주도 제외)[4]
  국외: 중국 동북부[4]

- **생육지** Habitat
  모암: 비석회암 100%
  고도: 944±294m, 중간 산지~높은 산지
  경사: 23±15°
  미소 지형: 전 지형, 주로 계곡부
  사면 방위: 전 방위

- **출현 군집과 우점도** Communities & abundance
  총 빈도: 4%(18/447)
  평균 피도: 3±5%

  1. 소나무-가래나무_이삭여뀌 군집(◇)
  2. 소나무-굴참나무_졸참나무 군집(△)
  3. 소나무_산딸기 군집(●)
  4. 소나무_진달래 군집(▼)

  5. 굴참나무-소나무_왕느릅나무 군집(◇)
  6. 굴참나무-떡갈나무_큰기름새 군집(◆)

  7. 신갈나무-서어나무_생강나무 군집(◆)
  8. 신갈나무-전나무_조릿대 군집(■)
  9. 신갈나무-들메나무_고광나무 군집(□)
  10. 신갈나무_우산나물 군집(●)
  11. 신갈나무_철쭉 군집(○)
  12. 신갈나무_동자꽃 군집(○)
  13. 신갈나무-피나무_나래박쥐나물 군집(◆)

- **종 다양성 지수(H′)** Species diversity
  2.24±0.42(7)

- **동반 종** Accompanying species
  당단풍나무(94%), 피나무(78%), 대사초(72%),
  신갈나무(72%), 전나무(72%)

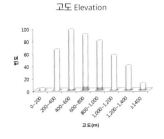

고도 Elevation

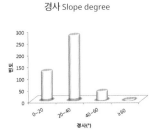

경사 Slope degree

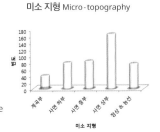

미소 지형 Micro-topography

사면 방위 Slope aspect

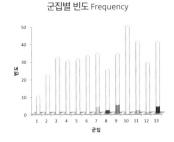

군집별 빈도 Frequency

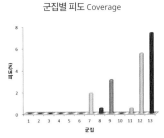

군집별 피도 Coverage

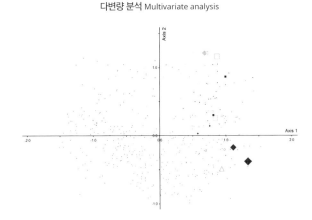

다변량 분석 Multivariate analysis

- **종합** Synopsis
  고도가 중간 산지부터 높은 산지까지 계곡부에 주로 분포한다. 신갈나무 우점 숲이나 신갈나무-활엽수 혼합 숲에서 주로 출현하는 관목인데 높은 산지 숲에서 우점도가 높다. 매우 드물고 소수 분포한다.

조록싸리

Lespedeza maximowiczii

콩과
Fabaceae

● **생장형** Growth form
관목, 활엽, 낙엽, 절대육상식물

● **지리 분포** Geography
국내: 전국[2]
국외: 일본 대마도, 중국 동북부[2]

● **생육지** Habitat
모암: 비석회암 76%, 석회암 24%
고도: 632±261m, 낮은 산지~중간 산지
경사: 29±11°
미소 지형: 전 지형, 주로 사면 중부 이하
사면 방위: 전 방위

● **출현 군집과 우점도** Communities & abundance
총 빈도: 36%(159/447)
평균 피도: 11±18%

1. 소나무 - 가래나무_이삭여뀌 군집(◇)
2. 소나무 - 굴참나무_졸참나무 군집(△)
3. 소나무_산딸기 군집(●)
4. 소나무_진달래 군집(▼)

5. 굴참나무 - 소나무_왕느릅나무 군집(◌)
6. 굴참나무 - 떡갈나무_큰기름새 군집(◆)

7. 신갈나무 - 서어나무_생강나무 군집(❂)
8. 신갈나무 - 전나무_조릿대 군집(■)
9. 신갈나무 - 들메나무_고광나무 군집(□)
10. 신갈나무_우산나물 군집(●)
11. 신갈나무_철쭉 군집(◌)
12. 신갈나무_동자꽃 군집(◌)
13. 신갈나무 - 피나무_나래박쥐나물 군집(◆)

● **종 다양성 지수(H′)** Species diversity
2.05±0.34(116)

● **동반 종** Accompanying species
신갈나무(84%), 생강나무(79%), 물푸레나무(67%),
당단풍나무(62%), 참취(60%)

고도 Elevation
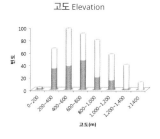

경사 Slope degree
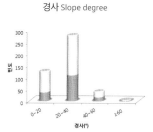

미소 지형 Micro-topography
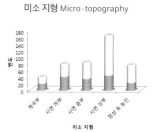

사면 방위 Slope aspect
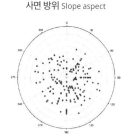

군집별 빈도 Frequency
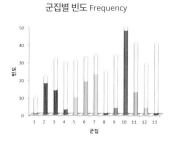

군집별 피도 Coverage
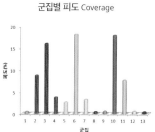

다변량 분석 Multivariate analysis

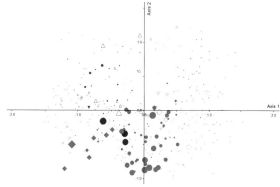

● **종합** Synopsis
고도가 낮은 산지부터 중간 산지 사면 중부 이하에 주로 분포한다. 모든 군집에서 나타나나 소나무 우점 숲, 소나무-활엽수 혼합 숲, 굴참나무 숲, 신갈나무 우점 숲, 신갈나무-활엽수 혼합 숲에서 주로 출현하는 관목이다. 대체로 건조한 산지 숲에서 더욱 우점한다. 출현하는 군집의 종 다양성이 낮다. 매우 흔하고 비교적 우점한다.

조릿대
Sasa borealis

● **생장형** Growth form
초본, 다년생, 상록, 절대육상식물

● **지리 분포** Geography
국내: 전국[1]
국외: 일본[2]

● **생육지** Habitat
모암: 비석회암 97%, 석회암 3%
고도: 864±260m, 낮은 산지~높은 산지
경사: 27±11°
미소 지형: 전 지형, 주로 사면 하부 이하
사면 방위: 전 방위

● **출현 군집과 우점도** Communities & abundance
총 빈도: 17%(76/447)
평균 피도: 9±24%

1. 소나무 - 가래나무_이삭여뀌 군집(◇)
2. 소나무 - 굴참나무_졸참나무 군집(△)
3. 소나무_산딸기 군집(●)
4. 소나무_진달래 군집(▼)

5. 굴참나무 - 소나무_왕느릅나무 군집(◇)
6. 굴참나무 - 떡갈나무_큰기름새 군집(◆)

7. 신갈나무 - 서어나무_생강나무 군집(◈)
8. 신갈나무 - 전나무_조릿대 군집(■)
9. 신갈나무 - 들메나무_고광나무 군집(□)
10. 신갈나무_우산나물 군집(●)
11. 신갈나무_철쭉 군집(○)
12. 신갈나무_동자꽃 군집(△)
13. 신갈나무 - 피나무_나래박쥐나물 군집(◆)

● **종 다양성 지수(H′)** Species diversity
2.05±0.33(46)

● **동반 종** Accompanying species
당단풍나무(96%), 신갈나무(82%), 피나무(74%),
생강나무(62%), 고로쇠나무(59%)

● **종합** Synopsis
고도가 낮은 산지부터 높은 산지까지 분포하는 고도 범위가 넓으나, 중간 산지 이상의 사면 하부에 주로 분포한다. 신갈나무 우점 숲과 활엽수 혼합 숲에서 높은 빈도로 출현하는 상록 초본이나, 활엽수 혼합 숲에서 특히 우점하는 지표종이다. 실제 분포하는 곳에서는 매우 우점해 군집의 종 다양성을 낮추는 종으로 알려진다. 비교적 흔하고 비교적 우점한다.

고도 Elevation

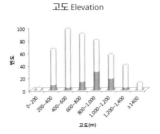

경사 Slope degree

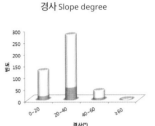

미소 지형 Micro-topography

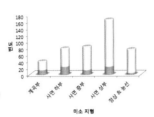

사면 방위 Slope aspect

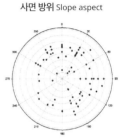

군집별 빈도 Frequency

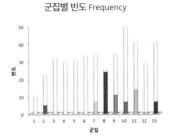

군집별 피도 Coverage

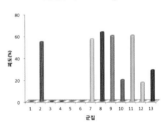

다변량 분석 Multivariate analysis

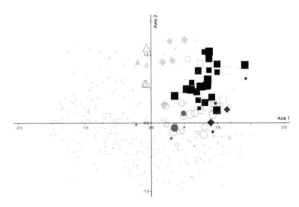

족도리풀

Asarum sieboldii

◉ **생장형** Growth form
초본, 다년생, 낙엽, 절대육상식물

◉ **지리 분포** Geography
국내: 전국[5]
국외: 러시아 동부, 일본, 중국 동북부[2]

◉ **생육지** Habitat
모암: 비석회암 84%, 석회암 16%
고도: 1,029±264m, 중간 산지 ~ 높은 산지
경사: 26±11°
미소 지형: 전 지형, 주로 사면 상부 이상
사면 방위: 전 방위

◉ **출현 군집과 우점도** Communities & abundance
총 빈도: 23%(102/447)
평균 피도: 1±2%

1. 소나무 - 가래나무_이삭여뀌 군집(◇)
2. 소나무 - 굴참나무_졸참나무 군집(△)
3. 소나무_산딸기 군집(●)
4. 소나무_진달래 군집(▼)

5. 굴참나무 - 소나무_왕느릅나무 군집(◌)
6. 굴참나무 - 떡갈나무_큰기름새 군집(◆)

7. 신갈나무 - 서어나무_생강나무 군집(◈)
8. 신갈나무 - 전나무_조릿대 군집(■)
9. 신갈나무 - 들메나무_고광나무 군집(□)
10. 신갈나무 - 우산나물 군집(●)
11. 신갈나무_철쭉 군집(◌)
12. 신갈나무_동자꽃 군집( )
13. 신갈나무 - 피나무_나래박쥐나물 군집(◆)

◉ **종 다양성 지수(H′)** Species diversity
2.34±0.38(70)

◉ **동반 종** Accompanying species
신갈나무(89%), 당단풍나무(86%), 대사초(78%),
단풍취(69%), 피나무(68%)

고도 Elevation

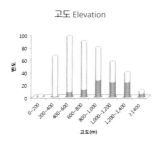

경사 Slope degree

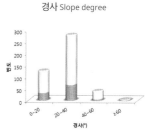

미소 지형 Micro-topography

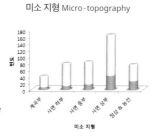

사면 방위 Slope aspect

군집별 빈도 Frequency

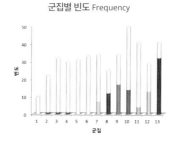

군집별 피도 Coverage

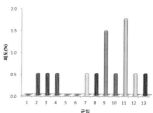

다변량 분석 Multivariate analysis

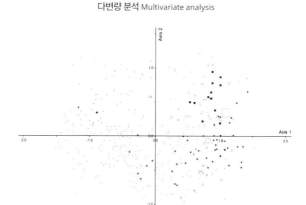

◉ **종합** Synopsis
고도가 중간 산지부터 높은 산지까지 사면 상부 이상에 주로 분포한다. 신갈나무 우점 숲, 신갈나무 - 활엽수 혼합 숲, 활엽수 혼합 숲에서 출현하는 초본인데, 높은 산지 신갈나무 - 활엽수 혼합 숲에서 출현 빈도가 특히 높다. 비교적 흔하고 소수 분포한다.

졸방제비꽃
Viola acuminata

● **생장형** Growth form
초본, 다년생, 낙엽, 절대육상식물

● **지리 분포** Geography
국내: 전국[2]
국외: 러시아, 몽골, 일본, 중국[2]

● **생육지** Habitat
모암: 비석회암 54%, 석회암 46%
고도: 660±321m, 낮은 산지~중간 산지
경사: 21±14°
미소 지형: 전 지형, 주로 사면 하부 및 중부
사면 방위: 전 방위

● **출현 군집과 우점도** Communities & abundance
총 빈도: 8%(35/447)
평균 피도: 1±3%

1. 소나무 - 가래나무_이삭여뀌 군집(◇)
2. 소나무 - 굴참나무_졸참나무 군집(△)
3. 소나무_산딸기 군집(●)
4. 소나무_진달래 군집(▼)

5. 굴참나무 - 소나무_왕느릅나무 군집(○)
6. 굴참나무 - 떡갈나무_큰기름새 군집(◆)

7. 신갈나무 - 서어나무_생강나무 군집(◈)
8. 신갈나무 - 전나무_조릿대 군집(■)
9. 신갈나무 - 들메나무_고광나무 군집(□)
10. 신갈나무_우산나물 군집(●)
11. 신갈나무_철쭉 군집(○)
12. 신갈나무_동자꽃 군집(◔)
13. 신갈나무 - 피나무_나래박쥐나물 군집(◆)

● **종 다양성 지수(H′)** Species diversity
2.32±0.37(32)

● **동반 종** Accompanying species
물푸레나무(77%), 산딸기(77%), 신갈나무(77%),
부채마(69%), 산박하(69%)

● **종합** Synopsis
고도가 낮은 산지부터 중간 산지까지 비교적 건조한 사면 하부와 중부에 주로 분포한다. 소나무 우점 숲, 소나무 - 활엽수 혼합 숲, 굴참나무 숲, 신갈나무 우점 숲에서 주로 출현하는 초본이다. 드물고 소수 분포한다.

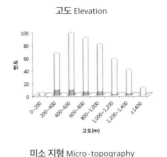
고도 Elevation

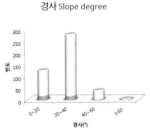
경사 Slope degree

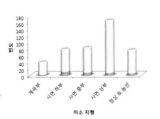
미소 지형 Micro-topography

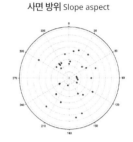
사면 방위 Slope aspect

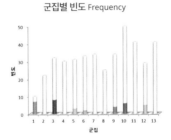
군집별 빈도 Frequency

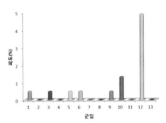
군집별 피도 Coverage

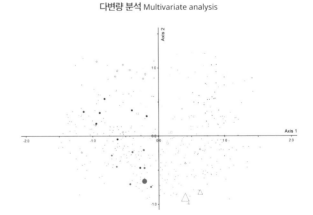
다변량 분석 Multivariate analysis

졸참나무
Quercus serrata

◉ **생장형** Growth form
　교목, 활엽, 낙엽, 절대육상식물

◉ **지리 분포** Geography
　국내: 전국[5]
　국외: 일본, 중국[2]

◉ **생육지** Habitat
　모암: 비석회암 91%, 석회암 9%
　고도: 449±182m, 낮은 산지
　경사: 29±12°
　미소 지형: 전 지형, 주로 사면 중부 이하
　사면 방위: 전 방위

◉ **출현 군집과 우점도** Communities & abundance
　총 빈도: 17%(77/447)
　평균 피도: 15±21%

1. 소나무-가래나무_이삭여뀌 군집(◇)
2. 소나무-굴참나무_졸참나무 군집(△)
3. 소나무_산딸기 군집(●)
4. 소나무_진달래 군집(▼)

5. 굴참나무-소나무_왕느릅나무 군집(◌)
6. 굴참나무-떡갈나무_큰기름새 군집(◆)

7. 신갈나무-서어나무_생강나무 군집(◒)
8. 신갈나무-전나무_조릿대 군집(■)
9. 신갈나무-들메나무_고광나무 군집(□)
10. 신갈나무_우산나물 군집(●)
11. 신갈나무_철쭉 군집(○)
12. 신갈나무_동자꽃 군집(◔)
13. 신갈나무-피나무_나래박쥐나물 군집(◆)

◉ **종 다양성 지수(H')** Species diversity
　1.98±0.34(54)

◉ **동반 종** Accompanying species
　생강나무(91%), 쪽동백나무(77%), 신갈나무(75%),
　소나무(69%), 당단풍나무(62%), 큰기름새(62%)

고도 Elevation

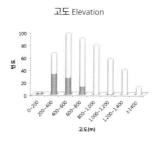

경사 Slope degree

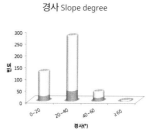

미소 지형 Micro-topography

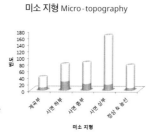

사면 방위 Slope aspect

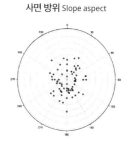

군집별 빈도 Frequency

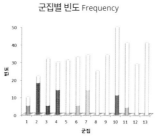

군집별 피도 Coverage

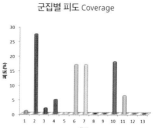

다변량 분석 Multivariate analysis

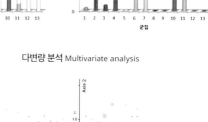

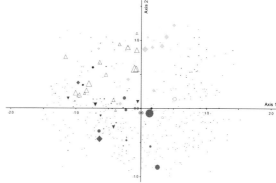

◉ **종합** Synopsis
　고도가 낮은 산지에서 적습한 계곡부나 사면 중부 이하에 주로 분포한다. 소나무 우점 숲과 소나무-활엽수 혼합 숲에서는 소나무와, 신갈나무-활엽수 혼합 숲에서는 신갈나무 및 다른 활엽수와 높은 출현 빈도와 우점도로 혼생하는 교목이다. 소나무-활엽수 혼합 숲 지표종이다. 출현하는 군집의 종 다양성이 낮다. 비교적 흔하고 비교적 우점한다.

좀담배풀
Carpesium cernuum

● **생장형** Growth form
초본, 다년생, 낙엽, 절대육상식물

● **지리 분포** Geography
국내: 전국[3]
국외: 동북아시아, 유럽[3]

● **생육지** Habitat
모암: 비석회암 71%, 석회암 29%
고도: 356±160m, 낮은 산지
경사: 15±16°
미소 지형: 주로 사면 하부
사면 방위: 전 방위

● **출현 군집과 우점도** Communities & abundance
총 빈도: 3%(14/447)
평균 피도: 0.7±0.7%

1. 소나무 - 가래나무_이삭여뀌 군집(◇)
2. 소나무 - 굴참나무_졸참나무 군집(△)
3. 소나무_산딸기 군집(●)
4. 소나무_진달래 군집(▼)

5. 굴참나무 - 소나무_왕느릅나무 군집(○)
6. 굴참나무 - 떡갈나무_큰기름새 군집(◆)

7. 신갈나무 - 서어나무_생강나무 군집(◈)
8. 신갈나무 - 전나무_조릿대 군집(■)
9. 신갈나무 - 들메나무_고광나무 군집(□)
10. 신갈나무_우산나물 군집(●)
11. 신갈나무_철쭉 군집(○)
12. 신갈나무_동자꽃 군집(◌)
13. 신갈나무 - 피나무_나래박쥐나물 군집(◆)

● **종 다양성 지수(H′)** Species diversity
2.26±0.38(14)

● **동반 종** Accompanying species
물푸레나무(100%), 산박하(86%), 주름조개풀(79%),
줄딸기(79%), 생강나무(71%), 청가시덩굴(71%)

● **종합** Synopsis
고도가 낮은 산지에서 완만하고 적습한 사면 하부에 주로 분포한다. 소나무-활엽수 혼합 숲에서 주로 출현하는 초본으로 지표종이다. 매우 드물고 매우 소수 분포한다.

고도 Elevation
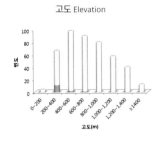

경사 Slope degree
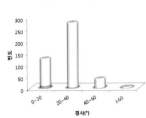

미소 지형 Micro-topography
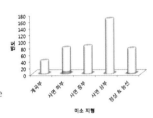

사면 방위 Slope aspect
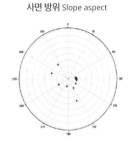

군집별 빈도 Frequency
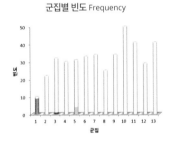

군집별 피도 Coverage
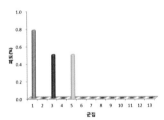

다변량 분석 Multivariate analysis
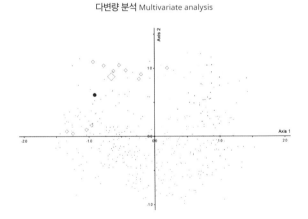

주름조개풀

Oplismenus undulatifolius

◎ **생장형** Growth form
초본, 다년생, 낙엽, 절대육상식물

◎ **지리 분포** Geography
국내: 전국[5]
국외: 극동아시아, 인도 북부, 중앙아시아,
지중해 지방[14]

◎ **생육지** Habitat
모암: 비석회암 73%, 석회암 27%
고도: 385±166m, 낮은 산지
경사: 25±17°
미소 지형: 전 지형, 주로 사면 중부 이하
사면 방위: 전 방위

◎ **출현 군집과 우점도** Communities & abundance
총 빈도: 9%(40/447)
평균 피도: 12±23%

1. 소나무-가래나무_이삭여뀌 군집(◇)
2. 소나무-굴참나무_졸참나무 군집(△)
3. 소나무_산딸기 군집(●)
4. 소나무_진달래 군집(▼)

5. 굴참나무-소나무_왕느릅나무 군집(◌)
6. 굴참나무-떡갈나무_큰기름새 군집(◆)

7. 신갈나무-서어나무_생강나무 군집(◈)
8. 신갈나무-전나무_조릿대 군집(■)
9. 신갈나무-들메나무_고광나무 군집(□)
10. 신갈나무_우산나물 군집(●)
11. 신갈나무_철쭉 군집(◌)
12. 신갈나무_동자꽃 군집(◌)
13. 신갈나무-피나무_나래박쥐나물 군집(◆)

◎ **종 다양성 지수(H′)** Species diversity
2.12±0.34(34)

◎ **동반 종** Accompanying species
생강나무(90%), 물푸레나무(80%), 산박하(68%),
소나무(68%), 큰기름새(68%)

◎ **종합** Synopsis
고도가 낮은 산지에서 적습한 사면 중부 이하에 주로 분포한다. 소나무-활엽수 혼합 숲과 소나무 우점 숲에서 더욱 흔히
출현하는 초본이다. 소나무-활엽수 혼합 숲 지표종이다. 드물고 비교적 우점한다.

고도 Elevation

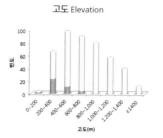

경사 Slope degree

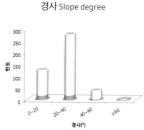

미소 지형 Micro-topography

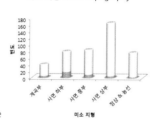

사면 방위 Slope aspect

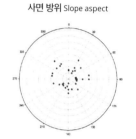

군집별 빈도 Frequency

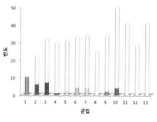

군집별 피도 Coverage

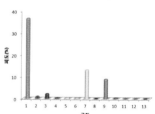

다변량 분석 Multivariate analysis

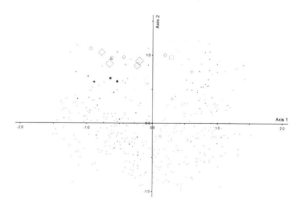

251

주목
Taxus cuspidata

● **생장형** Growth form
교목, 침엽, 상록, 절대육상식물

● **지리 분포** Geography
국내: 전국[4]
국외: 러시아 극동, 일본, 중국 동북부[2]

● **생육지** Habitat
모암: 비석회암 100%
고도: 1,384±152m, 높은 산지
경사: 22±9°
미소 지형: 주로 사면 상부 이상
사면 방위: 전 방위

● **출현 군집과 우점도** Communities & abundance
총 빈도: 2%(11/447)
평균 피도: 25±15%

1. 소나무 - 가래나무_이삭여뀌 군집(◇)
2. 소나무 - 굴참나무_졸참나무 군집(△)
3. 소나무_산딸기 군집(●)
4. 소나무_진달래 군집(▼)

5. 굴참나무 - 소나무_왕느릅나무 군집(○)
6. 굴참나무 - 떡갈나무_큰기름새 군집(◆)

7. 신갈나무 - 서어나무_생강나무 군집(◈)
8. 신갈나무 - 전나무_조릿대 군집(■)
9. 신갈나무 - 들메나무_고광나무 군집(□)
10. 신갈나무_우산나물 군집(●)
11. 신갈나무_철쭉 군집(○)
12. 신갈나무_동자꽃 군집(◍)
13. 신갈나무 - 피나무_나래박쥐나물 군집(◆)

● **종 다양성 지수(H′)** Species diversity
2.89±0.14(4)

● **동반 종** Accompanying species
관중(100%), 대사초(82%), 미역줄나무(82%),
시닥나무(82%), 신갈나무(82%), 큰개별꽃(82%)

고도 Elevation

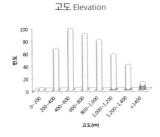

경사 Slope degree

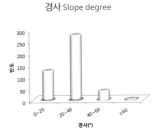

미소 지형 Micro-topography

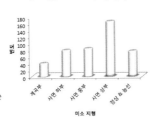

사면 방위 Slope aspect

군집별 빈도 Frequency

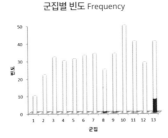

군집별 피도 Coverage

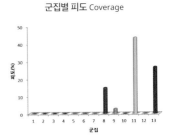

다변량 분석 Multivariate analysis

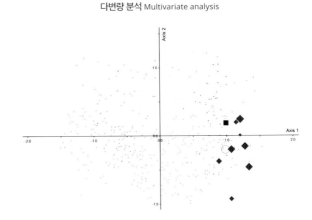

● **종합** Synopsis
고도가 높은 산지에서 건조한 사면 상부 이상에 주로 분포한다. 높은 산지 신갈나무-활엽수 혼합 숲에서 주로 출현하는 상록
침엽 교목이다. 출현하는 군집의 종 다양성이 높다. 매우 드물지만 매우 우점한다.

줄딸기
Rubus oldhamii

◉ **생장형** Growth form
관목, 활엽, 낙엽, 절대육상식물

◉ **지리 분포** Geography
국내: 전국[2]
국외: 일본[2]

◉ **생육지** Habitat
모암: 비석회암 48%, 석회암 52%
고도: 618±312m, 낮은 산지~중간 산지
경사: 20±14°
미소 지형: 전 지형, 주로 사면 하부 이하
사면 방위: 전 방위

◉ **출현 군집과 우점도** Communities & abundance
총 빈도: 9%(42/447)
평균 피도: 10±19%

1. 소나무-가래나무_이삭여뀌 군집(◇)
2. 소나무-굴참나무_졸참나무 군집(△)
3. 소나무_산딸기 군집(●)
4. 소나무_진달래 군집(▼)

5. 굴참나무-소나무_왕느릅나무 군집(◇)
6. 굴참나무-떡갈나무_큰기름새 군집(◆)

7. 신갈나무-서어나무_생강나무 군집(◆)
8. 신갈나무-전나무_조릿대 군집(■)
9. 신갈나무-들메나무_고광나무 군집(□)
10. 신갈나무_우산나물 군집(●)
11. 신갈나무_철쭉 군집(○)
12. 신갈나무_동자꽃 군집(○)
13. 신갈나무-피나무_나래박쥐나물 군집(◆)

◉ **종 다양성 지수(H′)** Species diversity
2.28±.0.26(38)

◉ **동반 종** Accompanying species
물푸레나무(79%), 산딸기(69%), 신갈나무(69%),
부채마(62%), 참취(62%)

◉ **종합** Synopsis
고도가 낮은 산지부터 중간 산지까지 사면 하부 이하에 주로 분포한다. 소나무 우점 숲과 소나무-활엽수 혼합 숲 가장자리와 같이 빛이 들어오는 곳에서 주로 출현하는 관목이다. 숲 속에서 드물지만 비교적 우점한다.

고도 Elevation

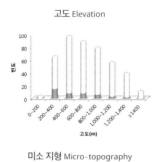

경사 Slope degree

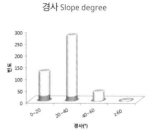

미소 지형 Micro-topography

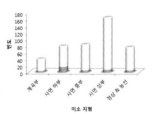

사면 방위 Slope aspect

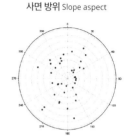

군집별 빈도 Frequency

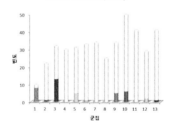

군집별 피도 Coverage

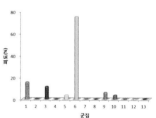

다변량 분석 Multivariate analysis

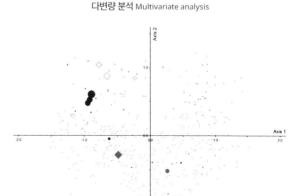

쥐다래
Actinidia kolomikta

● **생장형** Growth form
덩굴성 목본, 활엽, 낙엽, 절대육상식물

● **지리 분포** Geography
국내: 전국[10]
국외: 러시아 동북부, 일본, 중국[2]

● **생육지** Habitat
모암: 비석회암 89%, 석회암 11%
고도: 943±347m, 낮은 산지~높은 산지
경사: 22±13°
미소 지형: 전 지형
사면 방위: 전 방위

● **출현 군집과 우점도** Communities & abundance
총 빈도: 8%(37/447)
평균 피도: 3±7%

1. 소나무 - 가래나무_이삭여뀌 군집(◇)
2. 소나무 - 굴참나무_졸참나무 군집(△)
3. 소나무_산딸기 군집(●)
4. 소나무_진달래 군집(▼)

5. 굴참나무 - 소나무_왕느릅나무 군집(○)
6. 굴참나무 - 떡갈나무_큰기름새 군집(◆)

7. 신갈나무 - 서어나무_생강나무 군집(◈)
8. 신갈나무 - 전나무_조릿대 군집(■)
9. 신갈나무 - 들메나무_고광나무 군집(□)
10. 신갈나무_우산나물 군집(●)
11. 신갈나무_철쭉 군집(○)
12. 신갈나무_동자꽃 군집(◌)
13. 신갈나무 - 피나무_나래박쥐나물 군집(◆)

● **종 다양성 지수(H′)** Species diversity
2.28±0.40(27)

● **동반 종** Accompanying species
당단풍나무(76%), 신갈나무(70%), 대사초(65%),
고로쇠나무(59%), 미역줄나무(59%)

● **종합** Synopsis
고도가 낮은 산지부터 높은 산지까지, 분포하는 고도 범위가 넓고 전 지형에 분포한다. 비교적 적습한 전 지형과 전 방위에 분포한다. 소나무 - 활엽수 혼합 숲과 신갈나무 - 활엽수 혼합 숲에서 주로 출현하는 덩굴성 목본이다. 드물고 소수 분포한다.

고도 Elevation
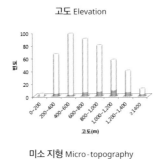

경사 Slope degree
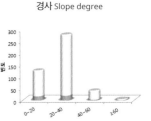

미소 지형 Micro-topography
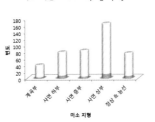

사면 방위 Slope aspect

군집별 빈도 Frequency
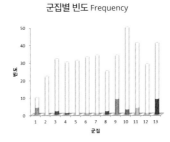

군집별 피도 Coverage
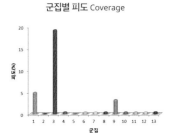

다변량 분석 Multivariate analysis

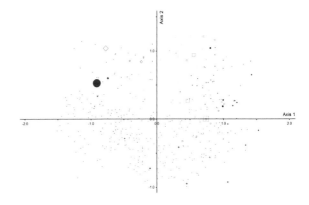

쥐오줌풀

Valeriana fauriei

◉ **생장형** Growth form
초본, 다년생, 낙엽, 절대육상식물

◉ **지리 분포** Geography
국내: 전국[2]
국외: 러시아 사할린, 일본, 중국 동북부[2]

◉ **생육지** Habitat
모암: 비석회암 49%, 석회암 51%
고도: 879±300m, 낮은 산지~높은 산지
경사: 24±13°
미소 지형: 전 지형, 주로 사면 상부 이상
사면 방위: 전 방위

◉ **출현 군집과 우점도** Communities & abundance
총 빈도: 11%(47/447)
평균 피도: 0.6±0.7%

1. 소나무 - 가래나무_이삭여뀌 군집(◇)
2. 소나무 - 굴참나무_졸참나무 군집(△)
3. 소나무_산딸기 군집(●)
4. 소나무_진달래 군집(▼)

5. 굴참나무 - 소나무_왕느릅나무 군집(○)
6. 굴참나무 - 떡갈나무_큰기름새 군집(◆)

7. 신갈나무 - 서어나무_생강나무 군집(◈)
8. 신갈나무 - 전나무_조릿대 군집(■)
9. 신갈나무 - 들메나무_고광나무 군집(□)
10. 신갈나무 - 우산나물 군집(●)
11. 신갈나무_철쭉 군집(○)
12. 신갈나무_동자꽃 군집(◔)
13. 신갈나무 - 피나무_나래박쥐나물 군집(◆)

◉ **종 다양성 지수(H′)** Species diversity
2.23±0.38(46)

◉ **동반 종** Accompanying species
신갈나무(94%), 참취(77%), 대사초(72%),
둥굴레(62%), 물푸레나무(62%)

◉ **종합** Synopsis
고도가 낮은 산지부터 높은 산지까지, 분포하는 고도 범위가 넓다. 다른 생육지 범위도 넓으나 사면 상부, 능선, 정상에 주로 분포한다. 소나무 우점 숲과 신갈나무 우점 숲에서 주로 출현하는 초본이다. 비교적 흔하나 매우 소수 분포한다.

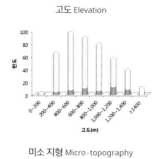

고도 Elevation

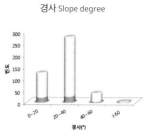

경사 Slope degree

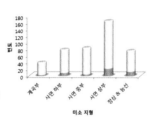

미소 지형 Micro-topography

사면 방위 Slope aspect

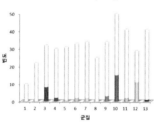

군집별 빈도 Frequency

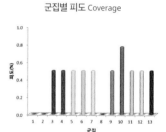

군집별 피도 Coverage

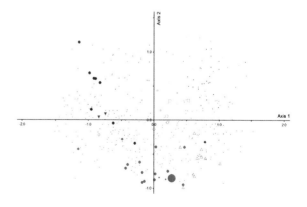

다변량 분석 Multivariate analysis

지리강활
Angelica amurensis

● **생장형** Growth form
초본, 다년생, 낙엽, 임의육상식물물

● **지리 분포** Geography
국내: 백두대간[13]
국외: 한국 특산[14]

● **생육지** Habitat
모암: 비석회암 86%, 석회암 14%
고도: 1,217±209m, 높은 산지
경사: 23±14°
미소 지형: 전 지형, 주로 사면 상부 이상
사면 방위: 전 방위

● **출현 군집과 우점도** Communities & abundance
총 빈도: 8%(35/447)
평균 피도: 2±4%

1. 소나무-가래나무_이삭여뀌 군집(◇)
2. 소나무-굴참나무_졸참나무 군집(△)
3. 소나무_산딸기 군집(●)
4. 소나무_진달래 군집(▼)

5. 굴참나무-소나무_왕느릅나무 군집(◇)
6. 굴참나무-떡갈나무_큰기름새 군집(◆)

7. 신갈나무-서어나무_생강나무 군집(◈)
8. 신갈나무-전나무_조릿대 군집(■)
9. 신갈나무-들메나무_고광나무 군집(□)
10. 신갈나무_우산나물 군집(●)
11. 신갈나무_철쭉 군집(○)
12. 신갈나무_동자꽃 군집(◌)
13. 신갈나무-피나무_나래박쥐나물 군집(◆)

● **종 다양성 지수(H′)** Species diversity
2.39±0.32(31)

● **동반 종** Accompanying species
신갈나무(100%), 대사초(89%), 당단풍나무(86%),
미역줄나무(86%), 피나무(77%)

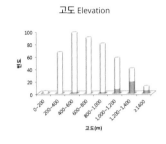
고도 Elevation

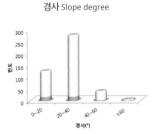
경사 Slope degree

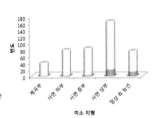
미소 지형 Micro-topography

사면 방위 Slope aspect

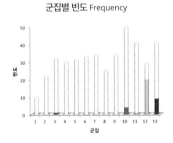
군집별 빈도 Frequency

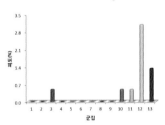
군집별 피도 Coverage

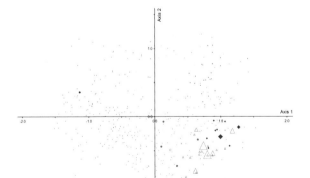
다변량 분석 Multivariate analysis

● **종합** Synopsis
고도가 높은 산지에서 건조한 사면 상부, 능선이나 정상에 분포한다. 신갈나무 우점 숲과 신갈나무-활엽수 혼합 숲에서 출현하는 우리나라 고유종이며 임의육상 초본이다. 높은 산지 신갈나무 우점 숲 지표종이다. 드물고 소수 분포한다.

지치

Lithospermum erythrorhizon

- **생장형** Growth form
  초본, 다년생, 낙엽, 절대육상식물

- **지리 분포** Geography
  국내: 전국[3]
  국외: 러시아 아무르, 우수리, 일본, 중국 동북부[3]

- **생육지** Habitat
  모암: 석회암 100%
  고도: 597±168m, 낮은 산지~중간 산지
  경사: 30±10°
  미소 지형: 주로 사면 하부 및 중부
  사면 방위: 전 방위

- **출현 군집과 우점도** Communities & abundance
  총 빈도: 3%(14/447)
  평균 피도: 0.02±0.09%

  1. 소나무 - 가래나무_이삭여뀌 군집(◇)
  2. 소나무 - 굴참나무_졸참나무 군집(△)
  3. 소나무_산딸기 군집(●)
  4. 소나무_진달래 군집(▼)

  5. 굴참나무 - 소나무_왕느릅나무 군집(○)
  6. 굴참나무 - 떡갈나무_큰기름새 군집(◆)

  7. 신갈나무 - 서어나무_생강나무 군집(◈)
  8. 신갈나무 - 전나무_조릿대 군집(■)
  9. 신갈나무 - 들메나무_고광나무 군집(□)
  10. 신갈나무 - 우산나물 군집(●)
  11. 신갈나무_철쭉 군집(○)
  12. 신갈나무_동자꽃 군집(◌)
  13. 신갈나무 - 피나무_나래박쥐나물 군집(◆)

- **종 다양성 지수(H′)** Species diversity
  2.33±0.29(14)

- **동반 종** Accompanying species
  물푸레나무(100%), 큰기름새(100%), 떡갈나무(93%),
  부채마(93%), 생강나무(86%), 알록제비꽃(86%), 왕느릅나무(86%)

- **종합** Synopsis
  고도가 낮은 산지부터 중간 산지까지, 석회암 지대 가파르고 건조한 사면 하부와 중부에 주로 분포한다. 소나무 우점 숲과 굴참나무 숲에서 주로 출현하는 초본이다. 매우 드물고 매우 소수 분포한다.

고도 Elevation

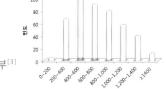

경사 Slope degree

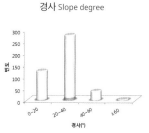

미소 지형 Micro-topography

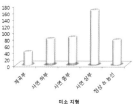

사면 방위 Slope aspect

군집별 빈도 Frequency　　**군집별 피도** Coverage

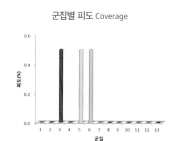

다변량 분석 Multivariate analysis

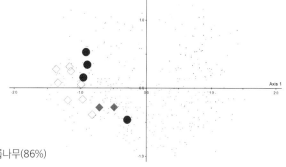

진달래

Rhododendron mucronulatum

- **생장형** Growth form
  관목, 활엽, 낙엽, 절대육상식물

- **지리 분포** Geography
  국내: 전국[2]
  국외: 일본, 중국[2]

- **생육지** Habitat
  모암: 비석회암 90%, 석회암 10%
  고도: 624±270m, 낮은 산지~중간 산지
  경사: 32±12°
  미소 지형: 전 지형, 사면 상부 이하
  사면 방위: 전 방위

- **출현 군집과 우점도** Communities & abundance
  총 빈도: 24%(107/447)
  평균 피도: 13±19%

  1. 소나무-가래나무_이삭여뀌 군집(◇)
  2. 소나무-굴참나무_졸참나무 군집(△)
  3. 소나무_산딸기 군집(●)
  4. 소나무_진달래 군집(▼)

  5. 굴참나무-소나무_왕느릅나무 군집(◇)
  6. 굴참나무-떡갈나무_큰기름새 군집(◆)

  7. 신갈나무-서어나무_생강나무 군집(◆)
  8. 신갈나무-전나무_조릿대 군집(■)
  9. 신갈나무-들메나무_고광나무 군집(□)
  10. 신갈나무_우산나물 군집(●)
  11. 신갈나무_철쭉 군집(○)
  12. 신갈나무_동자꽃 군집( )
  13. 신갈나무-피나무_나래박쥐나물 군집(◆)

- **종 다양성 지수(H′)** Species diversity
  1.89±0.32(84)

- **동반 종** Accompanying species
  신갈나무(89%), 생강나무(85%), 철쭉(63%),
  소나무(57%), 큰기름새(57%)

- **종합** Synopsis
  고도가 낮은 산지부터 중간 산지까지, 가파르고 건조한 사면 상부 이하에 분포한다. 굴참나무 숲과 신갈나무 우점 숲에서도 출현하지만 소나무 우점 숲과 소나무-활엽수 혼합 숲에서 더 흔히 출현하는 관목이다. 소나무 우점 숲 지표종이다. 출현하는 군집의 종 다양성이 낮다. 비교적 흔하고 비교적 우점한다.

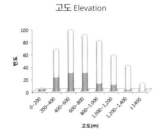

고도 Elevation

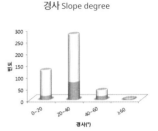

경사 Slope degree

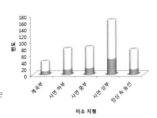

미소 지형 Micro-topography

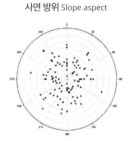

사면 방위 Slope aspect

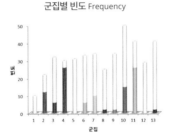

군집별 빈도 Frequency

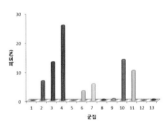

군집별 피도 Coverage

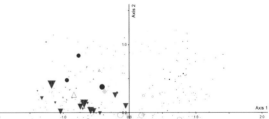

다변량 분석 Multivariate analysis

진범

Aconitum pseudolaeve

◉ **생장형** Growth form
초본, 다년생, 낙엽, 절대육상식물

◉ **지리 분포** Geography
국내: 전국[6]
국외: 한국 특산[15]

◉ **생육지** Habitat
모암: 비석회암 76%, 석회암 24%
고도: 1,192±233m, 중간 산지~높은 산지
경사: 22±12°
미소 지형: 전 지형, 주로 사면 상부 이상
사면 방위: 전 방위

◉ **출현 군집과 우점도** Communities & abundance
총 빈도: 8%(34/447)
평균 피도: 1±2%

1. 소나무 - 가래나무_이삭여뀌 군집(◇)
2. 소나무 - 굴참나무_졸참나무 군집(△)
3. 소나무_산딸기 군집(●)
4. 소나무_진달래 군집(▼)

5. 굴참나무 - 소나무_왕느릅나무 군집(○)
6. 굴참나무 - 떡갈나무_큰기름새 군집(◆)

7. 신갈나무 - 서어나무_생강나무 군집(◐)
8. 신갈나무 - 전나무_조릿대 군집(■)
9. 신갈나무 - 들메나무_고광나무 군집(□)
10. 신갈나무_우산나물 군집(●)
11. 신갈나무_철쭉 군집(○)
12. 신갈나무_동자꽃 군집( )
13. 신갈나무 - 피나무_나래박쥐나물 군집(◆)

◉ **종 다양성 지수(H′)** Species diversity
2.48±0.33(29)

◉ **동반 종** Accompanying species
신갈나무(88%), 대사초(85%), 당단풍나무(82%),
미역줄나무(79%), 투구꽃(76%)

고도 Elevation

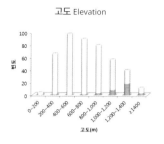

경사 Slope degree

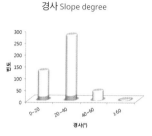

미소 지형 Micro-topography

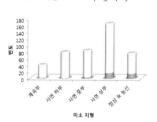

사면 방위 Slope aspect

군집별 빈도 Frequency

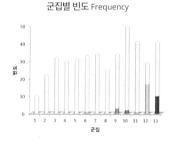

군집별 피도 Coverage

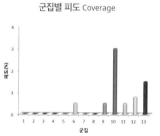

다변량 분석 Multivariate analysis

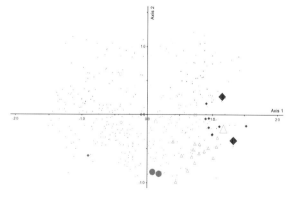

◉ **종합** Synopsis
고도가 중간 산지부터 높은 산지까지 건조한 사면 상부, 능선과 정상에 출현한다. 높은 산지 신갈나무 우점 숲과 신갈나무-
활엽수 혼합 숲에서 주로 출현하는 우리나라 고유종 초본이다. 신갈나무 우점 숲 지표종이다. 드물고 소수 분포한다.

짚신나물

Agrimonia pilosa

● **생장형** Growth form
  초본, 다년생, 낙엽, 절대육상식물

● **지리 분포** Geography
  국내: 전국[2]
  국외: 러시아 극동, 몽골, 유럽, 일본, 중국 동북부[2]

● **생육지** Habitat
  모암: 비석회암 53%, 석회암 47%
  고도: 677±320m, 낮은 산지~중간 산지
  경사: 19±13°
  미소 지형: 전 지형, 주로 사면 하부 이하
  사면 방위: 전 방위

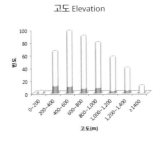

고도 Elevation

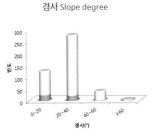

경사 Slope degree

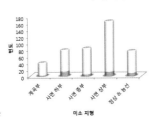

미소 지형 Micro-topography

사면 방위 Slope aspect

● **출현 군집과 우점도** Communities & abundance
  총 빈도: 10%(43/447)
  평균 피도: 0.6±0.8%

  1. 소나무-가래나무_이삭여뀌 군집(◇)
  2. 소나무-굴참나무_졸참나무 군집(△)
  3. 소나무_산딸기 군집(●)
  4. 소나무_진달래 군집(▼)

  5. 굴참나무-소나무_왕느릅나무 군집(◇)
  6. 굴참나무-떡갈나무_큰기름새 군집(◆)

  7. 신갈나무-서어나무_생강나무 군집(◈)
  8. 신갈나무-전나무_조릿대 군집(■)
  9. 신갈나무-들메나무_고광나무 군집(□)
  10. 신갈나무_우산나물 군집(●)
  11. 신갈나무_철쭉 군집(○)
  12. 신갈나무_동자꽃 군집(⊡)
  13. 신갈나무-피나무_나래박쥐나물 군집(◆)

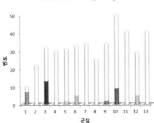

군집별 빈도 Frequency

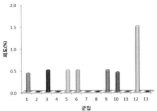

군집별 피도 Coverage

● **종 다양성 지수(H')** Species diversity
  2.29±0.31(42)

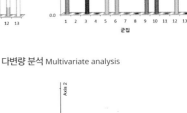

다변량 분석 Multivariate analysis

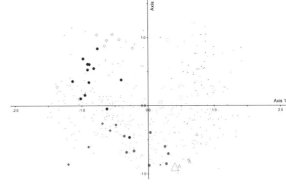

● **동반 종** Accompanying species
  산딸기(77%), 신갈나무(77%), 물푸레나무(72%), 산박하(72%), 큰기름새(67%)

● **종합** Synopsis
  고도가 낮은 산지부터 중간 산지까지 완만한 사면 하부 이하에 주로 분포한다. 소나무 우점 숲, 소나무-활엽수 혼합 숲, 굴참나무 숲 가장자리에서 주로 출현하는 초본이다. 비교적 흔하지만 매우 소수 분포한다.

짝자래나무

Rhamnus yoshinoi

◉ **생장형** Growth form
관목, 활엽, 낙엽, 절대육상식물

◉ **지리 분포** Geography
국내: 전국[3]
국외: 중국 동북부[2]

◉ **생육지** Habitat
모암: 비석회암 38%, 석회암 62%
고도: 654±285m, 낮은 산지~중간 산지
경사: 28±12°
미소 지형: 전 지형, 주로 사면 하부 및 중부
사면 방위: 전 방위

◉ **출현 군집과 우점도** Communities & abundance
총 빈도: 16%(69/447)
평균 피도: 2±5%

1. 소나무 - 가래나무 _ 이삭여뀌 군집(◇)
2. 소나무 - 굴참나무 _ 졸참나무 군집(△)
3. 소나무 _ 산딸기 군집(●)
4. 소나무 _ 진달래 군집(▼)

5. 굴참나무 - 소나무 _ 왕느릅나무 군집(○)
6. 굴참나무 - 떡갈나무 _ 큰기름새 군집(◆)

7. 신갈나무 - 서어나무 _ 생강나무 군집(◈)
8. 신갈나무 - 전나무 _ 조릿대 군집(■)
9. 신갈나무 - 들메나무 _ 고광나무 군집(□)
10. 신갈나무 _ 우산나물 군집(●)
11. 신갈나무 _ 철쭉 군집(○)
12. 신갈나무 _ 동자꽃 군집(△)
13. 신갈나무 - 피나무 _ 나래박쥐나물 군집(◆)

◉ **종 다양성 지수(H′)** Species diversity
2.23±0.38(67)

◉ **동반 종** Accompanying species
신갈나무(75%), 물푸레나무(71%), 생강나무(71%),
삽주(65%), 큰기름새(65%)

◉ **종합** Synopsis
고도가 낮은 산지부터 중간 산지까지 건조한 사면 하부와 중부에 주로 분포한다. 석회암 산지 굴참나무 숲에서 빈번히 출현하는 지표종이지만, 소나무 우점 숲과 신갈나무 우점 숲에서도 출현하는 관목이다. 비교적 흔하지만 소수 분포한다.

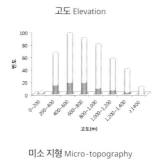

고도 Elevation

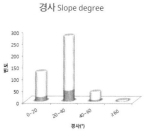

경사 Slope degree

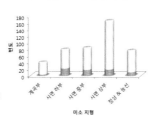

미소 지형 Micro-topography

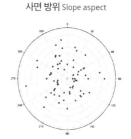

사면 방위 Slope aspect

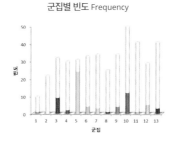

군집별 빈도 Frequency

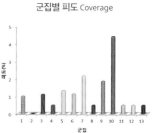

군집별 피도 Coverage

다변량 분석 Multivariate analysis

쪽동백나무
Styrax obassia

● **생장형** Growth form
소교목, 활엽, 낙엽, 절대육상식물

● **지리 분포** Geography
국내: 전국[2]
국외: 일본, 중국[2]

● **생육지** Habitat
모암: 비석회암 97%, 석회암 3%
고도: 586±240m, 낮은 산지~중간 산지
경사: 29±12°
미소 지형: 전 지형, 주로 사면 중부 이하
사면 방위: 전 방위

● **출현 군집과 우점도** Communities & abundance
총 빈도: 36%(161/447)
평균 피도: 17±21%

1. 소나무 - 가래나무_이삭여뀌 군집(◇)
2. 소나무 - 굴참나무_졸참나무 군집(△)
3. 소나무_산딸기 군집(●)
4. 소나무_진달래 군집(▼)

5. 굴참나무 - 소나무_왕느릅나무 군집(○)
6. 굴참나무 - 떡갈나무_큰기름새 군집(◆)

7. 신갈나무 - 서어나무_생강나무 군집(◈)
8. 신갈나무 - 전나무_조릿대 군집(■)
9. 신갈나무 - 들메나무_고광나무 군집(□)
10. 신갈나무_우산나물 군집(●)
11. 신갈나무_철쭉 군집(○)
12. 신갈나무_동자꽃 군집( )
13. 신갈나무 - 피나무_나래박쥐나물 군집(◆)

● **종 다양성 지수(H′)** Species diversity
2.01±0.34(120)

● **동반 종** Accompanying species
생강나무(88%), 신갈나무(79%), 당단풍나무(71%),
물푸레나무(59%), 조록싸리(48%)

고도 Elevation
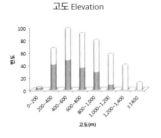

경사 Slope degree
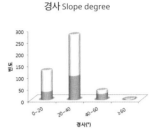

미소 지형 Micro-topography
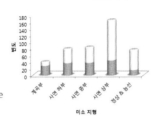

사면 방위 Slope aspect
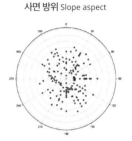

군집별 빈도 Frequency
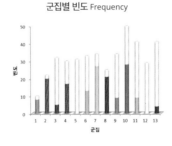

군집별 피도 Coverage
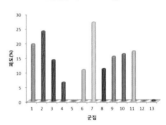

다변량 분석 Multivariate analysis

● **종합** Synopsis
고도가 낮은 산지부터 중간 산지까지 다양한 생육지에서 출현한다. 비교적 적습한 사면 중부 이하에 주로 분포한다. 대부분 군집에 출현하나 적습한 소나무 우점 숲, 소나무 - 활엽수 혼합 숲, 신갈나무 - 활엽수 숲 또는 활엽수 혼합 숲에서 주로 출현하는 소교목이다. 소나무 - 활엽수 혼합 숲 지표종이다. 출현하는 군집의 종 다양성이 낮다. 매우 흔하게 출현하고 비교적 우점한다.

찰피나무
Tilia mandshurica

◉ **생장형** Growth form
교목, 활엽, 낙엽, 절대육상식물

◉ **지리 분포** Geography
국내: 전국(제주도 제외)[1]
국외: 러시아 동부, 중국 동북부[1]

◉ **생육지** Habitat
모암: 비석회암 73%, 석회암 27%
고도: 693±265m, 낮은 산지~중간 산지
경사: 30±14°
미소 지형: 전 지형
사면 방위: 전 방위

◉ **출현 군집과 우점도** Communities & abundance
총 빈도: 3%(15/447)
평균 피도: 5±11%

1. 소나무 - 가래나무_이삭여뀌 군집(◇)
2. 소나무 - 굴참나무_졸참나무 군집(△)
3. 소나무_산딸기 군집(●)
4. 소나무_진달래 군집(▼)

5. 굴참나무 - 소나무_왕느릅나무 군집(◌)
6. 굴참나무 - 떡갈나무_큰기름새 군집(◆)

7. 신갈나무 - 서어나무_생강나무 군집(◈)
8. 신갈나무 - 전나무_조릿대 군집(■)
9. 신갈나무 - 들메나무_고광나무 군집(□)
10. 신갈나무_우산나물 군집(●)
11. 신갈나무_철쭉 군집(○)
12. 신갈나무_동자꽃 군집( )
13. 신갈나무 - 피나무_나래박쥐나물 군집(◆)

◉ **종 다양성 지수(H′)** Species diversity
2.19±0.49(13)

◉ **동반 종** Accompanying species
고로쇠나무(87%), 물푸레나무(87%), 신갈나무(80%),
생강나무(73%), 당단풍나무(60%), 대사초(60%)

◉ **종합** Synopsis
고도가 낮은 산지부터 중간 산지까지 전 지형에 분포한다. 적습한 소나무 - 활엽수 혼합 숲, 신갈나무 - 활엽수 혼합 숲에서 주로
출현하는 교목이다. 매우 드물지만 비교적 우점한다.

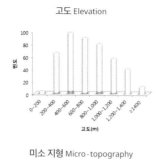

고도 Elevation

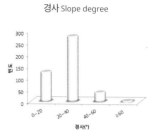

경사 Slope degree

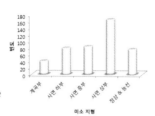

미소 지형 Micro - topography

사면 방위 Slope aspect

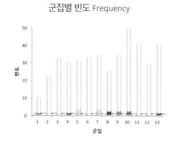

군집별 빈도 Frequency

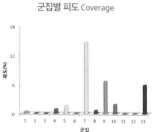

군집별 피도 Coverage

다변량 분석 Multivariate analysis

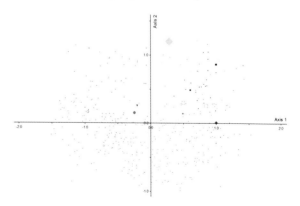

참개암나무

Corylus sieboldiana

● **생장형** Growth form
관목, 활엽, 낙엽, 절대육상식물

● **지리 분포** Geography
국내: 전국[3]
국외: 러시아 극동, 일본, 중국[3]

● **생육지** Habitat
모암: 비석회암 83%, 석회암 17%
고도: 840±322m, 낮은 산지~높은 산지
경사: 27±12°
미소 지형: 전 지형
사면 방위: 전 방위

● **출현 군집과 우점도** Communities & abundance
총 빈도: 24%(107/447)
평균 피도: 4±7%

1. 소나무-가래나무_이삭여뀌 군집(◇)
2. 소나무-굴참나무_졸참나무 군집(△)
3. 소나무_산딸기 군집(●)
4. 소나무_진달래 군집(▼)

5. 굴참나무-소나무_왕느릅나무 군집(◌)
6. 굴참나무-떡갈나무_큰기름새 군집(◆)

7. 신갈나무-서어나무_생강나무 군집(◈)
8. 신갈나무-전나무_조릿대 군집(■)
9. 신갈나무-들메나무_고광나무 군집(□)
10. 신갈나무-우산나물 군집(●)
11. 신갈나무_철쭉 군집(○)
12. 신갈나무_동자꽃 군집(△)
13. 신갈나무-피나무_나래박쥐나물 군집(◆)

● **종 다양성 지수(H′)** Species diversity
2.21±0.35(85)

● **동반 종** Accompanying species
신갈나무(85%), 당단풍나무(74%), 대사초(64%),
생강나무(59%), 물푸레나무(57%)

고도 Elevation

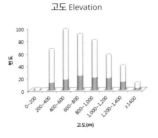

경사 Slope degree

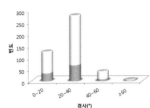

미소 지형 Micro-topography

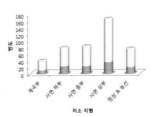

사면 방위 Slope aspect

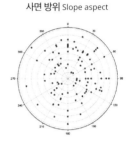

군집별 빈도 Frequency

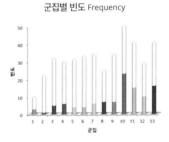

군집별 피도 Coverage

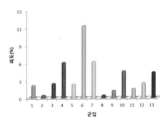

다변량 분석 Multivariate analysis

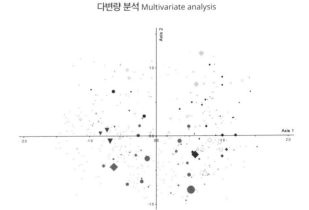

● **종합** Synopsis
고도가 낮은 산지부터 높은 산지까지, 분포하는 고도 범위가 넓다. 전 지형과 전 방위에 분포한다. 건조하거나 적습한 모든
군집에서 출현하지만 높은 산지 신갈나무 우점 숲과 신갈나무-활엽수 혼합 숲에서 출현 빈도가 높은 관목이다. 비교적 흔하나
소수 분포한다.

참나물

Pimpinella brachycarpa

◉ **생장형** Growth form
초본, 다년생, 낙엽, 절대육상식물

◉ **지리 분포** Geography
국내: 전국[9]
국외: 러시아 동남부, 중국 동북부[9]

◉ **생육지** Habitat
모암: 비석회암 82%, 석회암 18%
고도: 957±360m, 낮은 산지~높은 산지
경사: 22±11°
미소 지형: 전 지형, 주로 사면 상부 이상
사면 방위: 전 방위

◉ **출현 군집과 우점도** Communities & abundance
총 빈도: 25%(111/447)
평균 피도: 2±4%

1. 소나무 - 가래나무_이삭여뀌 군집(◇)
2. 소나무 - 굴참나무_졸참나무 군집(△)
3. 소나무_산딸기 군집(●)
4. 소나무_진달래 군집(▼)

5. 굴참나무 - 소나무_왕느릅나무 군집(◌)
6. 굴참나무 - 떡갈나무_큰기름새 군집(◆)

7. 신갈나무 - 서어나무_생강나무 군집(◈)
8. 신갈나무 - 전나무_조릿대 군집(■)
9. 신갈나무 - 들메나무_고광나무 군집(□)
10. 신갈나무_우산나물 군집(●)
11. 신갈나무_철쭉 군집(○)
12. 신갈나무_동자꽃 군집(○)
13. 신갈나무 - 피나무_나래박쥐나물 군집(◆)

◉ **종 다양성 지수(H′)** Species diversity
2.31±0.37(84)

◉ **동반 종** Accompanying species
신갈나무(86%), 대사초(77%), 당단풍나무(72%),
고로쇠나무(59%), 참취(59%)

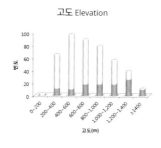

고도 Elevation

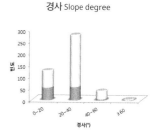

경사 Slope degree

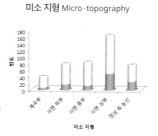

미소 지형 Micro-topography

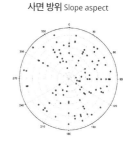

사면 방위 Slope aspect

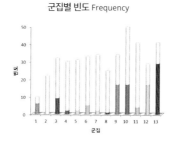

군집별 빈도 Frequency

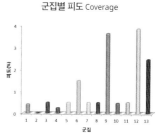

군집별 피도 Coverage

다변량 분석 Multivariate analysis

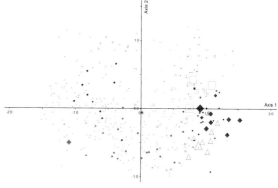

◉ **종합** Synopsis
고도가 낮은 산지부터 높은 산지까지, 분포하는 고도 범위가 넓다. 다른 생육지 범위도 넓으나 사면 상부 이상에 주로 분포한다. 거의 모든 군집에서 출현하나, 중간 산지 이상 신갈나무 우점 숲, 신갈나무 - 활엽수 혼합 숲, 활엽수 혼합 숲에서 출현 빈도와 우점도가 높은 초본이다. 비교적 흔하나 소수 분포한다.

참반디
Sanicula chinensis

● **생장형** Growth form
초본, 다년생, 낙엽, 절대육상식물

● **지리 분포** Geography
국내: 전국[9]
국외: 러시아, 일본, 중국[9]

● **생육지** Habitat
모암: 비석회암 86%, 석회암 14%
고도: 507±327m, 낮은 산지~중간 산지
경사: 14±12°
미소 지형: 주로 사면 하부 이하
사면 방위: 전 방위

● **출현 군집과 우점도** Communities & abundance
총 빈도: 3%(14/447)
평균 피도: 0.8±1.4%

1. 소나무 - 가래나무_이삭여뀌 군집(◇)
2. 소나무 - 굴참나무_졸참나무 군집(△)
3. 소나무_산딸기 군집(●)
4. 소나무_진달래 군집(▼)

5. 굴참나무 - 소나무_왕느릅나무 군집(○)
6. 굴참나무 - 떡갈나무_큰기름새 군집(◆)

7. 신갈나무 - 서어나무_생강나무 군집(◆)
8. 신갈나무 - 전나무_조릿대 군집(■)
9. 신갈나무 - 들메나무_고광나무 군집(□)
10. 신갈나무_우산나물 군집(●)
11. 신갈나무_철쭉 군집(○)
12. 신갈나무_동자꽃 군집(△)
13. 신갈나무 - 피나무_나래박쥐나물 군집(◆)

● **종 다양성 지수(H')** Species diversity
2.28±0.25(13)

● **동반 종** Accompanying species
물푸레나무(93%), 산박하(93%), 꼭두선이(71%),
당단풍나무(71%), 줄딸기(71%)

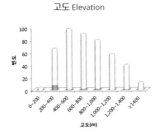
고도 Elevation

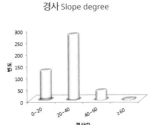
경사 Slope degree

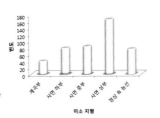
미소 지형 Micro-topography

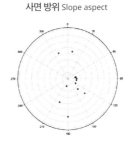
사면 방위 Slope aspect

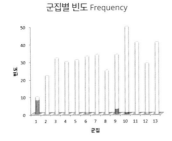
군집별 빈도 Frequency

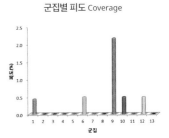
군집별 피도 Coverage

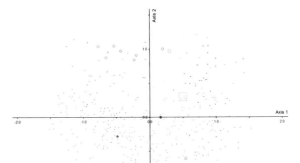
다변량 분석 Multivariate analysis

● **종합** Synopsis
고도가 낮은 산지부터 중간 산지까지 완만하고 적습한 사면 하부 이하에 분포한다. 적습한 소나무-활엽수 혼합 숲에서 주로 출현하는 초본이다. 매우 드물고 매우 소수 분포한다.

참싸리
Lespedeza cyrtobotrya

● **생장형** Growth form
관목, 활엽, 낙엽, 절대육상식물

● **지리 분포** Geography
국내: 전국[3]
국외: 러시아 극동, 일본, 중국[3]

● **생육지** Habitat
모암: 비석회암 79%, 석회암 21%
고도: 625±256m, 낮은 산지~중간 산지
경사: 30±11°
미소 지형: 전 지형, 주로 사면 중부 이상
사면 방위: 전 방위

● **출현 군집과 우점도** Communities & abundance
총 빈도: 30%(135/447)
평균 피도: 3±5%

1. 소나무 - 가래나무_이삭여뀌 군집(◇)
2. 소나무 - 굴참나무_졸참나무 군집(△)
3. 소나무_산딸기 군집(●)
4. 소나무_진달래 군집(▼)

5. 굴참나무 - 소나무_왕느릅나무 군집( )
6. 굴참나무 - 떡갈나무_큰기름새 군집(◆)

7. 신갈나무 - 서어나무_생강나무 군집( )
8. 신갈나무 - 전나무_조릿대 군집(■)
9. 신갈나무 - 들메나무_고광나무 군집(□)
10. 신갈나무_우산나물 군집(●)
11. 신갈나무_철쭉 군집( )
12. 신갈나무_동자꽃 군집( )
13. 신갈나무 - 피나무_나래박쥐나물 군집(◆)

● **종 다양성 지수(H')** Species diversity
2.02±0.37(110)

● **동반 종** Accompanying species
신갈나무(88%), 큰기름새(77%), 생강나무(76%),
삽주(70%), 둥굴레(64%)

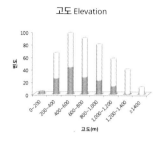

고도 Elevation

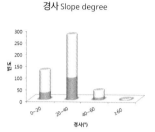

경사 Slope degree

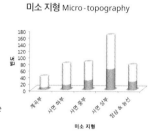

미소 지형 Micro-topography

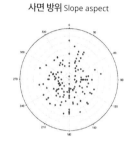

사면 방위 Slope aspect

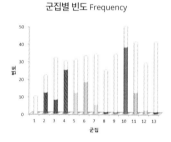

군집별 빈도 Frequency

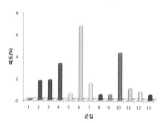

군집별 피도 Coverage

다변량 분석 Multivariate analysis

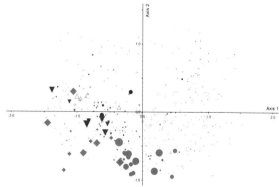

● **종합** Synopsis
고도가 낮은 산지부터 중간 산지에서 사면 중부 이상의 가파른 곳에 주로 분포한다. 건조한 곳 소나무 우점 숲이나 굴참나무 숲에서 주로 출현하는 관목이고 신갈나무 우점 숲에서도 볼 수 있다. 건조한 소나무 우점 숲 지표종이다. 출현하는 곳의 종 다양성이 낮다. 매우 흔하나 소수 분포한다. 숲 틈이 있거나 교란되어 햇빛이 많이 들어오는 곳에서는 매우 우점하기도 한다.

참조팝나무
Spiraea fritschiana

● **생장형** Growth form
관목, 활엽, 낙엽, 절대육상식물

● **지리 분포** Geography
국내: 백두대간, 북부[14]
국외: 러시아 시베리아, 일본, 중국[2]

● **생육지** Habitat
모암: 비석회암 100%
고도: 970±249m, 중간 산지~높은 산지
경사: 26±31°
미소 지형: 전 지형
사면 방위: 전 방위

● **출현 군집과 우점도** Communities & abundance
총 빈도: 2%(10/447)
평균 피도: 3±5%

1. 소나무-가래나무_이삭여뀌 군집(◇)
2. 소나무-굴참나무_졸참나무 군집(△)
3. 소나무_산딸기 군집(●)
4. 소나무_진달래 군집(▼)

5. 굴참나무-소나무_왕느릅나무 군집(○)
6. 굴참나무-떡갈나무_큰기름새 군집(◆)

7. 신갈나무-서어나무_생강나무 군집(◈)
8. 신갈나무-전나무_조릿대 군집(■)
9. 신갈나무-들메나무_고광나무 군집(□)
10. 신갈나무_우산나물 군집(●)
11. 신갈나무_철쭉 군집(○)
12. 신갈나무_동자꽃 군집(△)
13. 신갈나무-피나무_나래박쥐나물 군집(◆)

● **종 다양성 지수(H′)** Species diversity
2.32±0.31(6)

● **동반 종** Accompanying species
당단풍나무(90%), 노루오줌(80%), 신갈나무(80%),
고로쇠나무(70%), 미역줄나무(70%)

● **종합** Synopsis
고도가 중간 산지부터 높은 산지에서 다양한 생육지에 분포한다. 활엽수 혼합 숲이나 높은 산지 신갈나무 우점 숲에서 출현하는 관목이다. 매우 드물고 소수 분포한다.

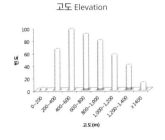
고도 Elevation

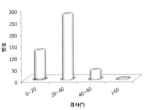
경사 Slope degree

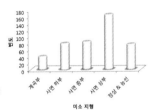
미소 지형 Micro-topography

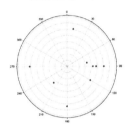
사면 방위 Slope aspect

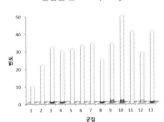
군집별 빈도 Frequency

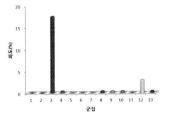
군집별 피도 Coverage

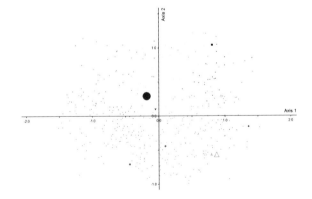
다변량 분석 Multivariate analysis

참취
Aster scaber

◉ **생장형** Growth form
초본, 다년생, 낙엽, 절대육상식물

◉ **지리 분포** Geography
국내: 전국[11]
국외: 일본, 중국[11]

◉ **생육지** Habitat
모암: 비석회암 75%, 석회암 25%
고도: 768±332m, 낮은 산지~높은 산지
경사: 28±12°
미소 지형: 전 지형, 주로 사면 중부 이상
사면 방위: 전 방위

◉ **출현 군집과 우점도** Communities & abundance
총 빈도: 52%(232/447)
평균 피도: 1±2%

1. 소나무 - 가래나무_이삭여뀌 군집(◇)
2. 소나무 - 굴참나무_졸참나무 군집(△)
3. 소나무_산딸기 군집(●)
4. 소나무_진달래 군집(▼)

5. 굴참나무 - 소나무_왕느릅나무 군집(◇)
6. 굴참나무 - 떡갈나무_큰기름새 군집(◆)

7. 신갈나무 - 서어나무_생강나무 군집(◆)
8. 신갈나무 - 전나무_조릿대 군집(■)
9. 신갈나무 - 들메나무_고광나무 군집(□)
10. 신갈나무_우산나물 군집(●)
11. 신갈나무_철쭉 군집(○)
12. 신갈나무_동자꽃 군집( )
13. 신갈나무 - 피나무_나래박쥐나물 군집(◆)

◉ **종 다양성 지수(H′)** Species diversity
2.16±0.36(187)

◉ **동반 종** Accompanying species
신갈나무(87%), 생강나무(62%), 대사초(61%),
당단풍나무(57%), 둥굴레(56%)

◉ **종합** Synopsis
고도가 낮은 산지부터 높은 산지까지, 분포하는 고도 범위가 넓다. 다른 생육지 범위도 넓으나 가파른 사면 중부 이상에 주로 분포한다. 모든 군집에서 나타나나 소나무 우점 숲, 굴참나무 숲 또는 신갈나무 우점 숲에서 더욱 빈번하게 출현하는 초본이다. 매우 흔하지만 소수 분포한다.

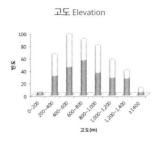
고도 Elevation

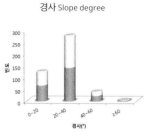
경사 Slope degree

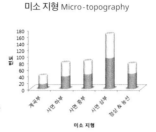
미소 지형 Micro-topography

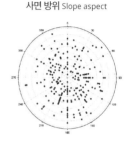
사면 방위 Slope aspect

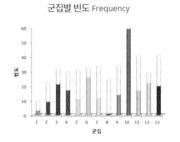
군집별 빈도 Frequency

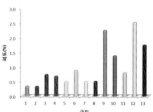
군집별 피도 Coverage

다변량 분석 Multivariate analysis

참회나무

Euonymus oxyphyllus

◉ **생장형** Growth form
관목, 활엽, 낙엽, 절대육상식물

◉ **지리 분포** Geography
국내: 전국[111]
국외: 러시아 사할린, 일본, 중국[111]

◉ **생육지** Habitat
모암: 비석회암 90%, 석회암 10%
고도: 879±289m, 낮은 산지~높은 산지
경사: 29±14°
미소 지형: 전 지형, 특히 계곡부
사면 방위: 주로 북사면

◉ **출현 군집과 우점도** Communities & abundance
총 빈도: 6%(29/447)
평균 피도: 2±4%

1. 소나무 - 가래나무 _ 이삭여뀌 군집(◇)
2. 소나무 - 굴참나무 _ 졸참나무 군집(△)
3. 소나무 _ 산딸기 군집(●)
4. 소나무 _ 진달래 군집(▼)

5. 굴참나무 - 소나무 _ 왕느릅나무 군집(○)
6. 굴참나무 - 떡갈나무 _ 큰기름새 군집(◆)

7. 신갈나무 - 서어나무 _ 생강나무 군집(◈)
8. 신갈나무 - 전나무 _ 조릿대 군집(■)
9. 신갈나무 - 들메나무 _ 고광나무 군집(□)
10. 신갈나무 - 우산나물 군집(●)
11. 신갈나무 _ 철쭉 군집(○)
12. 신갈나무 _ 동자꽃 군집( )
13. 신갈나무 - 피나무 _ 나래박쥐나물 군집(◆)

◉ **종 다양성 지수(H′)** Species diversity
2.30±0.47(16)

◉ **동반 종** Accompanying species
고로쇠나무(86%), 당단풍나무(86%), 신갈나무(76%),
까치박달(69%), 생강나무(62%)

고도 Elevation
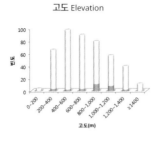

경사 Slope degree
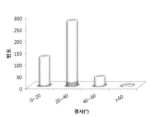

미소 지형 Micro-topography
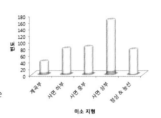

사면 방위 Slope aspect
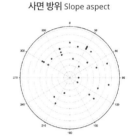

군집별 빈도 Frequency
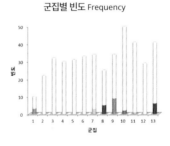

군집별 피도 Coverage
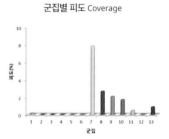

다변량 분석 Multivariate analysis
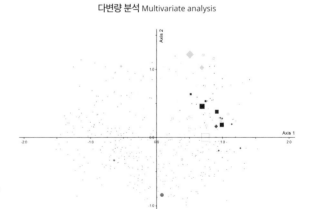

◉ **종합** Synopsis
고도가 낮은 산지부터 높은 산지까지, 분포하는 고도 범위가 넓다. 적습한 북사면 계곡부에서 주로 분포한다. 중간 산지 신갈나무 - 활엽수 혼합 숲이나 높은 산지 신갈나무 우점 숲에 주로 출현하는 관목이다. 드물고 소수 분포한다.

처녀고사리

Thelypteris palustris

◉ **생장형** Growth form
초본, 다년생, 낙엽, 임의육상식물

◉ **지리 분포** Geography
국내: 전국[2]
국외: 전 세계 온대[2]

◉ **생육지** Habitat
모암: 비석회암 77%, 석회암 23%
고도: 718±334m, 낮은 산지~높은 산지
경사: 23±14°
미소 지형: 주로 계곡부
사면 방위: 전 방위

◉ **출현 군집과 우점도** Communities & abundance
총 빈도: 3%(13/447)
평균 피도: 0.8±1.4%

1. 소나무 - 가래나무_이삭여뀌 군집(◇)
2. 소나무 - 굴참나무_졸참나무 군집(△)
3. 소나무_산딸기 군집(●)
4. 소나무_진달래 군집(▼)

5. 굴참나무 - 소나무_왕느릅나무 군집(○)
6. 굴참나무 - 떡갈나무_큰기름새 군집(◆)

7. 신갈나무 - 서어나무_생강나무 군집(◐)
8. 신갈나무 - 전나무_조릿대 군집(■)
9. 신갈나무 - 들메나무_고광나무 군집(□)
10. 신갈나무_우산나물 군집(●)
11. 신갈나무_철쭉 군집(○)
12. 신갈나무_동자꽃 군집(○)
13. 신갈나무 - 피나무_나래박쥐나물 군집(◆)

◉ **종 다양성 지수(H')** Species diversity
2.47±0.25(8)

◉ **동반 종** Accompanying species
신갈나무(85%), 부채마(77%), 물푸레나무(69%),
산딸기(69%), 노루오줌(62%), 생강나무(62%)

◉ **종합** Synopsis
고도가 낮은 산지부터 높은 산지까지, 분포하는 고도 범위가 넓다. 비교적 적습한 계곡부에 주로 분포한다. 소나무 - 활엽수 혼합 숲, 소나무 우점 숲, 신갈나무 - 활엽수 혼합 숲 또는 활엽수 혼합 숲에 출현하는 임의육상 초본이다. 매우 드물고 매우 소수 분포한다.

고도 Elevation

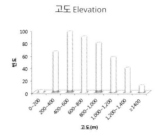

경사 Slope degree

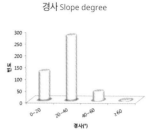

미소 지형 Micro-topography

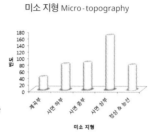

사면 방위 Slope aspect

군집별 빈도 Frequency

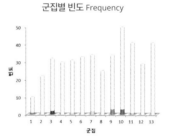

군집별 피도 Coverage

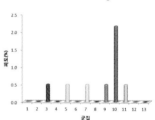

다변량 분석 Multivariate analysis

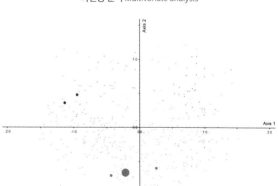

천남성

Arisaema amurense f. *serratum*

● **생장형** Growth form
초본, 다년생, 낙엽, 절대육상식물

● **지리 분포** Geography
국내: 전국[2]
국외: 러시아 극동, 일본, 중국 동북부[2]

● **생육지** Habitat
모암: 비석회암 76%, 석회암 24%
고도: 841±251m, 낮은 산지~높은 산지
경사: 28±11°
미소 지형: 전 지형, 주로 사면 중부 및 상부
사면 방위: 전 방위

● **출현 군집과 우점도** Communities & abundance
총 빈도: 12%(54/447)
평균 피도: 0.6±0.7%

1. 소나무-가래나무_이삭여뀌 군집(◇)
2. 소나무-굴참나무_졸참나무 군집(△)
3. 소나무_산딸기 군집(●)
4. 소나무_진달래 군집(▼)

5. 굴참나무-소나무_왕느릅나무 군집(◇)
6. 굴참나무-떡갈나무_큰기름새 군집(◆)

7. 신갈나무-서어나무_생강나무 군집(◈)
8. 신갈나무-전나무_조릿대 군집(■)
9. 신갈나무-들메나무_고광나무 군집(□)
10. 신갈나무_우산나물 군집(●)
11. 신갈나무_철쭉 군집(○)
12. 신갈나무_동자꽃 군집(○)
13. 신갈나무-피나무_나래박쥐나물 군집(◆)

● **종 다양성 지수(H')** Species diversity
2.29±0.35(45)

● **동반 종** Accompanying species
신갈나무(91%), 물푸레나무(69%), 당단풍나무(67%),
대사초(67%), 참취(61%)

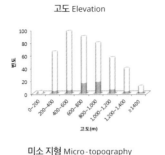

고도 Elevation

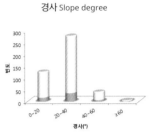

경사 Slope degree

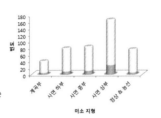

미소 지형 Micro-topography

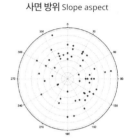

사면 방위 Slope aspect

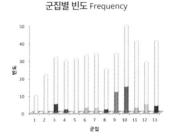

군집별 빈도 Frequency

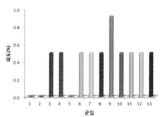

군집별 피도 Coverage

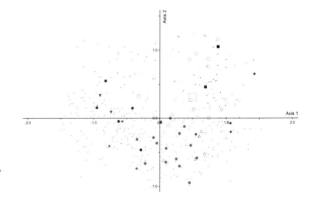

다변량 분석 Multivariate analysis

● **종합** Synopsis
고도가 낮은 산지부터 높은 산지까지, 분포하는 고도 범위가 넓다. 다른 생육지 범위도 넓으나 사면 중부와 상부에서 주로
분포한다. 소나무 우점 숲, 신갈나무 우점 숲과 활엽수 혼합 숲에서 주로 출현하는 초본이나 활엽수 혼합 숲에서 출현 빈도와
우점도가 높다. 비교적 흔하나 매우 소수 분포한다.

철쭉

Rhododendron schlippenbachii

◉ **생장형** Growth form
관목, 활엽, 낙엽, 절대육상식물

◉ **지리 분포** Geography
국내: 전국[3]
국외: 중국 동북부[3]

◉ **생육지** Habitat
모암: 비석회암 90%, 석회암 10%
고도: 863±318m, 낮은 산지~높은 산지
경사: 29±12°
미소 지형: 전 지형, 주로 사면 상부 이상
사면 방위: 전 방위

◉ **출현 군집과 우점도** Communities & abundance
총 빈도: 37%(165/447)
평균 피도: 19±23%

1. 소나무 - 가래나무_이삭여뀌 군집(◇)
2. 소나무 - 굴참나무_졸참나무 군집(△)
3. 소나무_산딸기 군집(●)
4. 소나무_진달래 군집(▼)

5. 굴참나무 - 소나무_왕느릅나무 군집(○)
6. 굴참나무 - 떡갈나무_큰기름새 군집(◆)

7. 신갈나무 - 서어나무_생강나무 군집(✦)
8. 신갈나무 - 전나무_조릿대 군집(■)
9. 신갈나무 - 들메나무_고광나무 군집(□)
10. 신갈나무_우산나물 군집(●)
11. 신갈나무_철쭉 군집(○)
12. 신갈나무_동자꽃 군집( )
13. 신갈나무 - 피나무_나래박쥐나물 군집(◆)

◉ **종 다양성 지수(H′)** Species diversity
2.10±0.35(123)

◉ **동반 종** Accompanying species
신갈나무(92%), 당단풍나무(79%), 대사초(67%),
생강나무(60%), 피나무(52%)

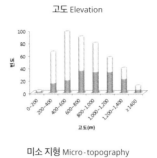
고도 Elevation

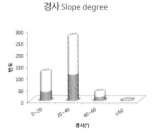
경사 Slope degree

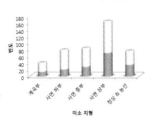
미소 지형 Micro-topography

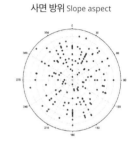
사면 방위 Slope aspect

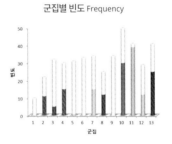
군집별 빈도 Frequency

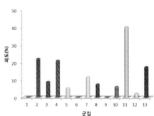
군집별 피도 Coverage

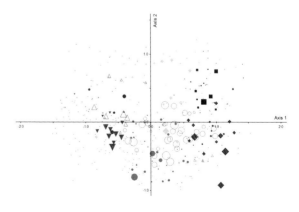
다변량 분석 Multivariate analysis

◉ **종합** Synopsis
고도가 낮은 산지부터 높은 산지까지, 분포하는 고도 범위가 넓다. 다른 생육지 범위도 넓으나 사면 상부, 능선과 정상에 주로
분포한다. 거의 모든 군집에서 나타나나 중간 산지 이상 신갈나무 우점 숲과 신갈나무 - 활엽수 혼합 숲에서 출현 빈도와
우점도가 높은 관목이다. 분포하는 군집의 종 다양성이 낮다. 매우 흔하고 비교적 우점한다.

청가시덩굴
Smilax sieboldii

◉ **생장형** Growth form
덩굴성 목본, 활엽, 낙엽, 절대육상식물

◉ **지리 분포** Geography
국내: 전국[3]
국외: 대만, 일본, 중국[3]

◉ **생육지** Habitat
모암: 비석회암 38%, 석회암 62%
고도: 441±153m, 낮은 산지
경사: 27±12°
미소 지형: 전 지형, 주로 사면 하부 및 중부
사면 방위: 전 방위

◉ **출현 군집과 우점도** Communities & abundance
총 빈도: 14%(63/447)
평균 피도: 1±2%

1. 소나무-가래나무_이삭여뀌 군집(◇)
2. 소나무-굴참나무_졸참나무 군집(△)
3. 소나무_산딸기 군집(●)
4. 소나무_진달래 군집(▼)

5. 굴참나무-소나무_왕느릅나무 군집(◇)
6. 굴참나무-떡갈나무_큰기름새 군집(◆)

7. 신갈나무-서어나무_생강나무 군집(◈)
8. 신갈나무-전나무_조릿대 군집(■)
9. 신갈나무-들메나무_고광나무 군집(□)
10. 신갈나무_우산나물 군집(●)
11. 신갈나무_철쭉 군집(○)
12. 신갈나무_동자꽃 군집(◌)
13. 신갈나무-피나무_나래박쥐나물 군집(◆)

◉ **종 다양성 지수(H′)** Species diversity
2.23±0.32(57)

◉ **동반 종** Accompanying species
생강나무(87%), 소나무(84%), 물푸레나무(81%),
큰기름새(78%), 신갈나무(71%)

◉ **종합** Synopsis
고도가 낮은 산지 사면 하부나 중부에 주로 분포한다. 소나무 우점 숲, 소나무-활엽수 혼합 숲 또는 굴참나무 숲에 주로
출현하는 덩굴성 목본이다. 굴참나무 숲 지표종이다. 비교적 흔하나 소수 분포한다.

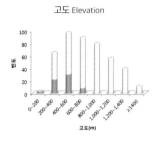

고도 Elevation

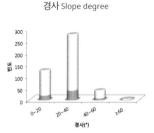

경사 Slope degree

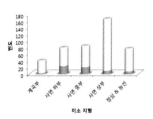

미소 지형 Micro-topography

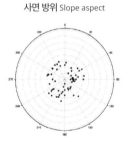

사면 방위 Slope aspect

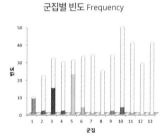

군집별 빈도 Frequency

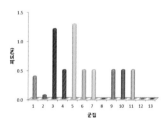

군집별 피도 Coverage

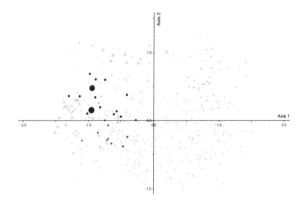

다변량 분석 Multivariate analysis

청괴불나무

Lonicera subsessilis

● **생장형** Growth form
관목, 활엽, 낙엽, 절대육상식물

● **지리 분포** Geography
국내: 전국(제주도 제외)[7]
국외: 한국 특산[15]

● **생육지** Habitat
모암: 비석회암 88%, 석회암 12%
고도: 919±259m, 낮은 산지~높은 산지
경사: 32±10°
미소 지형: 주로 사면 상부
사면 방위: 전 방위

● **출현 군집과 우점도** Communities & abundance
총 빈도: 4%(16/447)
평균 피도: 1.1±1.3%

1. 소나무-가래나무_이삭여뀌 군집(◇)
2. 소나무-굴참나무_졸참나무 군집(△)
3. 소나무_산딸기 군집(●)
4. 소나무_진달래 군집(▼)

5. 굴참나무-소나무_왕느릅나무 군집(◌)
6. 굴참나무-떡갈나무_큰기름새 군집(◆)

7. 신갈나무-서어나무_생강나무 군집(◈)
8. 신갈나무-전나무_조릿대 군집(■)
9. 신갈나무-들메나무_고광나무 군집(□)
10. 신갈나무_우산나물 군집(●)
11. 신갈나무_철쭉 군집(◌)
12. 신갈나무_동자꽃 군집(◌)
13. 신갈나무-피나무_나래박쥐나물 군집(◆)

● **종 다양성 지수(H′)** Species diversity
2.07±0.42(8)

● **동반 종** Accompanying species
신갈나무(94%), 당단풍나무(88%), 피나무(81%),
단풍취(75%), 미역줄나무(75%), 생강나무(75%)

고도 Elevation

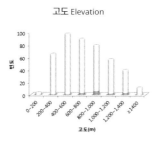

경사 Slope degree

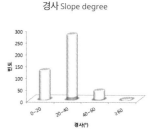

미소 지형 Micro-topography

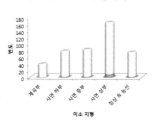

사면 방위 Slope aspect

군집별 빈도 Frequency

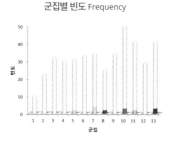

군집별 피도 Coverage

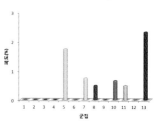

다변량 분석 Multivariate analysis

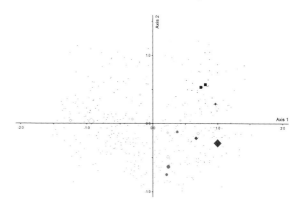

● **종합** Synopsis
고도가 낮은 산지부터 높은 산지까지, 분포하는 고도 범위가 넓다. 가파른 사면 상부에 주로 분포한다. 중간 산지 활엽수 혼합 숲,
신갈나무 우점 숲 또는 높은 산지 신갈나무-활엽수 혼합 숲에 주로 출현하는 우리나라 고유종 관목이다. 출현하는 군집의 종
다양성이 낮다. 매우 드물고 소수 분포한다.

청미래덩굴

Smilax china

● **생장형** Growth form
덩굴성 목본, 활엽, 낙엽, 절대육상식물

● **지리 분포** Geography
국내: 중부 이남[2]
국외: 동남아시아, 일본, 중국[2]

● **생육지** Habitat
모암: 비석회암 100%
고도: 441±228m, 낮은 산지
경사: 29±8°
미소 지형: 사면부
사면 방위: 전 방위

● **출현 군집과 우점도** Communities & abundance
총 빈도: 2%(10/447)
평균 피도: 0.5±0.3%

1. 소나무 - 가래나무_이삭여뀌 군집(◇)
2. 소나무 - 굴참나무_졸참나무 군집(△)
3. 소나무_산딸기 군집(●)
4. 소나무_진달래 군집(▼)

5. 굴참나무 - 소나무_왕느릅나무 군집(○)
6. 굴참나무 - 떡갈나무_큰기름새 군집(◆)

7. 신갈나무 - 서어나무_생강나무 군집(◈)
8. 신갈나무 - 전나무_조릿대 군집(■)
9. 신갈나무 - 들메나무_고광나무 군집(□)
10. 신갈나무 - 우산나물 군집(●)
11. 신갈나무_철쭉 군집(○)
12. 신갈나무_동자꽃 군집(△)
13. 신갈나무 - 피나무_나래박쥐나물 군집(◆)

● **종 다양성 지수(H′)** Species diversity
1.58±0.37(5)

● **동반 종** Accompanying species
신갈나무(100%), 생강나무(90%), 그늘사초(80%),
삽주(80%), 쪽동백나무(80%), 참취(80%), 큰기름새(80%)

● **종합** Synopsis
고도가 낮은 산지의 건조한 사면부에 주로 분포한다. 소나무 숲이나 굴참나무 숲이 교란되어 빛이 많이 들어오는 곳에 주로
출현하는 덩굴성 목본이다. 출현하는 군집의 종 다양성이 낮다. 매우 드물고 매우 소수 분포한다. 교란지에서는 우점한다.

고도 Elevation
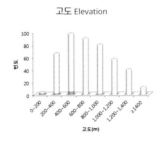

경사 Slope degree
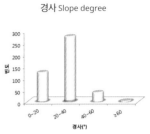

미소 지형 Micro-topography
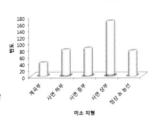

사면 방위 Slope aspect

군집별 빈도 Frequency
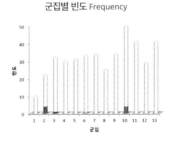

군집별 피도 Coverage
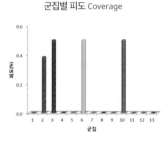

다변량 분석 Multivariate analysis

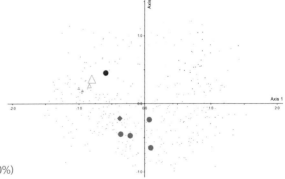

청시닥나무

Acer barbinerve

단풍나무과
Aceraceae

◉ **생장형** Growth form
소교목, 활엽, 낙엽, 절대육상식물

◉ **지리 분포** Geography
국내: 전국[3]
국외: 러시아, 중국 동북부[3]

◉ **생육지** Habitat
모암: 비석회암 100%
고도: 1,139±222m, 중간 산지~높은 산지
경사: 22±12°
미소 지형: 전 지형, 특히 계곡부
사면 방위: 전 방위

◉ **출현 군집과 우점도** Communities & abundance
총 빈도: 8%(34/447)
평균 피도: 5±7%

1. 소나무 - 가래나무_이삭여뀌 군집(◇)
2. 소나무 - 굴참나무_졸참나무 군집(△)
3. 소나무_산딸기 군집(●)
4. 소나무_진달래 군집(▼)

5. 굴참나무 - 소나무_왕느릅나무 군집(○)
6. 굴참나무 - 떡갈나무_큰기름새 군집(◆)

7. 신갈나무 - 서어나무_생강나무 군집(◐)
8. 신갈나무 - 전나무_조릿대 군집(■)
9. 신갈나무 - 들메나무_고광나무 군집(□)
10. 신갈나무_우산나물 군집(●)
11. 신갈나무_철쭉 군집(◌)
12. 신갈나무_동자꽃 군집(◌)
13. 신갈나무 - 피나무_나래박쥐나물 군집(◆)

◉ **종 다양성 지수(H')** Species diversity
2.36±0.42(18)

◉ **동반 종** Accompanying species
당단풍나무(94%), 미역줄나무(79%), 단풍취(76%),
피나무(76%), 대사초(74%), 벌깨덩굴(74%), 신갈나무(74%),
족도리풀(74%)

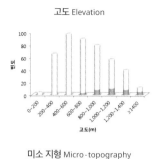

고도 Elevation

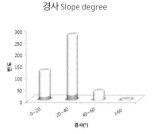

경사 Slope degree

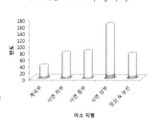

미소 지형 Micro-topography

사면 방위 Slope aspect

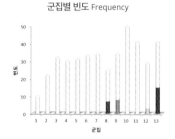

군집별 빈도 Frequency

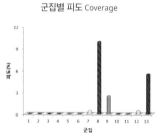

군집별 피도 Coverage

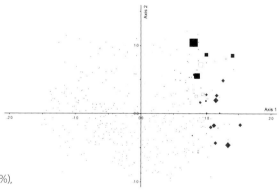

다변량 분석 Multivariate analysis

◉ **종합** Synopsis
고도가 중간 산지부터 높은 산지 계곡부에 주로 분포한다. 비교적 적습한 중간 산지 활엽수 혼합 숲이나 높은 산지 신갈나무
활엽수 혼합 숲에서 주로 출현하는 소교목이다. 드물지만 비교적 우점한다.

초롱꽃

Campanula punctata

● **생장형** Growth form
초본, 다년생, 낙엽, 절대육상식물

● **지리 분포** Geography
국내: 전국(제주도 제외)[2]
국외: 러시아 극동, 일본, 중국 동북부[2]

● **생육지** Habitat
모암: 비석회암 83%, 석회암 17%
고도: 1,060±266m, 중간 산지~높은 산지
경사: 25±12°
미소 지형: 전 지형, 주로 사면 상부 이상
사면 방위: 전 방위

● **출현 군집과 우점도** Communities & abundance
총 빈도: 4%(18/447)
평균 피도: 3±9%

1. 소나무 - 가래나무_이삭여뀌 군집(◇)
2. 소나무 - 굴참나무_졸참나무 군집(△)
3. 소나무_산딸기 군집(●)
4. 소나무_진달래 군집(▼)

5. 굴참나무 - 소나무_왕느릅나무 군집(◇)
6. 굴참나무 - 떡갈나무_큰기름새 군집(◆)

7. 신갈나무 - 서어나무_생강나무 군집(◆)
8. 신갈나무 - 전나무_조릿대 군집(■)
9. 신갈나무 - 들메나무_고광나무 군집(□)
10. 신갈나무_우산나물 군집(●)
11. 신갈나무_철쭉 군집(○)
12. 신갈나무_동자꽃 군집(○)
13. 신갈나무 - 피나무_나래박쥐나물 군집(◆)

● **종 다양성 지수(H')** Species diversity
2.34±0.32(16)

● **동반 종** Accompanying species
신갈나무(94%), 당단풍나무(89%), 노루오줌(83%),
대사초(78%), 단풍취(72%), 미역줄나무(72%), 큰개별꽃(72%),
피나무(72%)

● **종합** Synopsis
고도가 중간 산지부터 높은 산지에서 사면 상부 이상 지역에 주로 분포한다. 활엽수 혼합 숲, 높은 산지 신갈나무 우점 숲과
신갈나무 - 활엽수 혼합 숲에서 주로 출현하는 초본이다. 매우 드물고 소수 분포한다.

고도 Elevation

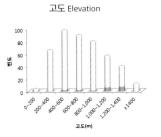

경사 Slope degree

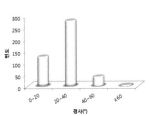

미소 지형 Micro-topography

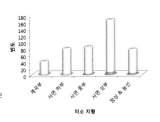

사면 방위 Slope aspect

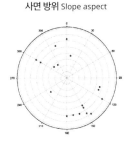

군집별 빈도 Frequency

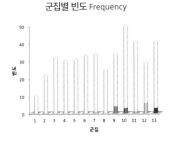

군집별 피도 Coverage

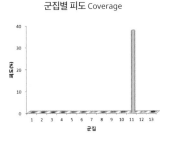

다변량 분석 Multivariate analysis

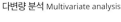
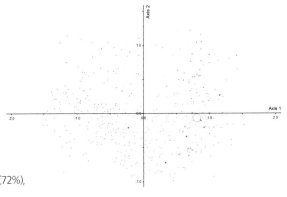

층층나무
Cornus controversa

◉ **생장형** Growth form
　교목, 활엽, 낙엽, 절대육상식물

◉ **지리 분포** Geography
　국내: 전국[2]
　국외: 네팔, 대만, 미얀마, 부탄, 인도 북부,
　　일본, 중국 온대[11]

◉ **생육지** Habitat
　모암: 비석회암 79%, 석회암 21%
　고도: 856±314m, 낮은 산지~높은 산지
　경사: 25±12°
　미소 지형: 전 지형, 주로 사면 하부 이하
　사면 방위: 전 방위

◉ **출현 군집과 우점도** Communities & abundance
　총 빈도: 23%(103/447)
　평균 피도: 6±13%

1. 소나무-가래나무_이삭여뀌 군집(◇)
2. 소나무-굴참나무_졸참나무 군집(△)
3. 소나무_산딸기 군집(●)
4. 소나무_진달래 군집(▼)

5. 굴참나무-소나무_왕느릅나무 군집(◌)
6. 굴참나무-떡갈나무_큰기름새 군집(◆)

7. 신갈나무-서어나무_생강나무 군집(◈)
8. 신갈나무-전나무_조릿대 군집(■)
9. 신갈나무-들메나무_고광나무 군집(□)
10. 신갈나무_우산나물 군집(●)
11. 신갈나무_철쭉 군집(○)
12. 신갈나무_동자꽃 군집(　)
13. 신갈나무-피나무_나래박쥐나물 군집(◆)

◉ **종 다양성 지수(H')** Species diversity
　2.31±0.36(73)

◉ **동반 종** Accompanying species
　신갈나무(82%), 당단풍나무(75%), 고로쇠나무(69%),
　대사초(64%), 물푸레나무(58%)

고도 Elevation

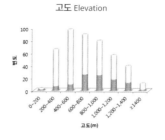

경사 Slope degree

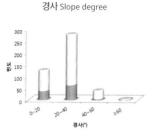

미소 지형 Micro-topography

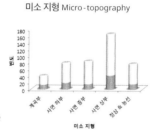

사면 방위 Slope aspect

군집별 빈도 Frequency

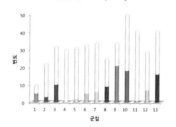

군집별 피도 Coverage

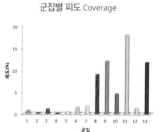

다변량 분석 Multivariate analysis

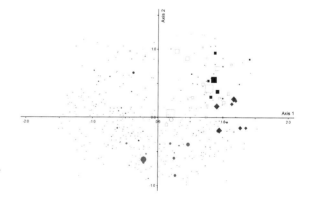

◉ **종합** Synopsis
고도가 낮은 산지부터 높은 산지까지, 분포하는 고도 범위가 넓다. 중간 산지 이상의 적습한 사면 하부에 주로 분포한다. 거의 모든 군집에 나타나나 숲 틈이 있는 활엽수 혼합 숲이나 높은 산지 신갈나무-활엽수 혼합 숲에서 주로 출현하는 교목이다. 비교적 흔하고 비교적 우점한다.

칡
Pueraria lobata

◉ **생장형** Growth form
덩굴성 목본, 활엽, 낙엽, 절대육상식물

◉ **지리 분포** Geography
국내: 전국[2]
국외: 극동 러시아, 대만, 인도, 일본, 중국[2]

◉ **생육지** Habitat
모암: 비석회암 47%, 석회암 53%
고도: 527±226m, 낮은 산지~중간 산지
경사: 26±12°
미소 지형: 전 지형, 주로 사면 하부
사면 방위: 전 방위

◉ **출현 군집과 우점도** Communities & abundance
총 빈도: 10%(43/447)
평균 피도: 2±5%

1. 소나무 - 가래나무 _ 이삭여뀌 군집(◇)
2. 소나무 - 굴참나무 _ 졸참나무 군집(△)
3. 소나무 _ 산딸기 군집(●)
4. 소나무 _ 진달래 군집(▼)

5. 굴참나무 - 소나무 _ 왕느릅나무 군집(◇)
6. 굴참나무 - 떡갈나무 _ 큰기름새 군집(◆)

7. 신갈나무 - 서어나무 _ 생강나무 군집(◆)
8. 신갈나무 - 전나무 _ 조릿대 군집(■)
9. 신갈나무 - 들메나무 _ 고광나무 군집(□)
10. 신갈나무 _ 우산나물 군집(●)
11. 신갈나무 _ 철쭉 군집(○)
12. 신갈나무 _ 동자꽃 군집(○)
13. 신갈나무 - 피나무 _ 나래박쥐나물 군집(◆)

◉ **종 다양성 지수(H′)** Species diversity
2.21±0.32(40)

◉ **동반 종** Accompanying species
큰기름새(91%), 물푸레나무(84%), 생강나무(77%),
산딸기(70%), 신갈나무(70%)

◉ **종합** Synopsis
고도가 낮은 산지부터 중간 산지 사면 하부에 주로 분포한다. 굴참나무 숲이나 소나무 우점 숲에 출현하는 덩굴성 목본이다. 비교적 흔하고 소수 분포한다. 교란으로 숲 틈이 큰 곳에서는 매우 우점하기도 한다.

고도 Elevation
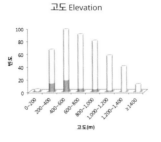

경사 Slope degree
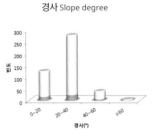

미소 지형 Micro-topography
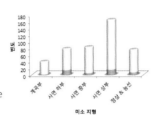

사면 방위 Slope aspect
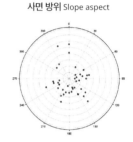

군집별 빈도 Frequency
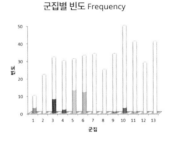

군집별 피도 Coverage
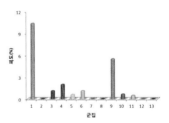

다변량 분석 Multivariate analysis
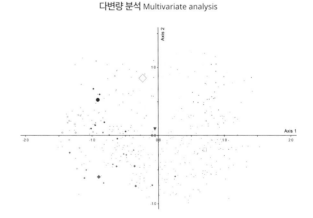

콩제비꽃
Viola verecunda

◉ **생장형** Growth form
초본, 다년생, 낙엽, 임의습지식물

◉ **지리 분포** Geography
국내: 전국[2]
국외: 대만, 러시아, 말레이시아, 미얀마, 인도,
인도네시아, 일본, 중국[2]

◉ **생육지** Habitat
모암: 비석회암 60%, 석회암 40%
고도: 666±404m, 낮은 산지~높은 산지
경사: 13±11°
미소 지형: 전 지형
사면 방위: 전 방위

◉ **출현 군집과 우점도** Communities & abundance
총 빈도: 3%(15/447)
평균 피도: 0.5±0.1%

1. 소나무-가래나무_이삭여뀌 군집(◇)
2. 소나무-굴참나무_졸참나무 군집(△)
3. 소나무_산딸기 군집(●)
4. 소나무_진달래 군집(▼)

5. 굴참나무-소나무_왕느릅나무 군집(◇)
6. 굴참나무-떡갈나무_큰기름새 군집(◆)

7. 신갈나무-서어나무_생강나무 군집(◈)
8. 신갈나무-전나무_조릿대 군집(■)
9. 신갈나무-들메나무_고광나무 군집(□)
10. 신갈나무_우산나물 군집(●)
11. 신갈나무_철쭉 군집(○)
12. 신갈나무_동자꽃 군집(○)
13. 신갈나무-피나무_나래박쥐나물 군집(◆)

◉ **종 다양성 지수(H′)** Species diversity
2.31±0.27(15)

◉ **동반 종** Accompanying species
물푸레나무(80%), 고로쇠나무(73%), 산박하(73%),
당단풍나무(67%), 대사초(67%), 층층나무(67%)

◉ **종합** Synopsis
고도가 낮은 산지부터 높은 산지까지, 분포하는 고도 범위가 넓다. 전 지형에 분포한다. 적습한 소나무-활엽수 혼합 숲에서도
특히 습한 곳에 주로 분포하는 임의습지 초본이고 지표종이다. 매우 드물고 매우 소수 분포한다.

고도 Elevation
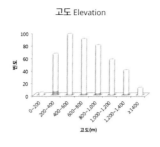

경사 Slope degree
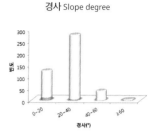

미소 지형 Micro-topography
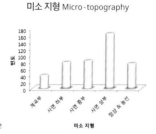

사면 방위 Slope aspect

군집별 빈도 Frequency
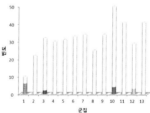

군집별 피도 Coverage
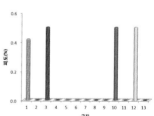

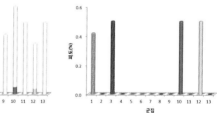

다변량 분석 Multivariate analysis
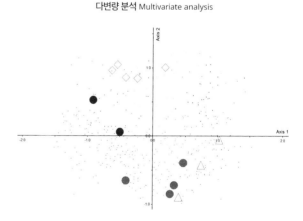

큰개별꽃

Pseudostellaria palibiniana

● **생장형** Growth form
초본, 다년생, 낙엽, 절대육상식물

● **지리 분포** Geography
국내: 전국[3]
국외: 일본[3]

● **생육지** Habitat
모암: 비석회암 92%, 석회암 8%
고도: 1,064±318m, 중간 산지~높은 산지
경사: 22±11°
미소 지형: 전 지형, 주로 사면 상부 이상
사면 방위: 전 방위

고도 Elevation
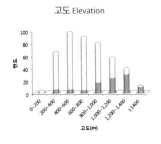

경사 Slope degree
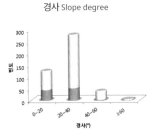

미소 지형 Micro-topography
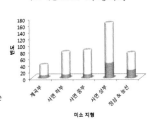

사면 방위 Slope aspect

● **출현 군집과 우점도** Communities & abundance
총 빈도: 22%(98/447)
평균 피도: 7±12%

1. 소나무-가래나무_이삭여뀌 군집(◇)
2. 소나무-굴참나무_졸참나무 군집(△)
3. 소나무_산딸기 군집(●)
4. 소나무_진달래 군집(▼)

5. 굴참나무-소나무_왕느릅나무 군집(◇)
6. 굴참나무-떡갈나무_큰기름새 군집(◆)

7. 신갈나무-서어나무_생강나무 군집(◆)
8. 신갈나무-전나무_조릿대 군집(■)
9. 신갈나무-들메나무_고광나무 군집(□)
10. 신갈나무_우산나물 군집(●)
11. 신갈나무_철쭉 군집(○)
12. 신갈나무_동자꽃 군집(○)
13. 신갈나무-피나무_나래박쥐나물 군집(◆)

군집별 빈도 Frequency
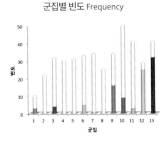

군집별 피도 Coverage
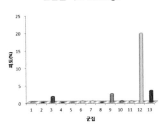

● **종 다양성 지수(H′)** Species diversity
2.36±0.39(69)

● **동반 종** Accompanying species
신갈나무(87%), 당단풍나무(78%), 대사초(74%),
미역줄나무(71%), 참나물(65%)

다변량 분석 Multivariate analysis
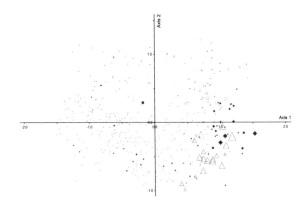

● **종합** Synopsis
고도가 중간 산지부터 높은 산지의 사면 상부 이상에 주로 분포한다. 활엽수 혼합 숲, 신갈나무 우점 숲, 신갈나무-활엽수 혼합 숲에 출현하는 초본이다. 높은 산지 신갈나무 우점 숲의 지표종이다. 비교적 흔하고 비교적 우점한다.

큰기름새

Spodipogon sibiricus

◉ **생장형** Growth form
초본, 다년생, 낙엽, 절대육상식물

◉ **지리 분포** Geography
국내: 전국[6]
국외: 몽골, 러시아 동시베리아, 아무르,
우수리, 일본, 중국 동북부[14]

◉ **생육지** Habitat
모암: 비석회암 65%, 석회암 35%
고도: 582±227m, 낮은 산지~중간 산지
경사: 30±12°
미소 지형: 전 지형, 주로 사면부
사면 방위: 전 방위

◉ **출현 군집과 우점도** Communities & abundance
총 빈도: 44%(199/447)
평균 피도: 7±13%

1. 소나무 - 가래나무_이삭여뀌 군집(◇)
2. 소나무 - 굴참나무_졸참나무 군집(△)
3. 소나무_산딸기 군집(●)
4. 소나무_진달래 군집(▼)

5. 굴참나무 - 소나무_왕느릅나무 군집( )
6. 굴참나무 - 떡갈나무_큰기름새 군집(◆)

7. 신갈나무 - 서어나무_생강나무 군집( )
8. 신갈나무 - 전나무_조릿대 군집(■)
9. 신갈나무 - 들메나무_고광나무 군집(□)
10. 신갈나무_우산나물 군집(●)
11. 신갈나무_철쭉 군집( )
12. 신갈나무_동자꽃 군집( )
13. 신갈나무 - 피나무_나래박쥐나물 군집(◆)

◉ **종 다양성 지수(H′)** Species diversity
2.06±0.38(170)

◉ **동반 종** Accompanying species
신갈나무(84%), 생강나무(83%), 삽주(73%),
둥굴레(66%), 물푸레나무(65%)

◉ **종합** Synopsis
고도가 낮은 산지부터 중간 산지에서 가파르고 건조한 사면부에 주로 분포한다. 소나무 우점 숲, 소나무 - 활엽수 혼합 숲, 굴참나무 숲이나 신갈나무 우점 숲에서 주로 출현하는 초본이다. 굴참나무 숲의 지표종이다. 출현하는 곳의 종 다양성이 낮다. 매우 흔하고 비교적 우점한다.

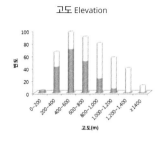

고도 Elevation

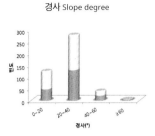

경사 Slope degree

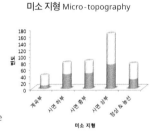

미소 지형 Micro-topography

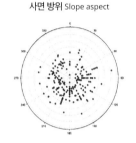

사면 방위 Slope aspect

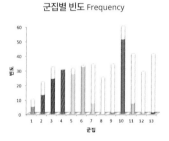

군집별 빈도 Frequency

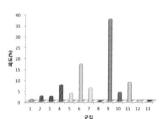

군집별 피도 Coverage

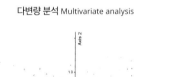

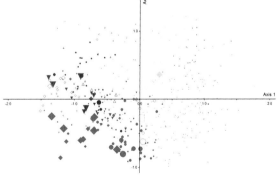

다변량 분석 Multivariate analysis

큰까치수염

Lysimachia clethroides

● **생장형** Growth form
　초본, 다년생, 낙엽, 절대육상식물

● **지리 분포** Geography
　국내: 전국[2]
　국외: 동아시아[2]

● **생육지** Habitat
　모암: 비석회암 66%, 석회암 34%
　고도: 684±254m, 낮은 산지~중간 산지
　경사: 28±11°
　미소 지형: 전 지형, 주로 사면 하부 이상
　사면 방위: 전 방위

● **출현 군집과 우점도** Communities & abundance
　총 빈도: 26%(115/447)
　평균 피도: 1±3%

　1. 소나무 - 가래나무_이삭여뀌 군집(◇)
　2. 소나무 - 굴참나무_졸참나무 군집(△)
　3. 소나무_산딸기 군집(●)
　4. 소나무_진달래 군집(▼)

　5. 굴참나무 - 소나무_왕느릅나무 군집(◌)
　6. 굴참나무 - 떡갈나무_큰기름새 군집(◆)

　7. 신갈나무 - 서어나무_생강나무 군집(◉)
　8. 신갈나무 - 전나무_조릿대 군집(■)
　9. 신갈나무 - 들메나무_고광나무 군집(□)
　10. 신갈나무_우산나물 군집(●)
　11. 신갈나무_철쭉 군집(○)
　12. 신갈나무_동자꽃 군집(◌)
　13. 신갈나무 - 피나무_나래박쥐나물 군집(◆)

● **종 다양성 지수(H′)** Species diversity
　2.14±0.36(104)

● **동반 종** Accompanying species
　신갈나무(86%), 큰기름새(76%), 산딸기(73%),
　삽주(73%), 참취(70%)

● **종합** Synopsis
　고도가 낮은 산지부터 중간 산지에서 주로 사면 하부 이상에 분포한다. 대부분 군집에 출현하나 굴참나무 숲, 소나무 우점 숲이나
　신갈나무 우점 숲에서 주로 출현하는 초본이다. 비교적 흔하고 소수 분포한다.

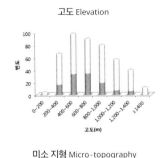

고도 Elevation

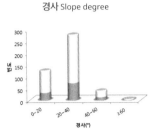

경사 Slope degree

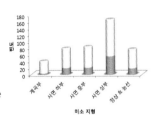

미소 지형 Micro-topography

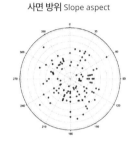

사면 방위 Slope aspect

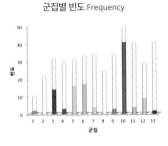

군집별 빈도 Frequency

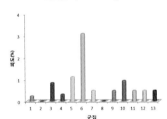

군집별 피도 Coverage

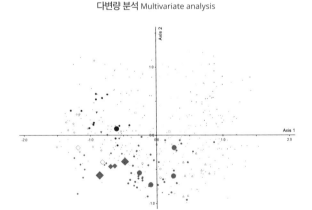

다변량 분석 Multivariate analysis

큰꼭두선이

Rubia chinensis

◉ **생장형** Growth form
초본, 다년생, 낙엽, 절대육상식물

◉ **지리 분포** Geography
국내: 전국[3]
국외: 일본, 중국[3]

◉ **생육지** Habitat
모암: 비석회암 71%, 석회암 29%
고도: 992±322m, 낮은 산지~높은 산지
경사: 26±12°
미소 지형: 전 지형, 주로 사면 중부 이상
사면 방위: 북사면

◉ **출현 군집과 우점도** Communities & abundance
총 빈도: 11%(51/447)
평균 피도: 1±2%

1. 소나무 - 가래나무_이삭여뀌 군집(◇)
2. 소나무 - 굴참나무_졸참나무 군집(△)
3. 소나무_산딸기 군집(●)
4. 소나무_진달래 군집(▼)

5. 굴참나무 - 소나무_왕느릅나무 군집(◇)
6. 굴참나무 - 떡갈나무_큰기름새 군집(◆)

7. 신갈나무 - 서어나무_생강나무 군집(◈)
8. 신갈나무 - 전나무_조릿대 군집(■)
9. 신갈나무 - 들메나무_고광나무 군집(□)
10. 신갈나무_우산나물 군집(●)
11. 신갈나무_철쭉 군집(○)
12. 신갈나무_동자꽃 군집( )
13. 신갈나무 - 피나무_나래박쥐나물 군집(◆)

◉ **종 다양성 지수(H′)** Species diversity
2.39±0.34(37)

◉ **동반 종** Accompanying species
신갈나무(86%), 당단풍나무(80%), 대사초(75%),
미역줄나무(69%), 족도리풀(69%)

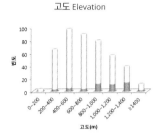

고도 Elevation

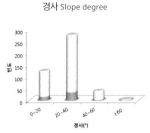

경사 Slope degree

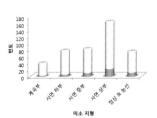

미소 지형 Micro-topography

사면 방위 Slope aspect

군집별 빈도 Frequency

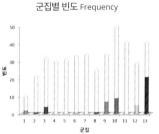

군집별 피도 Coverage

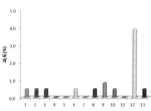

다변량 분석 Multivariate analysis

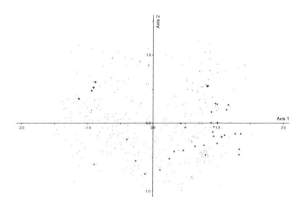

◉ **종합** Synopsis
고도가 낮은 산지부터 높은 산지까지, 분포하는 고도 범위가 넓다. 북사면 중부 이상에 주로 분포한다. 소나무 - 활엽수 혼합 숲, 신갈나무 우점 숲, 활엽수 혼합 숲 또는 높은 산지 신갈나무 - 활엽수 혼합 숲에서 출현하는 초본이다. 신갈나무 - 활엽수 혼합 숲에서 출현 빈도가 높다. 비교적 흔하나 소수 분포한다.

큰꿩의다리
Thalictrum minus

● **생장형** Growth form
초본, 다년생, 낙엽, 절대육상식물

● **지리 분포** Geography
국내: 전국[9]
국외: 러시아 사할린, 유럽, 일본, 중국 동부[9]

● **생육지** Habitat
모암: 비석회암 41%, 석회암 59%
고도: 691±285m, 낮은 산지~중간 산지
경사: 28±10°
미소 지형: 전 지형, 주로 사면 하부 이상
사면 방위: 전 방위

● **출현 군집과 우점도** Communities & abundance
총 빈도: 11%(51/447)
평균 피도: 0.6±0.6%

1. 소나무-가래나무_이삭여뀌 군집(◇)
2. 소나무-굴참나무_졸참나무 군집(△)
3. 소나무_산딸기 군집(●)
4. 소나무_진달래 군집(▼)

5. 굴참나무-소나무_왕느릅나무 군집(○)
6. 굴참나무-떡갈나무_큰기름새 군집(◆)

7. 신갈나무-서어나무_생강나무 군집(◈)
8. 신갈나무-전나무_조릿대 군집(■)
9. 신갈나무-들메나무_고광나무 군집(□)
10. 신갈나무_우산나물 군집(●)
11. 신갈나무_철쭉 군집(○)
12. 신갈나무_동자꽃 군집( )
13. 신갈나무-피나무_나래박쥐나물 군집(◆)

● **종 다양성 지수(H′)** Species diversity
2.31±0.38(48)

● **동반 종** Accompanying species
큰기름새(84%), 삽주(78%), 신갈나무(78%),
둥굴레(76%), 생강나무(71%)

● **종합** Synopsis
고도가 낮은 산지부터 중간 산지까지 건조한 사면 하부 이상에 주로 분포한다. 굴참나무 숲에서 흔하고, 소나무 우점 숲과 신갈나무 우점 숲에서 주로 출현하는 초본이다. 비교적 흔하지만 매우 소수 분포한다.

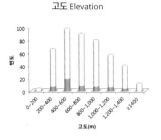
고도 Elevation

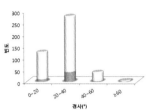
경사 Slope degree

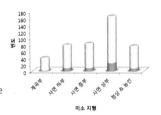
미소 지형 Micro-topography

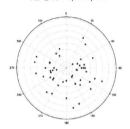
사면 방위 Slope aspect

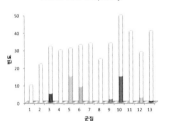
군집별 빈도 Frequency

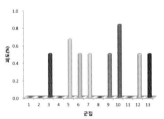
군집별 피도 Coverage

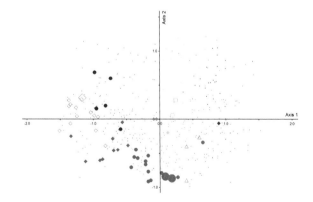
다변량 분석 Multivariate analysis

큰참나물
Cymopterus melanotilingia

◉ **생장형** Growth form
  초본, 활엽, 낙엽, 절대육상식물

◉ **지리 분포** Geography
  국내: 전국(제주도 제외)[3]
  국외: 러시아 우수리[3]

◉ **생육지** Habitat
  모암: 비석회암 50%, 석회암 50%
  고도: 907±293m, 낮은 산지~높은 산지
  경사: 25±12°
  미소 지형: 사면 상부 이상
  사면 방위: 전 방위

◉ **출현 군집과 우점도** Communities & abundance
  총 빈도: 2%(10/447)
  평균 피도: 0.5±0%

1. 소나무-가래나무_이삭여뀌 군집(◇)
2. 소나무-굴참나무_졸참나무 군집(△)
3. 소나무_산딸기 군집(●)
4. 소나무_진달래 군집(▼)

5. 굴참나무-소나무_왕느릅나무 군집(◌)
6. 굴참나무-떡갈나무_큰기름새 군집(◆)

7. 신갈나무-서어나무_생강나무 군집(◍)
8. 신갈나무-전나무_조릿대 군집(■)
9. 신갈나무-들메나무_고광나무 군집(□)
10. 신갈나무_우산나물 군집(●)
11. 신갈나무_철쭉 군집(○)
12. 신갈나무_동자꽃 군집(◌)
13. 신갈나무-피나무_나래박쥐나물 군집(◆)

◉ **종 다양성 지수(H′)** Species diversity
  2.21±0.43(8)

◉ **동반 종** Accompanying species
  신갈나무(100%), 참취(100%), 산박하(80%),
  넓은잎외잎쑥(70%), 당단풍나무(70%), 대사초(70%)

◉ **종합** Synopsis
  고도가 낮은 산지부터 높은 산지까지, 분포하는 고도 범위가 넓다. 건조한 사면 상부 이상에서 분포한다. 굴참나무 숲이나 신갈나무 우점 숲에서 주로 출현하는 초본이다. 매우 드물고 매우 소수 분포한다.

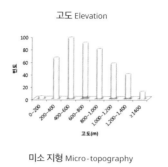

고도 Elevation

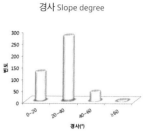

경사 Slope degree

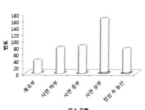

미소 지형 Micro-topography

사면 방위 Slope aspect

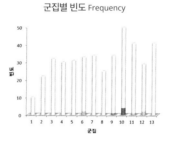

군집별 빈도 Frequency

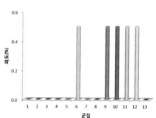

군집별 피도 Coverage

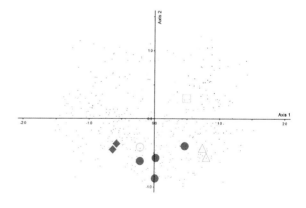

다변량 분석 Multivariate analysis

태백제비꽃

Viola albida

제비꽃과
Violaceae

● **생장형** Growth form
초본, 다년생, 낙엽, 절대육상식물

● **지리 분포** Geography
국내: 전국[7]
국외: 일본, 중국 동북부[7]

● **생육지** Habitat
모암: 비석회암 94%, 석회암 6%
고도: 898±278m, 낮은 산지~높은 산지
경사: 25±12°
미소 지형: 전 지형
사면 방위: 전 방위

● **출현 군집과 우점도** Communities & abundance
총 빈도: 11%(48/447)
평균 피도: 0.7±0.8%

1. 소나무-가래나무_이삭여뀌 군집(◇)
2. 소나무-굴참나무_졸참나무 군집(△)
3. 소나무_산딸기 군집(●)
4. 소나무_진달래 군집(▼)

5. 굴참나무-소나무_왕느릅나무 군집(◇)
6. 굴참나무-떡갈나무_큰기름새 군집(◆)

7. 신갈나무-서어나무_생강나무 군집(◈)
8. 신갈나무-전나무_조릿대 군집(■)
9. 신갈나무-들메나무_고광나무 군집(□)
10. 신갈나무_우산나물 군집(●)
11. 신갈나무_철쭉 군집(○)
12. 신갈나무_동자꽃 군집(◌)
13. 신갈나무-피나무_나래박쥐나물 군집(◆)

● **종 다양성 지수(H')** Species diversity
2.16±0.33(33)

● **동반 종** Accompanying species
신갈나무(94%), 당단풍나무(83%), 대사초(77%),
노루오줌(65%), 물푸레나무(65%), 참취(65%)

고도 Elevation

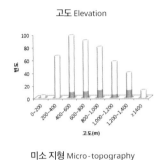

경사 Slope degree

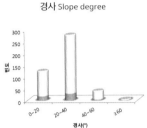

미소 지형 Micro-topography

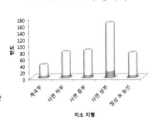

사면 방위 Slope aspect

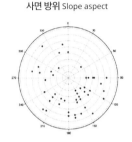

군집별 빈도 Frequency

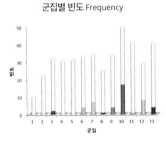

군집별 피도 Coverage

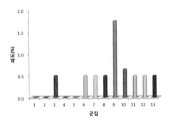

다변량 분석 Multivariate analysis

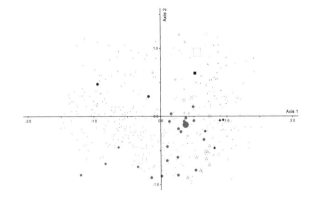

● **종합** Synopsis
고도가 낮은 산지부터 높은 산지까지, 분포하는 고도 범위가 넓다. 전 지형에 분포한다. 굴참나무 숲이나 높은 산지 신갈나무-활엽수 혼합 숲에도 출현하지만 신갈나무 우점 숲에 흔히 출현하는 초본이다. 비교적 흔하나 매우 소수 분포한다.

터리풀

Filipendula glaberrima

◉ **생장형** Growth form
초본, 다년생, 낙엽, 절대육상식물

◉ **지리 분포** Geography
국내: 중부 이북[6]
국외: 한국 특산[14]

◉ **생육지** Habitat
모암: 비석회암 65%, 석회암 35%
고도: 1,193±184m, 높은 산지
경사: 21±12°
미소 지형: 전 지형, 주로 사면 상부 이상
사면 방위: 전 방위

◉ **출현 군집과 우점도** Communities & abundance
총 빈도: 5%(23/447)
평균 피도: 11±21%

1. 소나무 - 가래나무_이삭여뀌 군집(◇)
2. 소나무 - 굴참나무_졸참나무 군집(△)
3. 소나무_산딸기 군집(●)
4. 소나무_진달래 군집(▼)

5. 굴참나무 - 소나무_왕느릅나무 군집(○)
6. 굴참나무 - 떡갈나무_큰기름새 군집(◆)

7. 신갈나무 - 서어나무_생강나무 군집(◉)
8. 신갈나무 - 전나무_조릿대 군집(■)
9. 신갈나무 - 들메나무_고광나무 군집(□)
10. 신갈나무_우산나물 군집(●)
11. 신갈나무_철쭉 군집(○)
12. 신갈나무_동자꽃 군집(○)
13. 신갈나무 - 피나무_나래박쥐나물 군집(◆)

◉ **종 다양성 지수(H′)** Species diversity
2.54±0.32(17)

◉ **동반 종** Accompanying species
신갈나무(91%), 큰개별꽃(87%), 당단풍나무(83%),
참나물(83%), 피나무(83%)

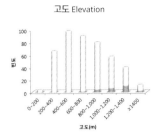

고도 Elevation

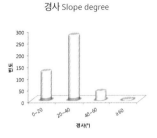

경사 Slope degree

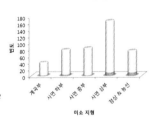

미소 지형 Micro-topography

사면 방위 Slope aspect

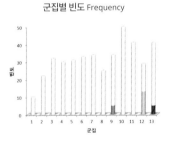

군집별 빈도 Frequency

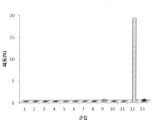

군집별 피도 Coverage

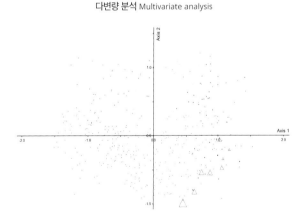

다변량 분석 Multivariate analysis

◉ **종합** Synopsis
고도가 높은 산지에서 건조한 사면 상부 이상에 주로 분포한다. 높은 산지 신갈나무 우점 숲, 신갈나무 - 활엽수 혼합 숲, 활엽수 혼합 숲에서 출현하는 우리나라 고유종 초본이다. 높은 산지 신갈나무 우점 숲 지표종이다. 출현하는 군집의 종 다양성이 높다. 드물지만 비교적 우점한다.

털고사리

Deparia pycnosora

◎ **생장형** Growth form
초본, 다년생, 낙엽, 절대육상식물

◎ **지리 분포** Geography
국내: 전국[8]
국외: 러시아 동부, 일본, 중국 동북부[8]

◎ **생육지** Habitat
모암: 비석회암 88%, 석회암 12%
고도: 1,066±177m, 중간 산지~높은 산지
경사: 27±12°
미소 지형: 전 지형, 특히 계곡부
사면 방위: 전 방위

◎ **출현 군집과 우점도** Communities & abundance
총 빈도: 4%(17/447)
평균 피도: 0.5±0%

1. 소나무 - 가래나무_이삭여뀌 군집(◇)
2. 소나무 - 굴참나무_졸참나무 군집(△)
3. 소나무_산딸기 군집(●)
4. 소나무_진달래 군집(▼)

5. 굴참나무 - 소나무_왕느릅나무 군집(○)
6. 굴참나무 - 떡갈나무_큰기름새 군집(◆)

7. 신갈나무 - 서어나무_생강나무 군집(◈)
8. 신갈나무 - 전나무_조릿대 군집(■)
9. 신갈나무 - 들메나무_고광나무 군집(□)
10. 신갈나무_우산나물 군집(●)
11. 신갈나무_철쭉 군집(○)
12. 신갈나무_동자꽃 군집(◠)
13. 신갈나무 - 피나무_나래박쥐나물 군집(◆)

◎ **종 다양성 지수(H′)** Species diversity
2.42±0.38(10)

◎ **동반 종** Accompanying species
고로쇠나무(94%), 까치박달(88%), 당단풍나무(88%),
관중(82%), 피나무(82%)

◎ **종합** Synopsis
고도가 중간 산지부터 높은 산지까지 계곡부에 주로 분포한다. 중간 산지 활엽수 혼합 숲과 높은 산지 신갈나무 - 활엽수 혼합 숲에서 주로 출현하는 초본이다. 매우 드물고 매우 소수 분포한다.

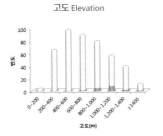

고도 Elevation

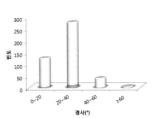

경사 Slope degree

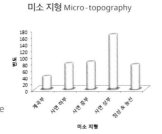

미소 지형 Micro-topography

사면 방위 Slope aspect

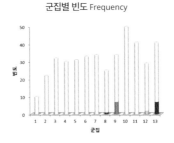

군집별 빈도 Frequency

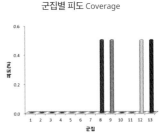

군집별 피도 Coverage

다변량 분석 Multivariate analysis

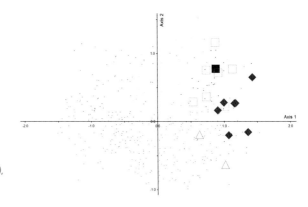

털중나리
Lilium amabile

◉ **생장형** Growth form
　초본, 다년생, 낙엽, 절대육상식물

◉ **지리 분포** Geography
　국내: 전국[1]
　국외: 한국 특산[15]

◉ **생육지** Habitat
　모암: 비석회암 55%, 석회암 45%
　고도: 513±207m, 낮은 산지~중간 산지
　경사: 35±15°
　미소 지형: 계곡부 제외, 주로 사면부
　사면 방위: 전 방위

◉ **출현 군집과 우점도** Communities & abundance
　총 빈도: 5%(22/447)
　평균 피도: 0.4±0.2%

1. 소나무 - 가래나무_이삭여뀌 군집(◇)
2. 소나무 - 굴참나무_졸참나무 군집(△)
3. 소나무_산딸기 군집(●)
4. 소나무_진달래 군집(▼)

5. 굴참나무 - 소나무_왕느릅나무 군집(◌)
6. 굴참나무 - 떡갈나무_큰기름새 군집(◆)

7. 신갈나무 - 서어나무_생강나무 군집(◈)
8. 신갈나무 - 전나무_조릿대 군집(■)
9. 신갈나무 - 들메나무_고광나무 군집(□)
10. 신갈나무_우산나물 군집(●)
11. 신갈나무_철쭉 군집(◌)
12. 신갈나무_동자꽃 군집( )
13. 신갈나무 - 피나무_나래박쥐나물 군집(◆)

◉ **종 다양성 지수(H′)** Species diversity
　2.16±0.38(20)

◉ **동반 종** Accompanying species
　큰기름새(95%), 생강나무(86%), 신갈나무(82%),
　둥굴레(73%), 물푸레나무(73%), 삽주(73%)

◉ **종합** Synopsis
고도가 낮은 산지부터 중간 산지까지 계곡부를 제외하고 건조하고 가파른 사면부에 주로 분포한다. 굴참나무 숲과 소나무 우점 숲에서 주로 출현하는 우리나라 고유종 초본이다. 드물고 매우 소수 분포한다.

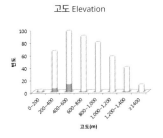
고도 Elevation

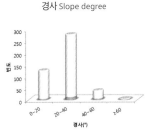
경사 Slope degree

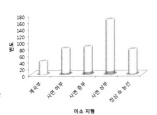
미소 지형 Micro-topography

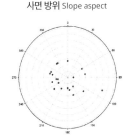
사면 방위 Slope aspect

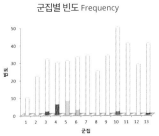
군집별 빈도 Frequency

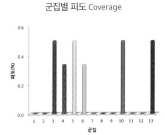
군집별 피도 Coverage

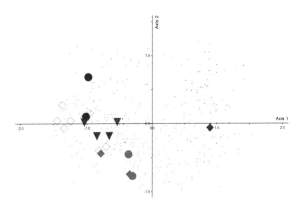
다변량 분석 Multivariate analysis

투구꽃
Aconitum jaluense

- **생장형** Growth form
  초본, 다년생, 낙엽, 절대육상식물

- **지리 분포** Geography
  국내: 전국[9]
  국외: 러시아 우수리, 일본, 중국 동북부[2]

- **생육지** Habitat
  모암: 비석회암 77%, 석회암 23%
  고도: 1,019±355m, 낮은 산지~높은 산지
  경사: 22±12°
  미소 지형: 전 지형, 주로 사면 상부 이상
  사면 방위: 전 방위

- **출현 군집과 우점도** Communities & abundance
  총 빈도: 20%(86/447)
  평균 피도: 0.8±1%

  1. 소나무 - 가래나무_이삭여뀌 군집(◇)
  2. 소나무 - 굴참나무_졸참나무 군집(△)
  3. 소나무_산딸기 군집(●)
  4. 소나무_진달래 군집(▼)

  5. 굴참나무 - 소나무_왕느릅나무 군집(○)
  6. 굴참나무 - 떡갈나무_큰기름새 군집(◆)

  7. 신갈나무 - 서어나무_생강나무 군집(◐)
  8. 신갈나무 - 전나무_조릿대 군집(■)
  9. 신갈나무 - 들메나무_고광나무 군집(□)
  10. 신갈나무_우산나물 군집(●)
  11. 신갈나무_철쭉 군집(○)
  12. 신갈나무_동자꽃 군집(△)
  13. 신갈나무 - 피나무_나래박쥐나물 군집(◆)

- **종 다양성 지수(H′)** Species diversity
  2.41±0.31(69)

- **동반 종** Accompanying species
  신갈나무(87%), 당단풍나무(71%), 대사초(71%),
  큰개별꽃(70%), 고로쇠나무(65%), 참취(65%)

고도 Elevation

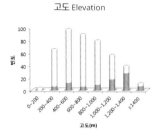

경사 Slope degree

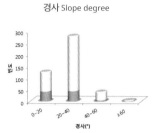

미소 지형 Micro-topography

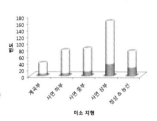

사면 방위 Slope aspect

군집별 빈도 Frequency

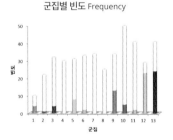

군집별 피도 Coverage

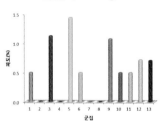

다변량 분석 Multivariate analysis

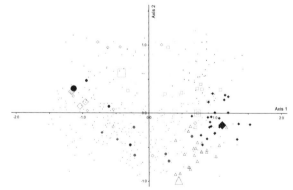

- **종합** Synopsis
  고도가 낮은 산지부터 높은 산지까지, 분포하는 고도 범위가 넓다. 사면 상부 이상에서 주로 분포한다. 대부분 군집에서 출현하나, 비교적 건조한 높은 산지 신갈나무 우점 숲과 신갈나무 - 활엽수 혼합 숲 가장자리에서 주로 출현하는 초본이다. 비교적 흔하고 매우 소수 분포한다.

퉁둥굴레
Polygonatum inflatum

● **생장형** Growth form
초본, 다년생, 낙엽, 절대육상식물

● **지리 분포** Geography
국내: 전국[10]
국외: 일본, 중국 동북부[9]

● **생육지** Habitat
모암: 비석회암 73%, 석회암 27%
고도: 720±341m, 낮은 산지~높은 산지
경사: 25±12°
미소 지형: 계곡부 제외, 주로 사면 하부
사면 방위: 전 방위

● **출현 군집과 우점도** Communities & abundance
총 빈도: 2%(11/447)
평균 피도: 0.5±0%

1. 소나무-가래나무_이삭여뀌 군집(◇)
2. 소나무-굴참나무_졸참나무 군집(△)
3. 소나무_산딸기 군집(●)
4. 소나무_진달래 군집(▼)

5. 굴참나무-소나무_왕느릅나무 군집( )
6. 굴참나무-떡갈나무_큰기름새 군집(◆)

7. 신갈나무-서어나무_생강나무 군집(◈)
8. 신갈나무-전나무_조릿대 군집(■)
9. 신갈나무-들메나무_고광나무 군집(□)
10. 신갈나무_우산나물 군집(●)
11. 신갈나무_철쭉 군집(○)
12. 신갈나무_동자꽃 군집( )
13. 신갈나무-피나무_나래박쥐나물 군집(◆)

● **종 다양성 지수(H′)** Species diversity
2.47±0.43(7)

● **동반 종** Accompanying species
물푸레나무(91%), 신갈나무(73%), 층층나무(73%),
다래(64%), 다릅나무(64%), 당단풍나무(64%), 산뽕나무(64%)

● **종합** Synopsis
고도가 낮은 산지부터 높은 산지까지, 분포하는 고도 범위가 넓다. 계곡부를 제외하고 사면 하부에 주로 분포한다. 비교적 적습한 소나무-활엽수 혼합 숲과 활엽수 혼합 숲에서 주로 출현하는 초본이다. 매우 드물고 매우 소수 분포한다.

고도 Elevation
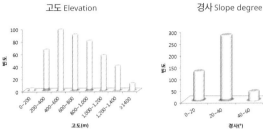

경사 Slope degree
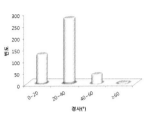

미소 지형 Micro-topography
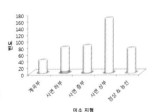

사면 방위 Slope aspect

군집별 빈도 Frequency
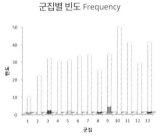

군집별 피도 Coverage
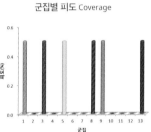

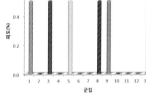

다변량 분석 Multivariate analysis
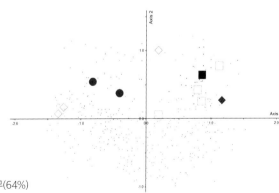

파리풀

Phryma leptostachya var. *oblongifolia*

● **생장형** Growth form
　초본, 다년생, 낙엽, 절대육상식물

● **지리 분포** Geography
　국내: 전국[9]
　국외: 러시아 아무르, 일본, 중국[9]

● **생육지** Habitat
　모암: 비석회암 50%, 석회암 50%
　고도: 564±309m, 낮은 산지~중간 산지
　경사: 21±13°
　미소 지형: 전 지형, 주로 사면 하부
　사면 방위: 전 방위

● **출현 군집과 우점도** Communities & abundance
　총 빈도: 6%(26/447)
　평균 피도: 1±2%

1. 소나무-가래나무_이삭여뀌 군집(◇)
2. 소나무-굴참나무_졸참나무 군집(△)
3. 소나무_산딸기 군집(●)
4. 소나무_진달래 군집(▼)

5. 굴참나무-소나무_왕느릅나무 군집(◇)
6. 굴참나무-떡갈나무_큰기름새 군집(◆)

7. 신갈나무-서어나무_생강나무 군집(◈)
8. 신갈나무-전나무_조릿대 군집(■)
9. 신갈나무-들메나무_고광나무 군집(□)
10. 신갈나무_우산나물 군집(●)
11. 신갈나무_철쭉 군집(○)
12. 신갈나무_동자꽃 군집(◎)
13. 신갈나무-피나무_나래박쥐나물 군집(◆)

● **종 다양성 지수(H′)** Species diversity
　2.14±0.34(22)

● **동반 종** Accompanying species
　물푸레나무(85%), 생강나무(73%), 올괴불나무(69%),
　부채마(62%), 산딸기(62%), 산박하(62%), 소나무(62%),
　신갈나무(62%), 큰기름새(62%)

● **종합** Synopsis
　고도가 낮은 산지부터 중간 산지까지 사면 하부에 주로 분포한다. 다수 군집에서 출현하는데 비교적 적습한 소나무-활엽수 혼합 숲 가장자리에서 주로 출현하는 초본이다. 드물고 소수 분포한다.

고도 Elevation

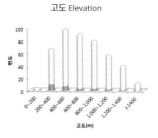

경사 Slope degree

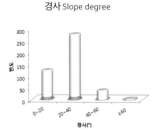

미소 지형 Micro-topography

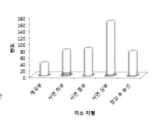

사면 방위 Slope aspect

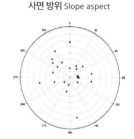

군집별 빈도 Frequency

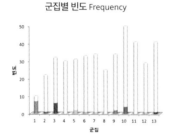

군집별 피도 Coverage

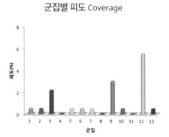

다변량 분석 Multivariate analysis

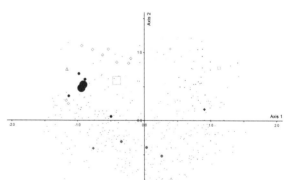

팥배나무
Aria alnifolia

장미과
Rosaceae

◉ **생장형** Growth form
　교목, 활엽, 낙엽, 절대육상식물

◉ **지리 분포** Geography
　국내: 전국[2]
　국외: 러시아 사할린, 연해주, 우수리, 일본,
　　중국 동북부[2]

◉ **생육지** Habitat
　모암: 비석회암 84%, 석회암 16%
　고도: 918±293m, 낮은 산지~높은 산지
　경사: 26±13°
　미소 지형: 전 지형
　사면 방위: 전 방위

◉ **출현 군집과 우점도** Communities & abundance
　총 빈도: 19%(83/447)
　평균 피도: 5±12%

1. 소나무-가래나무_이삭여뀌 군집(◇)
2. 소나무-굴참나무_졸참나무 군집(△)
3. 소나무_산딸기 군집(●)
4. 소나무_진달래 군집(▼)

5. 굴참나무-소나무_왕느릅나무 군집(○)
6. 굴참나무-떡갈나무_큰기름새 군집(◆)

7. 신갈나무-서어나무_생강나무 군집(◉)
8. 신갈나무-전나무_조릿대 군집(■)
9. 신갈나무-들메나무_고광나무 군집(□)
10. 신갈나무_우산나물 군집(●)
11. 신갈나무_철쭉 군집(○)
12. 신갈나무_동자꽃 군집(○)
13. 신갈나무-피나무_나래박쥐나물 군집(◆)

◉ **종 다양성 지수(H′)** Species diversity
　2.23±0.35(61)

◉ **동반 종** Accompanying species
　신갈나무(90%), 당단풍나무(87%), 대사초(65%),
　단풍취(61%), 미역줄나무(61%)

고도 Elevation

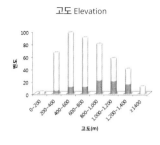

경사 Slope degree

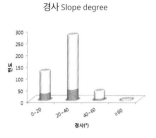

미소 지형 Micro-topography

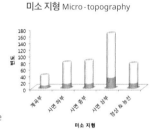

사면 방위 Slope aspect

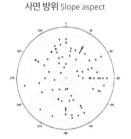

군집별 빈도 Frequency

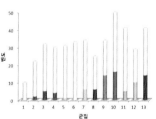

군집별 피도 Coverage

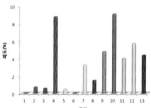

다변량 분석 Multivariate analysis

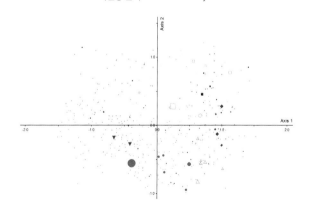

◉ **종합** Synopsis
　고도가 낮은 산지부터 높은 산지까지, 분포하는 고도 범위가 넓다. 다른 생육지 범위도 넓다. 굴참나무 숲을 제외한 대부분 군집에서 출현하나 비교적 높은 산지 신갈나무 우점 숲과 신갈나무-활엽수 혼합 숲에서 더 빈번하게 출현하는 교목이다. 비교적 흔하고 비교적 우점한다.

풀솜대
Smilacina japonica

백합과
Liliaceae

● **생장형** Growth form
초본, 다년생, 낙엽, 절대육상식물

● **지리 분포** Geography
국내: 전국[9]
국외: 러시아, 일본, 중국[9]

● **생육지** Habitat
모암: 비석회암 92%, 석회암 8%
고도: 1,190±211m, 중간 산지~높은 산지
경사: 24±10°
미소 지형: 전 지형, 주로 사면 상부 이상
사면 방위: 전 방위

● **출현 군집과 우점도** Communities & abundance
총 빈도: 8%(37/447)
평균 피도: 2±4%

1. 소나무-가래나무_이삭여뀌 군집(◇)
2. 소나무-굴참나무_졸참나무 군집(△)
3. 소나무_산딸기 군집(●)
4. 소나무_진달래 군집(▼)

5. 굴참나무-소나무_왕느릅나무 군집(◌)
6. 굴참나무-떡갈나무_큰기름새 군집(◆)

7. 신갈나무-서어나무_생강나무 군집(◈)
8. 신갈나무-전나무_조릿대 군집(■)
9. 신갈나무-들메나무_고광나무 군집(□)
10. 신갈나무_우산나물 군집(●)
11. 신갈나무_철쭉 군집(◯)
12. 신갈나무_동자꽃 군집(△)
13. 신갈나무-피나무_나래박쥐나물 군집(◆)

● **종 다양성 지수(H′)** Species diversity
2.46±0.32(30)

● **동반 종** Accompanying species
당단풍나무(97%), 신갈나무(86%), 대사초(84%),
큰개별꽃(84%), 미역줄나무(81%)

● **종합** Synopsis
고도가 중간 산지부터 높은 산지까지 사면 상부 이상에 주로 분포한다. 신갈나무 우점 숲이나 신갈나무-활엽수 혼합 숲에서 주로 출현하는 초본인데 높은 곳에서 출현 빈도와 우점도가 더 높다. 드물고 소수 분포한다.

고도 Elevation
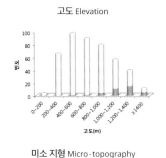

경사 Slope degree
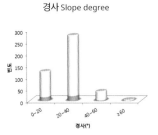

미소 지형 Micro-topography
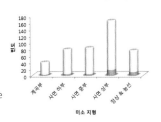

사면 방위 Slope aspect
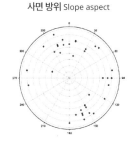

군집별 빈도 Frequency
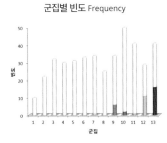

군집별 피도 Coverage
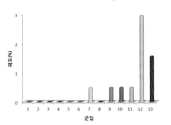

다변량 분석 Multivariate analysis
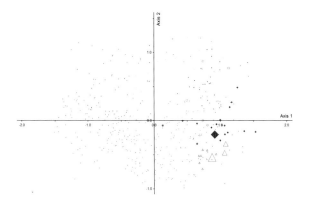

피나무

Tilia amurensis

- **생장형** Growth form
  교목, 활엽, 낙엽, 절대육상식물

- **지리 분포** Geography
  국내: 전국[2]
  국외: 러시아 극동, 중국 동북부[2]

- **생육지** Habitat
  모암: 비석회암 89%, 석회암 11%
  고도: 1,000±243m, 중간 산지~높은 산지
  경사: 28±13°
  미소 지형: 전 지형
  사면 방위: 전 방위

- **출현 군집과 우점도** Communities & abundance
  총 빈도: 36%(158/447)
  평균 피도: 16±20%

  1. 소나무 - 가래나무_이삭여뀌 군집(◇)
  2. 소나무 - 굴참나무_졸참나무 군집(△)
  3. 소나무_산딸기 군집(●)
  4. 소나무_진달래 군집(▼)

  5. 굴참나무 - 소나무_왕느릅나무 군집(◌)
  6. 굴참나무 - 떡갈나무_큰기름새 군집(◆)

  7. 신갈나무 - 서어나무_생강나무 군집(◉)
  8. 신갈나무 - 전나무_조릿대 군집(■)
  9. 신갈나무 - 들메나무_고광나무 군집(□)
  10. 신갈나무_우산나물 군집(●)
  11. 신갈나무_철쭉 군집(◌)
  12. 신갈나무_동자꽃 군집(◌)
  13. 신갈나무 - 피나무_나래박쥐나물 군집(◆)

- **종 다양성 지수(H′)** Species diversity
  2.23±0.36(104)

- **동반 종** Accompanying species
  신갈나무(91%), 당단풍나무(89%), 대사초(68%),
  미역줄나무(68%), 단풍취(61%)

- **종합** Synopsis
  고도가 중간 산지부터 높은 산지까지 전 지형에 분포한다. 적습한 활엽수 혼합 숲, 높은 산지 신갈나무 우점 숲, 신갈나무 - 활엽수 혼합 숲에서 주로 출현하는 교목이다. 적습한 활엽수 혼합 숲 지표종이다. 매우 흔하고 비교적 우점한다.

고도 Elevation

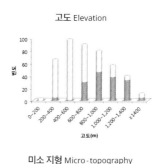

경사 Slope degree

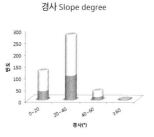

미소 지형 Micro-topography

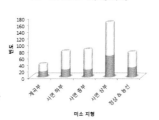

사면 방위 Slope aspect

군집별 빈도 Frequency

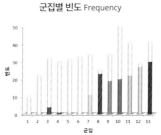

군집별 피도 Coverage

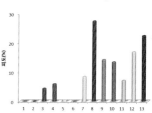

다변량 분석 Multivariate analysis

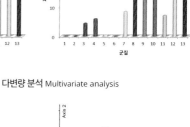
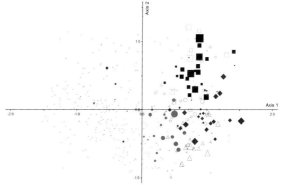

297

하늘말나리

Lilium tsingtauense

● **생장형** Growth form
　초본, 다년생, 낙엽, 절대육상식물

● **지리 분포** Geography
　국내: 전국(제주도 제외)[2]
　국외: 중국[2]

● **생육지** Habitat
　모암: 비석회암 63%, 석회암 37%
　고도: 894±267m, 낮은 산지~높은 산지
　경사: 27±10°
　미소 지형: 전 지형, 주로 사면 상부 이상
　사면 방위: 전 방위

● **출현 군집과 우점도** Communities & abundance
　총 빈도: 10%(46/447)
　평균 피도: 0.7±1%

1. 소나무 - 가래나무_이삭여뀌 군집(◇)
2. 소나무 - 굴참나무_졸참나무 군집(△)
3. 소나무_산딸기 군집(●)
4. 소나무_진달래 군집(▼)

5. 굴참나무 - 소나무_왕느릅나무 군집(○)
6. 굴참나무 - 떡갈나무_큰기름새 군집(◆)

7. 신갈나무 - 서어나무_생강나무 군집(◈)
8. 신갈나무 - 전나무_조릿대 군집(■)
9. 신갈나무 - 들메나무_고광나무 군집(□)
10. 신갈나무 - 우산나물 군집(●)
11. 신갈나무_철쭉 군집(○)
12. 신갈나무_동자꽃 군집( )
13. 신갈나무 - 피나무_나래박쥐나물 군집(◆)

● **종 다양성 지수(H′)** Species diversity
　2.20±0.33(44)

● **동반 종** Accompanying species
　신갈나무(98%), 대사초(91%), 참취(74%),
　산박하(72%), 노루오줌(67%)

● **종합** Synopsis
　고도가 낮은 산지부터 높은 산지까지, 분포하는 고도 범위가 넓다. 중간 산지 사면 상부 이상에 주로 분포한다. 신갈나무 우점 숲에서 출현 빈도가 높고, 활엽수 혼합 숲과 신갈나무 - 활엽수 혼합 숲에서 주로 출현하는 초본이다. 비교적 흔하나 매우 소수 분포한다.

고도 Elevation

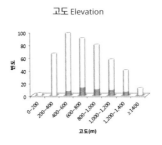

경사 Slope degree

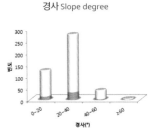

미소 지형 Micro-topography

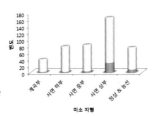

사면 방위 Slope aspect

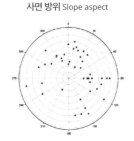

군집별 빈도 Frequency

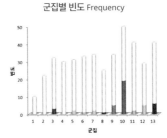

군집별 피도 Coverage

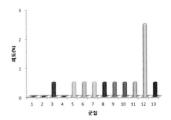

다변량 분석 Multivariate analysis

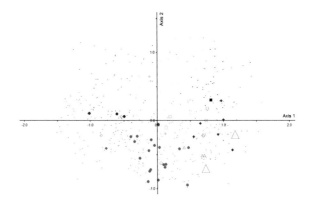

함박꽃나무
Magnolia sieboldii

◉ **생장형** Growth form
소교목, 활엽, 낙엽, 절대육상식물

◉ **지리 분포** Geography
국내: 전국[2]
국외: 일본, 중국 북부[2]

◉ **생육지** Habitat
모암: 비석회암 98%, 석회암 2%
고도: 958±244m, 중간 산지~높은 산지
경사: 26±12°
미소 지형: 전 지형, 특히 계곡부
사면 방위: 전 방위

◉ **출현 군집과 우점도** Communities & abundance
총 빈도: 22%(97/447)
평균 피도: 5±9%

1. 소나무-가래나무_이삭여뀌 군집(◇)
2. 소나무-굴참나무_졸참나무 군집(△)
3. 소나무_산딸기 군집(●)
4. 소나무_진달래 군집(▼)

5. 굴참나무-소나무_왕느릅나무 군집(◌)
6. 굴참나무-떡갈나무_큰기름새 군집(◆)

7. 신갈나무-서어나무_생강나무 군집(◍)
8. 신갈나무-전나무_조릿대 군집(■)
9. 신갈나무-들메나무_고광나무 군집(□)
10. 신갈나무_우산나물 군집(●)
11. 신갈나무_철쭉 군집(◯)
12. 신갈나무_동자꽃 군집(⬚)
13. 신갈나무-피나무_나래박쥐나물 군집(◆)

◉ **종 다양성 지수(H′)** Species diversity
2.17±0.38(67)

◉ **동반 종** Accompanying species
당단풍나무(92%), 신갈나무(84%), 고로쇠나무(63%),
단풍취(63%), 피나무(61%)

고도 Elevation
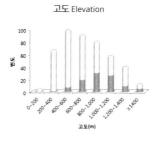

경사 Slope degree
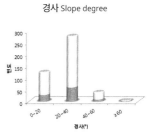

미소 지형 Micro-topography
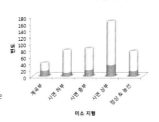

사면 방위 Slope aspect

군집별 빈도 Frequency
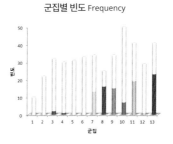

군집별 피도 Coverage
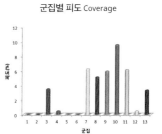

다변량 분석 Multivariate analysis
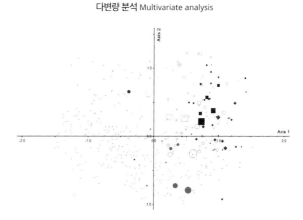

◉ **종합** Synopsis
고도가 중간 산지부터 높은 산지까지 계곡부 너덜지대에 주로 분포한다. 적습한 활엽수 혼합 숲에서 더 빈번하고, 비교적 건조한 높은 산지 신갈나무-활엽수 혼합 숲에서 주로 출현하는 소교목이다. 비교적 흔하고 비교적 우점한다.

호랑버들

Salix caprea

● **생장형** Growth form
　소교목, 활엽, 낙엽, 임의육상식물

● **지리 분포** Geography
　국내: 전국(제주도 제외)[4]
　국외: 러시아, 유라시아, 일본, 중국[3]

● **생육지** Habitat
　모암: 비석회암 100%
　고도: 1,033±309m, 중간 산지~높은 산지
　경사: 17±11°
　미소 지형: 전 지형
　사면 방위: 전 방위

● **출현 군집과 우점도** Communities & abundance
　총 빈도: 2%(11/447)
　평균 피도: 10±11%

1. 소나무 - 가래나무_이삭여뀌 군집(◇)
2. 소나무 - 굴참나무_졸참나무 군집(△)
3. 소나무_산딸기 군집(●)
4. 소나무_진달래 군집(▼)

5. 굴참나무 - 소나무_왕느릅나무 군집(○)
6. 굴참나무 - 떡갈나무_큰기름새 군집(◆)

7. 신갈나무 - 서어나무_생강나무 군집(◈)
8. 신갈나무 - 전나무_조릿대 군집(■)
9. 신갈나무 - 들메나무_고광나무 군집(□)
10. 신갈나무 - 우산나물 군집(●)
11. 신갈나무_철쭉 군집(○)
12. 신갈나무_동자꽃 군집(◌)
13. 신갈나무 - 피나무_나래박쥐나물 군집(◆)

● **종 다양성 지수(H′)** Species diversity
　2.37±0.39(8)

● **동반 종** Accompanying species
　신갈나무(91%), 당단풍나무(82%), 미역줄나무(82%),
　고로쇠나무(73%), 대사초(73%), 피나무(73%)

고도 Elevation
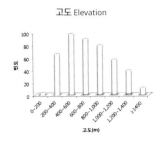

경사 Slope degree
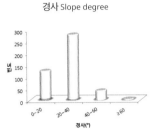

미소 지형 Micro-topography
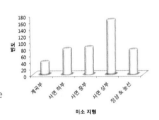

사면 방위 Slope aspect

군집별 빈도 Frequency
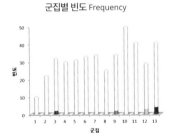

군집별 피도 Coverage
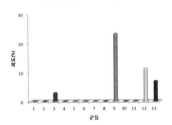

다변량 분석 Multivariate analysis
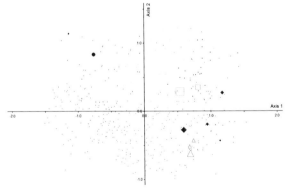

● **종합** Synopsis
　고도가 중간 산지부터 높은 산지까지 완만한 곳에 주로 분포한다. 전 지형에 분포한다. 높은 산지 신갈나무 우점 숲이나
　신갈나무-활엽수 혼합 숲에서 주로 출현하는 임의육상 소교목이다. 적습한 숲에서 우점도가 높다. 매우 드물지만 비교적
　우점한다.

홀아비꽃대
Chloranthus japonicus

◉ **생장형** Growth form
초본, 다년생, 낙엽, 절대육상식물

◉ **지리 분포** Geography
국내: 전국[3]
국외: 러시아, 일본, 중국 북동부[3]

◉ **생육지** Habitat
모암: 비석회암 52%, 석회암 48%
고도: 749±212m, 낮은 산지~중간 산지
경사: 29±12°
미소 지형: 계곡부 제외, 주로 사면 상부 이상
사면 방위: 전 방위

◉ **출현 군집과 우점도** Communities & abundance
총 빈도: 5%(21/447)
평균 피도: 2±4%

1. 소나무-가래나무_이삭여뀌 군집(◇)
2. 소나무-굴참나무_졸참나무 군집(△)
3. 소나무_산딸기 군집(●)
4. 소나무_진달래 군집(▼)

5. 굴참나무-소나무_왕느릅나무 군집(◇)
6. 굴참나무-떡갈나무_큰기름새 군집(◆)

7. 신갈나무-서어나무_생강나무 군집(◇)
8. 신갈나무-전나무_조릿대 군집(■)
9. 신갈나무-들메나무_고광나무 군집(□)
10. 신갈나무_우산나물 군집(●)
11. 신갈나무_철쭉 군집(○)
12. 신갈나무_동자꽃 군집( )
13. 신갈나무-피나무_나래박쥐나물 군집(◆)

◉ **종 다양성 지수(H′)** Species diversity
2.30±0.37(18)

◉ **동반 종** Accompanying species
신갈나무(86%), 물푸레나무(81%), 넓은잎외잎쑥(76%),
산딸기(76%), 부채마(71%)

◉ **종합** Synopsis
고도가 낮은 산지부터 중간 산지까지 계곡부를 제외하고 사면 상부 이상에 주로 분포한다. 주로 신갈나무 우점 숲에서 출현하는 초본이다. 드물고 소수 분포한다.

고도 Elevation
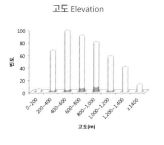

경사 Slope degree
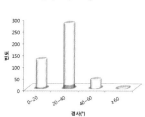

미소 지형 Micro-topography
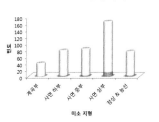

사면 방위 Slope aspect

군집별 빈도 Frequency
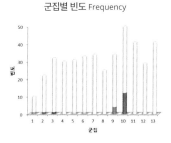

군집별 피도 Coverage
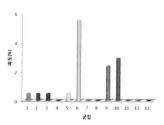

다변량 분석 Multivariate analysis
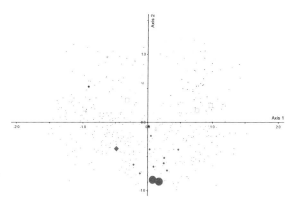

회나무

Euonymus sachalinensis

● **생장형** Growth form
소교목, 활엽, 낙엽, 절대육상식물

● **지리 분포** Geography
국내: 전국[3]
국외: 러시아 사할린, 일본, 중국[11]

● **생육지** Habitat
모암: 비석회암 94%, 석회암 6%
고도: 1,042±226m, 중간 산지~높은 산지
경사: 27±12°
미소 지형: 전 지형
사면 방위: 전 방위

● **출현 군집과 우점도** Communities & abundance
총 빈도: 15%(66/447)
평균 피도: 2±4%

1. 소나무-가래나무_이삭여뀌 군집(◇)
2. 소나무-굴참나무_졸참나무 군집(△)
3. 소나무_산딸기 군집(●)
4. 소나무_진달래 군집(▼)

5. 굴참나무-소나무_왕느릅나무 군집(◇)
6. 굴참나무-떡갈나무_큰기름새 군집(◆)

7. 신갈나무-서어나무_생강나무 군집(◈)
8. 신갈나무-전나무_조릿대 군집(■)
9. 신갈나무-들메나무_고광나무 군집(□)
10. 신갈나무_우산나물 군집(●)
11. 신갈나무_철쭉 군집(○)
12. 신갈나무_동자꽃 군집(○)
13. 신갈나무-피나무_나래박쥐나물 군집(◆)

● **종 다양성 지수(H')** Species diversity
2.21±0.37(45)

● **동반 종** Accompanying species
당단풍나무(94%), 신갈나무(83%), 피나무(83%),
미역줄나무(65%), 대사초(62%), 함박꽃나무(62%)

● **종합** Synopsis
고도가 중간 산지부터 높은 산지까지 전 지형에 분포한다. 중간 산지 적습한 활엽수 혼합 숲과 높은 산지 신갈나무-활엽수 혼합 숲에서 빈번하고 우점도도 높은 소교목이다. 비교적 흔하나 소수 분포한다.

고도 Elevation
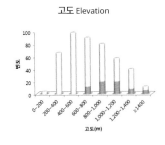

경사 Slope degree
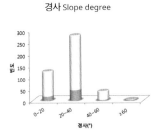

미소 지형 Micro-topography
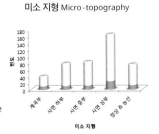

사면 방위 Slope aspect

군집별 빈도 Frequency
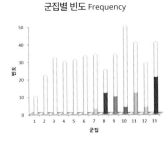

군집별 피도 Coverage
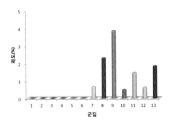

다변량 분석 Multivariate analysis
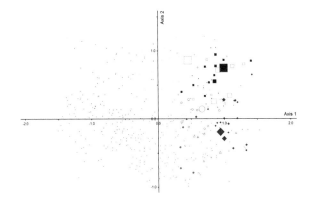

회잎나무

Euonymus alatus var. *alatus* f. *ciliatodentatus*

◉ **생장형** Growth form
관목, 활엽, 낙엽, 절대육상식물

◉ **지리 분포** Geography
국내: 전국[9]
국외: 러시아, 일본, 중국[9]

◉ **생육지** Habitat
모암: 비석회암 63%, 석회암 37%
고도: 698±293m, 낮은 산지~중간 산지
경사: 28±14°
미소 지형: 전 지형, 주로 사면 하부 및 중부
사면 방위: 전 방위

◉ **출현 군집과 우점도** Communities & abundance
총 빈도: 16%(71/447)
평균 피도: 2±8%

1. 소나무-가래나무_이삭여뀌 군집(◇)
2. 소나무-굴참나무_졸참나무 군집(△)
3. 소나무_산딸기 군집(●)
4. 소나무_진달래 군집(▼)

5. 굴참나무-소나무_왕느릅나무 군집(○)
6. 굴참나무-떡갈나무_큰기름새 군집(◆)

7. 신갈나무-서어나무_생강나무 군집(◈)
8. 신갈나무-전나무_조릿대 군집(■)
9. 신갈나무-들메나무_고광나무 군집(□)
10. 신갈나무_우산나물 군집(●)
11. 신갈나무_철쭉 군집(○)
12. 신갈나무_동자꽃 군집(◌)
13. 신갈나무-피나무_나래박쥐나물 군집(◆)

◉ **종 다양성 지수(H′)** Species diversity
2.15±0.36(57)

◉ **동반 종** Accompanying species
신갈나무(86%), 생강나무(68%), 물푸레나무(66%),
대사초(48%), 소나무(46%)

◉ **종합** Synopsis
고도가 낮은 산지부터 중간 산지 사면 하부와 중부에 주로 분포한다. 다수 군집에서 나타나나 건조한 굴참나무 숲과 소나무 우점
숲, 적습한 활엽수 혼합 숲에서 더욱 빈번하게 출현하는 관목이다. 비교적 흔하지만 소수 분포한다.

고도 Elevation

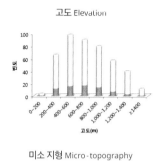

경사 Slope degree

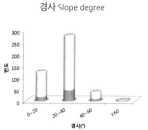

미소 지형 Micro-topography

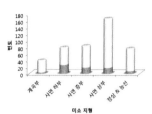

사면 방위 Slope aspect

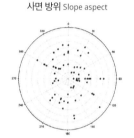

군집별 빈도 Frequency

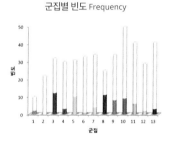

군집별 피도 Coverage

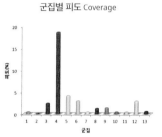

다변량 분석 Multivariate analysis

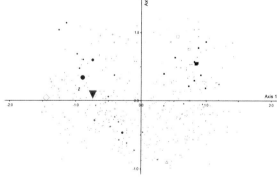

참고문헌

- 국립생물자원관. 2017. 국가생물종목록.
- 산림청. 2015. 홈페이지
- 이우철. 1996. 원색한국기준식물도감. 아카데미서적.
- 정연숙 등. 2012. 우리나라 습지생태계 관속식물의 유형 분류. 수생태복원사업단
- 한국지질자원연구원. 2014. 지질정보검색시스템
- 환경부. 2001. 전국자연환경조사 지침(식물상·식생).
- 환경부. 2014. 통계로 본 국토·자연 환경.
- 환경부. 2015. 식생보전등급(환경부 훈령 제1161호, 2015. 7. 17. 개정)

가는잎그늘사초 32
가래나무 33
각시붓꽃 34
갈참나무 35
갈퀴꼭두선이 36
개갈퀴 37
개고사리 38
개다래 39
개머루 40
개면마 41
개미취 42
개살구나무 43
개시호 44
개암나무 45
개옻나무 46
거제수나무 47
고광나무 48
고깔제비꽃 49
고려엉겅퀴 50
고로쇠나무 51
고사리 52
고추나무 53
골무꽃 54
곰취 55
관중 56
광대싸리 57
광릉갈퀴 58
괴불나무 59
구와취 60
구절초 61
국수나무 62
굴참나무 63
귀룽나무 64
그늘사초 65
금강제비꽃 66
금강죽대아재비 67
금강초롱꽃 68
기름나물 69

기린초 70
까실쑥부쟁이 71
까치박달 72
까치밥나무 73
껍질용수염풀 74
꼭두선이 75
꽃며느리밥풀 76
꿩의다리아재비 77
나래박쥐나물 78
나래회나무 79
나비나물 80
난티나무 81
난티잎개암나무 82
남산제비꽃 83
넓은잎외잎쑥 84
네잎갈퀴 85
노간주나무 86
노랑갈퀴 87
노랑물봉선 88
노랑제비꽃 89
노루귀 90
노루발 91
노루삼 92
노루오줌 93
노린재나무 94
노박덩굴 95
누리장나무 96
눈개승마 97
눈빛승마 98
느릅나무 99
다래 100
다릅나무 101
단풍취 102
닭의장풀 103
담쟁이덩굴 104
당귀 105
당단풍나무 106
당분취 107

당조팝나무 108
대사초 109
더덕 110
더위지기 111
도깨비부채 112
도꼬로마 113
도둑놈의갈고리 114
도라지 115
동자꽃 116
두릅나무 117
두메고들빼기 118
둥굴레 119
둥근잎천남성 120
둥근털제비꽃 121
들메나무 122
등골나물 123
등칡 124
딱총나무 125
떡갈나무 126
뚝갈 127
마 128
마가목 129
마타리 130
말나리 131
말채나무 132
맑은대쑥 133
매화말발도리 134
머루 135
멍석딸기 136
멸가치 137
모시대 138
뫼제비꽃 139
묏미나리 140
물레나물 141
물박달나무 142
물봉선 143
물참대 144
물푸레나무 145

미나리냉이 146
미역줄나무 147
미역취 148
민둥갈퀴 149
바디나물 150
박달나무 151
박새 152
박쥐나무 153
방아풀 154
방울비짜루 155
백당나무 156
뱀고사리 157
뱀딸기 158
벌깨덩굴 159
병꽃나무 160
병조희풀 161
복자기 162
복장나무 163
부채마 164
분꽃나무 165
분비나무 166
분취 167
붉나무 168
붉은병꽃나무 169
붓꽃 170
비비추 171
사스래나무 172
사시나무 173
사위질빵 174
산가막살나무 175
산개벚지나무 176
산겨릅나무 177
산꿩의다리 178
산돌배나무 179
산딸기 180
산박하 181
산벚나무 182
산뽕나무 183

산새풀 184
산씀바귀 185
산앵도나무 186
산조팝나무 187
산초나무 188
삽주 189
삿갓나물 190
새 191
새콩 192
생강나무 193
서덜취 194
서어나무 195
선밀나물 196
세잎양지꽃 197
소나무 198
소태나무 199
속새 200
송이풀 201
쇠물푸레 202
수리취 203
승마 204
시닥나무 205
신갈나무 206
신나무 207
실새풀 208
십자고사리 209
싸리 210
알록제비꽃 211
애기나리 212
애기며느리밥풀 213
양지꽃 214
어수리 215
억새 216
얼레지 217
여로 218
오리방풀 219
오미자 220
오이풀 221

올괴불나무 222
왁살고사리 223
왕느릅나무 224
왕팽나무 225
외대으아리 226
용둥굴레 227
우산나물 228
원추리 229
으아리 230
은꿩의다리 231
은대난초 232
은방울꽃 233
음나무 234
이고들빼기 235
이삭여뀌 236
이스라지나무 237
작살나무 238
잔대 239
잔털제비꽃 240
잣나무 241
전나무 242
점백이천남성 243
정향나무 244
조록싸리 245
조릿대 246
족도리풀 247
졸방제비꽃 248
졸참나무 249
좀담배풀 250
주름조개풀 251
주목 252
줄딸기 253
쥐다래 254
쥐오줌풀 255
지리강활 256
지치 257
진달래 258
진범 259

짚신나물 *260*
짝자래나무 *261*
쪽동백나무 *262*
찰피나무 *263*
참개암나무 *264*
참나물 *265*
참반디 *266*
참싸리 *267*
참조팝나무 *268*
참취 *269*
참회나무 *270*
처녀고사리 *271*
천남성 *272*
철쭉 *273*
청가시덩굴 *274*
청괴불나무 *275*
청미래덩굴 *276*
청시닥나무 *277*
초롱꽃 *278*
층층나무 *279*
칡 *280*
콩제비꽃 *281*
큰개별꽃 *282*
큰기름새 *283*
큰까치수염 *284*
큰꼭두선이 *285*
큰꿩의다리 *286*
큰참나물 *287*
태백제비꽃 *288*
터리풀 *289*
털고사리 *290*
털중나리 *291*
투구꽃 *292*
퉁둥굴레 *293*
파리풀 *294*
팥배나무 *295*
풀솜대 *296*
피나무 *297*

하늘말나리 *298*
함박꽃나무 *299*
호랑버들 *300*
홀아비꽃대 *301*
회나무 *302*
회잎나무 *303*

Abies holophylla **242**

Abies nephrolepis **166**

Acer barbinerve **277**

Acer komarovii **205**

Acer mandshuricum **163**

Acer pictum var. *mono* **51**

Acer pseudosieboldianum **106**

Acer tataricum subsp. *ginnala* **207**

Acer tegmentosum **177**

Acer triflorum **162**

Aconitum jaluense **292**

Aconitum pseudolaeve **259**

Actaea asiatica **92**

Actinidia arguta **100**

Actinidia kolomikta **254**

Actinidia polygama **39**

Adenocaulon himalaicum **137**

Adenophora remotiflora **138**

Adenophora triphylla var. *japonica* **239**

Agrimonia pilosa **260**

Ainsliaea acerifolia **102**

Alangium platanifolium var. *trilobum* **153**

Ampelopsis brevipedunculata **40**

Amphicarpaea bracteata subsp. *edgeworthii* **192**

Angelica amurensis **256**

Angelica decursiva **150**

Angelica gigas **105**

Aralia elata **117**

Aria alnifolia **295**

Arisaema amurense **120**

Arisaema amurense f. *serratum* **272**

Arisaema peninsulae **243**

Aristolochia manshuriensis **124**

Artemisia gmelinii **111**

Artemisia keiskeana **133**

Artemisia stolonifera **84**

Aruncus dioicus var. *kamtschaticus* **97**

Arundinella hirta **191**

Asarum sieboldii **247**

Asparagus oligoclonos **155**

Asperula maximowiczii **37**

Aster ageratoides **71**

Aster scaber **269**

Aster tataricus **42**

Astilbe rubra **93**

Athyrium niponicum **38**

Athyrium yokoscense **157**

Atractylodes ovata **189**

Betula costata **47**

Betula dahurica **142**

Betula ermanii **172**

Betula schmidtii **151**

Bupleurum longiradiatum **44**

Calamagrostis arundinacea **208**

Calamagrostis langsdorffii **184**

Callicarpa japonica **238**

Campanula punctata **278**

Cardamine leucantha **146**

Carex humilis var. *nana* **32**

Carex lanceolata **65**

Carex siderosticta **109**

Carpesium cernuum **250**

Carpinus cordata **72**

Carpinus laxiflora **195**

Caulophyllum robustum **77**

Celastrus orbiculatus **95**

Celtis koraiensis **225**

Cephalanthera longibracteata **232**

Chloranthus japonicus **301**

Cimicifuga dahurica **98**

Cimicifuga heracleifolia **204**

Cirsium setidens **50**

Clematis apiifolia **174**

Clematis brachyura **226**

Clematis heracleifolia **161**

Clematis terniflora var. *mandshurica* **230**

Clerodendrum trichotomum *96*

Codonopsis lanceolata *110*

Commelina communis *103*

Convallaria keiskei *233*

Cornus controversa *279*

Cornus walteri *132*

Corylus heterophylla *82*

Corylus heterophylla var. *thunbergii 45*

Corylus sieboldiana *264*

Crepidiastrum denticulatum *235*

Cymopterus melanotilingia *287*

Dendranthema zawadskii var. *latilobum 61*

Deparia pycnosora *290*

Desmodium podocarpum subsp. *oxyphyllum 114*

Deutzia glabrata *144*

Deutzia uniflora *134*

Diarrhena mandshurica *74*

Dioscorea nipponica *164*

Dioscorea oppositifolia *128*

Dioscorea tokoro *113*

Disporum smilacinum *212*

Dryopteris crassirhizoma *56*

Duchesnea chrysantha *158*

Equisetum hyemale *200*

Erythronium japonicum *217*

Euonymus alatus var. *alatus* f. *ciliatodentatus 303*

Euonymus macropterus *79*

Euonymus oxyphyllus *270*

Euonymus sachalinensis *302*

Eupatorium japonicum *123*

Filipendula glaberrima *289*

Fraxinus mandshurica *122*

Fraxinus rhynchophylla *145*

Fraxinus sieboldiana *202*

Galium kinuta *149*

Galium trachyspermum *85*

Hanabusaya asiatica *68*

Hemerocallis fulva *229*

Hepatica asiatica *90*

Heracleum moellendorffii *215*

Hosta longipes *171*

Hypericum ascyron *141*

Impatiens nolitangere *88*

Impatiens textori *143*

Iris rossii *34*

Iris sanguinea *170*

Isodon excisus *219*

Isodon inflexus *181*

Isodon japonicus *154*

Juglans mandshurica *33*

Juniperus rigida *86*

Kalopanax septemlobus *234*

Lactuca raddeana *185*

Lactuca triangulata *118*

Leptorumohra miqueliana *223*

Lespedeza bicolor *210*

Lespedeza cyrtobotrya *267*

Lespedeza maximowiczii *245*

Ligularia fischeri *55*

Lilium amabile *291*

Lilium distichum *131*

Lilium tsingtauense *298*

Lindera obtusiloba *193*

Lithospermum erythrorhizon *257*

Lonicera maackii *59*

Lonicera praeflorens *222*

Lonicera subsessilis *275*

Lychnis cognata *116*

Lysimachia clethroides *284*

Maackia amurensis *101*

Magnolia sieboldii *299*

Meehania urticifolia *159*

Melampyrum roseum *76*

Melampyrum setaceum *213*

Miscanthus sinensis *216*

Morus bombycis *183*

Oplismenus undulatifolius *251*

Ostericum sieboldii *140*

Parasenecio auriculatus var. kamtschaticus *78*

Paris verticillata *190*

Parthenocissus tricuspidata *104*

Patrinia scabiosifolia *130*

Patrinia villosa *127*

Pedicularis resupinata *201*

Pentarhizidium orientale *41*

Peucedanum terebinthaceum *69*

Philadelphus schrenkii *48*

Phryma leptostachya var. oblongifolia *294*

Picrasma quassioides *199*

Pimpinella brachycarpa *265*

Pinus densiflora *198*

Pinus koraiensis *241*

Platycodon grandiflorum *115*

Polygonatum inflatum *293*

Polygonatum involucratum *227*

Polygonatum odoratum var. pluriflorum *119*

Polygonum filiforme *236*

Polystichum tripteron *209*

Populus davidiana *173*

Potentilla fragarioides *214*

Potentilla freyniana *197*

Prunus japonica var. nakaii *237*

Prunus mandshurica var. glabra *43*

Prunus maximowiczii *176*

Prunus padus *64*

Prunus sargentii *182*

Pseudostellaria palibiniana *282*

Pteridium aquilinum var. latiusculum *52*

Pueraria lobata *280*

Pyrola japonica *91*

Pyrus ussuriensis *179*

Quercus aliena *35*

Quercus dentata *126*

Quercus mongolica *206*

Quercus serrata *249*

Quercus variabilis *63*

Rhamnus yoshinoi *261*

Rhododendron mucronulatum *258*

Rhododendron schlippenbachii *273*

Rhus javanica *168*

Ribes mandshuricum *73*

Rodgersia podophylla *112*

Rubia akane *75*

Rubia chinensis *285*

Rubia cordifolia var. pratensis *36*

Rubus crataegifolius *180*

Rubus oldhamii *253*

Rubus parvifolius *136*

Salix caprea *300*

Sambucus racemosa subsp. sieboldiana *125*

Sanguisorba officinalis *221*

Sanicula chinensis *266*

Sasa borealis *246*

Saussurea grandifolia *194*

Saussurea seoulensis *167*

Saussurea tanakae *107*

Saussurea ussuriensis *60*

Schisandra chinensis *220*

Scutellaria indica *54*

Securinega suffruticosa *57*

Sedum kamtschaticum *70*

Smilacina japonica *296*

Smilax china *276*

Smilax nipponica *196*

Smilax sieboldii *274*

Solidago virgaurea subsp. asiatica *148*

Sorbus commixta *129*

Spiraea blumei *187*

Spiraea chinensis *108*

Spiraea fritschiana *268*

Spodipogon sibiricus *283*

Staphylea bumalda *53*

Stephanandra incisa **62**

Streptopus ovalis **67**

Styrax obassia **262**

Symplocos sawafutagi **94**

Syneilesis palmata **228**

Synurus deltoides **203**

Syringa patula var. *kamibayashii* **244**

Taxus cuspidata **252**

Thalictrum actaefolium var. *brevistylum* **231**

Thalictrum filamentosum **178**

Thalictrum minus **286**

Thelypteris palustris **271**

Tilia amurensis **297**

Tilia mandshurica **263**

Toxicodendron trichocarpum **46**

Tripterygium regelii **147**

Ulmus davidiana var. *japonica* **99**

Ulmus laciniata **81**

Ulmus macrocarpa **224**

Vaccinium hirtum var. *koreanum* **186**

Valeriana fauriei **255**

Veratrum nigrum var. *japonicum* **218**

Veratrum patulum **152**

Viburnum carlesii **165**

Viburnum opulus var. *calvescens* **156**

Viburnum wrightii **175**

Vicia chosenensis **87**

Vicia unijuga **80**

Vicia venosa var. *cuspidata* **58**

Viola acuminata **248**

Viola albida **288**

Viola albida var. *chaerophylloides* **83**

Viola collina **121**

Viola diamantiaca **66**

Viola keiskei **240**

Viola orientalis **89**

Viola rossii **49**

Viola selkirkii **139**

Viola variegata **211**

Viola verecunda **281**

Vitis coignetiae **135**

Weigela florida **169**

Weigela subsessilis **160**

Zanthoxylum schinifolium **188**